钱学森系统科学与系统工程讲座

系统工程讲堂录

——中国航天系统科学与工程研究院研究生教程

（第四辑）

中国航天系统科学与工程研究院　编著

U0287311

科学出版社

北京

内 容 简 介

本书是在中国航天系统科学与工程研究院近 3 年开办的"系统工程高级研讨班""钱学森系统科学与系统工程讲座"基础上，进一步梳理、完善参与研讨班的各位专家、学者授课的内容而形成的。本书主要包括四部分：第一部分为钱学森系统思想，主要包括钱学森系统科学思想、钱学森的系统贡献等相关内容；第二部分为航天系统工程，主要包括航天型号研制、航天科研生产管理、航天型号项目管理方法等系统工程在航天领域的实践；第三部分为社会系统工程，主要包括系统工程在社会经济、生态文明、军民融合、人工智能、科技智库、人才、水利等众多领域的广泛研究与应用；第四部分为系统工程观点集萃，包括"口述钱学森工程"的研究成果。

本书可供系统工程、系统科学与管理科学、信息化等领域的科研人员，企业的科技人员、管理人员、领导干部，高等院校相关专业的师生参考。

图书在版编目(CIP)数据

系统工程讲堂录：中国航天系统科学与工程研究院研究生教程. 第四辑/中国航天系统科学与工程研究院编著. —北京：科学出版社，2019.1

（钱学森系统科学与系统工程讲座）

ISBN 978-7-03-059198-2

Ⅰ.①系… Ⅱ.①中… Ⅲ.①系统工程–研究生–教材 Ⅳ.①N945

中国版本图书馆 CIP 数据核字（2018）第 241364 号

责任编辑：李　敏/责任校对：杜子昂
责任印制：张　伟/封面设计：申一茹

科学出版社 出版

北京东黄城根北街 16 号
邮政编码：100717
http://www.sciencep.com

北京九州迅驰传媒文化有限公司 印刷
科学出版社发行　各地新华书店经销

*

2019 年 1 月第 一 版　开本：787×1092　1/16
2019 年 1 月第一次印刷　印张：24 3/4　彩插：1
字数：700 000

定价：268.00 元
（如有印装质量问题，我社负责调换）

序

20世纪70年代，随着还原论方法局限性的显现，系统论方法开始在物理、生物等多个学科内涌现。随后以系统论作为指导思想的学者在众多科学领域开展了大量的跨学科交叉研究。系统科学与系统工程思想的不断发展，世界上先后出现了：以普利高津、哈肯、爱根为代表的欧洲学派；以圣塔菲研究所为代表的美国学派；以钱学森为代表的中国学派。

20世纪80年代初，钱学森从一线岗位退休以后，受周恩来总理委托，将航天（工程）系统工程方法应用到国民经济建设当中。1986年1月7日，钱学森亲自倡议和倡导创办的"系统学讨论班"，在原航天部710所拉开帷幕，集结全国各地、各领域的专家学者就系统学展开讨论与研究。此后的连续7年，每周一次不管科研任务多忙，钱学森都参加讨论并作总结发言。当时的"系统学讨论班"在学术界引起了强烈反响，很多系统学的基本思想都是在"系统学讨论班"中提炼出来的。例如，钱学森在1987年年底的讨论班上提出"开放复杂巨系统"概念、"定性和定量相结合的系统研究方法"，经过发展形成了"从定性到定量综合集成方法"，奠定了系统科学中国学派的基本框架。可以说，"系统学讨论班"是那个时期推广和发展系统工程的"根据地"，对于宣传系统思想、推动系统科学发展起到了巨大作用。正是由于组织"系统学讨论班"，并率先在国内开展系统工程研究与应用工作，航天部710所成为全国系统工程研究与应用的中心，在国内甚至国际上产生了很高的影响力。

在首任航天部710所所长宋健同志的推动下，将系统工程思想、理论、技术和方法应用于价格政策、粮食补贴、计划生育、金融工程、三峡工程、载人航天等诸多领域，极大促进了中国国防和航天事业发展，在改革开放和现代化建设中出现的重大决策研究方面取得了突出成就。航天部710所受到了党和国家领导人的重视、肯定和赞赏，成为支撑中央决策的重要智库之一。钱学森曾这样评价航天部710所系统工程理论和方法探索实践工作："上世纪八九十年代，我和中国航天710所联系比较多，知道这个所在进一步发展航天系统工程，将系统工程的科学原理和科学方法推广应用到我国社会主义经济建设方面，曾取得重要成果。710所举办的系统学讨论班在创建系统学，开创从定性到定量综合集成方法等方面功不可没。今天这套科学原理和科学方法已得到中央和军委领导同志的高度重视，这是我国社会主义建设理论的一个创新和发展。"

随着上一辈科学大师的老去，系统科学与系统工程的研究与应用曾一度停滞不前。1995 年，霍甘在《科学美国人》杂志上评价圣塔菲研究所"从复杂性走向困惑"，这虽然是一个科学终结论者的观点，但也体现出了系统科学与系统工程研究所面临的处境。钱学森曾经说："'开放复杂巨系统学'有了第一步了。"但是，系统学仍然没有完全建立起来。国内外的学者们在黎明前的黑暗中摸索，期盼着系统科学与系统工程研究高峰的到来。

伟大的事业从来就不缺乏卓越的继承者。2011 年 12 月 8 日钱学森 100 周年诞辰之际，原航天部 710 所、707 所等单位组成的中国航天工程咨询中心更名为中国航天系统科学与工程研究院（以下简称"系统院"）。为了进一步传承钱学森等前辈系统科学与系统工程的思想精髓，发扬光大中国系统工程理论方法，将具有中国特色的系统工程推广应用到更广阔的领域，系统院做出了一系列努力。2013 年，系统院重启"系统工程高级研讨班"，发起"钱学森系统科学与系统工程讲座"。讲座秉承钱学森追求真理、勇于创新的精神，以更宽的胸怀、更高的眼界，吸纳国内外优秀人才，思想碰撞、智慧交流、静而论道、集成创新。这一举措是对钱学森系统学研究和传播途径的继承，同时也预示系统科学与系统工程创新、创造新时期的到来。

为进一步发掘并传承钱学森学术思想，从 2014 年开始，受中央党史研究室和航天科技集团公司委托，系统院启动开展"口述钱学森工程"，形成了一批富有影响力的钱学森思想理论研究成果。受中央组织部等单位委托，2015 年系统院在人民大会堂隆重举行钱学森归国 60 周年纪念大会。在汇集钱学森思想财富的同时，进一步夯实了系统院在系统科学与工程领域的中心地位。

2016 年 3 月 4 日，中央编制委员会办公室批复（中央编办复字［2016］37 号），在原航天部 707 所、航天部 710 所、中国航天工程咨询中心等五家事业单位的基础上重组成立中国航天系统科学与工程研究院（军工代号中国航天科技集团有限公司第十二研究院即中国航天第十二研究院，简称系统院）。在深化改革、创新驱动、军民融合等国家战略的引领下，中国航天系统科学与工程研究院确立了"建设钱学森智库，支撑航天、服务国家，成为军民融合产业平台建设的抓总单位"三大使命。作为系统科学与系统工程中国学派发源地，中国航天系统科学与工程研究院高举系统工程大旗，在继承、发扬钱老思想，建设、引领系统工程发展等方面发挥了无可替代的作用。

围绕"建设钱学森智库"这一伟大使命，在平台方面，系统院建设了"钱学森论坛",推动了系统工程思想在社会各领域内的应用。"钱学森论坛"紧扣中央的精神、紧跟习近平总书记的脚步,先后以雄安发展、军民融合、少数民族地区军民融合、水治理现代化、数字中国、网信强国、古都复兴、创新中国等为主题,汇聚了数百位院士、数千名专家参与,每期参加院士(将军)人数在 20 人以上、总人数都在 1500 人以上。论坛成果都通过内参形式直报中办、国办、军办。论坛影响力不断扩大。在教育方面,由系统院主导,运用钱学森教育理念,建设"幼、小、初、高"一体的钱学森学校,打造杰出创新人才培养的摇篮,在全国范围发挥示范效应;在学术方面,*The Rise of Systems Engineering in China* 在世界顶级学术期刊 *Science* 上的发表,杂志派出特别记者对系统院进行了专门的采访报道,向全世界阐发了系统科学与系统工程在中国取得的伟大成就及其蓬勃的生命力;在人才方面,打造了钱学森决策顾问委员会、钱学森创新委员会和钱学森创新团队三支人才队伍,是实现综合集成的重要人才资源库。

由博士后、博硕士研究生组成的钱学森创新团队,作为系统院科研骨干后备力量,是推动系统科学与系统工程研究与应用迈向新高度的希望,肩负着系统科学与系统工程中国学派的未来。因此,在培养方式上需要不断创新、与时俱进。系统工程高级研讨班、钱学森系统科学与系统工程讲座系列、钱学森论坛等平台是中国航天系统科学与工程研究院研究生科研、学习、讨论的重要平台,《系统工程讲堂录》作为研究生培养的必备教材是这一平台的重要成果之一。中国航天系统科学与工程研究院先后出版了三辑《系统工程讲堂录》,为系统科学与系统工程的发展和传播做出重要贡献。作为该系列第四辑,本书收录了近三年"系统工程高级研讨班""钱学森系统科学与系统工程讲座""口述钱学森工程"等最新成果,汇集了系统科学与系统工程领域的著名专家、学者最新论述,供读者仔细研读。此为《系统工程讲堂录》(第四辑)的由来。

是为序。

编著者

2018 年 8 月

目　　录

第一部分　钱学森系统思想

用钱学森智慧指引创新驱动铸就战略科学家辈出的人才高峰 …………… 薛惠锋/ 3

运用钱学森系统科学思想从更高起点谋划科技兴军的未来 ………… 薛惠锋/ 11

讲钱学森故事　明人生方向 …………………………………………… 钱永刚/ 27

从系统思想到系统实践——钱学森的系统贡献 ………………………… 于景元/ 43

现代科学技术体系与知识创新体系 …………………………………… 于景元/ 54

系统工程基本原理综述 ………………………………………………… 孙东川/ 65

第二部分　航天系统工程

中国航天系统工程方法 ………………………………………………… 郭宝柱/ 79

基于系统工程理论的新一代运载火箭型号项目管理方法研究 ………… 陈晓东/ 98

中国航天事业 60 年战略管理的五大里程碑与五条经验 … 潘　坚　靖德果　郭宝柱/ 105

运用系统思维开展航天战略管理实践 … 潘　坚　张　鹏　王家胜　陈仕程　吴春艳/ 122

第三部分　社会系统工程

迈向中国智慧新高度 …………………………………………………… 薛惠锋/ 135

迈向数据应用新高度 …………………………………………………… 薛惠锋/ 146

迈向军民融合产业发展新高度 ………………………………………… 薛惠锋/ 157

推动生态文明建设迈向新高度 ………………………………………… 薛惠锋/ 172

迈向宁夏水业发展新高度 ……………………………………………… 薛惠锋/ 181

系统思想与领导创新能力 ……………………………………………… 李建华/ 201

从数据到智慧——关于高端科技智库的思考 ………………………… 李睿深/ 209

发展性含简洁性才有持续存在性 ……………………………………… 孙希有 / 218

信息时代的中国工会服务职工模式 ……………………………………… 苏文帅 / 231

智能驾驶关键技术与应用 …………………………………………………… 鲍　泓 / 237

区块链与数字货币监管的历史、现在和未来 ………………………… 杨　东 / 246

基于系统工程的空间信息网络关键技术研究 …… 任　勇　关桑海　王景璟　段瑞详 / 255

基于钱学森大成智慧体系的科技创新人才关键要素体系研究 ………… 张文宇 / 275

人工神经网络的发展与展望 ……………………………………………… 刘海滨 / 290

综合集成研讨厅研讨软件实现初探 ……………………… 经小川　王若冰 / 324

从系统建模到基于模型的系统工程 …………………………………… 王家胜 / 334

系统方法论在军工科研院所统筹建设中的应用 …………………… 王久东 / 346

第四部分　系统工程观点集萃

钱学森引领中国空间科学事业不断前进 …………………………… 李颐黎 / 355

钱学森的教诲让我终身受益 ……………………………………………… 孔祥言 / 356

钱学森系统科学思想指引我国管理科学发展 …………………… 汪应洛 / 357

系统工程是根植于航天科学研究与工程实践的科学方法论 ……… 姜延斌 / 358

钱学森精神具有丰富的科学内涵 ……………………………………… 柳克俊 / 359

创建现代科学技术体系是很了不起的壮举 ……………………………… 汪　浩 / 360

军事系统思想促进军事科学理论方法的创新发展 ………………… 袁文先 / 361

钱学森是当之无愧的"中国导弹之父" …………………………… 张文杰 / 362

钱学森指导哈军工的系统工程学科建设 ……………………………… 高学敏 / 363

系统思想和理论指导航天科研发展 ……………………………………… 许祖凯 / 364

钱学森为丰富和发展马克思哲学做出贡献 ……………………………… 魏宏森 / 365

系统学的建立是一次科学革命 …………………………………………… 姜　璐 / 366

钱学森与西北工业大学的渊源 …………………………………………… 胡沛泉 / 367

钱学森心系西北工业大学宇航工程系发展 ……………………………… 陈士橹 / 368

钱学森对导弹控制专业的指导意义 ……………………………………… 周凤岐 / 369

钱学森对西北工业大学建设发展中的指导思想 ……………………… 李小聪 / 370

系统工程中国学派与钱学森的贡献 ……………………………………… 孙东川 / 371

系统工程对交通运输学科影响巨大 ……………………………………… 张国伍 / 372

钱学森信息革命学术思想及其现实意义 ……………………………… 于景元 / 373

关键时刻发挥别人无法替代的关键性作用 ⋯⋯⋯⋯⋯⋯⋯⋯⋯⋯ 蒋　通/374

钱学森奠基中国航天伟业 ⋯⋯⋯⋯⋯⋯⋯⋯⋯⋯⋯⋯⋯⋯⋯⋯⋯ 尹荣昌/375

钱学森的指导具有重要教育意义 ⋯⋯⋯⋯⋯⋯⋯⋯⋯⋯⋯⋯⋯ 吕德鸣/376

钱学森对中国航天事业的开创性贡献 ⋯⋯⋯⋯⋯⋯⋯⋯⋯⋯⋯ 许　达/377

在钱学森领导下研制导弹 ⋯⋯⋯⋯⋯⋯⋯⋯⋯⋯⋯⋯⋯⋯⋯⋯⋯ 刘宗映/378

学习钱学森始终保持严谨细实的工作态度 ⋯⋯⋯⋯⋯⋯⋯⋯ 龚德泉/379

钱学森是爱国知识分子的典范 ⋯⋯⋯⋯⋯⋯⋯⋯⋯⋯⋯⋯⋯⋯ 戚南强/380

钱学森是永远的人生楷模 ⋯⋯⋯⋯⋯⋯⋯⋯⋯⋯⋯⋯⋯⋯⋯⋯⋯ 马国荣/381

聆听钱老讲课是一种幸福 ⋯⋯⋯⋯⋯⋯⋯⋯⋯⋯⋯⋯⋯⋯⋯⋯⋯ 沈　琮/382

中医现代化是一项系统工程 ⋯⋯⋯⋯⋯⋯⋯⋯⋯⋯⋯⋯⋯⋯⋯ 宋孔智/383

系统工程助推"两弹一星"研制成功 ⋯⋯⋯⋯⋯⋯⋯⋯⋯⋯⋯ 王希季/384

钱学森的贡献是科技界的宝贵财富 ⋯⋯⋯⋯⋯⋯⋯⋯⋯⋯⋯⋯ 陈敬熊/385

后记 ⋯⋯⋯⋯⋯⋯⋯⋯⋯⋯⋯⋯⋯⋯⋯⋯⋯⋯⋯⋯⋯⋯⋯⋯⋯⋯⋯⋯⋯⋯ /386

第一部分

钱学森系统思想

用钱学森智慧指引创新驱动
铸就战略科学家辈出的人才高峰

薛惠锋

薛惠锋，男，中共党员，教授、博士生导师，国际宇航科学院院士、系统工程与管理科学专家。现任中国航天系统科学与工程研究院（中国航天科技集团有限公司第十二研究院）院长兼党委副书记；中国航天工程科技发展战略研究院副院长；中央专项"口述钱学森工程"办公室主任；中国航天科技集团公司软件测评中心主任；中国航天社会系统工程实验室主任。中央军委装备发展部某特种技术专业组副组长，中央军委火箭军体系实验室委员、中央军委科学技术委员会（简称中央军委科技委）某两个领域专家委员会专家，军队科学技术奖励评审专家库专家。中共党史学会社会建设和生态文明建设史专业委员会副会长；中国系统工程学会副理事长；中国生态文明研究与促进会常务理事；中国网信军民融合发展联盟常务副理事长；西北工业大学、西安理工大学、北京理工大学兼职教授；广东工业大学特聘教授；西安交通大学钱学森学院荣誉院长。

曾任中共陕西省西安市委组织部研究室副主任，陕西省西安市计划委员会规划科技处处长，中共陕西省西安市委副秘书长，中共中央办公厅法规室副主任，全国人民代表大会环境与资源保护委员会调研室副主任、法案室主任等职。

习近平总书记指出："创新是一个民族进步的灵魂，是一个国家兴旺发达的不竭源泉，也是中华民族最鲜明的民族禀赋"。落实好创新驱动发展战略，首要的是思想解放、观念更新，根本上在于战略思想的变革。具有怎样的战略思想，决定着我们能走多远、登多高、抵达何处。毛泽东同志在《中国革命战争的战略问题》一文中指出："战略问题是研究战争全局的规律的东西"。习近平总书记强调："战略问题是一个政党、一个国家的根本性问题。战略上判断得准确，战略上谋划得科学，战略上赢得主动，党和人民事业就大有希望。"对于科技领域，思想能否破冰，直接决定着创新驱动能否突围。在审视发展大势、擘画创新蓝图时，我们必须具备高超的战略思维，既要有"登泰山而小天下"的眼界，又要有"不畏浮云遮望眼"的智慧，还要有"风物长宜放眼量"的气度。唯有如此，才能永远保持"现实如此，并非理应如此"的战略敏锐感，敢于颠覆、善于超越，在赶超跨越的征程中，找准切入点、突破临界点、培育增长点、占领制高点。

科技领域的竞争，是"硬实力"和"软实力"相交织的较量，也是战略思维、战略决策、战略行动能力的深度角逐。在激烈的科技竞争中，要想抢占制高点、赢得主动权，战略科学家的作用不可或缺。什么是战略科学家？与战役科学家、战术科学家有何不同？战略科学家就是要能"立时代之潮头、通古今之变化、发思想之先声"，跳出某个领域、某个行业、某个专业的束缚，胸怀全局、把握大势，形成有科学内涵的战略思想，提出前瞻性的新思想、新方向、新路径，并用以指导科技实践。

钱学森就是战略科学家的杰出代表，他既是专业领域的大师，更是战略领域的统帅，无论是超前的战略思维、准确的战略预判，还是科学的战略决策、独到的战略管理，都光耀千古、名垂史册。人们大都知道，钱学森是中国航天事业的奠基人，但人们可能不熟悉的是，早在20世纪50年代之前，钱学森在美国取得的成就，已使他蜚声世界。他第一个促进了火箭喷气推进技术在航空领域的应用，为第二次世界大战胜利做出了贡献。他第一个提出了"火箭客机"的概念，为世界上首个航天飞机的诞生奠定了理论基础。他第一个提出物理力学，这一全新学科促进了量子力学、应用力学、原子力学发展。尤为重要的是，1945年，钱学森作为美国国防部34人"科学咨询团"的重要成员，而且是唯一一位非美国籍成员，参与撰写了《迈向新高度》报告13卷中的7卷，以及大部分的技术附录。这一报告勾画了美国火箭、导弹、飞机未来50年的发展蓝图，被誉为"奠定美国在军事领域绝对领先地位的基础理论之作"。时任美国陆军航空兵司令亨利·阿诺德专门致信钱学森，对其杰出贡献给予充分肯定与赞扬。后来，曾准确预测抗美援朝、苏联解体的顶级智库兰德公司，即肇始于钱学森所在的这个国防部科学咨询团。可以说，钱学森不仅是世界导弹、航天的最早开拓者，也是现代智库的最早创始者之一。在他面前，我们常常感觉自己很渺小。直到今天，"钱学森之问"仍拷问着我们，让我们思考怎样才能出现第二个比肩钱学森的大师，超越他至今无人逾越的高度。在实施创新驱动发展战略的过程中，我们需要战役科学家、战术科学家，但更需要战略科学家。这是时代的呼唤，也是党和人民的期盼。

纵观钱学森的一生，他之所以能担起常人无法担当的重任，达到常人难以逾越的"战略科学家"的大师高度，关键在于坚持了"超、力、势、信、平"五个字，就是：难关当前，敢于"超前、超越、超常"；重任在肩，具备"眼力、魄力、定力"；关键转折，善于"造势、借势、顺势"；遭遇低谷，坚定"信仰、信念、信心"；面对名利，保持

"平和、平静、平淡"。

一、难关当前，敢于"超前、超越、超常"

敢于说别人没说过的话、走别人没走过的路、干别人没干成的事，是钱学森一生的写照。钱学森对我国科技工作者说过："如果不创新，我们将变成无能之辈。"创新不是空洞的口号、不是人云亦云，而是要敢于超前、善于超越，创造出别人没有的东西。

钱学森勇于超前的意识，使其能够引领研究变中求新、新中突破。20世纪杰出的航天工程学家、钱学森在美国加州理工学院求学期间的导师冯·卡门曾问学生："你们认为100分的标准是什么？"学生回答："全部题目答得都非常准确。"冯·卡门说："我的标准跟你们的不一样，因为任何一个工程技术问题根本就没有什么百分之百的准确答案。假如有个学生的试卷对试题分析仔细，重点突出，方法对头，而且有自己的创新观点，却因个别运算疏忽，最后答数错了，而另一个学生的试卷答数正确，但解题方法毫无创造性，那么，我给前者打的分数要比后者高得多。"钱学森后来回忆在加州理工学院的求学和工作经历时说："在这里，拔尖人才很多，我得和他们竞赛，才能跑到前沿。这里的创新不能局限于迈小步，那样很快就会被别人超过。你所想的、做的要比别人高出一大截才行。你必须想别人没有想到的东西，说别人没有说过的话。"在加州理工学院期间，钱学森提出了实现超音速飞行的"热障"理论，并与导师提出了"卡门-钱近似公式"，这一理论使得当年波音公司推翻了B-47飞机的原设计方案。冯·卡门和钱学森的发现使他们在此领域领先了几十年，一直到战后计算机大量应用之前，这一理论都是超音速飞机制造设计的基本指导理论。20世纪50年代时，苏联专家对中国留苏学生提起"卡门-钱近似公式"时还赞不绝口，并特别强调"钱"是中国人。

钱学森敢于超越的胆识，使其能够助推航天弯道超车、跨越前行。钱学森说："一个国家、一个民族，当你在核心技术上无法与别人站在同一起跑线上，你便失掉了和别人平起平坐的资格和尊严。"20世纪50年代，他面对当时先发展航空还是先发展导弹的战略抉择，没有亦步亦趋走别国的老路，而是建议国家，走跨越式的道路，优先发展代价较小但威慑力量更强的导弹。当时，一些军队领导对优先发展飞机还是优先发展导弹，有过长时间争论。一种观点认为，优先发展飞机以具备掌握制空权的能力，是当务之急，朝鲜战争的伤亡就是教训。而钱学森认为，飞机的难点在材料，材料问题在工业基础还十分薄弱的我国，很难在短时间内解决；飞机要上人，对可靠性、安全性都要求很高，还要开展复杂的飞行员训练。为达到尽快掌握"撒手锏"的战略目标，应当优先发展导弹。钱学森的观点，很快被中央高层决策者所接受，作为我国发展尖端技术的基本战略，为我国在短时间掌握维系战略平衡的国之重器，产生了极为深远的影响。

二、重任在肩，锤炼"眼力、魄力、定力"

作为统领全局的战略科学家，需具备从现象看本质、拨开云雾见晴天的能力，这就是眼力。无论是多么扑朔迷离的难题，只要有眼力，就能做到入木三分、见微知著。看到了事物本质和规律，还要有敢为人先的魄力去承担、去推进，才能抓住稍纵即逝的机遇，占领制高点、赢得主动权；还要有久久为功的定力，不论艰难险阻，坚持、坚持、再坚持，就一定能通往成功的彼岸。

钱学森以高人一筹、先人一步的独到眼力，成为中国航天不断胜利的"主心骨"。回顾中国航天的重大决策，从《建立我国国防航空工业的意见书》，到八年四弹规划，无不凝结着他高人一筹的智慧，打上了他鲜明的个人烙印。1989年，他已退出一线领导岗位，国家仍然就载人航天方案征求他的意见。当时，多数专家认为"航天飞机方案"优于"飞船方案"，理由是载人飞船在技术上已经落后。钱学森当时虽然已很少介入国家工作，但他写下了"应将飞船方案也报中央"这掷地有声的十个字。钱学森认为，从国家承受能力、安全系数、实现时间、政治影响等多方面权衡考虑，飞船方案是最稳妥，也能够取得最大效益的方案。钱学森的意见，使关于"机""船"这场旷日持久的争论终于有了定论。他再一次为航天事业提供了最科学的方案，起到了扭转乾坤、把控航向的作用。钱学森将他早年的报国之志、壮年的实践之道、毕生的理论之光，融入中国航天发展的血脉，是中国航天当之无愧的"主心骨"。

钱学森以勇于担当、敢于担责的强大魄力，成为中国航天不断胜利的"顶梁柱"。中国航天创业之艰难，在中华人民共和国建设史上是绝无仅有的，在人类科技史上也是十分罕见的。面对缺钱、缺人、缺技术的困境，甚至在没有第二个人搞过导弹的条件下，钱学森从零开始，从培养基础人才起步，受命组建了中国科学院力学研究所、清华大学力学班，创办了中国科学技术大学，担任国防部五院首任院长，始终肩负着常人难以承担、不敢承担的重大使命。20世纪80年代中期，他着眼载人航天的长远需要，毅然反对撤销中国人民解放军第507研究所（简称507所），并极为罕见地拍了桌子，旗帜鲜明地表态：507所不能撤！29基地也不能撤！正是因为他超乎常人的魄力和担当，才为载人航天的接续发展保留了不灭的火种。钱学森面对重大挑战敢于迎难而上、面对重大风险敢于挺身而出，运用"泰山压顶不弯腰"的担当铁肩，在中国航天发展的多个重大关头，发挥了不可替代的"顶梁柱"作用。

钱学森以不畏艰险、不怕失败的从容定力，成为中国航天不断奋起的"压舱石"。

1962 年我国自主研制的"东风二号"导弹首次发射,但却遭遇了我国导弹发射的第一次失败。在巨大的压力下,钱学森毫不气馁、沉着冷静、带头查找问题、总结教训,找到了正确的技术途径,在千锤百炼后,终于在 1964 年取得了成功。更重要的是,通过总结"东风二号"的失败教训,中国航天初步建立了一套科学有效的系统工程管理体系,包括沿用至今的一个总体部、两条指挥线、科学技术委员制等。在钱学森的带领下,航天人以坚忍不拔、坚持不懈的定力,造就了中国航天腾飞的历史性拐点。

三、关键转折,善于"造势、借势、顺势"

"势者,利害之决。"只有把握大势,做到因势而谋、应势而动、顺势而为,才能营造有利于自身和事业发展的局势。钱学森的一生,面对千年不遇的大变局,做出 5 次顺应潮流、合乎时势的重大选择,因而做成了许多别人没有干成的大事。

第一次,内忧外患激发铁道之志。钱学森的第一次重大选择与报考大学有关,他没有听从老师、父母的安排,而是受孙中山先生"实业救国"思想的影响,立志学习铁道工程,成为像詹天佑一样的工程师,为中国造铁路。因此,他报考了上海交通大学机械工程学院,学习铁道机械工程专业。

第二次,民族安危坚定航空救国。1932 年,日本侵略上海。钱学森目睹敌机肆虐,感到铁道机械工程现在对国家用处不大,他期望制造出能把日本飞机打下来的中国人自己的飞机。因此,他做出了人生的第二次重大选择:改学航空工程。他用业余的时间读完了校区图书馆里所有航空方面的书籍。从上海交通大学毕业后,钱学森考取了"庚子赔款"公费留学生的航空工程专业,自此开始踏上航空领域的征程。

第三次,理论突破助力第二次世界大战(以下简称二战)胜利。在学习航空工程的过程中,钱学森感到航空工程发展基本上靠经验,很少有理论指导。他认为,如果能掌握航空理论,并以此来指导航空工程,一定能取得事半功倍的效果。于是,他做出了人生第三次重大选择:从做一名航空工程师,转为从事航空理论方面的研究。他说服了父亲,敲开了自己后来的导师冯·卡门教授办公室的门,很快就成为航空理论方面一位杰出的科学家,以一系列的理论创新和突破,为二战胜利以至美国未来 50 年航空航天的发展,立下了不可磨灭的功勋。

第四次,奠基航天打造国之重器。20 世纪 50 年代,随着中华人民共和国成立,钱学森历尽艰险回国了。国家的需要使得他做出了人生的第四次重大选择:从学术理论研究转向大型科研工程建设。钱学森晚年曾对他的秘书说,我实际比较擅长做学术理论研究,工程的事不是很懂,但是国家需要我干,我当时也是天不怕地不怕,没有想那么多就答应了。做起来后才发现原来做这个事困难这么多，需要付出那么大的精力，而且受国力所限，国家只给这么一点钱，所以压力非常大。但他一旦做出决定，就义无反顾地把毕生的精力贡献给了中国航天事业。经过半个多世纪的发展，中国跻身世界航天大国之列，正在向航天强国迈进。钱学森出色地完成了国家给他的任务。

第五次，重回书桌铸就学术丰碑。1982年，已70岁的钱学森此时已是功成名就可以休息了。但是钱学森又做出了他人生的第五次重大选择：再次回到学术理论研究当中。从70岁到85岁，钱学森以独到的研究角度，在系统科学、思维科学、人体科学、地理科学、军事科学、行为科学、建筑科学以及马克思主义哲学等诸多领域，提出一系列新观点、新思想、新理论。

四、遭遇低谷，坚定"信仰、信念、信心"

信仰和信念好比人体身上的钙，缺钙就会得"软骨病"，就会站不稳、立不住、走不动。钱学森始终把报效祖国、服务人民作为始终不渝的信仰和信念。这使他在关键时刻，迸发出坚强的意志力、高度的自信心，面对任何困难和压力，都能够咬定目标、咬紧牙关，排除万难去赢得胜利。

钱学森的坚定信仰，体现在面对强权迫害忠贞不屈、面临人生绝境从容淡定。20世纪50年代，钱学森在美国工作期间，参与了大量美军的秘密计划，并做出了重要贡献。后来，"麦卡锡"主义盛行，掀起了清除共产党和左翼人士的运动。钱学森仅仅因为十几年前有一位同事是共产党员，就遭到美国联邦调查局的盘查。他所在的加州理工学院也收到了禁止他参与任何军方机密计划的公函。面对无端怀疑、无礼歧视，钱学森给予了针锋相对的辩驳，也坚决拒绝揭发无辜的同事，并愤然决定从此不再为美国工作，回到自己的祖国。时任美国海军部副部长的金贝尔认为钱学森是全美国最优秀的火箭专家之一，在得悉钱学森回国的心志后，立即打电话告知美国司法部："决不能放走钱，他知道的太多了，我宁可把这家伙枪毙了，也不让他离开美国，因为无论在哪里，他都抵得上五个师。"美国海关以涉及国家秘密为由，非法扣留了钱学森托运回国的全部行李。非法软禁、毫无人道的折磨和迫害接踵而至，令钱学森在短短14天内体重减轻了13.5千克，甚至短暂性失语，无法说话。面对一次又一次的调查，一次又一次的听证会，钱学森从未屈服。在被软禁期间，他以惊人的毅力和超然的心态，把全部精力放到物理力学、工程控制论两个艰深领域的研究中，创下了连续4个月每月完成一篇论文的记录。负责审讯他的检察官审问他："你认为应该为谁效忠？"钱学森答："我是中国人，当然忠于中国人民！"美国人的迫害、拘禁，都没能动摇钱学森回国的意志。在被迫害的5年期间，他从来没有为了所谓的"自由"放弃做人的尊严，从来没有动摇"铁了心回国"的决心，展现了不畏强权、敢于斗争的铮铮铁骨。

高尚的民族自尊心、民族自信心和民族气节，是钱学森一生最显著的精神标识。在回国途中，钱学森对美国记者说出了自己的心声："今后我将竭尽努力，和中国人民一道建设自己的国家，使我的同胞能过上有尊严和幸福的生活。"1991 年，在国家最高领导亲自授予钱学森"国家杰出贡献科学家"荣誉证书的会议上，他动情地说："刚才各位领导讲钱学森如何如何，那都是千千万万人劳动的成果。我本人只是沧海一粟，渺小得很。真正伟大的是中国人民，是中国共产党，是中华人民共和国。"正如江泽民同志对钱学森所做的高度评价："当年钱老冲破重重困难，远涉重洋回归祖国，充分体现了高度的爱国主义精神。现在有些人总觉得外国什么都比中国好，这是妄自菲薄。我们学习钱学森同志，不光要在学术方面，更重要的是在政治品质方面。"

五、面对名利，保持"平和、平静、平淡"

对人平和、对名平静、对利平淡，对身外之物看得透、想得通、放得下，是钱学森对待名利一以贯之的基本态度。

钱学森始终保持平和之心，不恋官位。1957 年，钱学森被任命为国防部第五研究院（简称国防部五院）院长。但为了集中精力思考解决导弹研制中的重大技术问题，钱学森主动提出辞职。3 年后，周恩来总理又代表国务院任命钱老为该研究院副院长。从此钱学森只任副职，由国防部五院副院长到第七机械工业部（简称七机部）副部长，再到国防部国防科学技术委员会（简称国防科委）副主任等，他专注于研究我国国防科技发展的重大技术问题。1986 年，钱学森在方毅、杨尚昆、邓颖超等出面恳请下，才勉强出任科协主席一职。正如钱学森自己所说："我是一名科技人员，不是什么大官，那些官的待遇，我一样也不想要。"

钱学森始终保持平静之气，不图名利。对于别人称自己为"导弹之父"，钱学森说："称我为导弹之父是不科学的。因为导弹卫星工作是'大科学'，是千百人大力协同才搞出来，只算科技负责人就有几百，哪有什么'之父'……所以'导弹之父'是不科学的，不能用。"钱老特别不喜欢对自己进行宣传，尤其是拍电影电视、出版个人传记，他生前一律禁止。他对人说："我还没有死，不宜刊登这类回忆性文字。所以我劝您把文稿收起来，存档，不发表。"钱学森对自己所完成工作的态度是："一切成就归于党，归于集体，我个人只是恰逢其时，做了自己应该做的工作。"宋平同志曾评价，钱老这样说绝不是故作谦虚，而是一个历史唯物主义者发自内心的真实思想。

钱学森晚年甘于平淡，始终恪守"七不"的处世原则：即：不题词、不写序、不参加任何科技成果评审会和鉴定会、不出席"应景"活动、不兼任荣誉性职务、不去外地开会、不上任何名人录。在他去世后，这些原则展示在了由中央批准建立的"钱学森图书馆"的展板上。曾有中央领导在这块展板前驻足良久，发出感慨："一个人要做到这几点还真不太容易啊！"从这些"不"中，我们看到了钱学森不为名利所累的崇高道德境界；也恰恰是因为不为名利所累，钱学森才能在航天和国防事业上做出彪炳史册的历史功绩。

六、战略科学家的"七商"模型

通过对钱学森人生历程进行分析，我们初步总结了七个影响战略科学家形成的指标，我们称之为"七商模型"：

一是健商，面对繁重艰巨的任务，拥有强健体魄无疑是战略科学家自身发展的必备前提。二是智商，包括遗传基础、教育程度、观察能力、思维能力、记忆力、应变力、想象力、理解力、表达力九要素。三是知商，包括知识获取能力、知识存储量、知识运作能力三个要素。四是情商，包括情绪认知能力、情绪表达能力、情绪运用能力、情绪控制与调节能力四个要素，高情商的科技创新主体情绪状态良好，影响着对科技创新活动认识的客观性，使人能够协调好关系，改善创新环境，促进整体创新能力的提高。五是意商，包括个人独立程度、对待事物主动性、自身行为把控能力、自信程度、决策执行力、抗压能力六个要素。六是德商，包括社会责任感、奉献精神、敬业程度、诚信水平四个要素，公平、公正的处事原则及勤勉、踏实的工作作风，是一名合格的科技创新人才必备的品质。七是位商，这是指迅速准确判断自身在社会中所处地位，并恰当制定出阶段奋斗目标的决策能力。拥有良好位商是搞好团体协作的重要前提。

"作为伟大的科学家，钱学森属于 20 世纪；作为伟大的思想家，钱学森属于 21 世纪"。如果说，钱学森为代表的是中华人民共和国第一代科学家，胸怀的是"中国人站起来"的民族自尊心，那么今天，我们和下一代身上，激荡的更多是"赶超跨越、引领世界"的民族自信心。"江山代有才人出，各领风骚数百年"，让我们不忘初心、坚定信心，传承钱学森智慧和精神，迎接战略科学家辈出的时代，照亮民族复兴的伟大征途！

运用钱学森系统科学思想
从更高起点谋划科技兴军的未来

薛惠锋

党的十九大报告提出"全面建成世界一流军队"的宏伟目标，明确了"军队是要准备打仗的，一切工作都必须坚持战斗力标准，向能打仗、打胜仗聚焦"。克劳塞维茨的《战争论》有句名言，"战争无非是政治通过另一种手段的继续"。政治决定战争、产生战争、操纵战争，并贯穿于战争始终，而政治恰恰是"价值观"的最高体现，即《孙子兵法》所说的"道"："道者，令民与上同意也，故可以与之死，可以与之生，而不畏危"。意思是在政治上，民众与国家思想一致，这样全民就能不畏艰险、不避危难，与国家生死与共。落实好党的十九大关于"有效塑造态势、管控危机、遏制战争、打赢战争"的要求，必须从文明冲突的高度、国民一致的角度，把握军事力量与非军力量、精神力量与物质力量、战争实力与战争潜力，才能设计未来、决胜未来，达到不战而屈、不战而止、以小战赢得全胜的目的。

纵观国际大势，我们面临着"三大中心"主导的霸权体系。工业革命之后，西方国家率先实现现代化，确立了在世界体系中的支配地位，通过暴力掠夺、殖民征服，凭借经济科技优势，从中获得巨大利益。广大发展中国家被动卷入了资本主义世界体系，在这一体系中处于被支配的地位，长期锁定于不发达状态。特别是第二次世界大战之后，美国在政治上操纵"联合国"，在经济上维护以美元为中心的世界金融体系，在经贸上控制以 WTO 为中心的世界贸易体系，建立了的以美国为中心世界政治和军事体系。一些国家一味要求发展中国家全面开放市场，自己却信奉国家利己主义。全球范围的阶级对立、贫富分化、失业浪潮、生产过剩、生态灾难、金融动荡日益严重，并通过世界性的经济危机集中爆发出来。正如习近平总书记指出的，当今世界经济存在的三大突出矛盾没有得到有效解决：一是全球增长动能不足，难以支撑世界经济持续稳定增长；二是全球经济治理滞后，难以适应世界经济新变化；三是全球发展失衡，难以满足人们对美好生活的期待。

审视安全形势，我们面临着"三大特性"交叠的军事压力。一是大国军事对抗加剧，更加趋向"进攻性"。例如，美国提出"一体化军事战略"，以强化美全球联盟伙伴网络为基础，以威慑、拒止和击败国家对手。在欧洲加强威慑，联合盟友沿波罗的海至黑海一线，与俄国持续开展军事对峙；在中东不断增兵，与俄国大打"代理人战争"；在亚太构建网络，推动"再平衡"战略，加强高端战力部署，编织以美日为核心，以韩澳为补充，以越南、印尼、印度为外围的亚太安全网络。二是深化国防军队改革，更加突出"联合性"。例如，美国明确了联合参谋部在"跨地区、跨领域、跨职能"范围内的战略规划职能，以解决各地区和职能司令部缺乏全局视野等问题。俄罗斯完善战区军地联合作战指挥体制，提出在战时统筹将军区、内务部、联邦安全总局、国民近卫军的部队，统一受军区司令指挥。三是着力加大国防投入，更加彰显"竞争性"。美国、俄罗斯、北约的欧洲成员国纷纷扩大军费开支，并着力提高装备科研费和采办费用的比重。

上述"三大中心""三大特性"的制约，要求我们必须在国际形势的大变局中、民族复兴的大目标下，把握世界大国军事战略取向、斗争态势、力量对比、战争形态的变化。

从客观规律上看，战争形态日益呈现出"战争目的有限化、战争面貌无人化、战争空间全维化、战争实施精确化、战争力量一体化"的特点。

审视一流强国，美国已提出过三次"抵消战略"。第一次，是20世纪50年代的核优势抵消苏联的常规力量优势；第二次，是20世纪70年代起，以信息技术和精确打击来打破美苏核均势；第三次，美国担心中国的追赶超越，建成类似于美国的全球精确打击体系，推出了以"智能化战争"为特点的"第三次抵消战略"。美国军方面对"四大挑战"，即美军海外基地越来越容易遭受攻击、大型舰艇越来越容易被跟踪与打击、非隐形战机越来越容易被击落；太空目标越来越容易遭受打击，提出了"构建全球监视与打击（GSS）网络"，希望在无人作战、远程空中作战、隐形空中作战、水下作战复杂系统工程集成和作战五个领域，保持绝对领先地位。

"第三次抵消战略"，抵消什么？我理解，就是在双方战争实力相当，甚至让你一个"车、马、炮"的情况下，依靠智能化的手段，仍然能够取胜。在世界上大多数国家仍然在补第二次抵消战略的课的时候，美国人已在设计未来的战争了。

"一流的军队设计战争；二流的军队应对战争。"我们绝不能用过去的对手、今天的理论，设计明天的战争。只有以战争设计实现战争制胜，才能做未来战争的洞见者、游戏规则的制定者，才能让军民一体、国民一致、不避艰险、敢于打仗，永远立于不败之地。

一、"六个之问"催生"战胜之核"

大家知道，钱学森是中国航天的奠基人。但是，大家可能不熟悉的是，钱学森作为哥廷根学派的重要传承者，为美军成为世界一流军队发挥了不可替代的关键作用。20 世纪，服务于德国的普朗特是哥廷根应用力学学派的创始人之一；普朗特最杰出的学生冯·卡门把应用力学从德国带到了美国，使哥廷根学派传承和发扬光大；钱学森来到空气动力学大师冯·卡门的门下，成为哥廷根学派的传承者。他作为火箭的创始人之一，促进了火箭喷气推进技术在航空领域的应用。1941 年，他与加州理工学院的同事一道，成功研制了火箭助推重型轰炸机起飞的装置，为第二次世界大战的胜利做出了贡献。他作为航天飞机的创始人之一，提出"火箭客机"的概念。他在 1949 年所作的题为《火箭作为高速运载工具的前景》报告，在美国取得了空前轰动效应，为世界上首个航天飞机的诞生奠定了理论基础。他作为"物理力学"的创始人，提出了这一引领量子力学、应用力学、原子力学发展的全新学科，并主导完成了大量开创性工作。他作为"工程控制论"的提出人，创造性地将控制论、运筹学、信息论结合起来，为钱学森系统工程的诞生奠定了基础。尤为重要的是，1945 年，钱学森作为美国国防部 34 人"科学咨询团"的重要成员，而且是唯一的非美国籍成员，执笔撰写了《迈向新高度》报告 13 卷中的 7卷，以及大部分的技术附录。这一报告勾画了美国火箭、导弹、飞机未来 50 年的发展蓝图，被誉为"奠定美国在军事领域绝对领先地位的基础理论之作"。时任美国陆军航空兵司令亨利·阿诺德专门致信钱学森，对其杰出贡献给予了充分肯定与赞扬。后来，曾准确预测抗美援朝、苏联解体的顶级智库兰德公司，即肇始于钱学森所在的国防部科学咨询团。可以说，钱学森不仅是导弹和航天飞机的创始人之一，也是现代智库的创始人之一。钱老早期的重要著作《工程控制论》，虽然艰深难懂，但不乏许多颠覆性的思想，例如，"用不完全可靠的元件能够组成高可靠的系统"，被认为是现代系统科学发展的开山之作，引起了世界科技界、哲学界的广泛关注，被译为多种文字。1960 年召开的国际自动控制联合会代表大会上，与会代表齐声朗诵《工程控制论》序言中的名句，以表达对钱老的敬意。

1955 年，钱学森历尽艰辛，排除万难，回到祖国怀抱。本想致力于学术研究的他，面对党的嘱托和人民的期盼，毫不犹豫肩负起了航天事业领导者、规划者、实施者的多重使命。他推动了我国导弹核武器发展从无到有、从弱到强，让一个缺钙的民族挺直了脊梁。1960 年至 1964 年，他指导设计了我国第一枚液体探空火箭发射，组织了我国第一枚近程地地导弹发射试验，组织了我国第一枚改进后中近程地地导弹飞行试验。1966 年，他作为技术总负责，组织实施了我国第一次"两弹结合"试验。1980 年到 1984 年，他参与组织领导了我国洲际导弹第一次全程飞行、第一次潜艇水下发射导弹，实现我国国防尖端技术的前所未有的重大新突破。他推动了中国航天从导弹武器时代进入宇航时代，让茫茫太空有了中国人的声音。在 1970 年 4 月，他牵头组织实施了我国第一颗人造地球卫星发射任务，打开了中国人的宇航时代，开启了中国人开发太空、利用太空的伟大征程。他最早推动了中国载人航天的研究与探索，为后来的成功作了至关重要的理论准备和技术奠基。1970年，中央批准了"714"工程，钱学森作为工程的技术负责人，一手抓"曙光号"载人飞船的设计和运载火箭研制，一手抓宇宙医学工程和航天员选拔培训。尽管由于各种原因，"714"工程后来终止了，但在他主导下保留的航天员训练中心，为后来载人航天接续发展、快速成功，起到了不可替代的关键作用。

1991年，国务院、中央军委授予钱学森"国家杰出贡献科学家"荣誉称号。这是共和国历史上，授予中国科学家的最高荣誉，而钱学森是这一荣誉迄今为止唯一的获得者。授予钱学森这个奖，是聂荣臻最早提议的，因为钱学森的导师冯·卡门，作为美国近代以来的最伟大的战略科学家，在美国白宫接受总统授予的美国最高科学奖。在领奖时，冯·卡门已经80多岁了，美国总统上前搀扶他，他把总统的手推开，并说："我是在走下坡路，走下坡路是不用人搀扶的"。十天后，冯·卡门就去世了。中央授予钱学森这个奖，就是让他跟他导师享有同等的声誉。因为，他1955年回国的时候，冯·卡门已经明确地告诉钱学森，"你在学术上已经超过了我。"

我们可以回溯历史，从一些影响世界历史进程的6个"一问一答"中，去读懂钱学森从一个"科学家"到"思想家"的蜕变，找到设计未来战争的理论之源。

（一）"战胜之问"，发美国导弹之先声

第二次世界大战期间的1944年，英国伦敦的周边突然响起巨大爆炸声，且爆炸大都发生在交通高峰时段。人们惊恐的是，并没有看到德军的轰炸机的身影，便纷纷猜测，德国到底发明了什么样的秘密武器。伦敦接连几天持续不断的爆炸声、惊叫声、哭泣声，让盟军一方无时无刻不绷紧了神经。随后美国情报人员获悉，在伦敦上空嗡嗡作响的庞然大物，是德国工程技术人员早在1936年就开始研制的导弹，目前已经成功研制了V1、V2两种型号。于是，美国陆军航空兵司令亨利·阿诺德将军立即请美国著名的空气动力学专家冯·卡门进行研究，并问道："我们如何才能在武器上超越德国，确保战争的胜利？"冯·卡门把这个任务交给了他的学生钱学森、马林纳等。在仔细分析了有关情报的基础上，钱学森等临危受命，研究起草了题为《关于远程火箭运载器的评价和初步分析》的报告。通过缜密研究，钱学森等结合美国的科技水平，给出了"一枚起飞重量4.5t的液体导弹最大射程能达到120km"的精确定量结果，并指出美国应立即着手制订远程导弹发展计划。最终，五角大楼十分认同这份报告，并支持扩建冯·卡门、钱学森等领衔的加州理工学院"喷气推进实验室（JPL）"。在这个实验室，开启了美国最早的导弹计

划，"列兵""下士""中士"系列导弹相继诞生。钱学森等推动了美国的火箭、导弹技术迅速发展，并且为美国航天事业的发展奠定了物质和技术基础。

(二)"导弹之问"，开国防工业之先河

1955年，钱学森历尽艰辛，排除万难，回到祖国。在归国路上，他满怀深情地说："我将竭尽努力，和中国人民一道建设自己的国家，使我的同胞能过上有尊严和幸福的生活"。钱学森归国后，中央即安排他考察我国工业基础最雄厚的东北，目的就是请他研究我国发展导弹武器的可能性。当时，哈军工的校长陈赓大将问他："我们中国人能不能搞导弹？"他坚定地回答："有什么不能的？外国人能造出来的，我们中国人同样能造出来。"实际上，通过这次考察，他认识到我国的工业基础是十分落后的，知道在当时的条件下进行导弹等尖端技术的研制，即使在人类科技史上也是十分罕见的。本想在回国后致力于学术研究的他，面对党的嘱托和人民的期盼，面对缺钱、缺人、缺技术的困境，他以"泰山压顶不弯腰"的担当铁肩，毅然肩负起常人难以承担、不敢承担的重任，担当起航天事业领导者、规划者、实施者的多重使命。事实证明，他不辱使命、不负重托，在经济一穷二白、工业基础薄弱、科研条件落后，甚至没有第二个人搞过航天的情况下，带领千军万马，攻克了一个又一个的科学难题、技术难题、管理难题，创造了"导弹实现中国造""两弹结合震苍穹""太空高挂中国星"的中国奇迹，让全世界不得不尊重中国人的声音，让一个缺钙的民族从此挺起了脊梁。我认为，钱学森归国之后的第二年——1956年，是中国国防科技工业的元年，我国开始以国家意志、动员全国力量，发展导弹、火箭等技术为代表的国防科技工业。在此之前，中国的国防科技工业仅局限于常规武器方面，而且规模不大。钱学森正是中国国防科技工业的"开先河者"。

(三)"空天之问"，做两弹结合之先锋

1956年2月17日，钱老向周恩来提交《建立我国国防航空工业的意见书》，从方向性、引领性、全局性的高度，认为应当先发展导弹。钱学森的意见，受到了空军司令刘亚楼等许多军方高层的强烈质疑。他们认为，抗美援朝战场的一个很大的教训就是，必须掌握制空权，必须发展航空工业。为解决这个争议性巨大的问题，周恩来主持召开军委扩大会议，让钱学森与中华人民共和国的将帅们展开讨论，中心议题就是为什么中国要优先选择发展火箭导弹而不是战斗机？钱学森面对当时一些将帅的质疑，给出了令人信服的回答：飞机与导弹最大的不同，就是具备"有人参与"的特性，而一旦涉及人的

因素，就是开放的复杂巨系统，这对技术水平、工业基础、综合国力的要求和代价，要比发展导弹高得多。飞机有人驾驶，而且需要反复使用，各个部件都必须过关才能保证安全。导弹就不同了，它是自动寻找目标，而且是一次性使用，即使我们工业落后，不能确保每一个部件是最好的，但根据系统工程原理，把一般的部件组合起来，同样能达到很好的效果。这是钱学森早期著作《工程控制论》中，已经阐明的具有颠覆性意义的系统工程原理。这也是为何一代战斗机的研制周期，发达国家是 10 年，形成武器列装到部队，需要 15 年。发达国家尚且如此，我国工业薄弱，能设计不能生产，能生产不能制造，大量的仪器仪表、电子元器件以及配套的雷达等，都难以保证。15 年的周期肯定不够！即使解决了这些，以我国的经济实力，大批量生产也不现实。正是为此，钱学森认为，可以得出优先发展导弹的高性价比：导弹的投入主要集中在科研、试验上，一旦研制成功，国家再穷，生产一部分应该不是问题。即使从战争角度看，导弹不仅对地面，也可以对空中、海上来犯之敌进行有效打击，在我国空军、海军还很弱的情况下，选择从导弹上突破，不失为一条捷径。应当说，当时的决策层和钱学森都是务实的。仅凭中国当时的经济实力、工业水平和制造能力，短时间内大批量造出飞机并入列部队用于实战，的确很难做到。于是，中央做出了研制"两弹"的战略决策。事实证明，这个决策是对的，"两弹"全面成功，为我国赢得了长期以来和平、发展、稳定的大环境。

（四）"风洞之问"，抢太空探索之先机

大家知道，空气动力学是航空航天的理论基础，起着举足轻重的"先行官"作用。中国空气动力学的发展，同样与钱学森紧密相连。早在 1957 年，钱学森就以高瞻远瞩的战略远见，指示有关人员起草了中国第一份航天空气动力学实验基地建设规划，其中包括 16 座各种类型和尺寸的风洞。在钱学森的关心下，中国最大规模的空气动力试验基地——"中国空气动力研究与发展中心"在四川绵阳建成。然而，1985 年 10 月，大裁军开始了。在这个大形势下，国防科学技术工业委员会（简称国防科工委）的领导决定从绵阳的气动中心开始，研究机构面临精简甚至裁撤的可能性。理由无非两条：一是不影响当前紧急任务，二是气动中心耗电量过大，影响当地的国民经济建设。由于存在很大争议，中央经反复讨论仍没有决定。在一次会议之后，邓小平请钱学森留下，与他探讨风洞建设问题。邓小平问：有人提出，计算机发展到今天，气动性能可以用计算机模拟的方法来求解，是不是就不需要风洞了？钱学森答：是有这种可能。但计算机的速度目前还达不到这个地步。即便是将来计算速度和软件技术提高，风洞试验还是需要的，要看看计算的模拟结果符不符合试验的结果。邓小平问：听说由于气动中心吹风需要大量

电能，已经影响到西南地区的工业生产了？钱学森答：如果我们走美、苏研制航天飞机的高马赫数、高雷诺数的路子，确实存在这个问题，可能影响到整个城市的用电；但我们不主张走美、苏大型风洞的路子，而是发展激波风洞、走短脉冲的道路，以节约投资和电能；而且，风洞开机的时间仅占很小的一部分，只要不做试验，就可以不用电能，不影响当地的工业生产。钱学森的一席话，打消了中央疑虑，对气动中心的"免死"起到了关键作用。而正是由于气动中心的保留，使得中国气动试验没有出现"青黄不接"的局面，使后来大型航天器的研制具备了先进的试验条件、奠定了坚实的理论基础，保障我国太空探索在国际上占据了应有的位置。

（五）"机船之问"，开载人航天之先路

1989 年，面对航天领导层关于发展"航天飞机"还是"宇宙飞船"的战略之争，尽管他早已不在一线领导岗位，别人就载人航天方案征求他意见时，他写下了"应将飞船方案也报中央"，这掷地有声、字字千钧的 10 个字，再次为航天事业提供了最科学的方案。用他后来的话说，就是"如果要搞载人，那么用简单的方法走一段路，保持发言权"。以当时的国力和技术，航天飞机技术仍旧过于复杂和先进，如果选择"航天飞机"的道路，中国载人航天不会在这样短的时间取得举世瞩目的成就，中国也不会拥有世界航天大国的话语权。当时的钱老虽然已经不在领导岗位，虽然不能直接做出决策，但却为决策提供了最科学的方案，又一次在决定航天命运的关键时刻，发挥了别人无法替代的关键作用。支持"飞船方案"，不是随意为之，而是钱学森在总结历史、把握国情、统筹远近、权衡利弊的基础上，做出的正确战略判断。

（六）"期盼之问"，做系统工程之先驱

周恩来总理调研航天时，曾对钱学森说："学森同志，你们那套方法能否介绍到全国其他行业去，让他们也学学？"李克强总理在参观中国航天时，也表达了同样的看法。两位不同时代的总理，来到航天都感到有成就、有办法，感到腰杆能挺直，感到有必要把航天的系统工程应用到经济和社会的各方面。钱学森一直牢记周恩来总理的嘱托，在晚年重回学术理论研究，开启了"创建系统学"的探索。系统工程的"中国学派"，就是钱学森学派，它形成了系统科学的完备体系，倡导开放的复杂巨系统研究，并以社会系统为应用研究的主要对象，并取得了经世致用的效果。他多次建议中央建立国民经济社会发展"总体设计部"，甚至在他临去世的前几天还念念不忘，感叹国家总体设计部在 20

世纪未能实现，可能要到 21 世纪的某个时期才能实现了。这成为永远的"钱学森之憾"。今天，系统工程思想得到了党和国家前所未有的高度重视。中央多次强调："改革开放是一个系统工程""更加注重改革的系统性、整体性、协同性""全面推进依法治国是一个系统工程""实施创新驱动发展战略是一个系统工程"。特别是中央全面深化改革领导小组的建立，国民经济和社会发展"总体设计部"的构想，已经由蓝图变为了现实。钱学森一生谦恭、从不自诩，但对系统工程、总体设计部思想，钱学森十分自豪地称之为"中国人的发明""前无古人的方法""是我们的命根子"。

二、"三层布局"铺就"战胜之路"

我们运用钱学森系统工程思想，围绕党的十九大提出的"全面建成世界一流军队"的宏伟目标，聚焦"能打仗、打胜仗"的要求，力争从贯通古今的高度、席卷天地的广度、纵横捭阖的深度，从战略、战役、战术三个方面，为建设世界一流军队、打赢现代化战争提供高质量的智力支持。

（一）战略上：总体谋胜，实现未动先胜

军事系统绝非一个孤立的系统，而与政治、经济、外交、文化密切相关，是个空前开放的复杂巨系统。

早在一个世纪前，德国军事家鲁登道夫即认为，军队和人民已经融为一体，要想分清哪些属于陆海军的范围，哪些属于人民的范围，是极为困难的事情。《中国的军事战略》也指出，拓展人民战争的内容和方式方法，推动战争动员以人力动员为主向、以科技动员为主转变。党的十九大报告要求，构建一体化的国家战略体系和能力。战争制胜机理由军事体系的对抗，向以国家整体实力为基础的"军事—经济—社会"综合较量演进。因此，军事系统工程运行目标是整体取胜，从空间和时间的整体上，对政治、军事、经济、外交等各个领域的系统进行全面考察，最大限度争取最佳效果、获取战争利益。

为支撑党中央统揽军民、运筹全局，实现"庙算者胜"，需要运用钱学森智库的精髓——总体设计部。早在 2500 多年前，《孙子兵法》就有"庙算"之说，强调"夫未战而庙算胜者，得算多也；未战而庙算不胜，得算少也。多算胜，少算不胜，而况于无算乎！"体现了最高决策层的战略运筹对于战争胜利的不可替代作用。信息化战争时代，军事决策的环境、任务和手段都发生深刻变化，但"庙算"的作用没有变。钱学森认为，军事系统也是一类社会系统，能够运用系统工程的方法进行研究和管理。然而，由于

"人的因素"的介入，以及国与国之间的你死我活对抗性矛盾，使得军事系统的组成、结构、行为、演变更加复杂，体现出"战争的迷雾""战争中的偶然性""战争结果的不可重复性"。钱学森通过总结大型航天工程的总体设计部运用经验，针对军事系统激烈的对抗性、高度的不确定性、变化的快速性，提出了"作战模拟"和"作战实验室"的概念。他说，"研究军事和战争的问题不能局限于还原论的方法，必须采用整体论和还原论相结合的系统论的方法"。钱学森提出，要利用模拟作战环境，进行策略和计划的实验，检验策略和计划的缺陷，预测策略和计划的效果，评估武器系统的效能，启发新的作战思想，并认为这是"军事科学研究划时代的革新""一支现代化的军队所必须掌握的"。

用总体设计部筹划打赢未来战争，离不开"从定性到定量的综合集成研讨厅体系"这一根本。20 世纪 80 年代末到 90 年代初，结合现代信息技术的发展，钱学森先后提出"从定性到定量综合集成方法"及其实践形式"从定性到定量综合集成研讨厅体系"，使总体设计部有了一套可以操作且行之有效的方法体系和实践方式。这套体系使得"跨军民、跨地域、跨层级、跨系统、跨部门、跨行业"综合集成与统筹设计成为可能，不仅可以用于经济建设，还可以用在国防和军事上，根据国家的政治目标，了解国际国内的形势，分析可选择的作战方案，考虑敌人可能做出的各种反应，选择最可能取胜的方案。这是"钱学森智库"在军事领域的重要实践，也是从战略层次设计未来战争的科学工具。

（二）战役上：以天制胜，实现不战而胜

地球是人类的摇篮，但人类不会永远生活在摇篮，必将挣脱引力束缚，开创全新的太空文明。自 1957 年，人类第一颗人造地球卫星发射，宇宙空间就成为陆地、海洋、空中之后，人类足迹到达的新疆域。当前，全球共有 12 个国家具备航天发射能力，1400 多颗卫星在轨道上正常运行，250 多名宇航员曾经在太空生活和工作，人类已把探索的触角延伸到太阳系的八大行星。今年 10 月，美国政府宣布将重启登月计划，把月球作为火星及其以远载人探索的跳板，从而巩固其作为第一航天强国、科技强国的领先地位。与此同时，各国经济、政治对太空的依赖性都与日俱增。有人统计，如果全球 70 亿人都过上美国人的生活，需要 4.5 个地球的资源。太空得天独厚的位置资源、理想洁净的环境资源、取之不尽的矿产资源，已经使其成为各方追逐、竞相掌控的目标。今天的航天与数百年前的航海一样，是人类探索未知世界、拓展生存空间的历史必然，一定会深刻改变世界的政治版图、地缘格局、社会形态。航天不仅是一个行业，而是人类文明迈向新纪元的一扇窗口。实现星际航行，开发高远深空，是人类永续发展的必由之路。

"善攻者动于九天之上"，"制天权"在很大程度上决定了未来战争的主导权。随着人

类进入空间、利用空间步伐的加快，军事领域也不可逆转的向前延伸，由陆地、海洋、空中扩展到太空。美俄为首的军事强国正纷纷加大太空军事力量部署，完善人员编成，形成新的太空控制战军事学说，试图牢牢把握未来战争的主动权和主导权。美国政府认为，"太空已沦为战场，对手正迅速发展对其太空基础设施攻击的能力"，并且担忧："防守必须每次成功，而对手的（攻击）只需成功一次"。美国政府提出：必须像在地球上一样占据统治地位，必须发展和彰显太空实力。美国的太空慑战理论不断创新，提出"积极防御""有限太空战""构建三位一体国家安全太空防御体系"等新理论。美国国家安全中心发布《从庇护所到战场：美国太空防御与威慑战略框架》，提出了太空有限冲突框架。美国国防部修订版《国防部太空政策指令》指令，总结性地提出了美军未来太空威慑与实战并举的发展思路。近年来，美国持续组织"施里弗演习""太空旗帜军事演习""太空态势感知演习"等军演，着力提高太空攻防对抗能力。面向未来，美军将更加聚焦天基系统支持多域作战的能力，更加强化太空攻防对抗的实战能力，更加注重发挥军民结合的优势。太空力量从冷战时的后台走向当今战争的前台，全面渗透到训练和作战的方方面面。谁夺取了制天权，谁就可以居高临下控制其他战场，对陆地、海洋、空中、极地、网络等进行全方位的威慑，牢牢掌握未来战争的主动权。

（三）战术上：变革求胜，实现百战百胜

未来信息化战争中，信息主导贯穿于作战指挥的全过程，最为突出的特点是："数据流牵引指挥流"，大大缩短"侦察—评估—决策—行动"周期，这根本上依赖天基系统的信息支援。掌握信息优势，不仅是作战制胜的关键要素，也是一国政治、经济、科技实力的体现；不仅取决于进入空间、利用空间的能力，也需要广域态势感知、大数据分析处理、联合筹划决策、精确指挥控制、实时效果评估技术的跟进。这使未来作战空间呈现出一体、联合、全维、实时、透明等特点。

一是"一体化联合作战"。统筹各军兵种联合作战力量，依托一体化的指挥控制系统，以战场信息实时共享为主要标志，实施精确、高效的快速作战。未来一体化联合作战的发展重点解决以下问题：构建以"互联互通互操作"为基点的高效能指挥控制系统；研发"精确、智能、高效"为主导的武器装备；建设以"轻型、模块、多能"为目标的一体化部队。

二是"全维化信息作战"。战争重心将发生转移，不再以消灭敌人的有生力量为主要目标，而是转向首先打击敌人的指挥控制系统，切断敌军的"信息流"，削弱敌军战斗力，瓦解敌军战斗意志，瘫痪敌方整个战争机器。信息化战争中的信息作战将渗透于陆、

海、空、天等多维战场之中。

三是"跨域化协同作战"。实现太空、网络空间与传统陆海空战场深度融合。它不同于传统的"以域制域"方法，而是深度融合陆、海、空、天、网电、认知六大作战域各种作战能力；形成分布式跨域指挥控制、全域情报融合与共享、多战线独立机动和部署、主被动结合防护重点目标、跨战区全球保障等多种能力，推动"战略—战役—战术"层的深度跨域融合。

四是"人机化智慧作战"。计算机科学、神经生物学等学科的不断交叉融合，将极大地推动"精神力量"和"物质力量"的高度融合，把机器的逻辑思维优势、人类的形象思维优势有机结合在一起，创造比人类和机器都要高明的智慧系统，通过"思维战"带动战争模式发生颠覆性的变化。

三、"三个跨越"锤炼"战胜之技"

如何应对美国的"第三次抵消战略"，在双方战争实力相当，或者我方实力稍逊于人的情况下，以智慧化运筹，实现以小战取得大胜？20世纪80年代，钱学森就结合现代信息技术的发展，为获取"人机结合、人网结合、以人为主"的最高层次的智慧指明了方向。其实质是把机器的逻辑思维优势、人类的形象思维、创造思维优势有机结合在一起，把数据、信息、知识、机器体系有机结合起来，构成一个高度智慧化的"新人类"，实现"算法制胜、机器主战"的目标，为"天下武功，唯快不破"打上一个现代化的注脚。

(一) 从运筹到行动："算法制胜"

建设智能化的体系装备和智能武器，它们必须像人一样有眼睛、耳朵、鼻子那样的多种形式的传感器，能够智能化识别敌人的目标；要像阿尔法狗那样，脑子里装满了各种先验的最佳路径的棋谱和战法，能根据敌人的兵力部署、可能的作战想定，迅速地给出最佳的应对策略，而且算无遗漏。未来战争的复杂性、快速性、不可预测性，使得若干参谋人员商议决定策略的传统做法跟不上作战需要，必须遵循"算法制胜、棋谱制胜"的逻辑。

(二) 从未来到现在："机器主战"

"机在前，人在后，机器主战，人机结合"的模式，是突破人类生理极限、精神与物质无缝连接，实现"想怎么打，就怎么打"的根本途径。设计者本人无法赢得李世石（韩国棋手），但是阿尔法狗能赢得李世石，这就是智能化的机器。智能化的武器装备，不但能够超越人类心理、生理的限制，比人类更加勇敢、坚强，而且，可以比人类更加科学、有效地作战。过去只存在于科幻小说中的"脑控武器"，正在变为活生生的现实。美国国防部高级研究计划局（DARPA）实施的"阿凡达"计划，就是仰仗一种脑机接口技术（BCI），利用"脑-机"接口扩展人类机能，以实现大脑活动直接控制机器，这将大大改变未来战争面貌。我们的使命就是研究设计制造出智慧化的战争机器。一部人类进步的历史，就是人类生产力机器（工具）进步的历史。

（三）从体系到要素："四可两抗"

要运用系统工程方法，谋取全局最优、推动综合提升，助推军事系统各领域、各环节、各要素的良性互动与协调配合，构建"四可、两抗"的开放式体系架构。一是"可控制"，各种侦察、打击资源可按需调整布局，如卫星变轨、变位、无人机变更航线、雷达变频，导弹变更轨迹，海、陆、空火力相互替代打击等；二是可扩展：各种局部体系网络可以按照协议、标准相互连接，各种体系要素、各种资源可以按需接入网络；三是可重构：体系受损后，体系中枢可以自己检测发现，并及时提出修复、补充方案，或者收缩后重构，继续支撑作战；四是可升级：技术进步后经改造可以提升体系运行支持能力，不推倒重来，向下兼容；五是抗打击：体系网络装备受损后，可以像侦察与火力打击装备一样，由同构产品补位、运行；六是抗干扰：各种侦察和火力打击装备要能够智能化识别敌我，识别敌方装备类型、性质、真假目标、干扰性质，采取应对措施。

四、"六大体系"筑牢"战胜之基"

中国航天系统科学与工程研究院（中国航天第十二研究院，简称系统院）是钱学森系统工程思想的重要传承者，是"钱学森智库"的第一践行者。1986年，钱学森在系统院的前身之一——航天710所开办了轰动国内外的"系统学讨论班"，完善了系统工程的"中国学派"，推动了人类认识客观世界的前所未有的重大飞跃。钱学森为系统院打造了一整套智库方法工具体系，铸就了"从定性到定量的综合集成研讨厅"体系框架，运用"人机结合、人网结合、以人为主"的先进理念，形成了"专家体系、知识体系、机器体系"相互融合的钱学森智库基础设施。系统院及其前身始终高举钱学森系统工程的大旗，在"三大体系"的基础上，完善形成了"六大体系、两个平台"，即"思想库体系、数据情报体系、网络和信息化体系、模型体系、专家体系、决策支持体系，以及机器平台、指挥控制平台。"这套体系在国民经济和社会发展的重大问题决策中，发挥了重要作用，提供了有力支持。无论是"载人航天飞船方案"的提出，还是"国家民用空间基础设施发展规划"的研究论证；无论是《中国的航天白皮书》，还是多个航天发展五年规划，系统院及其前身都发挥了重要支撑作用；特别是在宏观经济和人口问题方面，系统院为一系列重大政策制定提供了科学、管用的支持，并因此获得国家科学技术进步奖一等奖。钱学森开创、系统院发展形成的"六大体系、两个平台"，是系统院服务国家治理体系和治理能力现代化、服务于世界一流军队建设的底气所在。

新的历史时期，中央高瞻远瞩，进一步提升了系统工程在国家治理体系中的战略地位，赋予了系统院三大使命："建设钱学森智库"，就是用好系统工程为核心的智库基础设施体系，力争成为党、政、军、企的智库总体，为航天强国建设，为国家治理体系和治理能力的现代化，发挥不可替代的关键作用。"支撑航天、服务国家"，就是发挥好航天"智库总体、情报总体、数据总体、网信总体、军民融合产业化平台推进总体"的作用，同时积极服务国民经济和社会发展的需要。"成为军民融合产业平台建设抓总单位"，就是发挥好太空领域军民融合促进中心作用，面向全国各地需要建设军民融合产业平台，推动航天和国防技术转化和产业化。

系统院围绕着"三大使命"，打造了"钱学森业态""智慧业态""军民融合业态""军工业态"四大业态。一是"钱学森业态"。紧紧抓住系统工程这个中国人的"命根子"，以"钱学森综合集成研讨厅"为实体，以"钱学森论坛"为"扬声器"，以第五次、第六次、第七次产业革命为实践载体，用"中国理论"回答"中国问题"、用"中国智慧"提供"中国方案"。二是"智慧业态"。就是以"星融网"为核心架构，以"天地一体、万物互联"为基础，以"网络主权、数据主权"为保障，以"物理、信息、知识、智能到智慧"的"梯级涌现"为特色，做网络空间命运共同体的主导者和领跑者。三是"军民融合业态"。系统院汇聚了航天领域近4万项专利技术以及延伸到国防领域的近17万项专利技术，以"需求牵引、政府搭台、航天推进、企业唱戏、基金跟随、民众受益"为思路，建设专业化的技术交易、成果转化、资本积聚、产业孵化平台。党的十九大召开前，"砥砺奋进的五年"大型成就展，对系统院组织的"中国军民两用技术创新应用大赛"的成果，这是中央对系统院军民融合产业平台建设总体地位的高度认可。四是"军工业态"。在武器装备信息化、"低慢小"目标探测防控、态势感知与指挥控制、军工智能制造、军用软件评测、信息安全保障等方面，形成了独有品牌。

系统院运用钱学森智库"六大体系、两个平台"，面向世界一流军队建设和打赢未来战争，提出了一整套战斗力生成方案。

（一）战略思想上，实现"登高望远"

思想库体系是"灵魂"，为复杂问题的分析提供哲学思想及理论指导，以系统论思想为"总钥匙"，集古今中外、天地四方之思想大成。

系统院发挥思想库的战略规划优势，为军队重大决策问题提供了战略思想的支撑。系统院形成的航天强国发展战略研究成果获习近平、李克强、张高丽、马凯批示，并在中央政治局会议上，被习近平总书记两度提及；某装备体系、航天领域技术创新等研究成果获军委首长高度重视并回函，有的上报习主席，获得高度肯定。

（二）战争情报上，实现"拨云见日"

数据情报体系是"五官"，为决策提供不同渠道的"快、新、精、准、全"的信息输入，并分析处理，为决策提供"真实性、一致性、准确性、完整性"的数据源。

系统院拥有的"国防情报大数据分析与可视化平台""分层决策支持系统"等一系列情报系统，形成了"从数据到决策"的知识发现、情报获取、仿真推演、效能评估能力。近年来，系统院科技情报产品以专报形式报送中央办公厅、国务院办公厅、中央军委办公厅累计超过200次，获各级领导批示超千条。以日报、月报、年报等多种形式，打造了多种具有较大知名度和影响力的国防科技情报品牌，获得党和国家领导人的高度关注。

（三）战争态势上，实现"耳聪目明"

网络和信息化体系是"神经"，通过建立赛博空间信息高速公路，打造"天空地一体化"的态势感知体系，融合联通万物，实现"物理空间"到"数据空间"的精准映射。

系统院构建的"星融网"的架构体系，直接促进了"鸿雁工程"的立项，致力于替代主权不在我的互联网，在战略上，以"制天权"保障"制网权"，以"制网权"掌控"制数权"，以"制数权"获取"制脑权"，在战役上，着重统筹军民领域应用需求，实现态势感知"常态化"、网络传输"一体化"、数据分析"智慧化"、决策响应"敏捷化"，在战术上，针对组网协同、信息传输、数据融合、仿真验证四个难题，提供了系统性、安全性、有效性、可靠性的具体方案。

在态势感知与指挥控制方面，系统院发挥系统开发与集成能力，开展服务型号的计算机信息系统集成、微波光纤转发系统研制等多领域业务，相关成果获国防科学技术进步奖、军队科学技术进步奖十余次。其中，空间目标跟踪识别"态势"系统成功交付，系统试运行期间执行任务超100次，时任中央军委范长龙副主席、许其亮副主席多次到现场检查和指导。多个发射基地计算机系统集中监控平台正式移交，实现了国内计算机设备集中监控服务系统的自主可控。系统院开发的军事需求统管平台：实现了纵向到底、横向到边的军事需求全流程管理。

在低慢小目标防控处置方面，为解决我军目前武器装备在复杂环境下对低慢小飞行器探测、处置能力不足的问题，采用集成"声、光、电"等多种设备的协同探测技术，以及多层次复合处置技术，产出了一系列工程化、产品化的成果，具备了全国推广应用的条件。例如，参加了"航空飞镖–2017"中俄国际军演，有效防止了黑飞无人机事件的发生，确保了靶区上空的净空安全，并向演习指挥部进行了作战过程演示。参加2017年9月中巴联合军演，实现对出现在演习区域不明无人机的探测处置（距离2.3千米），并开启无线电干扰迫使其降落，获得了有关首长的认可。

在信息安全保障方面，系统院已形成基于国产化平台的自主安全大数据平台，解决了多网络间数据安全交换、融合、共享等问题。系统院的跨网数据安全交换整体解决方案：解决了联合作战环境下总部、战区和军兵种间符合安全保密要求的跨网、跨域数据安全交换问题。

在软件评测方面，系统院作为集团公司一级的软件和信息安全测评实验室，打造了集国防实验室、军用实验室、国家计量认证等重要资质为一体的软件评测机构，成为全国首家可以对CNAS软件评测机构进行能力验证的机构。平均每年度开展军用测评任务超百项。

（四）战争预测上，实现"料事如神"

模型体系是"左脑"，相当于人的"逻辑思维"，根据不同领域应用，为方案设计与评估提供建模方法与模型库，实现决策方案的模型化，并通过仿真推演，实现对未来的预测与评估。

系统院形成了基于模型的军事需求分析与体系设计能力，开发的武器装备体系需求生成工具，形成了多层次的建模与仿真能力。以基于模型的系统工程为方法利器，围绕军方作战需求、装备能力、战术指标，为军队、军工集团、武器型号单位，开展了大量体系作战效能、体系方案优化等方面的论证。作为某军委科技委及其导弹总体技术专业组的依托单位，开展装备技术五维度评价方法研究，推进国军标运载火箭技术成熟度评价，开展了多项军用标准、实施指南的编制工作，已形成了实用化的技术成熟度评价系统。

（五）战争经验上，实现"博古通今"

专家体系是"右脑"，相当于人的"形象思维"，集成跨领域、跨行业、跨系统、跨层级、跨地域专家的经验，通过跨界融合，形成强大的智慧支撑。

系统院打造了三支人才队伍：由80余名两院院士、高级将领、高层领导、知名企业家组成的钱学森决策顾问委员会；由150余名长江学者、千人计划专家、国家杰出青年专家组成的钱学森创新委员会；由多学科博士后、研究生组成的创新团队，构筑了"开放型、创新型、协同型"的坚实队伍基础。我们用好院士建议等特有的决策建议渠道，集成院士资源、聚合院士智慧、服务联合参谋部决策。

（六）战争指挥上，实现"雷霆万钧"

决策支持体系是"肌肉"，为专家群体决策提供人机交互、辅助分析功能，借助智能决策支持、专家群决策等工具实现"人机结合、人网结合、以人为主"的指挥控制。

系统院科技评估类系列产品，如武器系统作战效能评估、武器系统技术风险评估、武器系统体系贡献率评估、技术创新体系评估，通过信息化、智能化的决策支持系统，为军队管理模式的创新提供有效的支持。

讲钱学森故事　明人生方向

钱永刚，汉族，1948 年 10 月出生，浙江省杭州市人。硕士研究生学历，高级工程师。1969 年入伍，曾任技师、技术助理员。1982 年国防科学技术大学计算机系毕业，获工学学士学位；1988 年美国加州理工学院计算机科学系毕业，获理学硕士学位。长期从事计算机应用软件系统的研制工作，历任助理工程师、工程师、高级工程师。自 2004 年起，相继被聘为上海交通大学、西安交通大学、清华大学等高校的兼职教授、客座教授和特聘教授；被聘为上海交通大学钱学森图书馆馆长、中国航天系统科学与工程研究院钱学森决策顾问委员会主任委员、西安交通大学钱学森学院荣誉院长等职。当选为中国行为法学会副会长、中国国土经济学会沙产业专业委员会副主任委员、中国系统工程学会草业系统工程专业委员会主任。

当今的年轻人，思想活跃，观点多元。这在网络发达、信息传播途径快捷的社会环境中，再加上个人学习的专业不尽相同，工作的职业不尽相同，观察社会的角度不尽相同，形成这样的特点是很正常的、不足奇怪。但在思想活跃、观点多元的另一面，有相对一致的地方，他们都会思考着一个问题：就是自己将来的人生，如何能成为成功的人生。换用当今流行语，就是每个年轻人都有的个人发展"梦"，如何尽快能圆。

从成功人士的人生汲取"营养"，是古今中外一切成功人士的一条共同的做法。所谓：近朱者赤，近墨者黑就是这个道理。民间顺口溜把这个道理讲的更加直白：跟着蜜蜂看花朵，跟着苍蝇去厕所，跟着贤人扬美名，跟着贪官戴枷锁。话听着有欠文雅，但话糙理不糙。

今天绝大多数人，都不会怀疑钱学森的人生是成功人生。这成功的人生能否给当今年轻人一点启迪或提供一些思考？让我们从钱学森的故事讲起，走近钱学森。

一、报告老师我不是满分

1996 年，上海交通大学（原交通大学）百年庆典，学校举行了盛大的庆祝活动。校史馆第一次向公众展出了一份珍贵的档案，引起众多参观者的好奇和惊叹。

这是一份被任课老师保存了近 47 年捐给了学校的试卷。从外表看，这份已发黄的试卷似乎很普通，它是钱学森三年级时的一份水动学试卷。但它又非同寻常，它历经战乱和多次政治运动，被保存了近大半个世纪。所以，引起众多参观者的好奇和惊叹！

那得从 1929 年钱学森跨入交通大学校门说起。当时，钱学森以第三名的成绩从北京师范大学附中考入交通大学。他在附中接受的是一套以启发学生兴趣和智力为目标的教育，钱学森很是适应也非常喜欢。学生们平时都很自觉，学的时候就专心学习，玩的时候就开心玩耍，从不在临考前加班突击，能考 80 分以上的就是好学生，但这 80 分是真正掌握了的、扎扎实实的知识，什么时候考试，都能考出这样的成绩。

而交通大学的教学方法与北京师范大学附中宽松的教学方法完全不同。学校规定，对于讲授的课程，考试要求很严格，考 80 分还不算好，要考 90 分以上才算优秀。刚入学，钱学森还像在中学一样，对分数并不在意，学校一年级开设的大部分课程如伦理学、解析几何、微积分、大代数、非欧几里得几何、有机化学、德语等，他在中学都学习过了，也就没有全力以赴，考试成绩平平。钱学森这种没有全力以赴的态度，受到了学长们的谴责，要他不要忘记为母校争光的责任，全力以赴拿高分。原来，交通大学的同学有不少来自北京师范大学附中和江苏扬州中学并形成两"派"：北京师范大学附中派和江苏扬州中学派。这两派在学习成绩上形成了竞赛的局面，犹如划船比赛一样，你争我夺，互不服输，这次考试"师大派"领先，下次"扬州派"一定要赢回来。钱学森虽不赞同"分数战"，但为北京师范大学附中争光他是赞同的，于是他改变态度全力以赴对待学习，学习成绩直线上升，几乎门门都考 90 分以上。

一次分析化学的课要考试了。课本是英文的不足 40 页，这是钱学森高中时已经学过的课，钱学森本来不打算认真对待，又想起学长们的嘱托，一时兴起就把课本从头到尾背下来，连课文注释都背下来了。结果考试得了高分，而同班同学都叫苦不迭。原来试题中有一、两道题是出自课文注释，当同学们抱怨老师怎么把没教过的知识做试题时，钱学森告诉他们：试题出自课文的注释。同学们对钱学森这种学习认真的态度佩服不已。

钱学森在学习上对自己的要求极严，每次考试总是书写工整、干净漂亮，中英文写得秀丽端庄，连等号都像用直尺画的一样。各科老师都非常赞赏，说批改钱学森的试卷简直是一种享受。

也许正是老师的这种欣赏，偶尔会疏漏钱学森的笔误。1933年1月24日的一次水动学考试后，任课老师金悫教授把考卷发下来讲评："第一名钱学森，满分。"金教授为了让学生知道学无止境，每次考试都会有一两道难题。这次钱学森又都做对了。教授从讲台上拿起第一份考卷笑眯眯地递给钱学森，"师大派"的同学热烈鼓掌，"扬州派"的同学又羡慕又惊叹地议论着："哎呀，又是100分啊！""师大派这次又抢风头了！"

钱学森却满腹狐疑。因为考完试之后，他就发现自己一处笔误：在运算的一个步骤中，因一时疏忽将一串公式中的"Ns"写成了"N"。他已经计算过了，这个笔误按照教授的严格打分标准会被扣掉4分。而现在，教授却宣布自己满分，难道是自己记错？

钱学森拿到试卷找到那道题，没错，那个清楚的笔误被教授疏漏了。钱学森毫不犹豫地举手报告："对不起，金老师，我不是满分。"全场哗然，教授愕然。

钱学森起身把考卷送到讲台前，并指出了笔误。教授肯定地点了点头，把试卷改成了96分。但是教授立刻宣布："尽管钱学森同学被扣掉4分，但他实事求是、严格要求自己的学习态度在我心目中却是满分，同学们要向钱学森学习。"全班学生都向钱学森热烈地鼓掌。

这份试卷没有像往常那样退给钱学森，而被金悫教授珍藏下来，历经抗日战争、解放战争以及历次运动。1979年年底，已卧病在床的金教授，在校报上看到钱学森来上海交通大学参观考察的报道后，将这份珍藏了近47年的试卷捐给了母校。

从此，"100分"被改成"96分"的试卷留在了学校档案馆，成为一代又一代学生学习的榜样。

二、你们谁敢和我比

1935年下半年，钱学森来到美国麻省理工学院留学。初到美国，人地生疏，因此他很少与人交往，他的绝大多数时光都用来学习。稍有空暇，他便从古典音乐中找寻慰藉。

麻省理工学院新的学习环境，并没有给钱学森带来陌生的感觉，他发现交通大学就是按照麻省理工学院的教学模式办学的，他在麻省理工学院的学习如鱼得水，游刃有余。但是，他不能容忍美国的种族歧视和美国人瞧不起中国人的傲慢态度。

有一次，钱学森和两位同学去影院看电影。他发现身边的美国白人把服务员招呼过来，耳语了几句，然后那位服务员对钱学森说："先生，实在对不起，你可以换到另一个座位上去吗？"钱学森不解地问："为什么？"那位服务员向钱学森说明了原因，原来是他身边的白人不愿意同中国人坐在一起。钱学森对这种莫大侮辱非常气愤，便与中国同学愤然起身离开了电影院。

此后，钱学森怀着强烈的民族自尊心发奋读书，决心要为中国人争一口气。他晚年曾回忆说："我年轻时也争强好胜，在麻省理工学院读书时，一个美国学生当着我的面耻笑中国人抽鸦片、裹脚、不讲卫生、愚昧无知……我听了很生气，立即向他发出挑战，我们中国作为一个国家，比你们美国落后，但作为个人，你们谁敢和我比？到学期末，看谁的成绩好。"

钱学森很快从同学中脱颖而出。期末考试时，有位教授出了一些难题，大部分同学都做不出来，他们很气愤，认为老师是故意刁难学生，于是大家聚集起来去找教授评理，申诉考试不公平。谁知当他们来到教授办公室门口时，却发现门上贴着一份试卷，卷面上的字迹整洁工整，每道题都完成得准确无误，也没有任何涂改的痕迹，看样子是一气呵成的。试卷右上角有老师批阅的分数：一个大大的"A"，后面还跟着 3 个"+"，显然这是最高分了。这是谁的卷子？大家定睛一看，原来是钱学森的！本想闹事的学生看着这份考卷，个个目瞪口呆，没想到这位平时不声不响的中国学生竟然有这么大的能耐，如此难题居然没有把他难倒。大家只好怏然散伙，不好意思再去找教授理论了。从此，同学们对钱学森刮目相看。

还有一次，老师出了一道十分复杂的动力学作业题，很多人都做不出来。一位中国台湾同学向钱学森求教，只见钱学森做了一个巧妙的转换，便将复杂的运算变成了一个简单的代数问题，此题迎刃而解。很多年以后，这位台湾同学见到钱学森时，还对此事记忆犹新，感慨道："那么复杂的运算，怎么到你手里就变得那么简单了呢？你真为我们中国人争了光！"

三、站三尺讲台占人才高地

1955 年，钱学森历尽艰辛终于回到了祖国，他先后担任了中国科学院力学研究所所长和国防部第五研究院院长的职务。

钱学森很清楚，无论是发展科技还是巩固国防，最重要的就是人才，要有大量的尖端科学技术人才和工程制造人才。因此无论是当力学研究所所长还是当国防部第五研究院院长，他都把人才培养摆在非常优先的地位。在艰苦的条件下，他呕心沥血，身体力行，竭尽全力以最快、最有效的办法培养人才。

钱学森在美国 20 年一直从事教书育人和理论研究工作，他很乐意亲自"操刀"，走上祖国的讲台当起了老师。

1956 年年初，力学研究所没有自己的房子，钱学森暂借化学研究所的部分房子，立即办起了"工程控制论讲习班"，迅速传授最新的科学知识。钱学森的讲习班每周一次课，听课的除了力学研究所和中国科学院有关研究所的青年研究人员外，还有北京大学、清华大学等高校的青年教师，每次来听他课的大概有 200 多人。由于人太多，力学研究所又借用了化学研究所的一个小礼堂。

起初，学员有点担心，生怕钱学森用英语讲课自己听不懂。因为大家都知道《工程控制论》是钱学森在美国用英文写的，况且钱学森在美国生活了 20 年，回国的时候已经 44 岁了，他能在回国不到半年的时间里用汉语把如此深奥的工程技术理论课讲清楚吗？

谁知，钱学森在讲台上操着一口地道的普通话，完全是自己充当翻译，没有夹杂一句英语，令大家非常吃惊。原来为了讲好课，他在语言上花了很大功夫，曾多次向别人请教英语单词在汉语中的意思。比如"random"这个词，他问了好些人，综合比较了许多人的意见，最后才确定用"随机"这个词。

最神奇的是，他讲课从不带书，就拿两页纸和一支粉笔，板书写得非常清秀、规范。钱学森的课讲得详略得当、提纲挈领、引人入胜。有时候，他幽默的比喻会引发满座哄然大笑；有时候，他精深的理论会吸引听众目不转睛。大家公认这位新来的所长讲课确实有独到之处。

这个讲习班为我国培养了大批自动控制方面的人才，并很快成立了中国科学院自动化研究所，日后为我国的航天事业、为导弹核武器的研制和发展立下了汗马功劳。

为了培养力学人才，钱学森经常到高校为学生举办力学讲座。但是时间长了，钱学森感到有些力不从心。有一天，在回家的路上，他突然想到，如果能够成立一个专门的培训班，系统地培养专业力学人才，也许远远要比他个人疲于奔命的演讲效果好得多。于是他和郭永怀、张维等商量，向正在制定的《1956-1967 年科学技术发展远景规划纲要（草案）》提出了两条建议：一是在若干所大学设立力学专业；二是从 1957 年至 1958 年重点工科院校的毕业生中挑选优秀者，举办力学研究班。

中华人民共和国成立之前，在我国的高校中没有力学专业。1952 年院系调整，是否应在清华大学设立力学专业，曾成为一个有争议的问题，因为苏联专家不赞成——苏联的力学专业没有设在工科大学，而是设在综合性大学——于是，教育部只在北京大学成立了数学力学系。

看到钱学森等的建议后，国务院决定，由教育部与中国科学院主办、中国科学院力学研究所和清华大学联合承办，在清华大学建立工程力学与自动化两个研究班。该研究班的编制隶属于清华大学，目标是培养高层次师资和研究人员，虽然没有言明是否给予学位，但事实上是按照苏联模式培养副博士的。

钱学森亲自在工程力学研究班讲授水动力学。从 1958 年年底至 1959 年年初，钱学森每周讲一次，每次 4 节课，共 8 讲。

　　钱学森在当时人才奇缺的国情下，打破了一个老师带一个研究生的传统做法，采用集体培养的办法，比较快地培养出了一批研究生。

　　光办研究班，钱学森还是感到"不过瘾"。1958年2月，一些科学家共同倡议，中国科学院应充分发挥人才优势以及优越的实验室条件，创办一所新型大学，重点培养国家急需的尖端科学技术人才。钱学森对人才的渴求格外强烈，自然成为创办新型大学最积极的倡导者之一。

　　1958年6月2日，这所大学被批准成立，校名定为"中国科学技术大学"，大学实行"全院办校，所系结合"的方针，由郭沫若出任校长。大学由13个系组成，系主任由中国科学院相关研究所所长、副所长担任。

　　钱学森从1958年7月28日建校伊始，到1970年中国科学技术大学从北京搬迁至安徽合肥，一直兼任力学与力学工程系（后改称近代力学系，简称力学系）主任，历时近12年。他为力学系制订了详尽的教学计划，聘请了许多著名的专家学者担任授课老师。

　　1961年9月新学期开始时，钱学森亲自给该系三、四年级同学讲授《火箭技术概论》（后正式出版时改称《星际航行概论》）这门课，他事先要求所有听课的同学必须每人备一把计算尺。过了一段时间，一次他和该课助教交谈时，发现同学们作业时间普遍偏长，而他认为以这样的量及难度不应该花如此长的时间。后经调查才得知，原来听课同学有近2/3的人因家境不富裕而买不起计算尺，要知道当年一把最便宜的计算尺的价格是同学的一个月的伙食费，于是他就让系里用他的捐款的一部分为200多名买不起计算尺的同学每人购买一把计算尺。当年近代力学系的学生还记得钱主任为他们买计算尺的事情。

　　钱学森对基础课程如数学、物理、化学要求都很高。入学不久，化学课的学习内容是原子结构，老师做了一次测验，结果很不好，90%的学生不及格。钱学森告诫学生，要学好化学课，当代许多学科都是边缘和交叉性的，化学学不好，对于以后的学习和研究是会有一定影响的。他对数学学习要求更高，他说过："力学家的看家本事就是会算。"不会算怎么能毕业呢？他问工科毕业的辅导老师在大学期间做过多少道数学题，得到的回答是300多道题。钱学森又问力学系的副主任，58级的学生做多少道数学题，回答说大概就三百四五十道。钱学森说："这可不行，这不符合'科技大学基础理论的比重要比一般工科院校高'的要求，得给他们补补基础课。"最后学校决定58级学生延长半年毕业。钱学森选用冯-卡门和毕奥合著的《工程中的数学方法》一书开了一门课程；另外补高等数学时，从极限概念一直补到数理方程，半年下来光数学题就做了3000多道。学生们反映，虽然毕业晚了半年，但打好了基础，终身受益。后来，绝大部分学生成为我国航天事业的中坚力量，还有的学生成了培养新一代人才的著名教授。

四、我姓钱但我不爱钱

钱学森回国后，在中国科学院享受特级研究员的待遇，每月工资 350 元，后来增聘为中国科学院学部委员（院士），增加补贴 100 元——这在当时已算是"高薪"了。他非常喜欢摄影，刚回国时看到祖国一片欣欣向荣的气象，就喜欢到处拍照。一个月下来，夫人告诉他：光是买胶卷就花光了他的一个月的工资，家里都没钱买菜了。这时钱学森才意识到，不能像在美国那样大手大脚花钱了。此后，钱学森把从美国带回来的相机封存起来，再也不玩摄影了。

1962 年中央号召干部减薪，先是党员领导干部减，后是一般行政干部减。当时钱学森的家已经从中关村科学院宿舍搬到了航天大院，他的日常工作也转到了航天方面，但是他的工资关系还在科学院力学研究所。有一次他无意中听说了科学院减薪的情况，便主动给力学研究所党总支书记杨刚毅写信要求给自己减薪，从每月 450 元减至 331.5 元。从那以后，钱学森的工资标准直到改革开放都没变过。

在工资收入之外，钱学森还有一些稿费收入。用稿费改善一下生活是天经地义的，但是钱学森总是说，我的生活水平已经可以了，还有许多人更困难，更需要帮助。所以，每当他有了稿费或其他收入，他总是毫不犹豫地捐出去。

1957 年年初，钱学森所著的《工程控制论》获得了中国科学院 1956 年度科学奖一等奖，奖金 1 万元。当时他响应政府号召用此款买了国家公债，5 年后公债到期，连本带息共计 1.15 万元。1961 年 12 月，钱学森把这笔巨款捐献给了他所任教的中国科学技术大学，作为改善教学设备之用。一封已经发黄的 1961 年校党委为钱学森向学校捐款所致感谢信，仍珍藏在中国科学技术大学的校史馆里。

1963 年，钱学森的《物理力学讲义》《星际航行概论》出版，获得了 3000 多元稿费，这在当时可是一笔巨款，起码在物质极度匮乏的年代，够一个 5 口之家几年的开销。可是他想到国家正处于困难时期，党困难、人民困难，自己应该与党和人民一起共渡难关，所以他拿到这笔稿费后，立即作为党费上缴给了党组织。

凡是钱学森与他人合写的文章，钱学森总是把自己的稿费让给合作者。他常常对合作者说，我的工资比你高，你留着补贴家用吧。在 1990 年前，钱学森和他人合作著书 7 部，他把自己应得的稿费 14238 元全部赠给了合作者。

1978 年，他的父亲钱均夫生前所在的中央文史研究馆给老人家落实政策。钱均夫 20 世纪 50 年代在该馆工作，1969 年去世。因为受到"文化大革命"的影响，该馆从 1966 年起就不给老先生发工资了，老先生在去世前的 3 年里未领到一分钱工资。落实政策时，该馆为钱老先生补发了拖欠的 3 年工资共计 3000 多元。钱学森是钱老先生唯一的儿子，所以文史馆就把这笔钱送到了钱学森的手里，但是钱学森表示父亲已经去世多年，这笔钱他不能要。然而文史馆执意要按政策补发，最后，钱学森就把它作为党费交给了党组织。

1982 年，钱学森的《论系统工程》一书出版，出版社把稿费刚刚交给他，他转手就捐给了系统工程研究小组。

在"万元户"还是绝大多数人追求的梦想的改革开放之初，钱学森又做了一件了不起的事，他一次捐款上百万元！那是 1995 年，他获得何梁何利基金首届（1994 年度）"何梁何利基金优秀奖"（后改称："何梁何利基金科学与技术成就奖"），奖金 100 万港币，这笔巨款的支票汇到后，他看都没看就写了委托书，授权他的秘书王寿云和涂元季，代表他把钱转交给沙产业发展奖励基金会，支援我国西部的沙漠治理事业。在他倡导下成立的沙产业发展基金，除了表彰致力于沙产业的工作者，还在甘肃农业大学、河西学院设立了"钱学森沙产业奖学金班"，促进了我国沙产业人才队伍的培养。

钱学森一生从不追求奢华，不图私利，他给子女留下的不是钱财，而是 50 多个书架的书籍和 600 多包剪报资料。

五、体现担当的责任在我

钱学森对科研工作要求严格是出了名的，很多和他有过接触的人都因不够严谨认真受到过他的批评。可这些人非但不记恨钱学森，还在钱学森的严格要求下成长为某一领域的领军人才。

中国科学院院士孙家栋谈起钱学森对自己的严格要求时，讲过一件令他终生难忘的事。20 世纪 60 年代后期，我国自行研制的一种新型火箭要运往发射基地，其中惯性制导系统有一个平台，要安装 4 个陀螺。在总装车间，第一个陀螺顺利装上了，工人师傅对孙家栋说，4 个陀螺是一批生产的，精度很高，第一个能装上，其他 3 个也应该没有问题。时间这么紧，是不是可以不再试装了？

孙家栋想，工人师傅说得也有道理，就同意了。没想到，到了基地发射场装配时，制导系统平台的那三个陀螺怎么也装不上去。孙家栋赶紧向钱学森报告。钱学森听后并没有批评孙家栋，只是让他组织工人师傅赶紧仔细研磨后再装，把问题尽快解决好。紧接着，钱学森也来到现场，搬个板凳坐在那里。孙家栋和工人师傅从下午 1 点一直工作到第二天凌晨 4 点，钱学森始终没有离开，看着他们排除故障，坐累了就在车间走几圈。看钱学森这样陪着熬夜，孙家栋心里很愧疚，几次劝钱学森回去休息，可钱学森就是不走，也不理孙家栋。孙家栋后来说，这件事情给他的印象太深了，虽然钱学森没有批评他，但那种无声的力量使他感到比批评更严厉。从此，哪怕一点小事孙家栋都认真办，不敢有丝毫马虎。

当面对失败，科研人员心里已经顶着很大压力时，钱学森非但不会批评他们，还主动把责任承担起来，让科研人员轻装前进，把精力放在查找原因、解决问题上来。

1962年，我国自行设计研制的"东风二号"导弹升空后不久便解体坠毁，坠落地离发射塔仅600米远，将戈壁滩炸出了一个大坑。导弹总设计师林爽绕着这个直径30米的坑转圈，眼泪掉了下来："这个坑是我的，我准备埋在这里了。"钱学森此时完全理解科研人员的沉重心情，知道经历失败是科研工作中的必然过程，如何把失败的原因找出以减少失败才是问题的关键，所以他不去追究责任，还提出对查找出原因的人要奖励。很快，失败原因就找到了，主要是发动机和控制系统出了问题，这些都与总体设计部协调不够有关。钱学森看到负责总体设计的科技人员灰溜溜的，没有批评他们，而是主动给他们减压。钱学森说，如果考虑不周的话，首先是我考虑不周，责任在我，不在你们，你们只管大胆地研究怎样改进结构和试验方法。钱学森一席话卸下了大家的心理包袱，工作积极性一下子调动起来了。通过这次失败教训，钱学森提出"把故障消灭在地面"，成为我国导弹航天事业的一条重要原则和准绳。

这就是钱学森的工作艺术。正是由于钱学森的勇于担责和对科技人员的严格要求，使我国导弹航天事业在较短时间内取得举世瞩目的成就，并锻炼培养了一代又一代过硬的航天人才队伍。

钱学森在我国科技界之所以成为大家公认的领军人物、科技帅才，除了他渊博的学识和高尚的品德成为大家心目中的典范之外，善于团结全体科技人员，使大家都乐于在他的领导下共同为着一个目标去奋斗也是一个重要原因。他批评一个人，从来不拍桌子，瞪眼睛。

在开创航天事业的初期，梁守槃担任国防部五院发动机过程研究室主任、三分院副院长。他提出了一个氢氧发动机热循环问题的计算方法，是一个有独到见解的创新，钱学森看后很重视，可又觉得梁守槃在计算参数的取值上欠妥。于是他让一位年轻科技人员将这几个参数取另外的数值，带进梁守槃的计算公式，重新计算一遍，得出的结果大有改善。于是，他把这位年轻科技人员的计算批给梁守槃说："梁副院长，你的计算方法很有创新，大家都在认真学习，这是一位年轻同志学习以后所做的演算，请你给他改一下。"梁守槃一看，这位年轻人计算的结果比他原来的计算大有改善，于是指示发动机过程研究室的技术人员按这位年轻人所取的参数值修改设计。这么巧妙的善意批评，梁守槃自然心悦诚服。

钱学森这种充满大智慧的工作方法，自然得到全院上上下下尊敬，大家都乐意团结在他手下工作。他后来调离七机部，到国防科委担任副主任。七机部的老专家们都十分怀念钱学森直接领导他们的那段美好时光。

用念诗的方式批评人，也是钱学森的独门绝技。1986 年的一天，钱学森和后来成为计算机专家的年轻人汪成为聊天，并请他写一篇关于世界计算机软件发展状况的文章。汪成为原以为很容易，因为这正好是他的专业。他回去后只用了半天时间就写好并打印出来，交给了钱学森。过了两天，他去找钱学森听取意见。钱学森笑呵呵地说："你的文章写了几十页，我也给你写了一点，但只有一张纸，请你看看。"只见纸上写有一首诗："爱好由来落笔难，一诗千改始心安。阿婆还是初笄女，头未梳成不许看。"钱学森笑眯眯地问他，你知道这首诗是谁写的吗？汪成为的文学造诣也不错，当即呵呵一笑说："是清朝袁枚写的。钱老您把文章还给我吧，我再改改后拿给您看。"钱学森在学术上一向十分严谨，汪成为一连改了几次，钱学森都不吭声。后来在钱学森的指点下，汪成为的认识逐步提高，改到第 5 稿时他提炼出了很多独到的见解和观点，这时钱学森终于说"可以"了，并写了一封推荐信，让他去找某计算机刊物的主编。信上说"这篇文章颇有新意，请考虑是否发表"。这件事对汪成为产生了很大的影响，钱学森与人沟通交流的艺术，对年轻人的关心扶持，都让他终生难忘。

六、不字之中见境界

由中央批准在上海交通大学建立的"钱学森图书馆"中有块展板，展示了钱学森晚年的七"不"处世原则：不题词、不写序、不参加任何科技成果评审会和鉴定会、不出席"应景"活动、不兼任荣誉性职务、上年纪后不去外地开会、不出国访问，尤其是不去美国访问。曾有中央领导在这块展板前驻足良久，发出感慨："一个人要做到这几点还真不太容易啊！"其实，钱学森一生坚持的原则远不止这七个"不"。篇幅所限，在此仅举几例。

不怕认错。20 世纪 60 年代初，毕业于清华大学、被下放边疆的青年科技人员郝天护发现钱学森在国外发表的一篇论文中有一处错误，便大胆给钱学森写信提出了自己的意见。信发出后他惴惴不安，未想到没过多久，钱学森给他回了信，信中说："科学文章的错误必须及时阐明，以免后来的工作者误用不正确的东西而耽误事。"在钱学森的鼓励下，郝天护将自己的观点写成文章，由钱学森推荐发表在《力学学报》上，这给了郝天护莫大鼓舞。钱学森一生对待错误的原则是："我们自己不知道自己的缺点和错误，非群众帮助不可！人家批评我们才是帮助我们，是我们进步的捷径，是最可贵的。"

不恋权位。1956 年 10 月 8 日，钱学森被任命为国防部第五研究院院长。但为了集中精力思考和解决导弹研制中的重大技术问题，钱学森主动提出辞职；3 年后，周恩来总理又代表国务院任命钱学森为该研究院副院长。从此钱学森只任副职，由国防部五院副院长到七机部副部长，再到国防科委副主任等，专注于研究我国国防科技发展的重大技术问题。1986 年钱学森当选科协主席，是在方毅、杨尚昆、邓颖超等出面做了工作的情况下，才勉强干了一届。正如钱学森自己所说："我是一名科技人员，不是什么大官，那些官的待遇，我一样也不想要。"

不图名利。对于别人称自己为"导弹之父"，钱学森说："称我为'导弹之父'是不科学的。因为导弹卫星工作是'大科学'，是千百人大力协同才搞得出来，只算科技负责人就有几百，哪有什么'之父'……所以'导弹之父'是不科学的，不能用。"钱学森特别不喜欢对自己的宣传，包括拍电影、电视，出版个人传记、文集等这些出名的事，钱学森在世时一律禁止。他甚至对人说："我还没有死，不宜登这类回忆性文字。所以我劝您把文稿收起来，存档，不发表。"钱学森对待自己所完成工作的态度是："一切成就归于党，归于集体，我个人只是恰逢其时，做了自己应该做的工作。"中央政治局原常委宋平同志曾经评价说，钱学森这样说绝不是故作谦虚，而是一个历史唯物主义者发自内心的真实思想。

"志心于道德者，功名不足以累其心；志心于功名者，富贵不足以累其心；志心于富贵者，则亦无所不至矣。"从钱学森的诸多"不"中，我们看到了钱学森不为名利所累的崇高道德境界；恰恰是因为钱学森不为名利所累，才能在"两弹一星"事业上做出彪炳史册的历史功绩，并成为迄今唯一被国务院、中央军委命名的"国家杰出贡献科学家"。

七、何须你特赦

钱学森家中的小客厅里挂着一副对联：汉柏秦松骨气商彝夏鼎精神，钱学森非常喜欢，其实这正是钱学森伟大人格的真实写照。

钱学森在美国求学、工作 20 年，其中大部分时光是在加州理工学院度过的。1979 年，加州理工学院授予钱学森最高荣誉——"杰出校友奖"，但直到 2001 年 12 月，钱学森才正式接受这一荣誉。

为什么钱学森 22 年后才接受这份荣誉？谜底是这样的。

改革开放以后，美国多次邀请钱学森出访，都被他拒绝了。虽然他在美国度过了 20 年时光并取得了举世瞩目的成就，但钱学森终生没有重返美国。

钱学森是一个有骨气的科学家。1950 年美国麦卡锡主义盛行，在反共浪潮下他是先被软禁 5 年，后遭驱逐出境，在美国遭受了不公正的待遇，受到了极大的侮辱。钱学森坚持认为，只要美国政府不道歉，他此生就坚决不去美国。

1979 年，在中美正式建立外交关系的当年，加州理工学院授予钱学森"杰出校友奖"。即使这样，钱学森也没有改变主意，他没有到美国接受这份荣誉。学校规定，这个奖需要获奖者亲自到场领取。由于钱学森没有去，奖章和证书一直存放在加州理工学院的展览室里。直到 2001 年钱学森 90 岁生日时，他在美国的好友马勃教授来华访问，加州理工学院打破惯例，校长巴尔的摩委托马勃专程到北京，将久违了 22 年的"杰出校友奖"奖状和奖章送到钱学森家里，当面颁发给了钱学森。

也许美国政府注意到了钱学森的举动，于是多次表示想邀请钱学森回美国访问。1985 年，美国里根总统的科学顾问基沃思（Geoge Keyworth）访华，在会晤时任国家科委主任宋健时表示，钱学森对美国的科学技术进步，特别是军事科学的发展，做出过很大贡献，美国科技界想邀请他访美，并由政府和有关学术机构表彰他的重要贡献。他说，他和美国科学院、美国工程院讨论过钱在美国的工作，如果钱来美国，授予他美国科学院院士和美国工程院院士的称号是没有问题的。考虑到钱的老师冯·卡门曾获美国政府颁发的国家科学勋章，而钱是冯·卡门最得意的学生，美国政府也可以授予他这一荣誉。这种授奖仪式一般都在白宫举行。如果钱来美国接受这项荣誉，他不能保证总统一定出席，但可以保证副总统一定会出席，并亲自给钱颁奖。

钱学森接到这个消息后说："这是美国佬要滑头，我不会上当，当年我离开美国，是被驱逐出境的，按美国法律规定，我是不能再去美国的。美国政府如果不公开给我平反，今生今世绝不再踏上美国国土。"

在 1986 年的一次会议上，时任中共中央总书记胡耀邦曾劝过钱学森。在一次科学技术大会上，钱学森就坐在总书记的旁边。胡耀邦对他说："钱老，你在国际上影响很大，一些国家邀请你，我建议你还是接受邀请，出去走走。你出去和别人不一样，对推动中外科技交流会有很大影响。这也是今天改革开放的需要啊！今天，世界在变，中国在变，美国也在变。几十年前的事，过去了就算了，不必老记在心上。你去美国走走，对推动中美间的科学技术交流，甚至推动中美关系的发展都会有积极意义。"

听了胡耀邦这番话，钱学森说："总书记，当年我回国的事很复杂，涉及美国法律问题，美国人不公开认错，我不宜出访美国。您是知道的，凡在美国移民局的档案里留有被驱逐记录的，必须经由某种特赦手续才能入境。我钱学森本无罪，何须你特赦？"胡耀邦听后说："钱老，我这是劝你，不是命令你一定要去。如果你认为不便去，我们尊重你个人的意见。"

1989 年年初，国际科学技术协会主席塔巴致信我驻美大使，信中告知中国政府：

"中国著名科学家钱学森已获 1989 年威拉德·罗克韦尔技术杰出奖，钱学森的名字正式列入《世界级工程、科学、技术名人录》，并同时授予'国际理工研究所名誉成员'称号，表彰他对火箭、导弹技术、航天技术、系统工程理论做出的重大开拓性贡献。"

6 月 29 日，美国纽约举行了隆重的颁奖仪式，但是钱学森仍然没有到场，是中国驻美大使韩叙代他领的奖。钱学森坚持认为：美国政府不认错，即使给再高的荣誉，我也不稀罕。

有人得知钱学森获奖的事，写信祝贺他，钱学森回信说："我觉得美国人给不给我发奖不重要。评价一个中国科学工作者的工作，最有权威的不是一个什么美国的评审委员会，而是中国人民。如果中国人民说我钱学森为国家、为人民办了点事的话，那才是最高的奖赏。"这就是我在第五个故事中讲到的钱学森"七不"中——"不出国访问，尤其是不去美国访问"的缘由。

八、我看现在应该画句号了

钱学森一生对荣誉看得非常淡，他一心只想如何为国家和人民多做点事情。当荣誉来临时，他的态度十分冷静和谦虚。

1991 年钱学森年满 80 岁，这一年他所担任的中国科协主席也将换届，从此，钱学森退出了所有一线科技工作。为了表彰他对我国科学技术事业的贡献，中央酝酿授予他"国家杰出贡献科学家"荣誉称号和一级英模奖章。整个酝酿过程并没有告诉钱学森，因为如果让他知道，会坚决反对的。授奖仪式安排在 10 月 16 日举行。

当一切准备就绪后，10 月 10 日这一天，有关领导才向钱学森本人报告。既然中央已经决定了，他只好表示服从。授奖仪式举行前后那几天，他的秘书自然忙得不亦乐乎。授奖仪式后的一天上午，钱学森上班看见秘书还在那里忙，就把秘书叫到他办公室说："你怎么还在忙啊？我们办任何事，都应该有个度。"他指着宣传他的报纸说："这件事也要适可而止。这几天报纸上天天说我的好话，我看了心里很不是滋味。我想这件事，难道就没有不同意见吗？"

既然钱学森这样说，秘书也就如实告诉他听到的话，秘书说："我也听到一些不同意见，有的人说，怎么党的知识分子政策都落实到钱学森一个人身上了？"

钱学森立即说："你说的这个情况很重要，说明这件事涉及党的知识分子政策问题，如果完全是我钱学森个人的问题，那我没有什么顾虑，他们怎么宣传都行。问题是今天钱学森这个名字已不完全属于我自己，我得十分谨慎。在今天的科技界，有比我年长的，有和我同辈的，更多的则是比我年轻的，大家都在各自岗位上，为国家的科技事业做贡献。不要因为宣传钱学森过了头，伤了别人的感情，影响到别人的积极性，那就不是我钱学森个人的问题了。所以，我对你说要适可而止，我看现在应该画句号了，到此为止吧。我这么说绝不是故作谦虚，请你马上给那些报纸电视台打电话，叫他们从明天起把宣传我的稿子统统撤下来，不要再宣传了。"

秘书回到办公室，立即照办。一些报纸和电视台都表示尊重钱学森的意见，第二天不再宣传了。但有一家杂志社表示，他们也很尊重钱学森的意见，但下期的稿子已经下厂排版，有两篇回忆与钱学森交往受到教益的文章不好撤下来，请钱学森理解。

打完电话后，秘书把结果向钱学森报告，当他听到那家杂志两篇回忆性文章无法撤下来时说："像这样的回忆性文章都是在一个人死了以后才发表的，我还没有死，急什么？"秘书听到这话，不好再说什么，马上回到办公室给那家杂志的总编打电话："钱老把话都说到这份儿上了，天大的困难你们想办法克服，稿子一定要撤下来。"那位总编只好答应撤稿。在钱学森的坚持要求下，宣传才告一段落。

直到钱学森2009年10月去世后，很多报刊向秘书约稿，这时秘书才想起了那两篇回忆性文章。一联系，一位作者已经去世，稿子找不着了；另一位作者的稿子还在，终于发表了。

这就是钱学森对待荣誉的态度。

九、我不能开这个先例

钱学森1982年退出一线领导岗位后，就给自己定了一条原则：非本职工作不去外地出差。钱学森从1982年至2009年10月去世，只离开过北京两次，一次是以中国科协主席的身份对英国和德国进行回访；另一次是率中国科协科学家代表团去黑龙江考察。改革开放后，很多人利用出差、开会等机会，大吃大喝、铺张浪费、到风景名胜区游山玩水，钱学森对此非常反感，他说："既然这个风气我制止不了，我哪儿都不去，我只能洁身自好。"他曾经说过，自己在"两弹一星"事业上已经工作了27年，人生不会再有这样的27年了，要把更多的时间留给自己喜欢的学术研究。

20世纪80年代中期，世界上兴起新技术革命热潮，钱学森在中央党校等单位也多次作过有关新技术革命问题的报告，效果非常好，影响很大。有一次，天津市委宣传部的领导拿着天津市委的介绍信到北京，请钱学森去天津市给党政干部作一次这样的报告。既然是天津市委宣传部的领导来了，钱学森答应和他们见面。见面后钱学森解释说："我已经定下了规矩，不到外地出差，这个请你们谅解，所以天津市我不能去，你们可以找北京有关单位借录音嘛。"对方说："钱老啊，其实天津就相当于北京的郊区，您如果不愿意在我们那儿住，当天作完报告后，就可以把您送回来，这不跟您在北京一样吗?"钱学森回答说："那也不行，我不能开这个先例。如果我今天答应了去天津，明天河北省来请我，说石家庄离北京也很近啊，也可以当天赶回来啊，这个先例一开，那我就不能拒绝人家了……所以我不能开这个先例。"钱学森就是这样，只要给自己定了原则，就绝对严格执行，任何人也不开先例。

他的夫人曾调侃说："早年你工作忙，全国到处跑，你说那是工作不带我去，而且跟我表态，等以后退休没事了，带我出去旅游，到哪去到哪去等等。说得很好，可是退休后你哪都不去，我嫁给你就是一天到晚待在家里伺候你，你说我亏不亏啊……"夫人的话自然是带着玩笑说的，但也反映出钱学森对自己定下的原则执行得是真严格。钱学森的"不开先例"，值得党员干部尤其是领导干部在用权处事时借鉴。

钱学森一生以严实作风律己，在科研事业上做出杰出贡献、在思想道德上达到崇高境界，根本动力在于他对以马克思主义为基础的共产主义理想、对现代科学技术体系和中华优秀传统文化有着坚定的信念。

早在中学时代，钱学森就树立了努力学习、振兴中华的信念。那时，军阀混战、民不聊生，政府腐败、外敌入侵，这一切激发了他强烈的爱国心，励志要好好学习，改变国家任人欺凌的面貌。钱学森晚年回忆说："我们在附中上学，都感到民族、国家的存亡问题压在心头，老师们、同学们都在思考这个问题，在这样的气氛下，我们努力学习，为了振兴中华。"

1955年9月17日，被无理扣留5年之久、即将登上克利夫兰总统号邮轮的钱学森袒露了回归祖国的心愿："我已经考虑了很久，不打算再回到美国，我要尽最大力量来建设自己的国家，让中国人民过上幸福、有尊严的生活。"一位华侨从报纸上了解到钱学森放弃在美国的舒适生活毅然回归祖国后深受感动，到船上探望钱学森。她问："您为什么想回到中国?"钱学森回答："我想为仍然困苦贫穷的中国人民服务，我想帮助在战争中被破坏的祖国重建，我相信我能帮助我的祖国。"

钱学森用毕生心血践行了自己的心愿，始终不改初衷。1991年10月16日，在国务院、中央军委授予他"国家杰出贡献科学家"荣誉称号和一级英模奖章后的答谢词中，80岁高龄的钱学森表示自己"并不很激动"，原因是"这一辈子已经有了三次非常激动的时刻"。事实上，在答谢词的最后，钱学森又道出了另外两个原因。其一，"在刚才领导同志的讲话里，在聂荣臻同志的贺信里，讲人民对我的工作是很满意的。我想，但愿如此。可是我现在还没有到生命的最后一刻，到底我怎么样，还有待于将来吧。"这段话的蕴意是钱学森一贯坚持的"活着的目的就是为人民服务。如果人民最后对我一生所做的工作表示满意的话，那才是最高的奖赏"。其二，钱学森再一次坦露出自己余生的心愿:

"我有个打算，我的打算就是：我认为今天科学技术不仅仅是自然科学工程技术，而是人认识客观世界、改造客观世界整个的知识体系，而这个体系的最高概括是马克思主义哲学。我们完全可以建立起一个科学体系，而且运用这个科学体系去解决我们中国社会主义建设中的问题。"钱学森最看重的是人民对他的最后评价。他在80岁高龄时的心愿仍然是为人民服务，是用现代科学技术体系去解决中国社会主义建设中的问题。有着如此坚定信念而且还在继续努力实现自己的心愿，钱学森在至高荣誉面前真的是"不激动"。

宋代大儒张载认为读书人的最高目标是"为天地立心，为生民立命，为往圣继绝学，为万世开太平。"钱学森正是这样一位为中华民族崛起"立功、立言、立德"的人民科学家。半个多世纪以来，钱学森是中华儿女奋发图强的代表，是中国知识分子报国的典范，他永远活在中国人民的心中。

让我们以国防大学公方彬教授的一段话作为本文的结尾：当我们真正读懂钱学森的人生价值观之时，也便认清了人生的意义和价值，同时找到了成就人生的途径。尽管钱学森已经登上时代的巅峰，让人仰视而难超越，但不失向其学习的重要。因为，我们学习英雄虽然不能复制和成就一个新的英雄，但至少让我们最大限度地避免庸俗，避免沉溺于物欲而失去方向感。这大概就是我们学习钱学森精神的意义和价值所在。或许我们还可以这样理解，当有一天，一批中国人开始赶超钱学森，那意味的一定是中华民族跃上了一个高尚的境界。我们期待着这一天的到来。

从系统思想到系统实践——钱学森的系统贡献

于景元

于景元，我国著名的系统科学家、数学家、研究员、博士生导师。曾担任原中国航天科技集团公司 710 研究所科技委主任、中国系统工程学会副理事长、中国社会经济系统分析研究会副理事长、中国软科学研究会副理事长、国家软科学研究指导委员会委员、国家人口和计划生育委员会人口专家委员会委员、国务院学位委员会"系统科学"学科评审组成员、国家自然科学基金委员会管理科学部评审组成员，还担任《科学决策》主编、《系统工程理论与实践》副主编，曾任国务院学位委员会委员（第四届）。长期跟随钱学森同志从事系统科学研究，在控制论、系统工程、系统科学的理论及其应用等领域进行了许多研究工作。与宋健院士等一道开辟了人口定量研究的新方向，与钱学森院士在创建系统学方面进行了许多创造性工作。主要著作有《当代中国人口与发展研究》、《技术经济分析》、《人口控制论》（与宋健合著）等。其作品及研究成果先后获得过国家自然科学奖二等奖 1 项，国家科学技术进步奖一等奖 1 项，国家科学技术进步奖二等奖 2 项，国家科学技术进步奖三等奖 2 项以及部级科学技术进步奖一、二等奖多项，还获美国东西方中心杰出贡献奖、国际数学建模学会最高奖艾伯特·爱因斯坦奖（1987 年）、第三届中华人口奖科学技术奖（1998 年）。

2016 年 4 月 24 日，是首个中国航天日，是中国航天 60 周年，又恰好是钱学森诞辰 105 周年。钱老被称为"中国航天之父"，谈起系统科学与系统工程时，大家也公认钱学森是开创者和奠基人。现就钱老提出这套理论方法的缘由，和钱老对这些方面的贡献，以及如何系统地学习系统科学与系统工程，进行一些探讨和介绍。

1955 年钱学森回到了祖国，从这时起，他开始了开创我国火箭、导弹和航天事业的征程。刚回国时，钱老出任中国科学院力学研究所所长。1956 年年初，在钱老报告的基础上，我国成立了国防部第五研究院。从此，钱老的主要精力放在研究导弹和航天上。

在周恩来、聂荣臻等老一辈无产阶级革命家的直接领导下，钱老的科学才能和智慧得以充分发挥，和广大科技人员一起，在当时十分艰难的条件下，研制出我国自己的导弹和卫星，创造出国内外公认的奇迹。从人才的角度讲，我国航天事业刚刚开始时，真正懂导弹的只有钱老一人。从经济的角度讲，当时只能生产拖拉机和解放牌汽车。从科技的角度讲，中华人民共和国刚刚成立，可以说是百废待兴。而中国在那样一个人才、经济、科技水平都很弱的情况下，用了几年的时间真的做出了导弹，这和系统工程方法的运用分不开。以导弹、卫星等航天科技为代表的大规模科学技术工程，如何把成千上万人组织起来，并以较少的投入在较短的时间内，研制出高质量、高可靠的型号产品来，就需要一套科学的组织管理方法与技术。在归国之前，钱学森在美国撰写了《工程控制论》，这本书在世界影响很大，1954年用英文出版，1956年又被译为俄文、德文、法文，1958年被译为中文。钱老归国后，在中国科学院力学研究所讲控制论，也正是这本书的内容。这本书和自然科学不同，和社会科学也不同，它以系统为研究对象，针对工程系统的控制，成为钱老建立系统科学体系很重要的理论支撑之一。因此，钱老在开创我国航天事业过程中，同时也开创了一套既有普遍科学意义、又有中国特色的系统工程管理方法与技术，这也是钱老把工程控制论的系统思想、理论方法应用到工程系统管理之中的体现。大规模科学技术工程中系统管理的应用，极大地推动了中国导弹、航天事业的发展，也正是因此，钱老被称为"中国航天之父"，当之无愧。

系统管理方法的应用，在研制体制上是研究、规划、设计、试制、生产和实验一体化；在组织管理上是总体设计部和两条指挥线的系统工程管理方式。在当时的条件下，把科学技术创新、组织管理创新与体制机制创新有机结合起来，也就是综合集成创新。实践已证明了这套组织管理方法是十分有效的，一直沿用到今天，足见这些方法的科学性和有效性。相似的，还有现在的"双轮驱动"战略，一轮是科学技术，还有一轮是体制机制创新，其实还应该有一条——组织管理创新，把这两轮协调起来，创新驱动才能真正实现。我们在强调科技创新的时候，还要强调体制机制创新，同时还有组织管理创新。正是航天上的创新，走出了一条发展我国航天事业的自主创新和协同创新道路。自主创新是对创新主体来说，要自己来创新，光靠别人来创新、指望别人帮，这种技术很难实现。协调创新，就是大家协同起来为了共同为了一个事业进行协同创新。

航天系统工程的成功实践，证明了系统工程技术的科学性和有效性，中国航天事业的成功也是系统工程的胜利，而且不仅适用于自然工程，其原理也同样适用于社会工程，从而开创了大规模工程实践的系统管理范例。系统工程的应用，是钱老对管理科学与工程的重大贡献；航天系统工程的实践，在促进我国航天事业发展的同时，也为钱老在后来的系统工程论与系统科学体系的研究奠定了实践基础。

我国的系统科学起源于航天与系统工程，而在航天系统工程中，主要有5个问题。第一个是大规模科学技术工程。大规模科学技术工程，是"两弹一星"时期由聂荣臻和钱学森提出，像导弹、飞机，包括现在的载人航天，都叫作航天型号，每一个型号都是很大规模的科学技术工程。第二个是"两弹一星"与"重大科技专项"。其中，"两弹一星"是过去的科研项目，而"重大科技专项"，是我国于2006年制定的14项国家中长期规划，后来增加到16项，由科学技术部主持和执行。把这两者联合起来，就是把过去和现在结合起来，更加有现实意义。第三个是工程实践与系统工程。第四个是系统工程与总体设计部。最后一个是工程实践中的方法论问题。

一、大规模科学技术工程

我们所说的科学，不管是自然科学还是社会科学，都是认识客观世界，重在发现客观世界的规律，建立新理论，也就是科学创新。而技术是改造世界的学问，它重在新发明，开发新技术，这就叫作技术创新。工程是改造客观世界的实践，实践就是要切实地干，这个可以叫产品创新。科学是认识世界，还是学问，技术是改革实践，也是学问，工程则是确切地干，它的重点在于效率、效益与质量，要创造新产品，满足社会需求。

因此，科学技术工程，就可以分为3个层次：认识世界–改造世界–改造世界的实践。这3个层次既互相区别，又互相联系。因为，要改造世界，必须先认识世界，因此科学很重要；但是认识世界，是为了改造世界，所以需要产生新技术，之后再运用到实践中去。在我国，"科学技术"是一个经常出现的词汇，科学家们早年也就"科学技术"的区分问题展开过讨论。所以，中国科学院重在科学，即认识世界；中国工程院重在工程与技术，即改变世界。从这里可以发现，技术是靠近工程的，因为要实践第一步是技术；技术后面是科学，是理论。所以这样看，科学–技术–工程，这三者是密切相关的，但是又是不同的。

现在我们来看大规模科学技术工程，既有科学层次上的问题要解决，要认识世界；又有技术层次上的新技术开发；还要把这样的理论与技术应用到工程实践中，生产出新产品，实现产业化，向其他产业扩散，推动经济社会发展与国家安全，这就是所谓的大规模科学技术工程。就是要把理论、技术到实践，实现一体化，把3个层次连起来，现在通常叫作"创新链"，从科学层次，到技术层次，再到工程层次。这类工程的特点是规模大、投入高、影响大，具有跨学科、跨领域、跨部门与跨层次的特点。因为研制周期较长，通常采用的是使用一代，研制一代，预研一代，探索一代的并行发展战略。整个航天，包括国防，都是这样一个战略，一代一代搞，不浪费时间；研制一代的时候，预研一代也开始，同时与探索并行。

二、"两弹一星"与重大科技专项

首先，"两弹一星"和重大科技专项都是大规模科学技术工程，前者是在计划经济时代完成的，后者是现在进行的。重大科技专项，是我国 2005 年中长期规划确定的 14 项，后来增加到 16 项，由科技部主持，包括大飞机、对地观测、探月等项目等。重大科技项目管理，在规划制定时也引发了热烈的讨论。

从我的角度看，重大科技专项，就是大规模科学技术工程，就像"两弹一星"工程，里面有理论问题需要解决，有新技术需要开发，最后要出产品，这些理论技术都是为了最后出的产品。那么，重大科技项目如何管理的问题，可以基本参照"两弹一星"问题的管理方法。从科技部的角度出发，重大科技专项的管理是项目管理，而项目管理的方法基础是还原论，一个项目，分得很细，如：内容管理、技术管理、财务管理、团队管理等等，所以它的问题在于没有总体。因此，以项目管理来管理重大科技专项是不够的，需要重新审视"两弹一星"项目成功的经验。以对地观测项目为例，由中国科学院遥感研究所承接，没有技术负责人，而是专家组，更没有总体设计部门，这样的实施结果就是，一个投入几百亿元，大家分散化的按照自己的技术方向去申请经费。同样地，医药重大专项比较混乱，大家你一块，我一块来做。也有做得比较好的专项，如：探月工程、大飞机专项，这些项目都有总体部。后来重大科技专项进行了五年的时候，中美两国的工程院进行了基础审查，发现了问题，进行了及时地调整。比较来看，从组织角度说，"两弹一星"的成功经验，具有普遍意义，不仅现在可以应用，还可以应用在其他类型的项目上。同样道理，哪些经验在今天市场经济条件下不再适用，需要创新发展，这对于发展航天，和正在实施的重大科技专项，同样具有重要现实意义。把"两弹一星"与重大科技专项放在一起，就是要探索计划经济与市场经济条件下最适用的经验。

三、工程实践与系统工程

大规模科学技术工程是一类复杂的社会实践。从实践论观点来看，任何实践都有明确的目的性和组织性，具有高度的综合性、系统性和动态性。社会实践通常包括三个组成部分：一是实践对象，就是干什么，为什么要干，能不能干，体现了实践的目的性；二是实践主体，谁来干，如何干，体现了实践的组织性；三是决策主体，决定干不干，如何干。

从系统观点来看，任何一项社会实践都是一个具体的实践系统，正如钱老所说"任何一种社会活动都会形成一个系统"，实践对象也是个系统。航天发射卫星，实践对象就是要发射卫星。而卫星的发射又有很多需要完成的事情，比如运载、轨道控制、姿态控制等等，所以这个对象本来就是系统。而人在其中，是人来实践，所以人肯定是实践主体，实践主体也是系统。把两者结合起来还是系统，一个是对象系统一个是实践主体系统。因此社会实践是系统的实践这很重要，也是系统的工程。有了这个认识以后，实践是系统的实践，工程是系统的工程，这就把实践和工程纳入到系统的考虑范围之内。这样一来，有关实践或工程的组织管理与决策问题，也就成为系统的组织管理与决策问题。

在这种情况下，系统思想、系统科学理论方法与技术，应用到社会实践或工程的组织管理与决策之中，不仅是自然的，也是必然的。认识到这一规律，把问题纳入到系统思考范围之内，运用系统的思想理论方法去处理。如果认识不到规律，撞了半边墙付出了很大代价，也可以完成。也就是说，没有系统思想也可以有实践，但是系统思想那情况就不一样，可以减少不必要的损失，这也就是系统工程和系统科学具有广泛应用性的原因。社会实践是人类的基本活动，只要人们有社会实践其实就是系统实践，进行系统思考，运用系统的思想、理论方法去处理这个实践的组织和管理，这是非常重要的。

四、系统工程与总体设计部

系统工程是组织管理系统的技术，这句话是钱老在1978年的文章里面很明确提出的，是组织管理系统规划、研究、设计、制造（实现）、试验和使用的技术方法。那么，作为一个系统整体包涵这些内容，如何组织管理，系统工程就是要解决这件事情，就是组织系统，使系统具有我们期望的目标。无线电技术解决无线电问题，电子技术解决电子问题，计算机技术解决计算问题，都是局部技术；但系统工程不同，它是一类综合性的整体技术。这类综合集成的系统技术，是一门整体优化的定量技术，是从整体上研究和解决系统管理问题的技术方法。

运用整体技术，使系统具有我们期望的功能，执行的研究实体，就是总体设计部。今天的航天，所有的型号都有一个总体设计部：导弹如此，卫星如此，载人航天如此，探月也如此，都是这样。先由总体设计部，研究完成这件事的系统内部构成和联系；研制完成以后，才能真正实现达到期望的目标，这个过程就是设计对象系统。总体设计部是由熟悉对象系统的各方面专业人员组成，并由知识面较为宽广的专家——总设计师，负责领导。根据系统总体目标要求，明确的目的性，设计系统总体方案。比如发射卫星，从运载到卫星遥控、遥测等，弄清整个系统之间的关系，还有科学技术成果的构成，在整体上设计系统，实现需要。

图1展示了对象系统、总设计师与总体设计部的关系。对象系统是由科学技术的成果，经过工程实践生产出产品。总体设计时，系统也分为不同部分，叫作分系统，由部门管理负责。完成各个分系统的设计后，在总设计师的领导下，总体设计部负责系统研制，从整体上完成结构的调整设计。

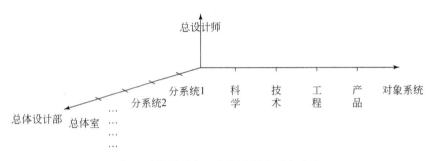

图1 总体设计部、总设计师和对象系统

把对象系统作为他所从属的更大系统的组成部分进行研制，对他所有的技术要求都首先从实现这个更大系统的技术协调来考虑，就是要研制系统的外部环境。外部环境是一个自然环境，卫星围绕地球转的时候，在大气层外经受宇宙辐射，微重力的条件下就是自然环境。在微重力的环境下，必须和自然环境协调。还有社会环境，通信卫星涉及通信卫星和通讯系统的协调。总体设计部把若干分系统有机结合的整体设计，这就涉及系统结构。所谓系统结构，就是系统组成部分之间的关联关系。总体设计部对分系统之间的矛盾、分系统与系统之间的矛盾，都首先从总体目标的需要来考虑和解决。比如当运载需求和能力有矛盾的时候，就要系统的总体目标来协调，也就是整个系统的功能。总体设计部的功能，如果抽象一点来说，就是把系统整体和系统组成部分，辩证统一起来。系统功能是需求，而系统组成部分和他们之间互相协调，支撑了系统整体功能。没有整体，组成部分就没有用处；没有组成部分，整体也是空的；这就是系统整体和组成部分一定要辩证统一起来。这个过程要用系统方法，并综合集成有关学科的理论和技术。

系统工程，就是对对象系统的环境、结构和功能进行总体分析、总体论证、总体设计、总体协调，包括使用计算机和数学工具的系统建模、仿真、分析、优化、试验与评估，以求得满意的和最好的系统总体方案，并把这样的总体方案提供给决策主体作为决策的科学依据。总体设计部的作用在于通过研究为决策者提供决策支持，提出支持方案，并且能够表述支持方案的优缺点，这些方案都是经过严谨的科学方式研究的结果，总设计师签字确认，为其负责。一旦方案为决策者所采纳，再由相关部门付诸实施。

图2说明了调度、研制与总体设计部的关系。根据已确定的总体方案，需要组织研制

系统，投入人力、财力、物力、信息、知识等资源。研制系统的要求是以较低的成本，在较短的时间内研制出可靠的、高质量的对象系统。如何组织管理这个系统以实现资源优化配置，也需要系统工程。组织管理这个系统的系统工程与先前的组织管理系统工程内涵不同，但都是系统工程，都是组织管理系统的技术。前面是工程系统工程，后面是研制系统工程。如图2：研制主体是科研院所、大学、企业、国际合作，要将它们组织起来，对它们进行合理的人力、资源、物力配置，这主要由总调度师负责。

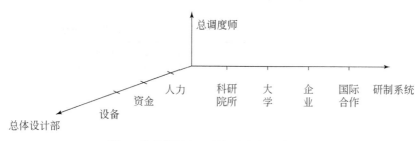

图2　总体设计部、总调度师与研制系统

在计划经济体制下，这个系统是靠行政力量进行组织管理的，如"两弹一星"研制时期，国家有专委会，主任委员周恩来，副主任委员聂荣臻、陈毅等负责。其中化工部提供燃料，电子工业部提供元器件，这些重大决策、方案确定以后都要提交到专家委员会决定。这一时期充分发挥行政力量，调动各方，效率非常高。因此，"两弹一星"研制时期，专家委员会起到很大的作用，国家高度重视，充分发挥社会主义优越性。改革开放以后，在市场经济体制下，只靠行政系统已不能满足，还需要市场这个无形的手。研制系统是由不同利益主体构成的，每个企业自身都是一个利益主体。比如1998年航天就出现了一些事故，在直播点火期间，出现故障。之后航天大规模检查，发现主要是元器件问题，原因是现在元器件都不是军标，归根到底还是经济利益。航天在研制这条线上面临的问题比较多，涉及体制机制问题。因此，如何组织管理好这个系统，在今天来看，就显得更为复杂，在市场经济条件下，如何使得研制主体更协调起来，不同主体更加协同创新，值得思考。

技术指挥线与调度指挥线如图3所示，是把对象系统和研制系统结合起来进行研制，这是个动态过程，研制过程两个系统一旦结合，真正实施起来还遇到很多问题。科学技术方面的组织管理与协调，还有研制系统的组织管理与协调，这就形成了两条线，一条是总设计师负责的技术指挥线，科学技术范畴的问题；另一条是总调度师负责的调度指挥线，基本上按照机关那条线进行。在决策主体的工程总指挥领导下，这两条线也是相互协调的。调度指挥线负责对研制系统的协调，技术指挥线是总设计师对科学技术负责，科学技术是研究主体。

在总指挥的决策指挥下，两条指挥线都以总体设计部的研究为基础进行组织协调和管理，这是建立在科学基础上的。过去航天在调度指挥这条线上没有总体部，航天总体部主要针对研制对象，调度指挥这条线基本上还是靠行政指挥，这就是回顾航天在这一部分还存在不足之处。总体如何优化研究，调度师如何合理资源配置，靠行政力量是不行的，值得深思。

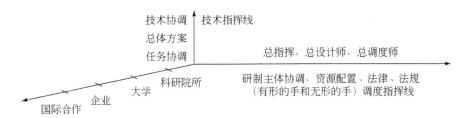

图3　技术指挥线与调度指挥线

前面所提及的总体设计部还是工程设计概念，钱学森提出综合集成方法，运用综合集成方法的集体就叫总体设计部。这个总体设计部与航天总体设计部比较，已有了实质性发展。钱学森提出的总体设计部是运用综合集成方法和研讨厅的实践方式，而利用综合集成方法和总体设计部的概念对现在航天的发展有重要意义。

如图4所示，总体设计部有专家体系和计算机体系，专家体系是研究什么问题、哪个型号，与型号有关的专业构成了专家体系，计算机体系主要实行定性综合集成、定性定量相结合综合集成、从定性到定量综合集成给出总体方案，这些既可以适用于对象系统也可以适用于研制系统。这两个体系都用到综合集成方法，航天在这个方面还有一定的发展前景。

图4　专家体系和计算机体系

人们在遇到涉及的因素多而又难于处理的社会实践或工程问题时，往往脱口而出的一句话就是：这是系统工程问题。从中央领导媒体，这句话出现的频率很高，比如，改革开放是一个复杂的系统工程。这句话是对的，其实它包含两层含义：一层含义是从实践或工程角度来看，这是系统的实践也是系统的工程；另一层含义是从科学技术角度来看，既然是系统的工程或实践，它的组织管理就应该直接用系统工程技术去处理，因为系统工程就是用来组织管理系统的技术。可惜的是，人们往往只注意到了前者，相对于没有系统观点的实践来说，这也是个进步，但却忽视或不了解要用系统工程技术去解决问题，结果就造成了什么都是系统工程，但又没有用系统工程解决问题的局面。

现在的实际情况也是这种情况，面对复杂的系统工程问题，好像一句话就把问题解决了，是系统工程问题就要按系统工程去做，但又不去做，不去做是因为不了解。如果认识到是系统工程问题，用系统工程去做，这样的话系统工程就会广泛地应用到各行各业当中。但是怎么让系统工程去做，判断依据就是有没有一个总体设计部这样的实体。所以，总体设计部，就是系统工程一个实际支撑的整体。钱学森认为，总体设计部就是运用综合集成方法，应用系统工程技术领域的实体部门，是实现综合集成工程的关键所在。没有这样的实体部门，应用系统工程也就是一句空话，真正有总体部，才有可能把系统工程技术真正得以应用。所以，综合集成方法在总体设计部，应用这个方法把系统工程技术应用到实践当中去，那么这个管理系统，不管是对象系统，还是研制系统，才真正把系统工程这门技术运用到实践当中。

五、工程实践中的方法论问题

在科学中有方法论问题，在实践中也有方法论问题。方法论，Methodology，和方法是不同层次的，方法论是研究问题或者在实际当中解决问题时，讨论这个路径对不对，路径对了，怎么完成，那就是方法问题再形象地说，就是这条道路对不对；要是道路对了，步行、骑自行车、开小汽车、坐飞机，就是方法问题。如果路径不对，方法再好，还是解决不了根本性问题，所以方法论非常重要。但是，科技界有一个问题：大家比较重视方法，但是不重视方法论。

谈到方法论，大家都认为是哲学问题，没有讨论的必要。很多科学家经常感叹："哎呀，这是一个哲学问题，咱们搞不懂"，这是不对的。哲学问题其实是很重要的问题，是要把控大方向。还原论方法和整体论方法是两种方法论，还原论方法就是整体研究一个问题研究不明白就把它分开，分成小问题，小的搞明白了大的就都明白了。这也是已有自然科学的研究方法，比如物理学，已经到夸克层次；生命科学，到基因层次。但是，物理学到了夸克层次，还解释不了这个宏观世界大物质构造是什么道理，基因也回答不了生物是什么，这就是现状。很有意思的是，提出夸克理论的物理学家盖尔曼，有一次见到美洲豹，说美洲豹没什么了不起，它是六夸克组成的，我自己也是六夸克组成的，在夸克这个层次上，美洲豹和盖尔曼没有差别。但是，宏观可见的层次上美洲豹和盖尔曼就不同了，一个是有高度智慧的人，一个是动物，这是两回事。但是在夸克层都一样，这是为什么呢，说不清楚。所以他开始反思：这条路这么走下去到底行不行，还原已经到了夸克层次，但是还是说不清楚世界万物为什么这么丰富多彩。这个例子说明，并不是还原论方法不对，它有历史性的贡献，如果没有还原论方法，我们可能现在还没有这些科学技术成就，也享受不到这些科学技术成就带给我们的好处。但是科学在发展中，这个方法论或者方法有局限性。分子生物学家贝塔朗菲，也意识到了还原论方法的局限性，他说："我们对生物在分子层次上了解得越多，我们对生物整体的发展认识就模糊。"所以他后来又提出了一般系统论，实际上就是整体论。同样的，西医就是还原论方法的产物，把人体细分为器官，细胞到分子到基因。西医今天也带给我们很丰硕的成果，但是他的方法论基础是还原论，回答不了整体的问题，所以西医今天也遇到了麻烦，还原论方法有局限性。中医就是整体论，它把人体作为一个整体来看，所以中医治病的办法和西医不一样：西医是针对局部问题下药，头痛医头，脚痛医脚；中医是整体调理。那就有一个问题，人家调理的挺好，你要问老中医说这个药为什么能治好，他也回答不了。中医治好你是靠经验，经验也是知识，经验是知道是什么，但是回答不了为什么，科学知识特点是在知道是什么也能回答为什么，所以中医也有局限。两种方法论，一个从局部着手研究事物，一个从整体着手研究事物，都有好处但也同时有不足之处。

正是这种背景，钱老提出来系统论。与贝塔朗菲的一般系统论不同的是，钱学森提出的系统论，是把还原论和整体论辩证统一，就是既吸收还原论有用的地方，又吸收整体论从整体研究问题的优势，同时要避免还原论只注意部分而不注意整体的局限，也克服了整体论只管整体不管部分的局限。从这个角度来看，总体设计部的作用是什么呢？就是在实践中把系统的整体和他组成的部分辩证统一起来。所以科学中有方法论问题，实践中也有方法论问题，实践是系统实践，系统实践就有整体和部分的关系问题。一个实践能取得成功，必须要把整体和部分统一起来。以探月工程为例，发动机这一部分支撑不了就没有办法发射，发射成功了到月球以后月球车没有也不行，这就是不协调。只有这些组成部分都协调的很好，这个系统的整体，探月，才能取得成功。所以总体设计部，就体现了方法论，既不是还原论，也不是整体论，而是把整体和部分辩证统一起来的系统论。

今天的型号管理，还属于工程管理。其实，从工程管理，到一个单位、一个部门的管理，甚至整个国家的管理，都是不同类型系统的管理，系统管理首要的问题是从整体上去研究和解决问题。这就是钱老一直大力倡导的"要从整体上考虑并解决问题"，只有这样才能把所管理系统的整体优势发挥出来，收到"1+1>2"的效果，这就是基于系统论的系统管理方式。所以，航天事业就是依靠系统论这条路，这是航天成功的重要因素。如果我们各行各业，都借鉴这种方法，那我们整个国家可能大不一样了。现在市场经济环境下，怎么样把人们的才能充分发挥出来，这是值得深思的问题。

在现实中，从微观，中观直到宏观的不同层次，都存在着部门分割、条块分立，各自为政，自行其是，只追求局部最优而置整体于不顾，这就是基于还原论的分散管理方式，它使系统整体优势无法发挥出来，其最好的效果也就是"$1+1=2$"，而多数可能是"$1+1<2$"。如果运用还原论的管理方式，搞运载的搞运载，搞卫星的搞卫星，两者不相往来，航天型号飞上天是不可能的。前面说的重大专项，哪儿有钱就有人，只管自己的，其他不管不顾，这样的整体是没有办法组织的，也是没有信仰的。所以说，实践中同样存在方法论，不是简单的闷头做事。其实人类知识总体来讲是从实践开始的，通过实践，认识世界，实践是基础，非常重要。

总体来说，中国航天的成功，与最初的系统建设密不可分的，系统工程发挥了巨大的贡献，也就是钱学森的贡献，是别人不可替代的。系统工程管理体现的是系统思想、系统理论、系统技术，把系统思想纳入管理中，就可以创造奇迹。当年"授予钱学森国家杰出贡献科学家"的会上，聂荣臻发了贺电，谈到钱老在美国研究的《工程控制论》运用到航天科技和其他方面，其他方面就包括工业、农业、交通等等，从这个角度来看，系统工程对中国航天的发展乃至整个国家的发展起到了重大的作用。

现代科学技术体系与知识创新体系

于景元

从系统认识论的角度来分析现代科学技术体系与知识创新体系，主要有三个问题：第一，现代科学技术体系与系统认识论；第二，现代科学技术体系与知识创新体系；第三，知识创新与综合集成方法。

一、现代科学技术体系与系统认识论

钱学森不仅用系统思想和系统论建立了人类系统科学体系，还运用系统思想和系统论建立了人类知识体系。人类是通过社会实践来认识客观世界的，通过不断探索从而形成了人类知识体系。现在大学本科阶段学习的课程，就是按照现代科学技术体系划分的。钱学森从系统思想出发，运用系统认识论从整体上去认识和把握人类认识世界和改造世界的知识结构，提出了现代科学技术体系和人类知识体系。

现代科学技术发展已经取得了巨大成就。钱老指出，今天人类正探索着从渺观、微观、宏观、宇观直到胀观 5 个层次时空范围的客观世界。如图 1 所示，宏观层次就是我们所在的地球，在地球上又出现了生命和生物，产生了包括人类和人类社会。

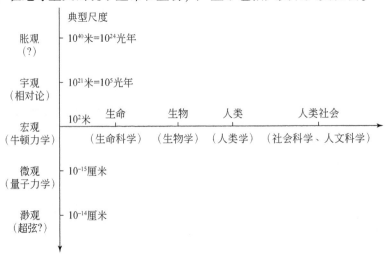

图 1　渺观、微观、宏观、宇观直到胀观 5 个层次时空范围的客观世界

图 1 是根据钱老的一篇文章绘制的，其最下端是渺观层次，这一部分看不到摸不到，目前还没有形成统一的理论。往上就到了微观层次，代表性理论是量子力学。再往上到了宏观层次，这个典型尺度是米，典型理论是牛顿力学。再往上是宇观层次，到了银河系，典型尺度是光年。宇观层次上代表性理论是爱因斯坦的广义相对论。所以这 3 个层次都有相应的理论。再往上就是胀观层次，这个层次目前有两个说法：宇宙膨胀论和大爆炸理论。有一段时间盛行大爆炸理论，但是这个理论也有疑点。这几个层次是目前可以探测到的，从图 1 可以看出，现代科学从小到大是如此复杂。

客观世界包括自然的和人工的，而人也是客观世界的一部分。客观世界是一个相互联系、相互作用、相互影响的整体，因而反映客观世界不同领域、不同层次的科学知识也是相互联系相互作用、相互影响的整体。知识是对于客观世界的一种反映，但是现有的知识还包含于很深的还原论思想之中。

钱学森提出的现代科学技术体系结构，如图 2 所示。从横向上看到有 11 个部门，从纵向上看有 3 个层次的知识结构。这 11 个科学技术部门是自然科学、社会科学、数学科学、系统科学、思维科学、人体科学、地理科学、军事科学、行为科学、建筑科学、文艺理论。这是根据现代科学技术发展到目前水平所做的划分，随着科学技术的发展，今后还会产生新的科学技术部门，所以这个体系是动态发展系统。

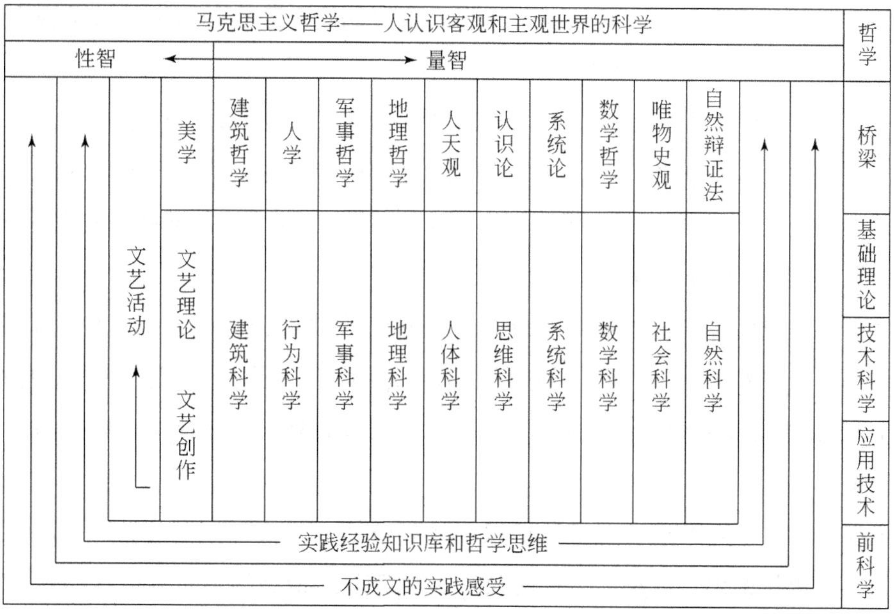

马克思主义哲学——人认识客观和主观世界的科学													哲学
性智 ←				→ 量智									
		美学	建筑哲学	人学	军事哲学	地理哲学	人天观	认识论	系统论	数学哲学	唯物史观	自然辩证法		桥梁
	文艺活动	文艺理论 文艺创作	建筑科学	行为科学	军事科学	地理科学	人体科学	思维科学	系统科学	数学科学	社会科学	自然科学		基础理论 技术科学 应用技术
													前科学
实践经验知识库和哲学思维													
不成文的实践感受													

图 2　现代科学技术体系结构

钱老指出，科学技术部门的划分不是研究对象的不同，研究对象都是整个客观世界，而是研究客观世界的着眼点和研究问题的角度不同。一般的思维是把自然和社会分离，而自然和社会其实是密不可分的。上述的 11 个科学技术部门它们的研究对象都是一个，只是着眼点不同，所以它们之间的联系是无法割裂的。

上述每个科学技术部门里，都包含着认识世界和改造世界的知识。自然科学经过几百年的发展已经形成了 3 个层次的知识结构：直接用来改造世界的工程技术或应用技术；为工程技术直接提供理论方法的技术科学或应用科学以及揭示客观世界规律的基础理论，即基础科学；技术科学实际上就是从基础理论到工程技术的过渡桥梁，是直接为工程技术提供理论方法的，如应用力学、电子学等。

这样 3 个层次的知识结构，对其他科学技术部门也是适用的，如社会科学的应用技术就是社会技术。但现在许多社会科学家没有这个概念，光有理论没有技术是无法应用的，由此更能看出钱学森思想的重要。唯一例外的是文艺，文艺只有理论层次，实践层次上的文艺创作，就不是科学问题，而属于艺术实践范畴了。

现代科学技术体系所包含的知识只是人类知识的一部分。实际上，从实践中所获得的知识远比现代科学技术体系所包含的科学知识丰富得多。科学知识的特点是知道这是什么，还知道这是为什么。人类从实践中直接获得了丰富的感性知识和经验知识，以及不成文的实践感受。这部分知识的特点是知道是什么，但还回答不了为什么。所以这部分知识还进入不了现代科学技术体系之中。钱老把这部分知识称作前科学，比如中医。很多科学是属于前科学，是大量的经验知识。尽管如此，这部分知识仍然是很有用、很宝贵的。这就是为什么要重视经验。

前科学中的感性知识、经验知识，经过研究、提炼可以上升为科学知识，从而可以进入到现代科学技术体系之中，这就发展和深化了科学技术本身。人类不断的社会实践又会积累丰富新的经验知识、感性知识，这又丰富了前科学。人类社会实践是永恒的，上述这个演化过程也就不会完结。

由此可见，现代科学技术体系不仅是个动态发展系统，也是一个开放的演化系统。从前科学与实践中来，是一个演化的过程。不同的科学和不同的部门是一个发展的过程。现在是 11 个，再发展还会有新的部门产生。大家可以看到整个现代科学体系是一个不断发展的动态体系。

辩证唯物主义是人类对客观世界认识的最高概括，反映了客观世界的普遍规律。它不仅是知识，也是见识，更是智慧，而且是人类智慧的最高结晶。辩证唯物主义同样是对于科学技术的高度概况，它通过 11 座桥梁与 11 个科学技术部门相联系。相应于前面 11 个科学技术部门，这 11 座桥梁分别是：自然辩证法、唯物史观、数学哲学、系统论、认识论、人天观、地理哲学、军事哲学、人学、建筑哲学、美学。这些都属于哲学范畴，是部门哲学。这就使辩证唯物主义哲学建立在科学基础上，它既可指导科学技术研究，又随着科学技术而不断丰富和发展。它把哲学和科学统一起来了，也把理论和实践统一起来了。

不但科学技术层面跟以前传统的划分不一样，而且哲学层面也不一样。北京大学有一个现代科学与哲学学术中心，那里有不少的哲学家，钱老的现代科学体系在哲学方面的划分，他们也解释不清楚。这就是钱老的特色，钱老是对于马克思主义的离经不叛道。哲学家说应该听科学家的意见，因为这是哲学家提不出来的。

钱老建立的系统科学技术体系具有系统性。并不是说，自然科学只研究自然，社会科学只研究社会，两者不相干。实际上它们是有密切联系的，我们没有联系不是我们的伟大，是我们认识上的局限性。11 个部门有 11 座桥梁，与下面的系统科学技术体系联系起来。这样就使得顶层的辩证唯物主义建立在了科学的基础之上了。哲学建立在科学之上，由科学做基础，所以它反映的才是真理。辩证唯物主义哲学建立在科学基础之上，它既可以用来指导科学技术研究，又能够随着科学技术的进步而不断地丰富和发展，这就把哲学和科学统一起来，也把理论和实践统一起来了，这是钱老的系统科学技术体系非常重要的一个特点。

综上所述，从前科学到科学（现代科学技术体系），再到哲学，这样 5 个层次的知识结构（见图 2），就构成了人类的整个知识体系。这是非常宝贵的知识财富和思想财富，为解决社会实践问题提供了强有力的科学和技术支撑。

从钱老建立现代科学技术体系和人类知识体系可以看出，钱学森作为一位伟大的科学家和思想家，其知识结构不仅有学科领域的深度，又有跨学科、跨领域的广度，还有跨层次的高度。如果把深度、广度和高度看作三维结构的话，那么钱学森就是一位三维科学家。例如，没有人认为钱学森是医学家，但钱老对医学有自己的看法：治病的第一医学，防病的第二医学，修修补补的第三医学，开发人体潜能的第四医学。吴阶平是有名的医学家，他听了钱老的划分，说自己搞了一辈子医学，也没有钱老对医学概括的这么清楚。钱老他虽然不是医学家，但他能跨到医学领域，对医学有自己的看法，这种看法还能被医学家所接受，不仅接受而且感觉很受益，能做到这样绝对不简单。

钱老曾经说："现在国内把专家捧上了天，我们在美国学习的时候，对专家是看不上眼的，我们当时崇拜的是学术权威。"钱老所说的学术权威，就是像他的老师冯·卡门那样能够跨学科跨领域的科学家，而专家主要是一维型的人才。就国内来讲，大量的是一维的科学家；二维的能够跨学科、跨领域的不是很多；三维的能够跨层次，上升的哲学层次的就更少了。这就是目前我们为什么缺乏领军人物，缺乏帅才的重要原因。现在的高等教育，比较适合培养专家，不太适合培养跨学科、跨领域、跨层次的复合型人才。所以，钱老到晚年对教育非常重视，提出了"钱学森之问"。钱学森之问后来引起学界、教育界，甚至国家领导的高度重视。要回答钱学森之问，最好还是从钱学森自己怎么成为帅才的角度来看。钱学森到美国最早去的是麻省理工学院，他到那以后很快感觉到，麻省理工学院与上海交通大学的课程设置差不多，所以就离开麻省理工学院改去加州理工学院，报考冯·卡门的研究生。加州理工学院与麻省理工学院的不同之处在于，它是理工结合的，创新气氛非常浓厚，这对钱老后来的成就有非常大的影响。

钱老回国后，最初在力学研究所工作，当时高等学校力学人才很缺乏，怎么办呢？力学研究所就和清华大学合办了一个力学培训班，各个高校的力学助教到这个培训班里培训。培训时间不长，大概也就几个月，讲课的都是国外留学回来的一流力学家，像钱学森、钱伟长、郭永怀等。这个力学班办得非常成功，后来钱学森就想，咱们干脆在力学研究所办个大学，于是就起草一个报告报给中国科学院。当时的院长是郭沫若，郭老一听你们力学研究所办个大学，干脆我们中国科学院办个大学。由钱学森起草方案，然后院委会讨论，办个中国科学院大学，叫什么名可以以后再研究。钱老回去以后就按照加州理工学院的理工结合模式，起草了一个方案。郭老是个很有学问的人，也是个很有政治头脑的人。当时，大学教育都是苏联模式，包括教材都是苏联那边翻译过来的。在院委会里讨论，如果有一个人提出，这个方案跟我们现在的模式、教材都不一样，那肯定通不过。郭老没有在院委会讨论，就拿着方案直接找总理去了。结果出乎他们意料，周恩来总理真批了，这就诞生了中国科学技术大学。至 2008 年中国科学技术大学 50 周年校庆，在已培养出近的 5 万名毕业生中有 42 人当选中国科学院、中国工程院院士，为全国之最。这给我们的启发就是教育体制和教学内容的重要作用。

德国著名物理学家普朗克在 20 个世纪 30 年代就曾指出，科学是内在的整体，它被分解为单独的整体不是取决于事物的本身，而是取决于人类认识能力的局限性。实际上，存在着从物理到化学，通过生物学和人类学到社会学的连续链条，这是任何一处都不能被打断的链条。

普朗克的这个见解是很深刻的，科学的发展也证实了这个论断的科学性和正确性。钱老建立的现代科学技术体系不仅把这个链条连接起来了，而其内涵、外延，以及深度、广度和高度都比普朗克的认识深刻。这也体现了钱老系统认识论的优势。1991 年 10 月，在国务院、中央军委授予钱学森"国家杰出贡献科学家"荣誉称号仪式上，钱老在讲话中说："我认为今天的科学技术不仅仅是自然科学工程技术，而是人类认识客观世界、改造客观世界的整个知识体系，这个体系的最高概括是马克思主义哲学。我们完全可以建立起一个科学体系，而且运用这个体系去解决我们中国社会主义建设中的问题"。

这里所说的科学体系，就是上述现代科学技术体系。现代科学技术体系为国家管理和建设提供了宝贵的知识资源和智慧源泉，我们应充分运用和挖掘这些知识和智慧，以集大成得智慧。而系统科学中的综合集成方法和大成智慧工程又为我们提供了有效的科学方法和有力的技术手段，以实现综合集成，大成智慧。这就是钱学森把系统科学特别是复杂巨系统科学和社会系统工程技术，运用到国家宏观层次组织管理的科学技术基础。

二、现代科学技术体系和知识创新体系

人类科学技术体系，是人类创造性劳动的结果。但是这个技术体系的发展需要创新，下面我将结合这个方面讲一下创新体系。

人类知识体系的形成和发展，是人类创造性劳动的结果，也是不断知识创新的过程。从人类知识体系结构中可以看出，不同科学技术部门的知识，不同层次的知识，既有相互联系、相互影响的一面，又有不同属性、不同功能的一面。比如自然科学有它的特点，社会科学有它的特点，两者相互联系又有不同。整个知识体系作为一个系统看待，有不同部门组成部分，组成部分相关联，从而组成现代科学技术知识体系整体。从知识创新角度来看，它们在创新主体、创新方式、创新资源、创新环境和创新作用等方面也不相同。国内外的实践表明，实际上存在着一个知识创新体系。从横向、纵向等几个层次对现代科学技术体系的知识创新进行一些讨论，这些讨论对所有科学技术部门都适用。

第一点，基础科学或基础理论是认识客观世界、揭示客观世界规律的学问。科学重在发现，在探索客观世界规律的过程中，所获得的新认识、新理论、新方法，可以称为科学创新。对已有理论与方法的发展，也属于科学创新，但开创性的新理论和新方法，即为原始科学创新。大家熟知的原始创新不分层次，此处所提的是在科研层面上进行原始创新。它的价值更大，当然也就更难。重大科学创新会导致人类对客观世界认识的飞跃发展，这就是科学革命。前面讲系统科学体系时提到，系统科学的出现就是一次科学革命，如量子力学、相对论的产生，一个是微观层次理论，一个是宇观层次理论，大大加深了人们对客观世界的认识，这是基础理论。

科学创新的主体，因各国情况不一样而有所不同。在我国主要是研究型大学（如清华大学、北京大学、中国科学技术大学）、科研院所（如中国科学院）等，其经费主要靠国家投入。在一些发达国家如美国，企业也可以进行基础研究，尤其是生物技术领域发展很快，其研究涉及基础理论层次，经费主要来自企业自身的投入。我们国内有些企业也涉及基础理论层次，比如大家熟知的华为，已经进入到一些信息技术当中的基础层次。从我们航天自身来看，基础技术研究多是提出问题后与大学、中国科学院进行合作，以产学研结合的方式。这是基础理论层次。基础理论是认识世界，但认识世界不是我们最终的目的，认识世界是为了更好地改造和适应世界，这就需要技术创新。

第二点，从知识形态上看，技术是改造客观世界的学问。技术重在发明，人们从科学理论或实践经验中所获得的用于改造客观世界的新知识与新方法，就是技术创新。对已有技术的改进和发展，也是技术创新，但开创性的新技术即为原始技术创新。原始创新不仅在科学层面上有，在技术层面也有，其应用价值更大，难度也更高。重大技术创新会导致人类改造客观世界能力的飞跃发展，这就是技术革命。蒸汽机的出现引发了工业革命；电力技术、电子技术的产生，引发一次产业革命；以计算机、网络和通信为核心的信息技术革命，这场信息技术革命正在发展，影响更大。

第三点，技术用于改造客观世界的实践就是工程，工程实践的结果产生出满足人们物质需求和精神需求的产品与服务。社会实践有明确的目的性和组织性。在解决做什么、如何去做以及怎样做才能做得最好的过程中，需要科学技术知识、有用的经验知识，甚至哲学知识的指导和帮助，才能取得实践的成功，这也是个创新过程，即工程创新，又称应用创新、产品创新。因为工程创新综合性很强，包含不止一种技术，如航天需要用到电子、液压、气动等多种技术。所以工程实践重在工程创新，要有效率和效益，要高水平、高质量去满足社会需求和国家需要，以推动国家和社会的发展。这是工程创新的一个特点。

现代科学技术和社会经济发展，已使技术创新和应用创新紧密结合起来。技术创新向应用创新转化的速度越来越快。熊·彼特的技术创新理论已把技术创新和应用创新一体化，这样的技术创新就不仅仅是改造客观世界的知识和学问，更是改造客观世界的能力和智慧。特别是技术革命引起经济社会形态的飞跃发展，将出现产业革命和社会革命。

在我国，工程创新的主体是企业，但技术创新的主体过去一直是科研院所和大学，现在已经明确，技术创新的主体也是企业。以市场为导向，以企业为主体，产学研结合的技术创新体系，这是2005年中央企业规划之后中央文件所提出的。我当时参与了此次课题的讨论，我们的专题是国家科技体制和国家创新体制研究，提出技术创新主体是企业。然而我国企业自主研发能力较弱，通常情况下即使是大企业也很少有自己研发的成果，企业做技术创新不可能，所以对于企业是技术创新主体有很大争议。我们专题组坚信，虽然现在企业研发能力较弱甚至没有，但如果明确企业为研发创新主体的话是可以发展起来的。当时这个规划由温家宝总理直接提出，最后明确定下来企业是技术创新主体。

过去中国的经济、科技是两张皮，如何将两张皮联系起来，这个问题如今得到较好的解决。这是一个全局性的转变，将从根本上解决长时间存在的"科技"和"经济"两张皮的问题，这对我国来说具有重大的现实意义和深远的历史影响。2005年中央规划之后，成绩还是相当显著的。科学创新、技术创新、工程创新这三者的互动关系，是个正反馈的过程，可以用图3来说明。

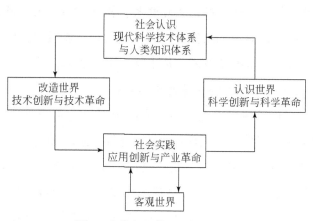

图3 人类知识体系和创新体系

人类通过社会实践同客观世界打交道，通过认识世界获得知识，形成现代科学技术体系和人类知识体系，获得的这些知识用于改造世界。改造世界的手段是运用技术创新和技术革命，将其应用到实践中去，这就是工程创新。重大的工程创新会导致产业革命。社会实践是永恒的，不会完结，从社会实践，认识世界到获得社会认识再改造世界，这是三个创新的关系。

无论哪类创新，都是以人为主所进行的创造性劳动，而人是以各种组织形式出现的。采取什么体制机制，如何组织管理，才能有效地把人组织起来，把人的创造性最大限度激发出来，真正体现以人为本，实现创新的价值。科学创新不管是大学也好，科学院也好，基础创新企业也好，都存在如何将人组织起来的问题。

所以各类创新及其主体，都需要有相应的体制机制和组织管理。这些活动也需要创新，这就是我们通常所说的体制机制创新和组织管理创新。体制机制就是制度安排，合不合理对整个创新有很大影响，组织管理也是一样。从国家层面来看，近期科学技术部发布了关于创新驱动发展战略，包含双轮驱动，第一轮是科技创新，第二轮是体制机制创新。大量事实表明，现代的创新活动要把科学技术创新、体制机制创新和组织管理创新有机结合起来才能实现真正的创新，这就是综合集成创新。

航天事业能够发展到今天，就是得益于将科学技术创新、体制机制创新和组织管理创新结合起来，形成自主创新。航天最早是国防部下属的一个研究院：1965年变成政府体制，改革开放后变成航天部，1992年变成航天工业总公司，体制发生变化但仍具有一些政府职能，1997年变成航天科技和航天科工两个集团公司，与政府脱钩，这个变化对整个航天发展都有很大影响。因此在科学技术创新过程中要重视体制机制和组织管理创新，将三者结合起来。但体制机制创新和组织管理创新，不能完全由创新主体所决定，它还涉及国家的科技体制、教育体制和经济体制等方面。

以上各类创新及其创新主体，都是相互联系、相互作用、相互影响的。实际上，这也构成了一个系统，这就是知识创新体系。三个创新是有联系的，从科学技术到工程实践，通常称之为创新链。科学推动技术，技术推动工程实践，反过来工程实践会提出新的技术问题需要解决，也会提出新的科学理论需要解决。

因此创新主体之间也是相联系的。但在实际情况下分不同单位，如大学归教育部管理，科学院归国务院管理等。从创新链来讲，它们之间是联系的，但如果体制不顺，创新链可能会中断从而带来一定影响。我们提出产学研结合的原因就在于，当创新链断的时候能够有办法将其链接。从国家宏观层面来讲，高等院校归教育部管，教育部出台什么政策对高等院校有影响。如果出台的政策对创新链没有促进，说明宏观政策有问题。

如何形成一个具有综合优势和整体功能强并充满活力的创新的体系，去推动国家和社会发展，这正是国家创新体系建设所面临的主要问题。我国创新体系建设，从国家创新体系的构成来讲，就是怎么把技术创新、科学创新和工程创新这些主体之间的链连好，而且互相要能够促进，这样在整体上具有很强的创新能力，这才是国家的目标。所以无论是出台的政策、体制机制还是组织管理，目标都应该是增强创新体系的整体能力。如果这个整体能力不高，就不算是真正的创新驱动，所以现在实行创新驱动发展的战略就得要解决这些问题。整体来看，应该说国家在这方面下了很大功夫，但是我始终有一个问题，就是部门分割、条块分立太厉害。科学技术部管不了教育部，它们是两个部，部门条块分立太厉害。但总的趋势，这个创新体系建设，应该说还是有很大进步的。

三、知识创新和综合集成方法

科学创新、技术创新、工程创新，这些创新构成了一个创新体系。那么这些知识创新究竟和我国的综合集成方法有什么关系，系统综合集成方法，对知识创新能做什么呢？

从知识创新角度来看，综合集成方法和总体设计部，实际上是一个知识创新实体，注意这里是实体，不是主体。说到实体上，它确实可以创新，它可以进行科学创新，也可以进行技术创新，还可以进行工程创新，所以它是个实体，不是主体。

总体设计部对现代科学技术体系不同科学技术部门，11 个科学技术部门（横向的），不同层次的知识（纵向的），从基础、技术到工程，进行综合集成，就是把横向科学技术集成，纵向也可以综合集成，因为它是跨学科、跨领域的。

可以进行综合集成的科学创新，最典型的就是国家 973 计划。973 计划有一个综合交叉类，这些类就是典型的综合集成。但是，可惜作为主管部门的科学技术部自身对问题认识都有局限性，很难实现综合集成的科学创新。因为其他的单学科，比如自然科学领域，同时还可能用到一些社会科学知识，甚至系统科学。但我们现在通常在自然科学领域，在其他社会科学、系统科学中，研究方法也不是综合集成方法，还是原来的自然科学方法。也可以进行综合集成的技术创新，典型的就是国家863计划，它是综合集成的一种技术层面的创新。还可以进行综合集成的工程创新，这就是国家支撑计划，它是处在工程层次。科技部这三个计划应该说搞得非常好，自身定位也很好，基础层次、技术层次到工程层次。从立项到立项检查验收的过程，有不足之处，缺少综合集成这样一种思考。

特别是把科学、技术与工程有机结合起来的综合集成创新，这是重大科技专项。重大科技专项的特点，包括当时主管部门，也没把它搞清楚，他们虽然意识到，但是没有把它说得很清楚。重大专项，实际上有科学层次上的。就像我们航天，有科学层次上的理论问题需要解决，有技术层面的新技术需要开发，最后在工程层次上出产品，这三者正是连着的，但它是纵向的，这都很有意义。所以从这个角度来看，综合集成方法完全可以在这些现有的计划中来发挥作用。

现在改革以后863计划、973计划都没有了，国家出了一个平台，现在都归到这个平台里了。这个平台，第一部分叫国家自然科学技术基金，第二部分叫重大研究计划，第三部分是重大科技专项。改革以后，原来属于973计划的叫重大研究计划。

这样，综合集成方法，综合集成的科学创新，综合集成的技术创新，综合集成的工程创新，以及把科学、技术和工程结合起来的综合集成创新，就形成了一套综合集成创新体系（图4）。这个体系不仅能为现代科学技术发展做出重要贡献，同时也大大推动了现代社会实践，这就是综合集成创新的重要理论价值、实践意义和现实意义。

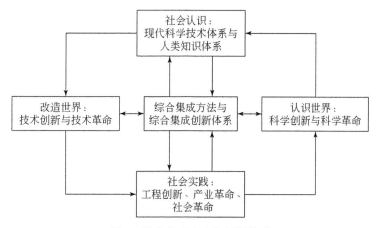

图4　综合集成方法与创新体系

图 4 中外围的框架已经阐述，从社会实践到社会认识，从认识世界到改造世界。综合集成方法和综合集成创新体系，可以用于认识客观世界，这就是综合集成的科学创新；可以用于改造客观世界的技术，这就是综合集成的技术创新；也可以用于改造客观世界的实践，这就是综合集成的系统实践。它还可以把科学、技术纵向结合起来。所以综合集成方法、总体设计部可以用到科学层面，也可以用到技术层面，当然，也可以用到工程层面。

系统工程基本原理综述[①]

孙东川

孙东川，男，教授，博士生导师。1965 年加入中国共产党。1987 年晋升副教授，1992 年晋升教授。1993 年荣获国务院特殊津贴。1968 年毕业于哈尔滨军事工程学院（哈军工）航空工程系。1973 年至今，先后在西北工业大学、南京理工大学、华南理工大学和暨南大学等 4 所国家重点大学任教。其中，1996 年 3 月–2000 年 6 月担任华南理工大学工商管理学院代院长、院长，业绩显著，大幅度提高了该学院的办学与科研水平，1997–1998 年领头申报"管理科学与工程"一级学科博士点获得成功，这是华南地区该学科第一个博士点；2003 年 7 月调入暨南大学工作，担任特聘一级教授、管理科学与工程研究所所长，再次致力于申报"管理科学与工程"一级学科博士点，2005 年获得了成功。

中国是系统工程大国，系统工程强国。系统工程理论研究与实际应用的先进水平领先水平在中国。系统工程中国学派——钱学森学派，于 20 世纪 90 年代已经基本形成，日臻完善。

一、引　言

"组织管理的技术——系统工程"，这是 1978 年 9 月 27 日钱学森、许国志、王寿云联名发表在上海《文汇报》上的重要文章的题目，也是中国系统工程的基本定位。系统工程是一种具有普遍意义的科学方法论，即用系统的观点来考虑问题（尤其是复杂系统的组织管理问题），用工程的方法来研究和求解问题。

系统的观点：全面的，综合的，发展的；

---

① 根据孙东川教授于 2016 年 5 月 20 日为中国航天系统科学与工程研究院"钱学森系统科学与系统工程讲座"所作报告内容整理而成，稿件由硕士研究生曲以埄根据讲座录音和幻灯片整理，人力资源部王海宁、硕士研究生许彦卿等对稿件进行了修改完善，稿件内容未经孙东川教授核改。

工程的方法：定性研究+定量研究，从定性到定量综合集成；

工程的特点："干字当头"，不是清谈空议，坐而论道。

对比国外的定义：

美国质量管理学会系统工程委员会（1969）：系统工程是应用科学知识设计和制造系统的一门特殊工程学。

《美国科学技术辞典》(1975)：系统工程是研究由许多密切联系的要素组成的复杂系统的设计科学。

《日本工业标准JIS》(1967)：系统工程是为了更好地达到系统目标而对系统的构成要素、组织结构、信息流动和控制机理等进行分析与设计的技术。

《大英百科全书》(1974)：系统工程是一门把已有学科分支中的知识有效地组合起来用以解决综合性的工程问题的技术。

《苏联大百科全书》(1976)：系统工程是一门研究复杂系统的设计、建立、试验和运行的科学技术。

这些定义中都没有出现"组织管理"4个字，它们的应用范围都比较窄。

系统工程在中国的发展，得力于两个方面的支持与推动：

以钱学森、许国志院士为代表的学术界；

党和国家多任最高领导人以及从中央到地方各级领导。

无论在中国，在全世界，都是得天独厚、独一无二的。没有领导人的支持，许多事情是做不好的，中国是这样，美国与其他国家也是这样。例如：美国泰勒制的推行，研制原子弹的决策，推行PERT/CPM。

系统工程与高铁可以一比。两者都是"舶来品"：原创地在外国，中国是引进的，但是，到了中国，很快形成中国特色，成为"中国名片"。现在，中国高铁2万多公里，比全世界其他国家的总和还要多1倍，而且中国高铁的发展势头继续高涨。系统工程也是这样，作为一个新兴学科，系统工程于20世纪50年代中期产生于美国，中国直到1978年才引进，晚了约20年。但是，中国的系统工程发展很快。系统工程中国学派——钱学森学派——在20世纪90年代已经形成，日臻完善。简要归纳系统工程基本原理，有利于弘扬系统工程中国学派。

"三百六十行，行行有管理"，那么，行行有系统工程。实际上，行行都是系统工程。"人人都是管理者"，那么，人人都应该成为自觉的、出色的系统工程工作者。

二、系统工程基本概念

系统工程的研究对象是各级各类系统，主要是社会经济系统、科技系统、教育系统、军事系统等。系统是由相互联系、相互作用的许多不同要素结合而成的具有特定功能的统一体。要素，至少两个，有差异，有联系，能互补。系统，是自然界和人类社会存在的基本方式，从原子分子到太阳系，从小家庭到联合国都是系统。

（一）系统的分类

系统的分类标准不一，按自然属性分为自然系统与社会系统；按物质属性分为实体系统与概念系统；按运动属性分为静态系统与动态系统；按系统与环境的关系分为开放系统与封闭系统；按变量之间的关系分为线性系统与非线性系统；按人的工作属性分为作业系统与管理系统；按连接方式分为串联系统与并联系统；按联系紧密程度分为紧密系统与松散系统；按组织机制分为自组织系统与他组织系统。

钱学森院士的三维分类为：从规模维度可分为小系统、大系统和巨系统；从复杂性维度可分为简单系统与复杂系统；从开放性维度可分为封闭系统与开放系统。钱老倡导研究开放的复杂巨系统，例如国家级、省级社会经济系统，因特网，互联网+，人脑等。研究开放的复杂巨系统，不能用传统的简单方法，要用从定性到定量综合集成的综合集成法。

（二）系统的属性

任何一个系统都有多个属性，分别是集合性、相关性、层次性、整体性、涌现性。

集合性：至少包含两个不同的要素。

相关性：相关性使集合转化为系统，$S = \{E, R\}$。其中，E 是要素的集合，R 是关系的集合；R 比 E 更重要。R 的基本组成：$R = R1 \cup R2 \cup R3 \cup R4$。其中，$R1$ 是要素与要素之间、局部与局部之间的关系（横向联系）；$R2$ 是局部与全局（系统整体）之间的关系（纵向联系）；$R3$ 是系统整体与环境之间的关系；$R4$ 是其他各种关系。在系统要素给定的情况下，调整这些关系，就可以提高系统的功能。这就是组织管理工作的作用，是系统工程的着眼点。

层次性：带来复杂性（3 人小家庭远比 2 人小家庭复杂）。

整体性（统一性）：系统不可分割；"一国两制"。个人应该适应系统，例如人机系统、驾驶员与他的汽车。系统应该适应环境，因为系统+环境=更大的系统。

涌现性：1+1>2，整体>大于部分之和。系统的涌现性存在于集合 R 之中。如果说，集合 E 代表了系统的躯体，那么，系统的"灵魂"存在于集合 R 之中。系统工程的工作

重点在于集合 R，即塑造或改造系统的"灵魂"。

系统工程基本原理不仅来源于学术研究，而且来源于改革开放的社会实践。本文归纳了 16 条基本原理，它们的排列并非杂乱无章，大体上，靠前的几条更加"基本"一些，靠后的几条比较深入一些。它们互相之间没有严格的逻辑关系，并不是先执行了前一条才能执行后一条，而是各条都应该予以重视的。

大道至简，要言不烦。我们试图用简洁、形象的语言表述系统工程基本原理。

鉴于钱老等的基本命题"组织管理的技术——系统工程"，这些基本原理也可称为"组织管理的基本原理"。

三、基 本 原 理

（一）基本原理之一：系统工程具有普遍适用性

系统这个概念，其含义十分丰富：它与要素相对应，意味着总体与全局；它与孤立相对应，意味着各种关系与联系；它与混乱相对应，意味着秩序与规律；它与环境相对应，意味着"适者生存"，系统要在尊重客观规律的前提下发挥主观能动性。系统工程的要旨：研究系统，从系统与环境的关系上，从事物的总体与全局上，从要素的联系与结合上，去研究事物的运动与发展，找出其固有的规律，建立正常的秩序，尽可能实现整个系统的优化。

"组织管理的技术——系统工程"。"三百六十行，行行有管理"，那么，行行有系统工程，实际上，行行都是系统工程，系统普遍存在。"无事无物不系"：家庭、社区、工作单位、研究团队等，都是与己有关的社会系统；城市—省区—国家—世界，是更大的社会系统；汽车、房子、电脑等物质用品，也呈现系统的形态；个人和各级各类社会系统，都存在于一定的自然系统之中。每个企业、每个部门、每个地区、整个国家，都要求生存、谋发展。这些，都是需要运用系统工程原理与方法来研究的课题，作为系统工程项目来开展研究，每个人都想把工作做好，把日子过好，也要作为系统工程"课题"来研究。系统是不可回避的，每个人都生活在系统之中，研究系统，开展系统工程是理所当然的。

（二）基本原理之二：系统工程与时俱进，永葆青春

系统工程中国学派——钱学森学派，这是中国系统工程的骄傲，中国人的骄傲！学

习钱学森，把系统工程中国学派继续向前推进！

人类社会 1 万年以后也需要系统工程，系统工程需要与时俱进，永葆青春。到了共产主义时代，阶级没有了，国家没有了，现在人类社会的许多事物都没有了，新陈代谢，出现多种多样新事物。现在难以预料，但是，"系统"一定存在，结果许多系统的面貌大不一样；那时候，可以更加自觉地、有效地开展系统工程，包括全世界、全人类的系统工程，超越地球的系统工程，在更大范围内改天换地。

（三）基本原理之三："一个系统，两个最优"

"一个系统"是说：系统工程项目研究的对象是某一个系统（把要研究解决的问题进行系统化处理）。"两个最优"是说：研究的目标是系统总体效果最优，而且，实现总体目标的方案也要是最优的。

"系统化处理"是指：确定系统边界，区分系统自身与系统所处的环境。

鉴于系统及其环境的复杂性，最优方案往往很难找到和实施。因此，在实际的系统工程项目中往往需要退而求其次，把"最优"调整为"优化"，寻找"满意度"尽可能高的方案。所以，"一个系统，两个最优"也可以表述为"一个系统，两个优化"。

各种解决问题的方案（备选方案）：可行解—非劣解—满意解—最优解。

（四）基本原理之四：1+1>2，或"系统大于部分之和"

"整体大于部分之和"，是亚里士多德提出的古老命题。20 世纪 30 年代，"一般系统论"的创始人贝塔朗菲引用了它，使得它非常流行。现在看来，如果改为"系统大于部分之和"则更好。

这句话可以表示为：1+1>2。"1+1"表示两个要素组成一个系统，要素与要素相互作用，使得系统产生了新的属性、功能或要素。例如，夫妇生孩子，二人小家庭变成三人四人小家庭。这种性质称为涌现性。家庭—小区—社区—天河区—广州市—广东省—中国，每上升一个层次，扩大了的系统就产生了新的功能……

系统具有涌现性，即诸要素相互作用，使得系统具有诸要素原来独立存在时所没有的性质和功能，并且可能产生新的要素。

系统的涌现性大多是一种应然性而不是必然性。"大于"也可能变成"小于"，关键在于 R（相互关系，运行机制）。"大于"之实现，需要一定的条件，否则可能出现相反的情况。俗话说"一个巧皮匠，没有好鞋样；两个笨皮匠，彼此有商量；三个臭皮匠，赛过诸葛亮"，这是正面的例子。因为三个皮匠之间可以协商、分工、合作，从而大大提高劳动生产率和经营效率，并且可以激发创造性。"一个和尚挑水吃，两个和尚抬水吃，三个和尚没水吃"则是负面的例子：因为三个和尚之间互相推诿，每个和尚都怕吃亏，只想依赖别人而不肯承担自己力所能及的责任。这就启发我们：把三个皮匠的合作机制移植于三个和尚，三个和尚不但可以有水吃，而且可以做出一番事业来。

系统工程希望实现"大于"，大得越多越好。如何实现呢？其办法主要是调整和理顺要素与要素之间、子系统与子系统之间、子系统与系统总体之间的关系，大家齐心协力做事情。

在系统的组成要素给定的情况下，调整关系可以提高系统的功能，这是系统工程的着眼点，是组织管理工作的作用，改革开放的实践充分证明了这一点。

（五）基本原理之五：系统工程升降机

一个系统工程项目，其研究要在三个层次上展开。

把对象系统记为 A，这是基本层次。研究系统 A，需要上升一个层次，把系统 A 与它的环境合起来作为一个更大的系统 B 进行研究；还要下降一个层次，研究系统 A 的内部的多个子系统 C，研究这些子系统如何为实现系统 A 的目标而努力。

研究解决系统 A 的问题需要几上几下，逐步改进和完善。借用一句电梯（升降机）广告语："上上下下的享受"。所以，该原理称为"系统工程升降机原理"。

系统工程项目组提交的研究成果，是解决问题的备选方案。备选方案至少要有 3 个，每一个方案都是满意方案，是经过充分优化的方案。把这些备选方案提交领导人作为决策参考。

如果领导人选定某备选方案付诸实施，则需要进行跟踪研究，根据进展情况及时进行适当的调整。

（六）基本原理之六：系统工程加减法

开展系统工程项目研究要做加减法。

对于对象系统 A 开展研究，可以减去一些东西，变成系统 A−，研究 A−将会怎么样？也可以加上一些东西，变成系统 A＋，研究系统 A＋将会怎么样？我们称之为"系统工程加减法原理"。

运用系统工程加减法原理，不但可以找到改善系统 A 的多种备选方案，也有益于解决系统 A+的相关问题。

习近平总书记2015年2月10日指出："疏解北京非首都功能、推进京津冀协同发展，是一个巨大的系统工程。目标要明确，通过疏解北京非首都功能，调整经济结构和空间结构，走出一条内涵集约发展的新路子，促进区域协调发展，形成新增长极。"这是系统工程加减法原理的生动体现。

北京太大了，越来越大。"大有大的难处"，交通问题、用水问题、住房问题等，越来越突出，所以，需要做减法：疏解北京的非首都功能。北京做减法，邻接北京的天津市与河北省需要做加法：接受北京疏解出来的非首都功能。北京疏解哪些非首都功能？天津市接受哪些被疏解的功能？河北省接受哪些被疏解的功能？不是来者不拒、多多益善，而是要有利于天津市的发展，有利于河北省的发展，从而，推进京津冀协同发展。在计算机沙盘上反复做加减法，就能找出多种优化方案，提交决策部门和领导人进行决策。

（七）基本原理之七：系统工程项目研究要在四维空间中开展

所谓四维空间，是指三维空间加上时间维。

三维空间是我们生活的物理空间，是立体空间。应该立体化研究问题，而不是平面化，更不是一维化、"单打一"，例如"GDP挂帅"。

时间维是说，要考虑事物的发展与变化，让系统可持续发展。

人类社会要实现可持续发展，建立循环经济与和谐社会。要实现代际公平，而不是"吃祖宗饭，造子孙孽"。任何人都不能竭泽而渔，不能破坏和污染环境，影响当代人与子孙后代的生存与发展。

实现中华民族伟大复兴的中国梦与"两个一百年"奋斗目标，体现了四维空间的思维。

（八）基本原理之八：定性研究与定量研究相结合，从定性到定量综合集成

定性研究与定量研究相结合，从定性到定量综合集成，是钱学森院士提出的系统工程方法论，包括综合集成法与综合集成研讨厅体系。综合集成研讨厅体系由三部分组成：以计算机为核心的机器体系、专家体系、知识体系。

在起步阶段，以定性研究为主，然后，过渡到以定量研究为主；定性研究为定量研究提供向导，定量研究为定性研究提供依据，两者交叉进行，多次反复，实现从定性到定量综合集成。

定量研究的方法，主要是运筹学方法、相关分析、回归分析等。

定性研究的方法，主要有 Delphi 法，AHP 层次分析法，PESTEL 分析与 SWOT 分析等。PESTEL 分析是对于对象系统的宏观环境进行研究，考虑6种环境因素：政治的（P，political）、经济的（E，economic）、社会的（S，social）、技术的（T，technological）、环境的（E，environmental）与法律的（L，legal）。SWOT 分析是对于对象系统的内部因素与小环境进行研究，考虑4个方面：系统的优势（S，strength）、劣势（W，weakness）、机会（O，opportunity）、威胁（T，threats），其中优势 S 与劣势 W 是系统的内部因素，机会 O 与威胁 T 是系统的外部因素。系统应该调动自身的内部优势 S，利用外部的机会 O，克服自身的劣势 W，消除外部的威胁 T。4个方面各有多种因素，可以形成多种组合。PESTEL 分析与 SWOT 分析应该结合进行，两者是从企业管理引进的。

（九）基本原理之九：坚持整体论与还原论相结合的系统论

整体论认为：研究一种事物，必须从整体上把握系统；整体是不可分割的，分割出来的局部与存在于整体中的局部在功能上是不一样的。以往的整体论研究比较粗略，难以揭示事物的运动规律和提供把握事物发展的有效措施。

还原论认为：研究复杂事物无从下手，就把整体分解为若干部分去研究，如果某个部分还嫌大，就继续分解，越分越细；把细节搞清楚了，整体问题就可以搞清楚和解决了。

贝塔朗菲较早地看到了还原论的局限性。他说：当生物学的研究深入到细胞层次以后，对生物体的整体认识和对生命的认识反而模糊和渺茫了，于是领悟到：在细分研究的同时，要常常回过头来开展系统整体的研究。他提出了"一般系统论"。

还原论功不可没，不能废弃。没有还原论就没有近现代的自然科学。社会科学的分门别类研究也得益于还原论方法。还原论在1万年以后仍然有用。

系统论是把整体论与还原论相结合，我们以西医和中医为例来说明。

西医是典型的还原论产物：一个大医院有许多专科，例如外科，有普通外科、胸外科、脑外科、肾外科、手外科等，越分越细；每一个专科的医生都是一个方面的专家，但是，到了别的专科就是完全的外行。西医看病往往是"头痛医头，脚痛医脚""隔行如隔山"。中医则是基于系统论的，医生综合运用"望闻问切"的诊断手段，又很重视信息反馈，复诊时根据病人服药以后的病情变化对处方进行部分调整。一服药有十几味单药，也组成一个系统——单药分为"君臣佐使"，它们药性不一，协同作用。西医外科是"分而治之"，其职业习惯是开刀切除；中医则是"统而治之"，优先采取保全疗法中医已经向西医学习了许多诊断技术（测量，化验）。西医也向中医学习了一些东西，例如现在也注意采取保全疗法，不轻易摘除扁桃体、阑尾和盲肠等。目前的中医和西医各有长处和不足，两者都要继续发展，并且互相学习，取长补短，应该推进中西医结合与交融，产生一门新医学，服务于人类的健康事业。

（十）基本原理之十：利益共享，风险分担，合作共赢

做什么事情都有利益与风险，"利益共享，风险分担，实现共赢"是一条基本原理。

系统工程项目参与者也是合作者，各方都是利益主体。某一方利益独占不行，某一方只拿利益、不担风险也不行，都是无法合作共事的。各方可以是在同一个层面上的横向合作，也可以是在不同层面上的、甚至是上下级之间的纵向合作。只有合作，才能共事，才能共赢。

"利益共享"与"风险分担"，体现权利与义务的一致性。两句话与中国的传统道德是一致的："和衷共济，风雨同舟""有福同享，有难同当"，所以，能够得到普遍的理解与接受。

（十一）基本原理之十一：系统工程工作者要懂物理，明事理，通人理

中国系统工程学会前理事长顾基发研究员与英籍华裔学者朱志昌博士等学者提出了"物理-事理-人理系统方法论"（Wuli-Shili-Renli System Approach），在国际上获得了很高评价。他们认为，系统工程工作者应要懂物理，明事理，通人理。

物理：物质运动的规律；广义的物理学即自然科学；事理：做事情的客观规律，运筹学又称"事理学"；人理：利益分配公开、公平、公正，协调各种关系；人文学科的研究成果；以道德为准绳，以法律为底线。

系统工程工作者应该懂物理，明事理，通人理。

（十二）基本原理之十二：宏观调控，微观搞活

"宏观调控，微观搞活"，在我国经济体制改革进程中出现的这一命题，是一个科学的论断，具有普遍适用性。

宏观与微观，在不同的领域有不同的规定性。在系统论中，任何一个系统，不论其规模大小与层次高低，均有宏观与微观。属于系统整体的、影响系统全局的属性、功能、行为、

现象等，属于系统的宏观；系统内部某一层次的属性、功能、行为、现象等，属于系统的微观。复杂巨系统具有多个层次，高层次是低层次的宏观，低层次是高层次的微观。

宏观与微观是对立统一的。"苹果卖不出去是好事还是坏事？"从水果店和苹果园来说，肯定是坏事：影响到它们的经济收入。但是，从居民来说，多了挑选的余地，从地区和国家的层面来看，说明苹果"过剩"了而不是"短缺"。"短缺经济"中年以上的人还有记忆：缺吃少穿，什么东西都要票证，有了凭证也很可能买不到。所以，"过剩"比"短缺"好，这是一方面。另一方面，需要实现宏观调控：减少苹果产能，转化到别的方面去。

宏观必须调控，否则系统不能良好运行，可能瓦解。有了宏观调控，才能维护系统的全局利益，才能保持系统的凝聚力和整体性。宏观调控是系统自身存在和实现目标的内在要求。

微观必须搞活，否则系统也不能良好运行，可能僵死。传统的计划经济模式高度集权，取消了系统的各个组成部分的主动性、灵活性与随机应变能力，下级对上级唯命是从。这种模式不能适应激烈的市场竞争。

宏观调控要做到"控而不死"，微观搞活要做到"活而不乱"。"宏观调控，微观搞活"是自组织机制与他组织机制的适当结合。自组织机制是说：系统的组建与运行是自发的、主动的，是在没有外力干预的情况下进行的。他组织机制是说：系统的组建与运行是在外力干预的情况下进行的，是被动的、不是自发的。系统可以因此而分为自组织系统与他组织系统。

一般认为，民营企业是自组织系统，国有企业是他组织系统。前者的优越性在于充分运用自组织机制，企业老板可以发挥很高的积极性、主动性和创造性。后者深受政府部门的关爱，容易做大做强。但是，"上级指示"决定一切；如果上级指示是正确的、高明的，当然很好，否则就会很糟糕。

企业的运作，应该兼取自组织机制和他组织机制。国有企业改革，要较多地引入自组织机制。但是，绝对意义上的自组织系统是没有的，不能迷信自组织机制和自组织行为。大系统具有层次性，高层次对于低层次必然要进行干预，低层次的自主性是有限的；否则，各自为政，就会损害大系统的运行效率和整体利益。大型国有企业是这样，民营企业做大之后也是这样。绝对意义上的他组织机制是行不通的，铁板一块的他组织系统难以长期存在和健康发展。传统的计划经济体制失败了，苏联解体了，就是有力的证明。事实上，上面控制得再严厉，下面总会有自组织行为。"上有政策，下有对策"是普遍性的客观存在，关键在于正确的积极的引导，上级要给下级适当的自主权。

一个大系统（尤其是复杂巨系统），要把自组织机制与他组织机制适度结合，实行"宏观调控，微观搞活"。

(十三) 基本原理之十三：顶层设计，上下互动

"欲穷千里目，更上一层楼。""不畏浮云遮望眼，只缘身在最高层。"搞系统工程需要站得高，才能纵览全局。在"两弹一星"研制过程中，出现了"总体设计部"的工作机构，由系统总体设计开始，到一级子系统设计-二级子系统设计-部件设计-零件设计，上一级指导下一级，下一级服从上一级，服从全局。钱学森院士认为可以把这种机构的工作机制移植到国民经济建设中来。近几年提出的"顶层设计，上下互动"包含了总体设计部的工作机制。

要有"顶层设计"，才能把握全局，高屋建瓴，要有"上下互动"，才能上情下达、下情上传，避免官僚主义和分散主义两种不良倾向。

"上下互动"也是一种博弈，这种博弈并非坏事。通过博弈，实现共赢：既实现系统总体效果优化，也实现局部利益的优化或补偿。"上有政策，下有对策"就是"上下互动"的老版本，可以是消极的，也可以是积极的。有了计算机和互联网，信息传递与加工非常便捷，"上下互动"可以很有成效。不再是"跑马送信""六百里加急"，往往"延误军机"。

"顶层设计，上下互动"，也包括"一次规划，分步实施"。不能再搞违背科学规律的"三边"行为（边规划，边设计，边施工），"脚踩西瓜皮，滑到哪里算哪里"。

(十四) 基本原理之十四：统筹规划，分步实施

毛主席在《党委会的工作方法》中说："学会'弹钢琴'。弹钢琴要十个指头都动作，不能有的动，有的不动。但是，十个指头同时都按下去，那也不成调子。要产生好的音乐，十个指头的动作要有节奏，要互相配合。"

"弹钢琴"是统筹兼顾的形象化说法。统筹兼顾并不排斥抓重点，集中力量办大事。抓重点，集中力量办大事，是我国成功研制"两弹一星"的宝贵经验。即便今天国力比较强了，办大事仍然要抓重点，集中力量做好它。

系统的各个部分要协调发展，动态平衡。社会经济系统的各个部分、各种人员可以有差距，但是差距不能太大，尤其是贫富差距，太大了就会影响安定团结，就要想办法缩小差距，取得平衡。平衡是动态的，发展的。

通过"顶层设计，上下互动"，形成一个统筹规划，然后分步实施。

在四维空间中开展研究与实施。四维空间：三维空间+时间维。时间维是说，要考虑

事物的发展与变化，让系统可持续发展。实现中华民族伟大复兴的中国梦，包含"两个一百年"奋斗目标，体现了四维空间思维。

在实施过程中，要加强监控，及时发现偏差予以纠正，或者修订规划（通过一定的程序）。最好是作"滚动研究"，即加入新的数据新的情况，开展第二轮、第三轮研究。

（十五）基本原理十五：系统工程项目是"一把手工程"

领导班子中的"一把手"，纵览系统全局，全面负责；在"一把手"的带领下，班子里的其他成员分工负责系统的某个局部，某个子系统或分系统。

全局性系统工程，是该系统领导班子的"一把手工程"；局部性系统工程，要自觉服从全局性系统工程。

"拉链马路"的是是非非。交通部门修路，自来水公司埋管道，电信部门铺设电缆，等等，都是专业性、部门性系统工程，但是综合性、全局性系统工程；如果由市长来抓，协调各部门一起做，就可以避免"拉链现象"。

（十六）基本原理十六：人人都要具有系统工程自觉

系统工程自觉包含两个方面：一是系统自觉，一是工程自觉。"系统自觉"是说：凡事都要看作系统，看到该事物与他事物的联系与相互作用，把你关注的事物及其密切联系的事物作为一个系统对待，找出它的前因后果，规划它的发展。"工程自觉"是说：面对你遇到的问题，要有动手解决的愿望与行动，"干"字当头。仅仅冥思苦想，坐而论道，问题是永远也不可能解决的。有了系统工程自觉，就可以较好地解决问题。

四、结 束 语

系统工程具有普遍适用性。从个人如何发展、小家庭如何过日子到治国理政如何做好，都可以作为系统工程项目开展研究和求解。越是研究和求解大系统、复杂系统的组织管理问题，越是能够显示系统工程的优越性。

本文归纳了16条系统工程基本原理，还可以归纳更多。但是不宜太多，太多就会令人眼花缭乱，不得要领。"少则得，多则惑"，系统工程基本原理应该少而精，让人记得住，用得上。

第二部分

航天系统工程

中国航天系统工程方法

郭宝柱

郭宝柱，研究员，环境与灾害监测卫星星座、实践九号技术试验卫星等工程总师，国际宇航科学院院士，管理科学与工程专业博士生导师，国际系统工程协会会员，IPMP 认证中国委员，哈尔滨工业大学、哈尔滨工程大学、北京航空航天大学兼职教授。曾任：航天部 502 研究所副所长，航天工业总公司科研生产局局长，国防科工委系统工程一司司长兼国家航天局副局长，中国航天工程咨询中心科技委主任，中国航天科技集团公司科技委副主任，科研成果获航天工业部科学技术进步奖一等奖、二等奖。论文、译著有《组织管理的系统思维》《大型复杂技术项目的系统工程方法》《系统工程与项目管理》《系统科学的理论与方法在航天项目管理中的应用研究》等。

一、中国航天科研生产组织

1956 年，我国建立了国防部第五研究院。1964 年，国防部第五研究院脱离军队系统，改名为第七机械工业部，简称七机部。1982 年，改名为航天工业部。1988 年，航天工业部与航空工业部合并为航空航天工业部。1993 年，航空航天部撤销，成立中国航天工业总公司及国家航天局。1999 年，中国航天工业总公司改组为中国航天科技集团公司和中国航天科工集团公司。

（一）国防部第五研究院

1956 年 2 月，钱学森起草了建立中国火箭、导弹工业的意见书。

1956 年 4 月，成立航空工业委员会，管理航空与导弹工业的发展工作。

1956 年 8 月，组建导弹管理机构国防部五局，局长是钟夫翔，钱学森任第一副局长兼总工程师。

1956 年 10 月，成立导弹研究机构国防部第五研究院，钱学森任院长，任务是通过仿制到自行设计发展导弹技术，并以此带动光、机、电等基础学科的发展，促进人才的成长。

1. 自力更生为主的建院方针

聂荣臻在国防部导弹研究院（即国防部第五研究院，简称国防部五院）成立大会上讲话时指出："我们不能排除在平等互利原则下的外援，我们不搞闭关锁国，但是我们的立足点必须放在自力更生的基础上。像我们这样的大国，特别是搞国防尖端这门行业，如果把立足点放在国外援助上，必然造成研制系统的依附性，被别人牵着鼻子走，那对我们国家的国防建设和国家安全，将是潜在的巨大危险。"

中国航天工业的一个显著特点是自力更生。从客观上看，我们的武器装备和宇航产品的研制无论是购买设备还是引进技术都受各种外界因素的限制和制约；中国老一代的领导和老一代的科学家，在自力更生这条道路上从来没有犹豫，就是自己干，你不给我也不求你。

2. 第五研究院的研究室

1956 年 11 月，第五研究院下设 10 个研究室。

六室：导弹总设计室；

七室：空气动力研究室；

八室：结构强度研究室；

九室：发动机研究室；

十室：推进剂研究室；

十一室：控制系统研究室；

十二室：控制元件研究室；

十三室：无线电研究室；

十四室：计算技术研究室；

十五室：技术物理研究室。

3. 航天人才

航天人才济济，主要包括四个方面的人才。一是经过战争考验的军队干部；二是国外回来的杰出人才，如钱学森、任新民、屠守锷、黄纬禄、梁守槃、庄逢甘、陆元九、梁思礼、谢光选、张履谦等老专家；三是留苏学者，如刘纪原，孙家栋、孙敬良、张贵田等专业和管理人才；四是招聘的143名名牌大学又红又专的应届毕业生。

4. 第二个五年计划

1958年到1962年期间，制定了第二个五年计划，主要包括以下三个方面：研制多种地地、地空和岸航导弹，包括仿制P-2导弹。

5. 成立一分院和二分院

1957年11月成立了一分院和二分院，这两个分院基本上是以技术为基础的。如图1所示。

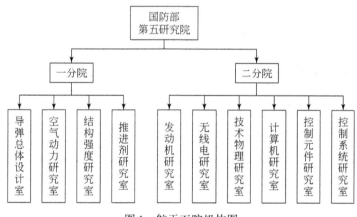

图1 航天五院机构图

6. 外部环境

当时的外部环境如图2所示，从中可以看出中国航天从一开始就跟军事部门有密切的联系。

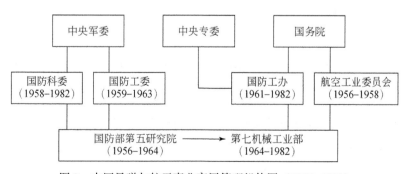

图2 中国导弹与航天事业高层管理机构图（1956-1982）

（二）第七机械工业部

1964 年 11 月，以国防部第五研究院为基础组建七机部，作为一个政府部门，统一管理导弹、火箭的研究、设计、试制、生产和基建工作，由王秉璋担任部长。1965 年 3 月成立中央专委，是国防尖端事业的最高决策机构。

1. "八年四弹"计划

"八年四弹"规划要求在八年时间内研制出以下四弹：

中近程导弹：东风 2 号甲（DF-2A），进行两弹结合试验。

中程导弹：东风 3 号（DF-3）。

中远程导弹：东风 4 号（DF-4）。

远程洲际导弹：东风 5 号（DF-5）。

2. 人造地球卫星计划

1965 年 8 月，中央专委批准研制和发射人造卫星计划。卫星工程总体和卫星设计由中国科学院负责，运载火箭由七机部负责。1970 年 4 月长征一号运载火箭发射"东方红一号"卫星成功。中国航天进入空间时代。在此期间，周总理对卫星发射工作提出"安全可靠，万无一失，准确入轨，及时预报"的 16 字要求。

3. 三抓任务

1977 年中央批准"三抓任务"，分别是"东方红二号"地球同步轨道试验通信卫星、洲际导弹、潜射导弹。洲际导弹 1980 年发射成功，潜射导弹 1982 年发射成功，"东方红二号"1984 年发射成功。

（三）航天工业部

1982 年成立航天工业部，1982 年 10 月，审定由长征四号运载火箭发射的"风云一号"气象卫星方案。1985 年 10 月，中国政府宣布长征系列运载火箭投放国际卫星发射服务市场。1990 年长征三号运载火箭首次发射外星成功，至 2000 年，共进行了 27 次国际发射服务。1986 年 3 月，长征三号甲运载火箭，"东方红三号"通信卫星，"风云二号"静止轨道气象卫星，"资源一号"卫星"一箭三星"计划批准立项。

（四） 航空航天工业部

1988 年，航天工业部与航空工业部合并为航空航天工业部。

1992 年 1 月，中央专委批准载人航天工程计划，9 月 21 日中央政治局批准。

（五） 航天工业总公司

1993 年，航空航天部撤销，成立中国航天工业总公司及国家航天局。

1993 年，"北斗一号"双星定位通信系统列入国家"九五"规划。2003 年 12 月第一代导航卫星系统正式开通。

1997 年发布了控制和根治质量常见病、多发病和重复性故障的《强化型号质量管理的若干要求》（28 条）；深化科研生产管理改革的《强化航天科研生产管理的若干意见（试行）》（72 条）；和质量问题在技术上和管理上归零的两个五条标准。

（六） 航天科技集团

1999 年，中国航天工业总公司改组为中国航天科技集团公司和中国航天科工集团公司。

1999 年 11 月 20 日，第一艘神舟飞船首飞成功。

2003 年 10 月 16 日，第一艘载人飞船"神舟五号"安全返回。

2004 年，二代卫星导航系统列入国家级重大专项。

2004 年 1 月，月球探测工程正式启动。

2007 年 10 月"嫦娥一号"月球探测器发射成功。

2012 年 6 月 18 日，"神舟九号"与"天宫一号"对接成功。

二、航 天 精 神

中国航天在创造先进物质文明的同时，形成了体现精神文明的航天精神。1986 年，经过提炼和归纳，航天精神表述为"自力更生，艰苦奋斗，大力协同，无私奉献，严谨务实，勇于攀登"，后来还有载人航天精神、"两弹一星"精神。航天事业能有今天的成果，跟我们沿着这条精神道路前进是紧密相关的。航天精神潜移默化地影响着一代代航天人，也一代代地传承下来。航天精神关系到国家进步，也关系到航天个人的成长发展。航天事业压力巨大，航天人在关键时刻能够看出无私的奉献精神。

自力更生是指具有民族自尊心，自信心的爱国主义思想；依靠自己的力量创造研制条件，进行独立创新研制；坚持集中统一领导，制定适合我国国情的发展战略；建立独立的航天工程体系；发展运载技术、形成配套的航天工程体系、建立一支实力雄厚、专业技术配套的研制队伍、建立一套系统工程的科学管理方法。中国航天有一句话叫作"动力先行"，就是说在火箭、卫星开始研制之前，就已经基本具备了火箭动力能力。"动力先行"的思路奠定了中国航天坚实的发展基础。

艰苦奋斗体现在：刻苦钻研，精通业务；不畏艰险，埋头苦干；坚忍不拔，顽强攻关；夜以继日，连续作战；勤俭办航天事业。

大力协同指的内涵是：谦虚谨慎，顾全大局；发扬风格，勇挑重担；密切协作，主动配合。

无私奉献的内涵是：高度负责，事业第一；不计名利，甘当无名英雄；矢志不渝，执着追求；无私无畏，自我牺牲。

严谨务实的内涵是：循序渐进，讲求实效的科学态度；突出重点，确立有限的发展目标；牢固树立质量第一的观念；严肃、严格、严密的科研作风。

勇于攀登的内涵是：瞄准目标，奋力攀登；不断追求，勇于探索；知难而进，百折不挠。

我讲航天精神，一方面是在介绍航天人应该有的精神；另一方面也要对各位年轻人提出要求，在你们今后的工作岗位上，不会总是一帆风顺的，你们有你们的长处，有很好的知识基础，但是真正能够写成一篇有分量的文章、提出一个咨询意见、制定一个规划或者完成一项研制任务，仍然会面临经验和作风的挑战，我的建议就是不要放松自己。

三、系 统 工 程

系统工程是中国航天弹、箭、星、船研制成功的保证。

由美国国防部副部长签署的国防政策说，"采用严格的系统工程方法对于国防部应对开发和保持作战能力的挑战是至关重要的"，并规定所有工程项目，无论其采办类别，必须严格采用系统工程方法。

可见系统工程是航天和武器装备科研生产管理中的重要概念。

（一）国外系统工程的发展史

在国防和航天项目的推动下，国外在第二次世界大战以后开始研究系统工程的概念。从 20 世纪 60 年代开始的一些典型研究成果如下所示：

1960，Operations Research and Systems Engineering.（运筹学与系统工程）

1962，A Methodology for Systems Engineering.（系统工程方法论）

1964，System Engineering.（系统工程）

1965，Systems Engineering Handbook.（系统工程手册）

1965，Systems Engineering Tools.（系统工程工具）

1966，Systems engineering and modern engineering design.（系统工程和现代工程设计）

1967，Systems Engineering Methods.（系统工程方法）

1969，The systems approach.（系统方法）

1969，MIL-STD-499（系统工程标准）

1971，Towards a system of system concepts.（走向系统概念的系统）

1972，Semantic problems in Systems.（系统中的语义问题）

1973，Introduction to systems concepts（系统概念的介绍）

1980，MIL-STD-499A and its application to systems.（军用标准 499A 及其在系统中的应用）

1989，Does civil engineering need system engineering?（民用工程领域需要系统工程吗？）

（二）霍尔系统工程方法论

1969 年美国工程师霍尔提出了"系统工程的三维形态学结构"，如图 3 所示。

霍尔认为三维形态学结构体系由时间维、逻辑维和行业维构成。

第一维是时间维，时间维由重大决策里程碑划分，里程碑之间的间隔称为阶段，这些阶段定义了一个项目从开始到结束整个生命周期里的系列活动。它可分为 7 个阶段，即工程规划、项目计划、系统研发、生产、部署、运行和退役阶段。

第二维是解决问题的步骤，可以以任意顺序开展，但不论什么问题每一步都要进行。这些步骤可以在后续阶段重复开展，逻辑流而无关时间，是这一维的主要特征，这个逻辑组成了系统工程结构的细节。逻辑维也分为 7 个步骤，即明确问题、确定目标、系统综

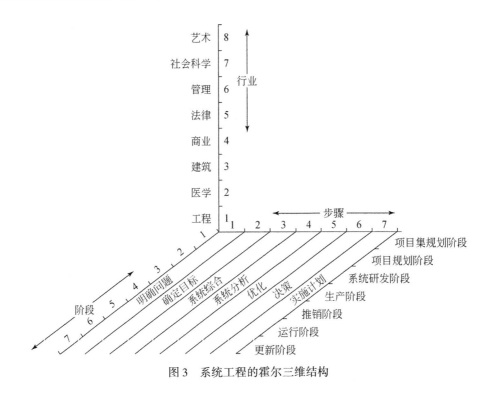

图3　系统工程的霍尔三维结构

合、系统分析、优化、决策、计划实施。

第三维是事实、模型和程序体系，定义了学科、职业或技术。对这一维可能的排序方式是按数学结构的程度，包括工程、医学、建筑、商业、法律、管理、社会科学和艺术。

根据国内目前的出版物可以看出，中国学者对霍尔三维结构的理解主要有两种观点，一种观点认为纵轴是知识维，并做了一定的修改，包括工程技术、经济学、法律、数学、管理科学、环境科学、计算机技术等；另一种观点认为第三维译为专业维比较妥当，而不是知识维，可以用钱学森同志提出的系统工程14门专业来代替专业维坐标。

实际上，霍尔的描述是"结合前两上维度构成了系统工程方法论的模型，定义了与任何行业都无关的领域。"必须清楚，所提出的两维的形态学当用于通信问题时与用于医疗或桥梁结构问题时是大不相同的。

（三）系统工程在国外的定义

20世纪60年代末期，美国空军提出了第一个关于 Systems Engineering 的标准 MIL-STD-499。系统工程在国外重大国防和航天项目的推动下迅速发展，从军用标准演化到商用标准，在军用和民用工程技术领域都取得了很大的成功。

Systems Engineering 在国外有明确的内涵。美军标准 MIL-STD-499A（1974）对系统工程的定义是：系统工程是一系列逻辑相关的活动和决策，它把使用需求变为一组系统性能参数和一个适当的系统配置。

为了得到一个更确切、适当的系统工程定义，经过工业界和军方十几年的联合工作和广泛的评审，1991 年 5 月三军和工业指导委员会为 MIL-STD-499B 奠定了基础。但因为美国国防部武器装备采办（简称国防采办）改革没有作为军用标准而成为 EIA 和 IEEE 标准。

EIA 标准 IS-632（1994）对系统工程的定义：系统工程是一种跨学科方法，经过这个包含全部技术工作方法，可以演化和验证出一个集成化的、在生存周期内协调平衡的，由人、产品和过程组成，满足用户的需求的解决结论。

IEEEP1220（1994）对系统工程的定义：系统工程是一种跨学科相互协作的方法，经它演化和验证形成一个在生存周期内协调的系统解决结论。它满足用户的需求并被公众所认可。美国国家航空航天局（NASA）系统工程手册（2007）对系统工程的定义：系统工程是系统设计、实现、技术管理、运行和退役的一种有序的、严格的方法。

美国国防采办学院出版的《系统工程基础》（2001）对系统工程的定义：系统工程是一项跨学科工程管理过程，它开发和验证出一个集成化的、全生命周期协调的系统解决结论以满足客户需求。

欧洲航天标准化协作组织（ECSS）对系统工程的定义：系统工程集成与控制保证不同学科和参与者在所有项目阶段的综合集成以便优化系统的定义和实现。

国际系统工程协会（2015）对系统工程的定义：系统工程是一个保证实现成功系统的跨学科方法。系统工程强调从客户需求和功能出发，集成所有学科和专业成为团队工作，形成一个从概念到生产再到运行的结构化开发过程，最终的目的是提供一个高质量地满足客户需求的产品。

（四）系统工程过程

系统开发是认识不断深化，系统逐步满足使用要求的递归过程。人们不可能一开始就对系统所涉及的各种专业技术，各部分之间的信息、能量、物质沟通关系，以及使用环境中的行为特点有清晰的认识，必须遵循认识论的分析—实践—再分析—再实践反复的认识过程。这里的实践包括对分析、设计结论的验证试验。开发过程中的思维和活动可以概括为要求分析、功能分析与分配、设计综合和设计验证，常称为系统工程过程，如图 4 所示。

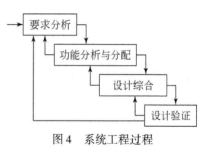

图 4　系统工程过程

（五）总体设计

总体设计从需求和大系统约束条件出发，经过分析综合得到系统顶层体系结构和一组功能、性能参数。根据研制对象的特点，再把系统细分到一个易于掌控的层次，并使它们成为各研制单位和人员的具体工作。经过从部件、分系统到系统逐级研制、协调、集成与试验，最后得到满足使用要求的系统产品。如图5所示的"V"模型常用来描述这个系统分解—集成的过程。

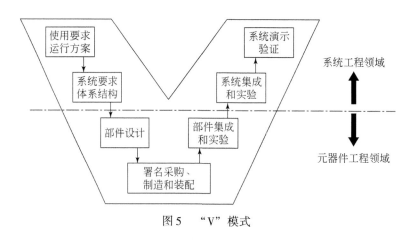

图5 "V"模式

（六）系统工程方法

系统工程从需求出发，综合各种专业技术，通过分析–综合–试验的反复迭代过程，开发出一个整体性能优化的系统。

（七）系统工程师

系统工程师负责任务分析，顶层方案设计，功能、性能分解，系统集成和试验；航天系统的各级总体设计组成的系统工程师体系，是系统工程方法的实践者和各层次的技术决策者。而对高水平的指标要求，各种前沿的专业技术，复杂的使用环境，系统工程师借助其经验和才智，精细设计和协调系统各组成部分及环境在信息、能量和物质交流上的关系，开发出满足要求、整体性能优化的系统，实现整体功能和性能的"1+1>2"。

（八）系统工程管理

系统工程方法用于技术管理过程，称为系统工程管理。系统工程管理保证分析、设计、试验和生产活动有序进行，必要的工程专业并行展开，同时保证性能指标、进度和成本三要素的均衡进展，是项目管理中的技术管理。系统工程管理的内容主要包括系统工程计划与控制、技术工作分解结构、技术状态控制、技术评审和技术风险管理等。

（九）系统定量分析方法

计算机仿真过程首先需要利用实践经验和已知的基本科学定律，经过分析和演绎建立系统的数学模型，然后把系统的数学模型转化为仿真模型，使数学模型可以在计算机上运行，进行仿真试验。

系统分析、运筹学所研究的预测分析方法与模型，数学规划方法与模型、博弈论、排队论、搜索论、库存论、决策论以及网络计划技术等都为系统工程方法提供了计算的工具。

（十）系统工程方法的作用

面对现代高科技项目技术复杂性的挑战，系统工程方法是一个有效的应对方法。统计（图6）表明：投入分别为8%和15%的早期顶层设计阶段，已经决定了后续85%的经费投资，从而降低了发现缺陷越晚损失越大的风险。

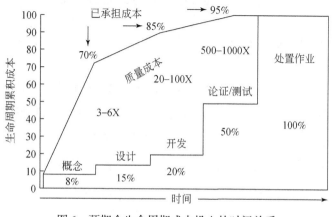

图6　预期全生命周期成本投入的时间关系

（十一）国外系统工程著作

国外系统工程著作的内容主要包括需求分析、系统全生命周期、系统工程过程和系统工程管理等，国外系统工程代表著作如表 1 所示。

表 1　国外 Systems Engineering 著作举例

NASA Systems Engineering Handbook, 1995	Textbook：Systems Engineering Principle and Pratice, 2003	Textbooks：Systems Engineering Management
Systems Engineering Fundamentals	Systems Engineering Foundations	Introduction to Systems Engineering
	The Systems Engineering Process	Systems Engineering Process
Systems Engineering Management	Systems Engineering Management	Systems Engineering Management
	Needs Analysis	Systems Design Requirements
The Project Cycle for Major NASA Systems	Concept Exploration and Definition	
	Advanced Development	Design Methods and Tools
	Engineering Design	
	Integration ang Evalution	Design Review and Evaluation
	Production	
	Operation and Support	
Integrating Engineering Specialties	Software Systems Engineering	Organization for SE
Systems Analysis and Modeling	SE Decision Tools	Supplier Selection and Control

四、中国航天系统工程

（一）创业期间失利的启示

1960 年成功地发射了仿制的"1059"地地导弹。1962 年第一枚自行设计研制的导弹发射发生了控制系统失稳，发动机管道破裂，导致试验失败。仿制很成功，为什么自己研发就失败了？经过总结失败的教训，发现总体设计不足，对导弹的整体性能以及分系统的关系缺少系统性的分析；地面试验不充分；工作进展没有遵循研制程序。为此，1962 年的一份文件提出要重视总体方案设计，充分进行地面试验，严格执行研制程序。这是对导弹研制科学规律认识的深化。这三条结论刚好跟国外系统工程的基本概念一致。

这表明在国外对系统工程技术热烈讨论的同时，中国航天也在研制实践中同样形成了系统工程的概念，为中国航天系统工程技术奠定了基础。

（二）航天型号院和总体设计部

1964 年，中国航天科技工业将专业院调整为型号院，在各型号院设立了总体设计部。由总部、研究院（总体院、专业院）和研究所（总体所、专业所）、工厂组成了三级管理体制，如图 7 所示。航天科技工业总部对国家的航天任务负责。总部制定航天任务计划，监督计划进展，协调各院项目在资源、进度和质量等方面的关系。总体院对所承担项目负责。研究所和工厂是中国航天的基本研制单位。研究所既是在社会上独立存在的科研实体，又根据不同专业特点承担航天项目的科研生产任务。

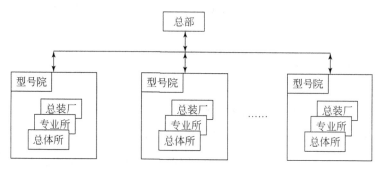

图 7　航天科技工业三级管理体制

（三）中国航天系统工程组织

型号总体是研制过程中的系统工程师体系，负责总体分析、设计、集成和试验。1978 年，钱学森在《论系统工程》中提到：总体设计部的实践，体现了一种科学方法，就是系统工程。

总体部和专业所的关系如图 8。在总体部里有不同的总体室，每个总体室面对一个型号，负责总体设计，任务分解，协调各个专业所的关系，对各个分系统的工作进行集成和试验。

1990 年，中国航天的文件里对系统工程管理规定：

（1）强化总体设计队伍，实施型号技术抓总，全面开展系统技术协调与控制；

（2）建立以总设计师系统为核心的技术指挥线，实行技术责任制；

（3）按照预先研究、型号研制、小批量生产三步棋安排科研生产，按照型号研制程

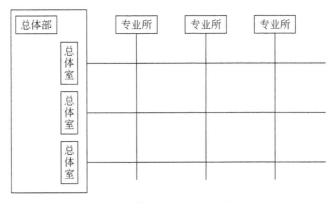

图 8　总体部和专业所的关系

序办事，严格进行设计评审。

钱学森在 1978 年说：总体设计部的实践体现了一种科学方法，就是系统工程。

（五）系统工程在中国

国内对"系统工程"的内涵存在着一些不同的理解和定义。例如：

（1）总体设计部的实践体现了一种科学方法，这种科学方法就是"系统工程"。

（2）社会系统工程："系统工程"是一种改造客观世界的技术，是对所有"系统"都具有普遍意义的科学方法。系统工程的主攻方向是研究社会系统的组织管理问题。

（3）系统工程是广义的系统分析，系统工程是运筹学。

（4）"系统工程"是一个"包含从思想、理论方法论到方法、技术、应用的完整学科体系"。

（5）系统工程是工程项目

钱学森认为，系统科学分为三个层次：基础科学是系统学，技术科学是运筹学、控制论、信息论，工程技术是系统工程，系统科学到马克思主义哲学的桥梁是系统观。

国内"系统工程"代表著作如表 2 所示。

表 2　国内"系统工程"著作举例

研究生教材：系统工程学，2007	大学教材：系统工程方法与应用，2005	大学教材：系统工程方法论，2004
复杂系统与系统科学	系统科学概述	系统与系统论
系统工程理论	系统工程思想	系统科学
系统工程方法论	层次分析法	系统科学方法论

研究生教材：系统工程学，2007	大学教材：系统工程方法与应用，2005	大学教材：系统工程方法论，2004
系统模型化原理	灰色理论及应用	系统工程方法：hall 结构、运筹学、系统分析、网络分析
投入产出分析	系统辨识方法	系统优化
Petri 网	系统动态优化	开放的复杂巨系统及其方法论
系统动力学		研讨厅体系方法论
系统仿真及管理实验		复杂系统性科学
系统评价		
决策理论		
系统工程在人口领域应用		

五、系统工程与项目管理

项目是在预定期限内完成的独特性工作。第二次世界大战期间一些重大空间和国防项目需要协调其庞大的预算、进度与技术的关系。曼哈顿计划、北极星计划以及其后的阿波罗计划的实践，被认为是项目管理的源头。20 世纪 80 年代以后，管理人员发现许多在制造业经济时代下建立的管理方法，到了信息经济时代已经不再适用。在制造业经济环境里，强调的是预测能力和重复性活动，管理的重点很大程度上在于制造过程的合理性和标准化。在信息经济环境里，产品的独特性和多样化取代了重复性和标准化，而项目管理正是实现独特性的有效途径。于是，在许多行业，例如通信、计算机、银行、保险和制药业等行业出现了项目管理热，开始推行航天和国防工业传统采用的项目管理方法。

（一）项目管理目标

项目管理目标是在预算范围内，按进度要求，满足性能指标，完成项目任务。

（二）项目管理模式

项目管理的基本组织模式是一位责权明确的项目经理和一个集成化的项目团队。项目经理对项目工作负全责。

（三）高科技项目的矩阵管理

在矩阵管理模式（图9）下，项目的任务是按照经费、进度和技术指标要求实现产品或服务。专业部门的任务是在满足所有项目技术需求的同时，保证专业技术的持续发展。职能部门参与和支持项目管理相关活动，综合研究项目的共性问题和应对策略。一位德国宇航公司的管理专家曾经说过：矩阵管理是相对复杂的管理，所有交点上都会出现需要协调的矛盾，但是对于像宇航工业这样既要研制出高科技产品，又要保持专业技术的发展，矩阵管理是唯一的选择。

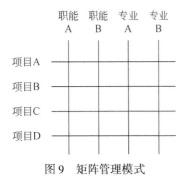

图9　矩阵管理模式

（四）项目管理知识领域

《项目管理知识体系指南》详细描述了项目管理的9个知识领域，包括所需要的工具和技术。对它们的理解和掌握，体现了项目管理者必须具备的基本能力。

（1）范围管理：建立和控制工作分解结构，完成并且只完成必要的工作。

（2）时间管理：制定和控制计划进度。

（3）成本管理：制定预算和控制成本。

（4）质量管理：实施质量保证和质量控制，第一时间把事情做好。

（5）团队管理：建设、激励项目团队，形成集体创造力。

（6）合同管理：采办合同的制定和实施。

（7）风险管理：风险的识别、量化分析、应对和监督。

（8）沟通管理：正确信息在正确时间到达正确位置。

（9）综合管理：项目工作的综合计划、协调和控制。

因为每个项目都是特殊的，应对不确定性是项目管理的特点。

（五）系统工程与项目管理

国外高技术项目都要求采用系统工程方法，并设有系统工程师，协助项目经理管理技术工作。

在工程领域，系统工程管理是高技术项目管理中的技术管理，如图10，图11所示。

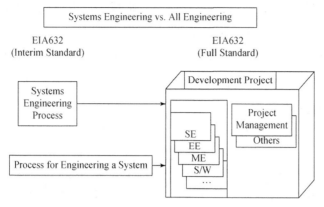

图 10 系统工程与项目管理

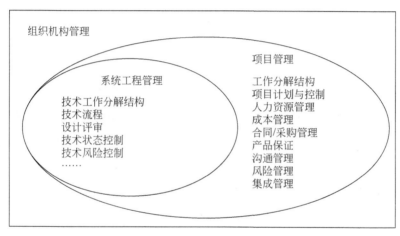

图 11 系统工程管理与项目管理

因为 Engineering 和 Project 在中文里都可以翻译成 "工程"，因此来源 Systems-Engineering 的 "系统工程"，被理解为采用系统思维的工程项目，"XXX 是一项复杂的系统工程" 变成了一种广泛使用的说法。

如果认为系统工程是一个工程项目，就要体现系统性。第一，如何调动团队的积极性，形成整体的力量，如何协调任务与资源的关系，实现项目的整体目标。第二，是否发挥了总体设计的作用。如果这两个方面没有涉及，那就是在谈一般的项目管理。

（六）中国航天型号管理

中国航天型号任务同样具有独特性和阶段性特点，航天型号任务就是项目，航天型号管理就是项目管理。总指挥是项目经理，对型号任务负全责。总设计师依托总体设计部在技术上对总指挥负责。

在早期"出成果、出人才"目标的指导下，形成了研究所直线职能式的基本组织结构，如图 12 所示。研究所内的专业研究室有明确的研究方向，特有的专业人才、设备和特定的学术交流渠道。这种组织结构对于迅速突破航天技术，保持科学技术持续发展起到了重要的作用。但是，这种职能式结构横向交流协作的能力不足，不利于承担需要多专业学科集成的项目任务。

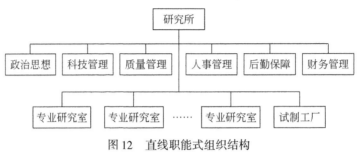

图 12　直线职能式组织结构

为了利于完成项目任务，中国航天建立了行政和技术两条指挥线。20 世纪 90 年代根据资源和技术统筹考虑的需要，明确了型号总指挥是型号任务的总负责人，是资源保障方面的组织者、指挥者。型号指挥系统是航天项目任务的指挥体系，可以跨建制、跨部门对本项目的研制生产实施组织、协调和指挥。型号总设计师是型号任务的技术总负责人，在型号总指挥的领导下对技术工作负全责。设计师系统是技术指挥线，对所负责的航天任务进行跨建制、跨部门的技术指挥、协调和决策。中国航天型号管理在厂、所层而形成的矩阵组织模式如图 13 所示。

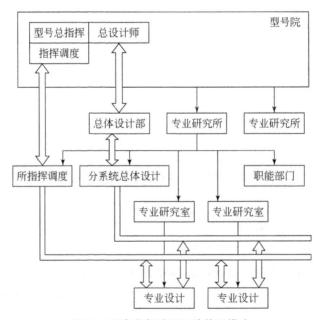

图 13　两条指挥线和矩阵管理模式

中国航天的总体设计部是总设计师的技术支撑单位。强调总体设计是中国航天系统工程方法的体现，服从总体协调是一种不容置疑的观念。

中国航天复杂技术项目管理体制历经调整变化，研制任务不断更新换代，而以强调总体为核心的系统工程方法一直是中国航天项目研制与管理实践不变的主旋律，是航天弹、箭、星、船研制成功的保证。

基于系统工程理论的
新一代运载火箭型号项目管理方法研究

陈晓东

陈晓东，男，汉族，河北省保定市人，高级工程师，硕士研究生。北京宇航系统工程研究所，型号指挥调度主管。自工程立项起参与"长征五号"火箭研制，作为一线调度主管，组织完成助推器分离、全箭模态、首次飞行试验等多项大型地面及飞行试验项目，具备丰富的工程策划、管理与调度实施的实践经验。

运载火箭作为复杂巨系统工程，在研制过程中需要遵循系统工程的研制方法和流程。运载火箭工程管理，是航天工程系统项目管理的重要组成部分，是一种多学科、多专业的系统工程，需要高度综合性的科学技术，需要投入大量的人力、物力，建设庞大的科研、试制和试验基础设施。60年来，中国航天重大工程项目运用系统工程的理论和方法进行了长期的管理实践。与此同时，系统工程理论在重大国防和航天项目的推动下迅速发展，几十年来已经成为工程领域大型复杂技术项目成功的保证。中国各种运载火箭型号工程的研制实践和所取得辉煌成果，应用和发展了系统工程这门现代科学，形成了中国航天系统工程管理软技术。

2016年11月3日，长征五号运载火箭在海南文昌发射场圆满完成首次飞行试验任务。其首次飞行任务圆满成功，填补了我国大推力无毒无污染液体火箭的空白，使我国火箭运载能力进入国际先进行列。这一重大成就，是我国由航天大国迈向航天强国的重要标志，为我国新一代运载火箭系列化、型谱化发展奠定了坚实技术基础。

以"长征五号"为代表的新一代运载火箭作为我国运载火箭升级换代的工程，创新难点多、技术跨度大、复杂程度高，代表了我国运载火箭科技创新的最高水平。"长征五号"运载火箭也是我国迄今为止开展过的最大规模的运载火箭研制工程。中国航天科技集团公司下属数十家单位、近两万名员工承接研制工作，集团外约有900家合作单位参与了配套研制工作。型号管理规模大、系统复杂，通过利用基于系统工程理论的研制管理方法，为复杂巨系统工程的抓总管理，进行了有益的摸索，也促进了火箭研制的科研管理不断进步提升。

一、系统工程理论在项目管理中的指导作用

1978 年，钱学森发表了具有里程碑意义的文章《组织管理的技术——系统工程》，对系统工程进行了诠释，即"组织管理的系统的规划"。

工程方法的整体结构——"硬件""软件"和"斡件"。

所谓"硬件"就是进行工程活动所必需的工具、设备、机器等；而所谓"软件"就是指机器的操作方法、程序、工序等。由于一般地说，工程活动是工程共同体的集体活动，这就使得工程活动中必须进行必需的工程管理，没有一定的管理，工程活动就会陷于混沌状态，工程活动就不可能正常进行，不可能实现工程活动的目的。有人把这个工程管理方面称为"斡件"。在管理科学和工程管理兴起之前，人们往往忽视了斡件的重要性。在管理科学和工程管理兴起之后，愈来愈多的人开始认识到了斡件的重要性。图 1 展示的是作为运载火箭的工程项目管理工作（斡件）的组成情况（图 1）。

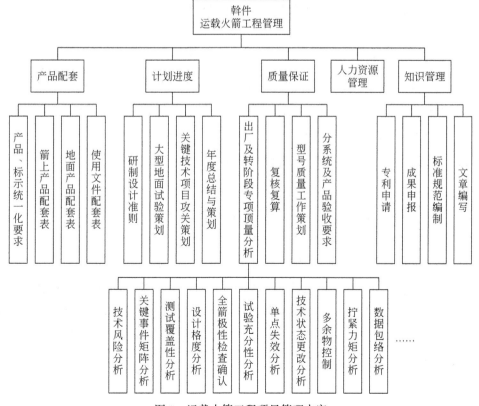

图 1　运载火箭工程项目管理内容

在航天工程项目中，系统工程方法是技术开发管理的方法。作为一种跨学科的方法，它从需求出发，综合多种专业技术，通过分析、综合、试验的反复迭代过程，开发出一个整体性能优化的系统（图2）。

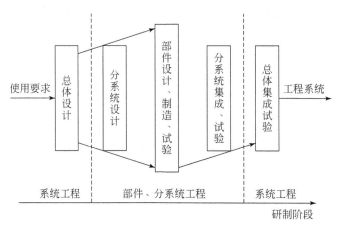

图2　分解集成过程与研制程序

系统工程方法既应用于技术开发过程，也应用于技术管理过程。为了实现一个成本效益好的系统，系统工程管理保证性能指标、进度和成本三要素的均衡进展。系统工程管理的手段包括系统工程管理计划与控制，工作分解结构，技术状态管理，技术评审与审查等。

一直以来，航天项目研制按照钱学森先生的系统工程理论指导组织实施，特别是总体设计部和两总制度的实践成为其系统工程科学方法的体现，从技术和管理两个维度统筹管理，有序推进整个型号研制的工作。型号项目管理团队与总体设计人员同属总体设计部，在整个研制过程中一直起着主导性作用，从而使得总体与分系统、分系统与分系统相互之间能够有效地协调和配合，表现出强大的航天系统研制能力。

二、全寿命周期的型号项目管理

从一般化的视角来看，系统工程的设计活动起始于"概念设计"，经过"初步设计"和"详细设计"实现概念的具体化，最终获得明晰和规范的图纸、程序和操作流程。新一代运载火箭在研制过程中仍然遵循中国航天项目研制多年来积累的宝贵经验，按照方案论证、初样研制、试样研制及飞行试验的递进阶段开展研制工作。型号项目管理同样针对不同阶段的工作重点，利用系统工程理论与方法，指导进行工程项目管理。

（一）方案阶段：注重需求分析与顶层策划

如何去认识航天工程系统的实质、分析工程需求和问题，对于系统工程设计来说是至关重要的，它是整个工程设计活动的认知基础。运载火箭的研制相关利益者主要为工程总体、潜在客户、上级管理部门和其他关注团体，包括对产品寿命周期保障负责的，包括工程负责人、使用人员、操作人员等。相关利益者的期望主要包括功能与性能要求、约束条件及外部接口，约束条件范围包括资源消耗、交付时间等，即研制周期和经费等，对于运载火箭，外部接口包括卫星、发射场、测控系统的接口。将运载火箭的研制分解为顶层的功能需求则为：在一定时间内发射运载火箭，将特定有效载荷可靠、安全地送入预定轨道。此功能需求可分解为：目标轨道与运载能力与入轨精度、发射与飞行可靠性、安全性、测试发射周期等顶层性能指标要求，并根据研制周期、经费和发射服务费用等约束开展设计。

新一代运载火箭在立项之初就有别于传统运载火箭研制针对单一特定载荷开展设计的需求，而是以提升我国进入空间的能力为目标，瞄准国际主流运载技术的发展水平、提升国际竞争力，坚持"高可靠、低成本、无毒、无污染、安全性好、适应性强"的原则，以"一个系列、两种发动机、三个模块"为技术途径。基于5米直径模块，规划形成了新一代"长征五号"大型运载火箭系列，并在此基础上牵引出中型、小型的"长征七号"、"长征六号"火箭的研制。

在研制之初，就根据不同的载荷需求，通过模块化组装形成12米、18米、20米等不同规格的整流罩，并据此开展了多个火箭构型的总体方案设计，确保满足各种载荷的发射任务需求。后续研制过程中也得到了较好的成果，除了两级半的基本型开展研制外，同步开展了探月工程三期、空间站工程、探火工程项目发射火箭的研制，极大地支撑了我国航天强国建设的步伐。

按照"运载市场化、管理科学化"的要求，新一代运载火箭力求做到涵盖型号研制全寿命周期的综合、顶层策划。研制策划确定了项目范围、明确了工作目标、落实工作责任、统筹协调资源、规划时间进程、划定管理依据、保证研制质量、控制研制成本、识别各类风险、制定相应对策，通过全面策划确保研制任务的完成。策划覆盖新一代运载火箭基本型工程研制的方案阶段、初样阶段、试样阶段及飞行试验全过程；内容包括技术、计划、经费、成本控制、技术保障条件、质量、标准化、工艺、知识产权、人力资源、物资保障、信息化应用及分工、系列化型谱等10余个方面；形成各项策划报告、准则、规划等文件20余份。

策划详细论述了"长征五号"运载火箭工程研制依据，明确了工程研制目标，制订了研制计划网络图、箭体结构研制生产流程图、关键节点控制图，与现役低温火箭对比分析了研制工作量，提出了研制经费预控方案，制订了研制全过程的质量控制规范，明确了标准化工作要求、知识产权保护要求，筹划了研制队伍配置方案，从技术、工艺、进度、经费等几方面辨识了风险项目，对研制保障条件建设提出了建设目标、需求节点。全新研制的"长征五号"火箭立项后，设计、生产、试验以及保障条件建设全面铺开，各方面启动工作千头万绪。该研制策划有力地指导了研制工作的全面展开，是"长征五号"研制全周期的纲领性文件。

此外，"长征五号"运载火箭由 3.35 米直径跨越到 5 米直径，其研制、生产、试验高度依赖全新的保障条件建设。型号在全力组织研制工作的同时，对保障条件建设给予高度关注。立项之初完成全要素研制策划的同时，即根据研制策划周期，向上级机关上报建设需求，促进保障条件立项。实施过程中根据研制最新进展，对保障条件建设进一步明确需求计划。过程中型号两总带领研制队伍多次向上级领导、机关呼吁汇报研制需求，促进保障条件项目立项。条件建设过程中，多次协调建设实施部门，以加快建设进展，确保了型号研制过程相关保障条件的建设到位。

（二）初样阶段：关键技术攻关与大型地面试验管理

新一代运载火箭在进入初样详细设计阶段后，相应的关键技术攻关和大型地面试验全面开展，需要开展合理有序的管理，确保相应技术得到攻关和地面试验的验证。型号项目管理部分在初样研制初期，根据预发展阶段的相应研究成果和方案阶段关键技术攻关情况，确定了初样阶段包括大型火箭总体优化设计、大直径箭体结构设计制造与试验、大型低温动力系统、助推与芯级发动机联合摇摆控制等 12 项重大关键技术为代表的 247 项关键技术清单，梳理形成关键技术攻关路线，制定专人负责，按照年度评估技术攻关情况与取得的成果，制定后续攻关计划。

"长征五号"运载火箭由于采用了大量的新技术，需要开展大量的大型地面试验以验证设计方案的正确性和可行性。从立项论证阶段开始进行循环预冷试验，到初样阶段进行静力试验、分离试验、模态试验，进行总装总测、产品运输，共完成 2000 余项地面试验。

型号这一系列大型试验，场地涉及北京、天津、上海、西安、河北、海南等省市，参试单位涵盖集团内、集团外百余家单位。在这一系列大型试验的组织实施工作中，型号项目管理团队按照系统工程方法，依托上级机关支持，根据型号研制工作的需要，一切围绕型号的中心任务，及时调整完善了相应的管理规章，一部分涉及多系统、跨单位的大型试验项目按照大型外场试验的模式进行管理。针对大型地面试验中试验配套部段规模大、产品多、改造状态复杂等要求，建立大型地面试验产品流转管理数据库，通过系统、全面、动态梳理大型地面试验产品配套情况，为节省产品周转周期，合理调配各项试验进度安排提供了有力支撑，在较短的时间内完成了包括结构大型静力试验、芯级动力试车、全箭电气系统综合匹配试验、火箭生产齐套、发射场合练在内的多项研制工作，为首飞工作顺利组织奠定了基础。

（三）试样及首飞阶段：严控技术风险，关注产品质量

进入试样和首飞验证阶段，型号项目团队始终将风险识别与控制作为型号研制的一项重要工作，通过总体设计团队牵引全箭各系统开展风险辨识与控制，不断地发现和消除型号研制风险。新一代运载火箭作为第一个开展全生命周期工作策划的新研型号，在型号立项前即开始进行技术风险的识别、分析及控制工作，始终将此工作作为全箭质量管控的一条主线贯穿于型号研制的全生命周期，依据技术风险分析与控制的指导要求，结合型号技术特点开展，用以指导开展型号研制工作。依据技术风险的特点，梳理形成关键事件矩阵分析、FMEA 单点故障及强制检验点设置充分性和控制有效性分析、"基于分析要素与定量控制"的试验充分性分析等 18 类风险分析线索，确保将型号首飞前的技术风险能够识别全面、充分。

与此同时，也同步关注产品质量及风险，以全箭 Ⅰ、Ⅱ 类单点失效产品、三类关键特性为重点，设置了强制检验点，认真落实精细化管理要求，实施全程有效控制。针对梳理出的关键产品风险项目，开展了产品风险树分析，对故障底事件，逐一落实过程控制与结果检查。针对影响全箭成败的小导管，进行了百分百分析、百分百试验、百分百实物确认以及百分百状态比对，落实控制措施；针对首飞火箭装箭的火工品，重点复查原材料及工艺状态控制情况、三单落实情况、无损检测情况、强制检验点控制及验收试验情况等，确认首飞火箭火工品功能、性能满足要求，产品质量受控。

三、未来发展展望

随着信息技术、人工智能技术的发展，基于模型的系统工程方法（MBSE）将对传统的设计与研制管理流程进行革命性的变革。美国国家航空航天局、国防部、欧空局等政府组织和相关承包商均在尝试使用 MBSE 方法，IBM 等软件和方案提供商也在积极地开展软件解决方法与策略。美国国家航空航天局在下属包括兰利航天中心喷气推进实验室等

在内的多个机构的项目研发技术管理上积极应用 MBSE，其目的是显著提升项目的经济可承受性、缩减开发时间、有效管理系统的复杂性、提升系统整体的质量水平。

新一代运载火箭通过首飞成功，实现了我国运载火箭技术水平和管理能力的跨越发展。但反思型号研制过程中，仍然出现了研制周期拖延、研制经费超出预算、运载能力研制指标下降等问题，暴露出型号项目管理在仍然依据基于研制流程管理的弊端，在项目管理过程中还缺乏信息化、数字化的有效手段，以提升运载火箭这一复杂巨系统的项目管理水平，确保研制周期、费用满足任务要求。未来的运载火箭研制项目管理可基于 MBSE 方法，通过建设基于模型的火箭系统工程，构建系统的需求模型、功能模型和物理架构模型，为实现系统一体化设计与整体优化奠定基础；最终将实现系统信息接口的确定性、标准化管理，实现需求、设计、验证的可追溯性和覆盖性分析，便于系统内容的可重用性与知识的获取和再利用；此种方法将覆盖从概念设计、系统设计、试验验证到工程实施的全过程。

四、结　　论

通过分析系统工程理论在航天项目研制工作中的指导意义，系统总结利用系统工程理论实施新一代运载火箭型号管理实践工作的成功经验，并结合型号项目管理中出现的问题和国外先进系统理论发展趋势，提出基于模型的系统工程方法在运载火箭型号研制工作中的初步构想，为我国后续运载火箭研制，乃至中国航天重大工程项目的管理与研制提供支撑，为国防实力和综合国力的提升打下坚实的基础。

中国航天事业 60 年战略管理的五大里程碑与五条经验

潘　坚　靖德果　郭宝柱

潘坚，研究员，目前就职于中国航天系统科学与工程研究院（航天十二院）规划推进研究所（一所），任战略规划总师。1984 年毕业于北京航空学院材料系获学士学位；1987 年毕业于航天工业部一院材料专业，获工学硕士学位；同年在一院 703 所参加工作，从事阻尼减振工程开发与应用。1998 年调入原航天部 707 所，从事情报、战略、规划等研究与咨询工作，2001 年任信息咨询部主任，兼任北京环信咨询有限公司总经理。2003 年随单位整体并入中国航天工程咨询中心，任战略规划部（一部）主任，2006 年起任中心科技委委员。近年来，业务方向重点围绕着中国航天科技集团公司面临的迫切问题而开展，着重于航天国际政策、航天国际化、品牌战略、舆情分析、竞争情报等研究与咨询。此外，还积极为社会、企业开展研究、咨询、演讲等活动，近年来服务过的单位有：桂林市情报所、核九院科技信息中心、神华集团科学技术研究院、中国商飞集团、乌海市东源科技集团、沈阳航空产业集团等。

一、概　　述

中国航天事业自 1956 年发端以来，已走过了 60 年的光辉历程。当我们重新回顾并审视这段波澜壮阔的技术发展史时，在国家的宏观叙事中，可以发现其潜藏的科学规律与现代西方战略管理理论的契合点，同时又兼具中国特色的发展道路。这种举国体制下的高技术发展模式，既有战略上、体系上的宏大愿景，又有战术上、管理上的细腻文化，从而确保中国航天事业在一穷二白的薄弱国力下，经过 60 年的奋力拼搏，跻身世界航天大国之列。

现代战略管理的理论与实践在 20 世纪六七十年代于西方兴起，八九十年代传入我国并逐渐勃发，其基本含义就是"制定、实施和评价能保证组织实现目标且超越不同职能的决策方案的艺术与科学"。纵观中国航天事业 60 年的发展脉络，虽然与西方战略管理理论的传入有一定的时间差，而且前 30 年是在相对封闭的国际环境下独自摸索出来的发展道路，但究其本质，也与战略制定、战略实施、战略评价、战略修订这一套现代战略管理思想异曲同工、不谋而合，比较起来竟有殊途同归之感。不过，西方现代战略管理理论的应用对象主要是针对企业这一类组织的，而针对整个国家的大战略实行战略管理的研究尚不多见。本文力图借助现代战略管理的基本要义，从系统科学的视角来探究中国航天 60 年蓬勃发展的成功秘诀。

二、60 年战略管理历程中的五大里程碑

在中国航天的各个重大发展阶段，国家决策及其战略部署都充分体现了组织管理的系统观，成为中国航天持续发展的根本保证。1956 年，国家提出了"以任务带学科"的国家科技发展方针，确定喷气和火箭技术作为重点任务。中国的航天事业从一开始就在国家发展战略引领下，选择了一条合适的战略路径，并在完成重大项目的过程中探索出一套以系统工程为核心的有效方法确保战略落地，经过 60 年艰苦卓绝的努力，终于取得世人瞩目的成绩。运用战略管理的基本要义来审视中国航天事业在这一甲子中的发展历程，可以归纳出五大里程碑事件：一是落实国家航天战略实施主体——国防部五院成立；二是奠定国家战略安全基石——两弹成功结合；三是开启中国空间事业新纪元——"东方红一号"卫星成功发射；四是实现中国千年飞天梦想——以杨利伟上天为标志的载人航天工程实施；五是进入宇宙深空探索利用阶段——以"嫦娥工程"为代表的空间科学的发展。

（一）国防部五院成立：开创中国导弹航天伟业

20 世纪 50 年代初，第二次世界大战结束不久东西方冷战格局形成，作为东方阵营一员的中国，在成立不久就在家门口被迫打了一场"抗美援朝"战争，国家安全形势面临严峻考验。聂荣臻元帅在回忆录中曾说，抗美援朝战争期间，由于我军武器不如美国，在战场上吃了很多亏。另外，中华人民共和国刚刚建立，在国际上还没有任何地位，要想在国际事务中以一个大国身份出现，没有足够的军事力量做后盾是不行的。因此，尽管中国的国民经济还在恢复过程中，百废待兴，万业待举，党中央和国务院就做出了一系列发展先进武器装备的决定。

1955 年 1 月，毛泽东主持召开中共中央书记处扩大会议，做出了中国要发展原子能事业的决策，这是中国"两弹一星"发展史上具有里程碑意义的重要会议。原子弹只有与导弹结合起来，才能发挥威力。在做出发展原子能事业的战略决策后，国务院、中央军委随即开始研究发展导弹技术的有关问题。但是，当年对于导弹究竟能否成为一项重要的国防技术，尚有很大争议，中国军事使用部门的一致意见是，重点发展作战飞机，以巩固空防。

1955 年 10 月，著名科学家钱学森冲破重重阻挠从美国归来，在哈尔滨参观中国人民解放军军事工程学院时，时任院长陈赓大将提出了著名的一问"中国人搞导弹行不行?"钱学森回答说："外国人能干的，中国人为什么不能干?"陈赓说："好! 就要你这句话。"1956 年 2 月，叶剑英在会见钱学森夫妇时，明确提出希望他能够主持研究中国的导弹技术，钱学森毫不犹豫地点了点头。随后周恩来向钱学森提议，将有关想法写成一个书面意见。

1956 年 2 月 17 日，钱学森向党中央递交了《建立我国国防航空工业的意见书》（为保密起见，用国防航空工业来代替火箭、导弹），为中国火箭和导弹技术的发展提出了符合国情的实施方案，其中包括组织草案、发展规划和具体步骤。针对军事使用部门主张发展作战飞机的观点，钱学森力排众议，坚定地认为：中国应该优先发展导弹。他从导弹技术与航空技术的比较以及攻防作战角度详细论证了我国优先发展导弹的种种优点，消除了许多人的疑虑。于是，发展导弹这一重大战略决策就此确定。

1956 年春季，周恩来总理亲自率领数百名科技专家制定了我国第一部科技远景规划——《1956~1967 年科学技术发展远景规划纲要》，确定了 57 项国家重要科学技术任务，由钱学森主持编制了其中第 37 项任务《喷气和火箭技术的建立》，该项规划提出了发展我国火箭导弹技术的预期任务、预期结果、基本途径、大致进度以及建立相应机构等内容。在中央确定发展导弹武器后，1956 年 10 月 8 日，我国第一个导弹研究机构——国防部五院（以下简称五院）正式宣布成立，钱学森担任院长。中央批准以"自力更生为主，力争外援和充分利用资本主义国家已有的科学成果"作为建院方针。五院的成立，在战略举措上就是把有限的人力、物力、财力集中使用到最能够影响全局的尖端事业中来，变国家总体上的劣势为局部发展上的优势，体现了党中央的英明决策。

（二）两弹成功结合：奠定国家战略安全基石

有了组织机构和领军人才，火箭导弹技术发展的技术路径也是成功的关键。在当时中苏友好的大背景下，接受苏联援助，通过仿制工作快速了解并掌握导弹研制生产的相关知识、技能与方法，建立起成体系的技术队伍，之后及时向自力更生方向努力，便是一条切实可行的发展道路。

1956 年 7 月，新成立的国防部五局向党中央提出《关于请求苏联对中华人民共和国在导弹制造、研究和使用方面给予援助的报告》，8 月李富春在致苏联部长会议主席布尔加宁的信中，正式提出上述要求。9 月，苏共中央电告中共中央：愿意在中国建立导弹事业方面给以援助，同意提供教学用的 P-1 导弹，即苏联仿制的德国 V-2 导弹。1957 年春，苏联提供的 2 枚 P-1 导弹运抵五院。9 月，聂荣臻率领一个庞大代表团赴莫斯科，与苏联代表团进行认真磋商，历时 35 天后双方签署了《关于生产新式武器和军事技术装备以及在中国建立综合性的原子工业的协定》，史称中苏"十月十五日"协定。12 月，苏联提供的 2 枚 P-2 导弹（V-2 导弹改进型）、一套地面设备运抵北京。

从 1958 年开始，国防部五院全力投入代号为"1059"的 P-2 导弹仿制任务中，1960 年 11 月 5 日，第一枚 1059 导弹试射成功，按聂荣臻的话讲，这是在祖国的地平线上飞起了我国自己制造的第一枚导弹，是我国军事装备史上的一个重要转折点。仿制任务的成功，缩短了摸索过程，为自行设计打下良好基础。早在 1960 年 3 月，五院党委就明确了今后工作重点，由仿制转入自行设计。首先瞄准的型号目标是射程为 1200 千米的"东风二号"中近程导弹，然后再研制射程为 2000 千米的更具有实战意义的"东风一号"中程导弹。10 月，中央军委批准了五院的设计方案。

1962 年 3 月 21 日，"东风二号"首飞失败。这次失败，使广大科研人员认识到，导弹研制是一项复杂的系统性工程项目，必须搞清楚各个环节的相互关系，科学地统筹安排和计划。经过认真总结经验教训，五院提出了一系列改进措施：一是强调总体设计修改设计方案，加强技术责任制；二是严格按程序办事；三是加强地面试验；四要贯彻"一丝不苟"的作风；五要逐步完善系统工程的管理工作。1962 年 9 月，五院党委任命林爽为"东风二号"总设计师，以及总体和分系统的正、副主任设计师，形成了具有技术责任制的总师系统。同时，加强了总体设计部，充分发挥总体设计部作为总设计师的参谋部与总体协调机构的作用。1964 年 6 月 29 日，修改后的"东风二号"发射取得圆满成功，表明我国已经具备了导弹自行设计制造能力。

导弹的最大用途就是将核弹头运送到遥远的敌对目标，从而产生巨大的杀伤力和破坏力，在和平时期它就成为国家的重要威慑力量。1964 年 10 月 15 日，我国第一颗原子弹装置爆炸成功，于是两弹能否成功结合便成为下一步重要的技术难关。早在 1963 年 3 月，国防科委就部署了导弹与原子弹结合的预先研究任务，代号 140 任务。1964 年 9 月，中央专委就 140 任务作了部署，决定由二机部第九研究院和国防部五院共同组织方案论证小组，进行"两弹结合"的研究、设计工作。1965 年 2 月，中央专委明确 140 任务采用

"东风二号甲"（"东风二号"的增程改进型）进行试验。1966 年 8 月，国防科委批准了"两弹结合"试验大纲。9 月，毛泽东主席在听取聂荣臻和钱学森的汇报后指出，要认真充分做好准备，不要打无准备之仗。10 月 19 日，周恩来总理在听取情况汇报后，提出"严肃认真，周到细致，稳妥可靠，万无一失"的要求。

1966 年 10 月 27 日，我国成功进行了"两弹结合"试验，导弹飞行正常，核弹头在预定的距离精确命中目标，实现核爆炸。中国政府借此向全世界郑重宣布："中国发展核武器完全是为了防御。中国在任何时候，任何情况下，决不首先使用核武器。"两弹结合试验的成功，世界各国给予高度关注。法国《世界报》第二日发文说："试验再次表明，中国在这方面的进展是迅速的。这种运载工具表明了必要的科学技术已发展到十分先进的程度，它特别说明了有一个长远的计划是成功的关键。"法国《国际论坛报》发表题为《中国将成为同拥有八亿人口大国相称的强国》文章指出："这个国家已拥有使它成为强大的工业化国家的尖端技术。"

两弹的成功结合奠定了国家战略安全的基石，也使中国确立了世界大国地位。然而，导弹技术的水平离国家大战略和军事实战化的要求尚有很大差距。1965 年 3 月，由国防部五院重组而来的第七机械工业部（简称七机部）提出了《地地导弹发展规划》（即"八年四弹"规划），计划于 1965-1972 年，八年内研制成功中近程液体弹道导弹、中程导弹、中远程导弹和洲际导弹 4 种型号的战略导弹。每种导弹比前一种射程翻一番，技术上应当取得新突破。

"八年四弹"是为了基本满足国家安全的战略需求，因此在顶层设计上设计成一个循序渐进的不断发展的规划，每个新型号都上了一个新台阶，充分体现了循序渐进、勇于攀登的航天战略管理思想。不巧的是，"八年四弹"规划刚制定后一年，"文化大革命"就爆发了。"文化大革命"时期打乱了一切，致使中远程核导弹延迟于 1983 年定型，洲际导弹到 1980 年才定型。"八年四弹"规划虽然没有按照预定的时间表完成，但它为中国导弹与航天技术的发展指出了明确的目标，既考虑了技术上的可行性，又考虑了型号的继承性，同时也考虑了当时中国经济的承受能力。四弹目标的完成，不仅使中国国防实力得到了实质性增强，而且促进了中国航天科技体系的形成，为运载火箭的系列化发展打下了坚实的技术基础。

（三）"东方红一号"卫星成功发射：开启中国空间事业新纪元

1957 年 10 月，苏联发射了世界上第一颗人造地球卫星，在国际上引起强烈震动，在中国国内也引起很大反响。1958 年毛泽东主席正式提出"我们也要搞人造卫星"的口号，中国科学院着手人造卫星的规划和探索工作，把它作为当年的第一号任务，代号"581"工程，计划于1960年发射中国的第一颗人造卫星。1959年1月，中国科学院传达邓小平指示，由于国力不相称，卫星研制相关任务暂停。

1964年12月，赵九章向周恩来提交了一份"关于尽快全面规划中国人造卫星问题的建议书"的信件，1965年1月，钱学森等在向国务院的建议中，也表达了国防部五院在人造卫星发射方面的技术准备情况。4月，国防科委提出预计在1970-1971年发射中国第一颗人造卫星的报告，5月中央专委第12次会议批准了该报告，从此中国第一颗人造卫星的研制任务正式启动，取代号为"651任务"，寓意周恩来总理于1965年1月批示了赵九章的来信。9月，中国科学院正式成立了以赵九章为院长的卫星设计院，代号651设计院。1967年初，651设计院被造反派夺权，原来的领导都靠边站了。为避免"文化大革命"干扰，周恩来总理宣布组建中国空间技术研究院，1968年2月该院正式成立，钱学森任院长，把分散在各部门的研究力量集中起来，实行统一领导，使科研生产照常进行，保证了中国第一颗卫星"东方红一号"的研制工作顺利开展。

1970年4月24日，在酒泉卫星发射中心，我国长征一号运载火箭将首颗自主研制的人造卫星——"东方红一号"成功送上太空，开创了我国航天事业发展的新纪元。

1975年，时任国防科工委主任的张爱萍将军主持制定了我国战略导弹与航天技术新的发展规划，明确到80年代初期的主要目标，史称"三抓任务"，即在1980年到1984年期间完成向太平洋预定海域进行洲际导弹的全程发射试验（简称"580任务"）、发射地球静止轨道"东方红二号"试验通信卫星（简称"331工程"）以及水下发射固体潜地导弹（简称"9182任务"）三项重点任务。1977年9月，党中央正式批准这一规划。

在制定航天工业部第七个五年规划（1986-1990年）以及后10年（1991-2000年）的设想中，航天科技工业将实现由研究试验型向实际应用型的转变，提出了"一箭三星"研制计划。即一箭指"长征三号"系列运载火箭；三星指"东方红三号"通信卫星、"风云二号"气象卫星以及"资源1号"遥感卫星。1986年2月，航大工业部向国务院上报了《关于加速发展航天技术的报告》，3月，国务院以国发【1986】41号文件批准该计划，决定以我为主，辅以国际合作，研制自己的新一代通信卫星。5月，国防科工委发出《关于迅速发展广播通信卫星工程研制建设的通知》，卫星通信工程正式立项，代号"862"工程，建设内容包括"东方红三号"卫星、"长征三号甲"运载火箭、西昌卫星发射场、卫星跟踪与测量控制系统、卫星应用系统等五大部分。经过8年的努力，1994年2月，"长征三号甲"首次飞行试验获得了圆满成功，将"东方红三号"通信卫星与夸父1号模拟卫星送入太空。随后于同年11月、1997年5月，"长征三号甲"又分别将第二、三颗"东方红三号"卫星送入预定轨道。

　　1994 年我国批准建设第一代卫星导航定位系统。2000 年年底,第一颗和第二颗导航定位卫星相继发射成功,标志着我国自主研制的第一代卫星导航定位试验系统成功建立。2003 年 5 月和 2007 年 2 月第三和第四颗北斗导航试验卫星(备份星)分别送入太空,至此完成了第一代北斗导航试验卫星系统"北斗一号"的部署。2003 年,北斗系统应用主管部门上报国务院和中央军委,建议批准北斗系统向民用领域提供服务。2012 年,完成了北斗卫星导航区域系统的建设,可为我国及周边地区提供服务,同时可为特定用户提供短报文通信业务服务。

　　在此基础上,我国卫星由试验型转向实用型,使我国在卫星回收、一箭多星、通信卫星、遥感卫星等技术领域跻身于世界先进行列,并形成了四大卫星系列,即对地观测(遥感)卫星系列、通信广播卫星系列、导航定位卫星系列和科学探测与技术试验卫星系列。

　　2000 年 11 月,国务院新闻办公室首次以政府文告《中国的航天》白皮书的形式,公布了中国航天的发展政策、宗旨和原则,发展目标和总体发展思路,提出了包含空间技术、空间应用和空间科学的大航天的概念,标志着航天技术全面为国家现代化建设服务。2006 年 10 月,发布了第二部白皮书《2006 年中国的航天》,该文表明中国政府始终把航天事业作为国家整体发展战略的重要组成部分予以鼓励和支持。经过 50 年的发展,中国作为一个发展中国家,已跻身于世界航天大国的行列,取得举世瞩目的成就。2011 年 12 月,国务院新闻办公室发表了第三部白皮书《2011 年中国的航天》,进一步重申中国政府把发展航天事业作为国家整体发展战略的重要组成部分。

(四) 载人航天梦想实现:铸就航天大国地位

　　我国最早提出载人航天工程是在 20 世纪 60 年代。1966 年,中国科学院和七机部第八研究院分别提出了载人航天的设想。在当时的国防科委支持下,第二年开始共同论证,全国 80 多个单位的 400 多名专家、学者参加了论证工作。1970 年 7 月 14 日,毛泽东主席圈阅了军委办事组呈送的国防科委选拔航天员的报告,我国第一次载人航天工程正式立项,代号为"714"工程,飞船取名为"曙光"号。工程进行 5 年后,由于当时国家经济基础薄弱、科技水平较低,加上"文化大革命"的影响,中央决定"714"工程下马。

　　再次提出载人航天工程已是改革开放后的 1985 年。当时的国防科工委和航天部向中央提出了将载人航天作为中国下一步航天发展方向的建议,1986 年,载人航天被列入国家"863"计划。1992 年 1 月,中央专委批准载人航天工程立项,中国载人航天工程终于启动,代号为"921 工程"。1992 年 9 月,中央专委《关于开展我国载人飞船工程研制的请示》》（以下称《请示》）得到党中央批准。

该《请示》是载人航天工程最终形成的完整的顶层设计，既考虑了可能性，又考虑了超越性；既明确了发展方针、发展战略、任务目标，拟定"三步走"战略以及步步衔接的总体构想，又提出了第一步载人飞船的四大任务、七大系统以及经费、进度、组织管理等建议。这一科学论证和正确决策，凝聚了党和国家领导人、航天领域以及众多相关领域的顶尖科学家的集体智慧，是载人航天工程能够取得成功的先决条件。

所谓的"三步走"战略是：第一步，发射无人飞船和载人飞船，建设初步配套的试验性载人飞船工程，开展空间应用实验。第二步，在载人飞船发射成功后，突破载人飞船和空间飞行器（如轨道舱）的交会对接技术，并利用载人飞船技术改装、发射一个8吨级的空间实验室，解决有一定规模的、短期有人照料的空间应用问题。第三步，建造载人空间站，解决有较大规模的、长期有人照料的空间应用问题。

经过7年的努力，1999年12月20日6时30分在酒泉卫星发射中心新建成的载人飞船发射场，中国第一艘试验飞船由新研制的"长征二号F"运载火箭发射升空，并准确进入轨道。经过21小时的轨道飞行，飞船返回舱于21日准确着陆于预定回收场，圆满地完成了试验任务。这项试验任务的成功，标志着中国的载人航天技术取得了重大突破，为中国载人航天技术的发展奠定了基础。

2001年1月16日、2002年4月1日、2003年1月5日"神舟二号""神舟三号""神舟四号"飞船圆满完成飞行任务。2003年10月15日，"神舟五号"飞船把航天员杨利伟送入太空，16日安全返回，中国成为世界上第三个掌握载人航天技术的国家。"神舟五号"发射成功，实现了中国人千年的飞天梦想，体现了我国的综合国力，增强了中华民族的凝聚力，振奋了民族精神，推动了我国航天事业发展和科学技术进步。"神舟五号"任务成功，表明中国的整体科技实力、中国航天科技水平已经实现了新的跨越，铸就了我国作为世界航天大国的地位。

2004年12月，中央专委批准实施载人航天工程第二步战略任务。2005年10月12日，费俊龙、聂海胜乘坐"神舟六号"飞船进入太空，在太空生活5天后，于18日凌晨安全返回。2008年9月25日，"神舟七号"把翟志刚、刘伯明、景海鹏送入太空，实施出舱活动，释放一颗伴随小卫星，并进行中继卫星通信试验。2011年11月1日，无人飞船"神舟八号"发射升空，与此前发射的"天宫一号"目标飞行器进行了空间交会对接，标志着我国已成功掌握了空间交会对接及组合体运行等一系列关键技术。2012年6月16日，景海鹏、刘旺、刘洋（女）乘坐"神舟九号"进入太空，并第一次入住"天宫一号"。2013年6月11日，聂海胜、张晓光、王亚平（女）乘坐"神舟十号"与"天宫一号"对接，进行了有人照料试验，并首次开展了太空授课活动。"神舟十号"在轨飞行15 天后，于 26 日安全返回地面。

2016 年 9 月 15 日晚，我国首个空间实验室"天宫二号"在"长征二号 F"运载火箭的托举下，直刺苍穹，踏上了它的太空旅程。"天宫二号"是我国载人航天工程"三步走"战略第二步第二阶段的首发飞行器，也是我国第一个真正意义上的空间实验室。"天宫二号"在轨飞行期间，将接受"神舟十一号"载人飞船的访问，支持 2 名航天员开展为期 30 天的中期驻留活动，考核较长时间内组合体对航天员生活、工作和健康的保障能力；将与天舟一号货运飞船配合，验证推进剂在轨补加等技术。同时，它还将开展航天医学试验、空间科学和应用试验、在轨维修试验和空间站技术试验等。

（五）嫦娥奔月绕落回：进入宇宙深空探索利用阶段

2003 年中央专委同意中国科学院提出的"我国月球探测资源卫星的科学目标与有效载荷配置"立项报告。2004 年 1 月 23 日，温家宝总理亲自批准中国绕月探测工程立项，命名为"嫦娥工程"，拉开了我国深空探测的帷幕。计划中的中国月球探测分为三大步：第一步探月，就是不载人对月球的探测，即无人月球探测；第二步登月，即载人登月；第三步驻月，即建立月球基地。

"嫦娥工程"第一步探月阶段又分为"绕、落、回"三个子阶段："绕"指 2007 年发射月球卫星，绕月探测；"落"指 2010 年前后发射无人月球探测器，月面软着陆探测；"回"指 2011-2020 年发送遥控月球车，到月面巡视勘察并采样返回。

"嫦娥工程"第一期科学目标包括：获取月球表面三维影像、分析月球表面 14 种有用元素含量和物质类型的分布、探测月壤特性、探测地、月空间环境。

2007 年 10 月 24 日 18 时 05 分 04 秒，"嫦娥一号"卫星在西昌卫星发射中心成功发射升空。星箭成功分离后，"嫦娥一号"卫星准确入轨。11 月 5 日，"嫦娥一号"卫星被月球"成功捕获"，卫星进入周期为 12 小时、近月点为 211 千米、远月点为 8500 千米的绕月轨道，"嫦娥一号"成为一颗真正意义上的月球卫星。2008 年 3 月 1 日，"嫦娥一号"卫星准确撞击月球东经 52.36°、南纬 1.50°的丰富海预定撞击点，完美结束了首次月球之旅。

2010 年 10 月 1 日，"长征三号丙"火箭在我国西昌卫星发射中心点火发射，把"嫦娥二号"卫星成功送入太空。这标志着探月工程二期任务迈出了成功的第一步。"嫦娥二号"卫星是我国自主研制的第二颗月球探测卫星，是探月工程二期的技术先导星。与"嫦娥一号"卫星相比，"嫦娥二号"卫星进行了多项技术改进，将验证直接地月转移发射、近月 100 千米制动、环月轨道机动与定轨、X 频段测控、高精度对月成像等多项关键技术，为实现成功落月积累经验。从 2010 年 11 月 2 日开始正式转入长期管理运行阶段，2012 年 4 月，"嫦娥二号"全部科学探测数据向全世界各研究单位与个人公开发布，无偿提供研究与应用。

2011 年 8 月 25 日 23 时 27 分，经过 77 天的飞行，"嫦娥二号"在世界上首次实现从月球轨道出发，受控准确进入距离地球约 150 万千米远的拉格朗日 2（L2）点环绕轨道，第一次实现中国对月球以远的太空进行探测，是中国第一次开展拉格朗日点转移轨道和使命轨道的设计和控制，并实现了 150 万千米远距离测控通信。中国成为世界上继欧洲太空局和美国之后第二个造访 L2 点的国家和组织。"嫦娥二号"环绕 L2 点飞行了 235 天，完成了观察太阳活动的任务后，再次向太空深处飞去，2012 年 12 月 13 日，"嫦娥二号"在距离地球 702 万千米处与编号为 4179 的"战神"号小行星进行交会探测，为未来的小天体探测积累经验。交会时"嫦娥二号"星载监视相机对小行星进行了光学成像，这是国际上首次实现对该小行星近距离探测，拍摄到最清晰照片。当前"嫦娥二号"已经远离地球，成为绕太阳运行的人造小天体。

2013 年 12 月 2 日，"嫦娥三号"从我国西昌卫星发射中心发射升空，14 日"嫦娥三号"安全着陆月面，我国成为世界上第三个实现在地外天体软着陆的国家。15 日夜，带有五星红旗图案的巡视器和着陆器——"玉兔号"月球车照片从月球传回地球，标志中国探月工程"嫦娥三号"任务取得圆满成功。中国成为世界上第三个成功实现航天器地外天体软着陆的国家。

三、60 年战略管理实施的五条航天经验

导弹以及后来的运载火箭、卫星等研制工作是一项复杂的系统工程，涉及元器件、部组件、分系统的质量管控，人、财、物等资源的合理调配，设计、试验、生产的有序调度，总装、总测、总成等环节的关系要条分缕析，各项工作千头万绪、纵横交错。中国航天事业在 60 年的历程中不自觉地开展了战略管理活动，其中为确保战略目标的实现，以系统思维指导型号研发、生产、制造等实践活动，运用了系统科学方法论即系统工程方法来开展组织管理。本文归纳并提出五大系统学成就：一是构建具有强大执行力的国家航天组织体系；二是制定技术可持续发展的"三步棋"型号阶梯计划；三是传承以自力更生为特征的航天精神；四是践行技术与组织管理的系统工程方法；五是铸造"一次成功"的质量管理文化。

（一）构建具有强大执行力的国家航天组织体系

导弹航天技术属于高度综合性的工程，涉及众多基础学科与工程技术，庞大的研发队伍及各领域组织机构，经过长期实践，在国家层面形成了一套完整的、具有强大执行力的组织管理体系，有效确保了国家战略任务的完成。这套管理体系从最初的一个由战略家、军事家和科学家组成的小团体，随着事业的扩大逐步演化到目前的行业管理体系，大致可以分为三个层次：决策层、职能层与执行层。

在导弹航天发展的战略决策方面，党中央负责对中国航天发展的战略性、方向性问题进行审议掌控，对重大航天项目的开展进行决策。1962 年 11 月，中共中央下达了《关于成立中央 15 人专门委员会的决定》，中央 15 人专门委员会（简称中央专委）成为中共中央领导国防尖端事业的最高决策咨询机构。首届中央专委由总理、7 位副总理和 7 位部长组成，周恩来任主任。在特别重大问题上，经中央专委研究后报中央政治局审批。进入 21 世纪以后，随着航天事业逐步向企业化、市场化、产业化方向发展，国家航天最高决策层放权，一些决策权下移，如"嫦娥工程"即由国务院审批。

在导弹航天发展的职能管理方面，1956 年 4 月，国务院成立了航空工业委员会（简称航委）作为我国航空航天事业的最高执行机构，聂荣臻副总理为主任。在中央确定发展导弹武器后，航委负责组建国防部导弹管理局（国防部五局，8 月 6 日成立）和导弹研究院（国防部五院，10 月 8 日成立）。1957 年 3 月，为了精简机构、减少层次，五局建制撤销，并入五院。1958 年 10 月，中央决定将国防部五部与航委合并，成立国防部国防科学技术委员会（简称国防科委），负责武器科研生产管理工作。1961 年 11 月，国务院成立国防工业办公室（简称国防工办）负责国防工业管理工作。1977 年 1 月，中央军委成立科学技术装备委员会（简称军委科装委）。1982 年 5 月，国防科委、国防工办、军委科装委三个部门合并成立国防科学技术工业委员会（简称国防科工委），统一领导国防科学技术研究和国防工业生产的管理工作。国防科工委既属军队序列，又是国务院的一个部委级机构。1998 年 3 月，原国防科工委改组为军队的总装备部，另成立一个属政府部门的国防科工委。

在导弹航天发展的战略实施层面（执行层），1956 年 10 月，成立了专门从事导弹研究设计的导弹研究院，即国防部五院。按任务分工，五院成立了 10 个研究室，即六室（导弹总设计室）、七室（空气动力研究室）、八室（结构强度研究室）、九室（发动机研究室）、十室（推进剂研究室）、十一室（控制系统研究室）、十二室（控制元件研究室）、十三室（技术物理研究室）、十四室（计算技术研究室）和十五室（技术物理研究室）。1957 年 11 月，为了迎接苏联在导弹技术方面的援助，国防部五院决定在十个研究室的基础上成立两个分院：以六、七、八、九、十等五个研究室组成的第一分院（中国运载火箭技术研究院前身）承担导弹总体设计和弹体、发动机的研制任务；以十一、十二、十三、十四、十五等五个研究室组成第二分院，承担各类导弹控制系统的研制任务。1961 年 9 月成立第三分院，随后又成立第四分院，承担固体发动机和固体推进剂的研制任务。1964 年，为了适应任务发展的需要，航天专业研究院改为型号院。每个型号院都设有一个总体部，负责型号抓总工作，此举奠定了中国航天系统工程的坚实基础。1968 年 2 月，中国空间技术研究院正式成立，简称第五分院，承担飞行器的研制工作。

1964 年 11 月，以国防部五院为基础，组建了第七机械工业部（简称七机部）；1981 年 9 月，第七机械工业部和第八机械工业部合并，仍称第七机械工业部；1982 年 4 月，七机部改称为航天工业部；1988 年 4 月，撤销航空工业部、航天工业部，组建航空航天工业部；1993 年 4 月，撤销航空航天工业部，成立中国航天工业总公司；1999 年 7 月，中国航天工业总公司分解成两大工业集团，即中国航天科技集团公司和中国航天机电集团公司（后改称为中国航天科工集团公司）。从 1956 年创立中国航天组织机构以来，队伍不断发展壮大，成为实践中国航天梦想的核心力量，目前这两大集团公司也成为当今世界航天舞台上重要的两支生力军。

（二）制定技术可持续发展的"三步棋"型号阶梯计划

1960 年 8 月，聂荣臻在听取国防部五院工作汇报时指出，导弹研制要按三步棋走，即"一个生产，一个研制，一个预研"。按照这三步棋思路，当时的"东风二号"（1200 千米）被正式确定为一个型号进行研制，并将此任务提到"东风一号"（2000 千米）前面进行安排。

这就是"三步棋"型号发展阶梯模式，也就是说，在给定的计划期内，要同时存在三种处于不同阶段的型号，一种是开展预先研究的型号，一种是正在试验研制的型号，还有一种是定型后进行小批量生产的型号。后来该模式被表述为"预研一代，研制一代，生产一代"，体现了型号发展的计划性和预见性，同时也体现了对科技发展规律的尊重，为后续发展需求尽早部署技术储备，形成技术的可持续发展态势。

进入 21 世纪以后，中国导弹航天发展已经不满足于跟随国际上的现有先进型号，更加强调创新以及贴近实战的要求，因此提出了超前的任务，即"探索一代"，由此"三步棋"变成了"四步棋"型号发展阶梯模式，即"探索一代，预研一代，研制一代，生产一代"。"四步棋"创新模式和研发路线的基本含义就是：在"探索一代"阶段，密切跟踪世界和国内最新技术发展态势，为核心竞争力的提升注入了源泉；在"预研一代"阶段，注重先期技术开发、突破核心技术和关键技术，促进新项目的国家立项与实施；在"研制一代"阶段，加强对前两阶段创新成果的应用与转化，实现了核心竞争力的价值体现；在"生产一代"阶段，强化工艺创新，加速物化技术成果，实现导弹航天装备的定型、批产和服役。

（三）传承以自力更生为特征的航天精神

探索浩瀚宇宙，发展航天事业，建设航天强国，是我们不懈追求的航天梦。经过几代航天人的接续奋斗，我国航天事业创造了以"两弹一星"、载人航天、月球探测为代表的辉煌成就，走出了一条自力更生、自主创新的发展道路，积淀了深厚博大的航天精神。

1956年10月，经毛泽东主席、周恩来总理批准，确定刚刚成立的国防部五院的建院方针为："自力更生为主，力争外援和利用资本主义国家已有的科学成果"，从此"自力更生"成为航天精神的最核心要素。1986年底，当时的航天工业部结合聂荣臻副总理的意见，将航天精神表述为"自力更生、艰苦奋斗、大力协同、无私奉献、严谨务实、勇于攀登"。1999年9月，在表彰"两弹一星"功臣的大会上，江泽民总书记阐述了"两弹一星"精神，这就是"热爱祖国、无私奉献、自力更生、艰苦奋斗、大力协同、勇于攀登"。2003年11月，在首次载人航天庆功会上，胡锦涛总书记明确提出了"特别能吃苦、特别能战斗、特别能攻关、特别能奉献"的载人航天精神。

走自力更生的路光有信心还不行，还得有实力，这实力就表现在：要有一支被国家领导人赞为"特别能吃苦，特别能战斗，特别能攻关，特别能奉献"的科研、生产、试验的过硬的科技队伍；要建立配套的科研、生产、试验的组织机构和相应的技术基础设施；要有一整套从实践中总结出来的科研管理体制、机制的制度，以系统工程的方法组织管理科研、生产工作；要建立遍布全国的科研、生产和原材料、元器件等的合作、协作和配套网。

（四）践行技术与组织管理的系统工程方法

航天系统技术水平高，结构复杂，是多种学科、技术的综合集成，许多技术处于时代发展的前沿，需要一个艰苦的技术攻关过程。航天系统在使用过程中将经受各种自然环境、力学环境，特别是在地面难以模拟的空间环境条件的严峻考验。多学科、新技术和复杂的运行环境，高性能、高可靠的指标要求和不可在轨修复的特点，导致了很高的技术风险。航天工程是指航天系统的研究、设计、试验和生产活动。航天工程管理包括三个基本层次：技术管理、型号管理和组织机构管理。航天工程技术管理是对分析、设计、试验等技术活动的管理，目标是从需求出发，技术上实现一个航天系统。航天型号管理是对航天型号任务的项目管理，目标是在计划进度约束和经费预算的范围内，按照性能指标要求完成研制任务。航天组织机构管理是对航天科技工业各级组织的管理，目标是在圆满完成各项任务的同时，保持组织机构的持续发展。

钱学森认为，"总体设计部的实践，体现了一种科学方法，就是系统工程"，并且认为"系统工程是组织管理'系统'的规划、研究、设计、制造、试验和使用的科学方法。"在系统思想指导下，综合运用自然科学和社会科学中有关的先进思想、理论、方法和工具，对系统的结构、功能、要素、信息和反馈等进行分析、处理，以达到最优规划、最优设计、最优管理和最优控制的目的。中国航天系统工程技术与组织管理实践的主要特征有：设立总体设计部、建立两条指挥线。

钱学森在 1978 年文汇报上发表的文章《组织管理的技术——系统工程》是第一次在媒体上宣传系统工程这门科学技术。事实上，中国航天的系统工程方法实践早在 60 年代初就在他的倡导下开始了。研制导弹这类复杂的高技术系统工程，涉及多种专业技术，需要巨大的资源投入，具有很高的风险。在当时国家经济、技术基础薄弱的条件下，怎样结合中国的实际情况，在较短的时间内，以较少的人力、物力和投资，有效地利用科学技术最新成就，完成导弹的研制任务，成为摆在科技和管理人员面前的一个重要问题。

总体设计部由熟悉系统各方面专业知识的技术人员组成，解决面对复杂系统研制所需的惊人的技术协调工作。总体设计部的基本任务是从用户任务的需求和上层的系统要求出发，在预算、进度和其他限制条件下，设计一个整体性能优化的系统。总体先从确定系统在更大的系统环境下的位置和环境关系，再从整体优化的角度确定系统的功能及性能；然后将它们分解到各个分系统，又从整体优化的角度协调分系统与总体，分系统与分系统之间的接口关系，组织系统集成和试验，最终完成系统的整体集成，实现系统整体优化。

两条指挥线包括型号指挥系统和型号设计师系统，按型号任务基本型或系列设立总指挥和总设计师。型号指挥系统是航天型号任务的指挥体系，跨建制、跨部门对型号本研制生产实施组织、协调和指挥。型号总指挥是型号研制任务的总负责人，是资源保障方面的组织者、指挥者。型号设计师系统是技术指挥线，对所负责的型号任务进行跨建制、跨部门的技术决策、指挥和协调。型号总设计师是研制任务的技术总负责人，在型号总指挥的领导下对型号的技术工作负全责。

（五）铸造"一次成功"的质量管理文化

质量是航天的生命力。在中国航天事业 60 年发展历程中，曾经历了无数次失败和挫折，促使中国航天人意识到，工程型号的成功，质量是关键。在航天事业创建之初，周恩来总理提出"严肃认真，周到细致，稳妥可靠，万无一失"的"十六字方针"，始终影响着各代中国航天人，成为中国航天质量文化的重要箴言。在科研生产管理实践中总结出来的"单位抓体系，型号抓大纲"是中国航天质量管理的成功实践。在这里"单位抓体系"是指承担型号研制生产的各级单位要建立质量管理体系，制定质量方针；明确质量管理过程和职责，完善质量管理规范，提升全员质量意识。"型号抓大纲"是指项目团队要制定质量/产品包证大纲，实施质量保证和质量控制。质量保证是保证产品的设计、生产、试验过程满足要求，质量控制是控制最终产品满足质量要求。项目的技术团队要将可靠性、安全性、电磁兼容性等质量可靠性技术集成到产品之中。

早在国防部五院建院初期，根据时任副总理兼国防科学技术委员会主任的聂荣臻的指示，在《关于自然科学研究机构当前工作的十四条意见（草案）》（即"科研十四条"）的基础上，着手研究制订了《国防部第五研究院暂行工作条例（草案）》，之后用了一年的时间试行并广泛地征求意见。1962 年 3 月，由于当时科学上认识不足，导致"东风二号"首次发射失败。11 月，国防部五院制定了《国防部五院暂行条例（草案）》（简称七十条），加强科研生产管理，制定各项规章制度，严格按程序办事。同时，首次建立了技术指挥线，加强总体设计，强调技术抓总和技术协调。

1992 年 3 月 22 日，"长征二号 E"火箭在发射澳大利亚卫星时，曾因 0.15 毫克的铝质多余物，导致火箭程序配电器发生故障，火箭点火 7 秒钟后紧急关机，中止发射。为牢记这一惨痛教训，1994 年航天工业总公司决定把每年的 3 月 22 日定为"航天质量日"。1995 年 8 月，在全面总结航天系统贯彻、执行、落实归零工作经验和成果的基础上，航天工业总公司发布了《质量问题归零的管理办法》，第一次明确提出"质量问题归零"的概念，从定位、机理、性质、责任、措施等方面明确了质量问题"归零五条"的最初模型。在整个 90 年代中期，中国航天科研生产和质量面临严峻的不利局面，多次发射失利使全体航天人的状态陷入低谷。经过几年的艰苦拼搏，终于在 1996 年 10 月扭转了质量形势，随着"长征二号丁"发射返回式卫星成功以后，中国航天人终于走出了低谷。1997年航天工业总公司发布的《强化型号质量管理若干要求》和《强化科研生产管理的若干意见》两份指导性文件，提出在航天产品研制生产全过程贯彻"预防为主，系统管理，一次成功"的思想，这是汗水、泪水和鲜血换来的经验教训总结。10 月，航天工业总公司又下发了《关于认真做好质量问题在管理上归零工作的通知》，明确提出：对科研生产和大型飞行任务中出现的质量问题，执行管理上归零的五条标准（过程清楚，责任明确，措施落实，严肃处理，完善规章），即"管理归零"。至此，在航天质量管理方面，已系统、全面地提出了技术、管理"双归零、双五条"要求。

2002 年，航天科技集团公司颁布了《航天产品质量问题归零实施要求》标准，以企业标准的形式对质量问题归零工作进行制度化规定和规范化管理。航天质量问题归零管理在经历了借鉴引入、自主创新、实践完善、自成体系、与时俱进的各个发展阶段后，形成了一套构成要素完备、逻辑关系严谨、过程设置科学、管理实施闭环的航天特色质量管理方法。

2015 年 11 月，由中国航天科技集团公司主导制定的国际标准 ISO 18238 Space Systems-Closed Loop Problem Solving Management（航天质量问题归零管理）由国际标准化组织 ISO 正式发布。该标准深入总结了航天质量问题归零管理的成功经验和实践成果，是中国航天在实现产品走出去的同时，探索标准走出去的重要成果。该标准规定了航天产品承制单位对发生的产品质量问题进行机理分析、复现试验、采取纠正措施和举一反三等活动的基本程序与要求，提供了具有中国特色并得到各国认可的处理质量问题的有效方法。

四、中国航天 60 年发展历程充分体现了以系统思维为特征的航天战略管理思想

中国航天战略管理深刻体现了系统思维。系统思维表现三个方面，即整体观点、演化观点和复杂性观点。系统是由元素构成，并且所有元素具有一定的关系，形成一定的结构，通过与环境的物质、能量和信息交换，会具有一定的功能，这个功能是整体性的，并非是单个的元素功能简单相加。所以系统具有整体、演化、复杂的特点。

中国航天发展的战略性首先体现为系统整体性观点。中国航天事业的整体功能是保卫国家安全，提升国家科技实力，其中保卫国家安全是首要的功能。中国航天事业发展的起点，就是国家安全这个整体目标。中国航天创立的第一个机构就是国防部五院，即导弹研究院。

中国航天发展的战略规划也体现了系统演化性观点，即通过重大战略规划的实施以不断适应环境需求，来提升中国航天的整体能力。"八年四弹"规划就是在 1965 年至 1972 年期间成功实施并顺利完成。随后，于 1977 年至 1984 年又成功完成了"三抓"任务，包括："331"工程（含七个子工程），"东风五号"洲际导弹，"巨浪一号"潜射导

弹, 史称"三大工程合围战役"。1992 年至今, 中国航天又继续实施国家四项重大工程计划: 921 神舟载人航天计划、北斗卫星组网计划、高分辨率对地观测卫星计划以及嫦娥探月工程计划。

中国航天发展的战略管理更是体现了系统复杂性观点。导弹武器系列, 运载火箭系列, 各型卫星系列中的每个型号都包含众多分系统, 是多种高技术的高度综合体。航天工业部虽是主体和主力部门, 但整个研制工作涉及诸多学科, 众多部门, 科学院, 高校等单位, 需要动员国家各部门的力量才能完成。中国航天发展的战略选择都充分考虑了航天型号系统的复杂性, 以及人与组织的复杂性, 在实施这些战略的过程中逐步发展了中国航天的系统工程方法。

总而言之, 中国航天 60 年发展历程充分体现了中国特色, 即以系统思维为特征的航天战略管理思想。

运用系统思维开展航天战略管理实践

潘　坚　张　鹏　王家胜　陈仕程　吴春艳

一、概　　述

当今企业已进入战略竞争的时代，企业之间的竞争在相当程度上表现为战略思维、战略定位的竞争。自 20 世纪 80 年代战略管理理论引入中国以来，我国一些企业主动开展了战略管理的探索，在一定程度上加速了企业发展，适应了全球经济一体化和世界经济、政治环境的变化，提高了企业综合竞争力。

中国航天科技集团有限公司旗下的四川航天技术研究院前身为 062 基地（以下统一称为航天某院），曾经为我国航天事业的发展和国防现代化建设做出突出贡献。但由于传统定位、观念落后、三线调迁等因素的影响，在"九五"和"十五"初期，航天某院逐步陷入了困境，面临研发能力薄弱、产品结构不合理、富余人员多、债务负担沉重等诸多结构性问题和历史性负担，干部职工对前途和方向感到茫然和无措，人心涣散，企业面临生死存亡的境地。2004 年新上任的院主要领导在系统科学思想的指导下，创造性地将当代西方战略管理理论与中国航天实践相结合，开发应用了与航天某院科研生产相适应的独具航天特色的一整套系统化战略管理方法与工具，经过 2 年的全面推广实施，极大地扭转了航天某院发展的落后局面，步入了战略引领的良性发展势头。2007 年年底，新一届院领导在系统科学思想的指导下，积极探索战略闭环管理，并于 2013 年建立推行航天企业"五位一体"管理模式，实现了企业以战略为指导，长期规划目标、短期计划行为、财务预算指标及考核高度融合的管理模式，推动战略目标和战略举措真正落实到位。本文在前期战略管理理论研究与实证研究成果的基础上，对该典型案例运用系统学理论进行再分析，从一个新的视角将战略管理实践按照系统科学的理论逻辑重新梳理，力图发现一些新的规律，增进人类对管理科学的认识与应用。

二、全面系统地开展战略管理实践

钱学森认为战略就是"要强调整体性、全局性和系统性。"因此可以说，正确的战略思维其核心就是系统思维。战略的制定必须考虑新环境的特点和要求，必须是一个整体的规划，既要考虑到方方面面的发展，又要考虑相互之间的结构关系，因此系统性思考下的战略制定其重点是研究在新形势环境下应该抓什么，才能增强整体能力，保持持续发展。航天某院及其前身曾采取多种措施试图改变困局，也曾多次制定发展战略，但由于各种原因，制定出来的发展战略往往变成了"抽屉战略"，没有得到有效的贯彻和实施。2004年年初，航天某院主要领导积极倡导并推进战略管理，坚定地贯彻总体战略的思路，凭借卓越的领导力和坚定的执行力，用战略管理的新思维和方法为航天某院的发展指明了前进方向，引领航天某院走上变革的道路。干部职工的精神面貌发生了翻天覆地的变化，人心凝聚，航天某院获得了新生。2013年，在时任院领导的大力主张下，航天某院建立了集战略、规划、计划、预算、考核"五位一体"管理模式，进一步强化了战略落地，推进了五年规划的闭环管理，有效引领了企业快速发展。

(一) 系统思维与战略管控

所谓战略是指企业对发展目标的选择，以及企业为实现该目标而采取的相关措施。航天某院领导深得钱学森系统科学思想的熏陶，借鉴中国航天管理实践，在现代战略管理思想中自然地融入系统思维，通过一系列变革举措，极大地改变了航天某院的精神面貌，同时有效地促进了企业的经济发展。这些管理变革主要体现在以下几个方面。

(1) 科学制定发展战略

首先组织专门团队开展本单位发展战略的研究。战略研究团队围绕本单位面临的形势与挑战，从国家需要和集团发展要求的角度，按照社会主义市场经济的要求，深入思考和研究本单位的发展战略，明确了企业定位、发展方向、目标、方针与重点工作，制订、完善改革调整总体方案。在系统梳理本单位军品、民品及服务业的现状与存在问题的基础上，分别制定了这三大主业的发展战略与规划思路，在科学分析自身的资源禀赋与环境关系的基础上，详细规划了未来5至10年的发展目标。

在制定战略的过程中，积极借助外脑，运用外部咨询师设计的统一战略管理工具CCCET，对未来企业定位、发展目标、业务方向进行了梳理、分析和研究，拟定了以"结构调整为主线，坚定快速推进发展战略"的实施举措。在明确了未来企业定位、发展目标、业务方向之后，认真组织相关单位和责任人对照发展战略提出的远景设想进行分类细化分解，本着"可实施性、可操作性、可控制性和可量化考核性"的原则，转化为五年规划和各单位的年度计划。

航天某院在业务战略实施的过程中推行了两种不同模式，以区别对待不同战略业务单位（SBU）：

常规业务发展模式：指标分解后，SBU 遵照执行。该模式适合于已有的业务和产品发展领域，不需要过多的能力和资源调整。

集成发展模式：院本级制定指标后，通过资本运作、资源整合、能力配置等方式，由院本级进行统一的运作。该模式适合于涉及重大的能力和资源调整方面的新业务、新产品开发。

统一全院各职能机构和厂所的管理语言，实现了绩效的可比性，与此同时也搭建一个交流平台。统一管理语言方法包括三大部分：①统一战略分析工具，用于对业务经营活动的外部情境进行分析；②统一财会分析语言（三张财务报表、一套分析模版），用于对业务经营活动的内部经济质量进行监控；③统一管理手段，实施战略、规划、计划、预算和考核"五位一体"管理模式。

（2）有效构建战略管理组织体系

为保障战略管理的有效推进，航天某院建立了一整套责任清晰、分级负责的战略管理组织体系，采取自上而下分工明确的垂直管理模式。

战略管理组织体系的职能分工见表1。

表1　战略管理组织体系的职能分工

层级	名称	责任者
1 级	战略管理总负责人	院长
1.5 级	决策与审议机构	院长办公会、战略管理委员会
2 级	主管职能部门	规划计划部（前身为企业发展部）
2.5 级	辅助职能部门	科研计划部、财务部、人力资源部，等等
2.5 级	厂所单位（SBU）	各厂所的第一责任人

构筑有战略执行力的组织体系，从管理流程和组织机构上保障战略管理的实施。通过对职能和业务机构进行整合，快速推进航天某院本部职能从以行政管理为主向以经营管理为主转变，实现管理流程再造，建立集中统一的经营决策管理机构，建立高效的本部运行机制。将科研生产管理、人力资源管理、投融资管理、资金管理、资产管理、科技质量管理、航天工程管理、文化管理、军品市场开发集中于本部，将本部职能实体化。为适应市场的需要，组建市场部，负责企业外部市场的开拓。

（3）强力培育全员战略意识

航天某院在实施战略过程中，通过组织宣贯、战略目标分解、确定年度目标、制定年度计划、调整组织结构、重组或流程再造、干部调整、业务领域及产品结构调整、资本运作、修正薪酬与奖励计划和建立研发体系和市场营销体系等将改革脱困的阻力减小到最低程度，实现管理与战略相匹配，通过战略管理统一员工思想，坚定快速地推进战略。

领导带头宣贯，统一思想，强力培育全员战略意识。发展战略制定之后，首先是开展轰轰烈烈的自上而下的宣贯活动，通过各种形式强力推进战略管理意识，突破战略实施的思想瓶颈，以求达到统一全员思想、进一步贯彻实施的效果。航天某院领导和各职能部门通过院年度工作会，干部军训、宣贯会、月度例会等，大力宣贯航天某院发展战略。在内部营造自强向上、奋发图强、思变创新、充满活力、充满朝气和创造力的四川航天人团结奋进新形象，自强不息的核心价值观；在管理团队建设方面营造分工协作、尊重团结、学习创新、公正廉洁的良好工作氛围，打造了一支专业、专注和迅捷的高效管理团队，夯实了管理基础，为实施战略管理提供了保障。

（4）有序开展结构调整

优化产品结构。对未来发展的产品结构进行了梳理，根据自身特点和市场情况，丰富了其军品结构，大力发展战术武器，拓展发展空间；收缩了民品和服务业发展领域，清理调整了农用车、密集柜、指纹锁等十多个民品项目，调整了减振器、关门器的产品结构，增强了民用产业的市场竞争能力。按照发展战略中确定的民品发展方向，确定汽车零部件及特种车辆、智能装备两大战略方向，聚焦于汽车内外饰件、石油火工品等核心项目，以核心项目为平台协同带动相关业务发展，形成优势项目集群。

优化产业结构。组建了集团公司首家院级实体公司——四川航天工业集团有限公司，专门从事民品和服务业的经营管理，实现军民分线运行，为两大产业市场化运作搭建了良好的产业管理平台、投融资平台、资本运营平台和产业发展平台，推动了军民业务的协调发展和非军业务自主发展，推进了航天某院产业结构调整。

优化资源配置。结合院的资源状况和能力特点，实施结构能力调整和资源重组，培育和发展核心竞争力。组建总装事业部，实施军品能力结构调整和整合，明确其职责为围绕院军品发展，专注于战略、战术武器及院自研型号的总装、总测，建立了军品科研生产新体系。组建第七设计部（院级研发中心），负责预研和战术武器的总体设计。打通关键制造瓶颈，实施管理流程再造，培育和提升管理能力、研发能力、制造能力、营销能力和服务能力。

（5）大胆改革用人机制

大胆改革传统的用人机制，有序调整干部队伍。传统思维观念，安逸、固执、保守、缺乏创新和工作激情、抱怨情绪严重等观念问题是航天某院前进中的最大障碍，战略管理主要通过干部调整，激发航天某院干部自强不息、思变创新的朝气和工作激情，培养"质朴、坚毅、团结"的品质。时任院领导认为，"市场如战场，战略如军令"，通过干部交流、干部调整和充实新生力量建立起一支坚定推进战略发展的队伍。2004~2005年，提升并调整了院本部干部98人，占院管干部队伍的48%，11名同志退出领导岗位，占5.4%；新提拔厂所一级班子成员32名，占基层厂所班子总数的30%。

（6）全面实行战略管控，真正实现闭环管理

战略评估与控制是将经过反馈回来的实施成效与预定战略目标进行比较的过程。通过经营责任书的形式，将战略目标分解到年度，采用重大事项考核办法，提升对执行力的考核与监管，将每年需要完成的重要事项，写入责任书。同时，院长每年还需要与院领导班子成员签署重大事项备忘书，督促院机关与各单位共同沿着既定的战略目标前进。对SBU的年度目标制定了相应的考核办法和奖惩制度，并制定用以执行效果好坏的指标体系的评价标准，既包括以绩效考核为基础的定量考核，又包括以完成综合考核和重大事项考核的定性考核。在定量评价标准方面，主要采用营业收入、利润总额、EVA、劳动生产率、成本费用率等，同时对利润表、现金流量表和负债表进行评价。

1）通过年度经营业绩考核和任期考核，监管战略目标和年度重点任务执行，施行考核与奖惩。

2）通过统一的财务管理信息平台，实现了对SBU财务状况的实时监控。建立战略、规划、计划、预算、考核"五位一体"管理模式，通过流程再造，理顺各模块之间的衔接环节，打通模块间的业务接口和联系通道，形成完整的"五位一体"闭合管理体系。以企业战略为引领，将管理思想、战略目标具体化，形成长期发展规划、五年规划和三年滚动规划；规划分解细化为短期的计划，使之成为可控的关键点和可操作的步骤；预算贯彻规划和计划，统筹资源配置；考核是以战略为导向的激励机制与业绩评价体系，将战略执行情况反馈至管理层。"五位"逐步分解落实，环环相扣互为依托，确保既定战略目标的实现，形成正向循环。

3）通过月度、季度、半年和年度例会的形式对执行情况进行沟通和交流，培训战略执行人能够用统一的战略管理语言进行分析研究和交流。

4）通过3年滚动规划，衔接规划和计划，动态管理企业经营，调整企业发展的节奏，促进企业平稳发展。

按照战略管理理论，一个成功的实施案例应该形成"战略制定→战略实施→战略评估与监控→战略修订→战略实施↶"的良性循环，并保证战略不断地执行下去。战略修订是战略实施一段时期之后对原战略目标重新进行审议，根据内外部情况的变化对战略做出适当修改。战略修订之后又进入下一个战略执行的流程中。航天某院的战略评估修订的主要手段包括五年规划制定、五年规划中期评估调整、三年滚动规划，通过规划的分解和执行，实施对战略的监控，执行结果评价反馈至战略，对战略实施评价调整；还通过战略契合度审查，分析审查重大投资项目、产业组合、业务与市场拓展、兼并重组、能力建设等重大事项是否符合战略方向，使战略规划真正成为各项重大决策的依据；此外，还通过年度工作会对各个SBU年度计划的执行情况进行综合分析，如果是外部环境变化造成了影响，则对计划目标进行适度调整，如果是执行力问题则提出整改意见，要求第一责任人遵照执行。同时将目标调整反映到下一年度的考核指标中，对战略目标也做适当修正，进入到下一个循环，实现战略管理的动态、闭环过程。

（二）成效分析

航天某院围绕发展战略的实施，加强了战略动态管理，取得了较大的成效。管理基础、经济基础、人才基础和价值观基础都得到了明显加强，为航天某院实现未来发展战略目标，提供了持续、快速、健康、坚实的保障。

（1）发展格局更加清晰，创新能力得到增强

实施了军、民、服务业三大业务体系的调整重组，组建了院级实体公司，对全院民用产业和服务业实施统一管理，推进民用产业发展模式的战略性转折，初步实现了从生产制造型向科研生产经营型的转变。组建了院级设计部，进一步充实研发人员，研发条件不断改善；积极开展技术合作与交流，构建起知识产权工作制度体系；技术创新体系建设成效显著，自主创新能力明显增强。

（2）初步实现由传统型行政管理向精细型战略管理转变

建立了院和厂所两级的战略管理职能机构，加强各职能部门间的交流与协作，逐步实现由行政管理为主向精细型战略管理为主转变，初步奠定了航天某院实施战略管理的组织基础。通过本部实体化建设，调整了职能部门机构，实现了管理流程再造。

（3）结构性矛盾初步得到解决，经济运行质量得到改善

加大了对专业技术人才的引进力度，大幅引进硕士生与博士生等高层次人才，通过培训、进修等方式提高了员工的学历、素质和技能，推进领导和管理队伍精干化，充实

战略发展急需的研发和工艺队伍。同时，加大了领导干部选拔和结构调整力度，院、厂所两级领导干部年龄结构和文化结构也有了明显改善，人员结构调整初见成效。

随着结构调整的加快，加大了调整后主业的能力建设和新上项目的固定资产投资，资产总额快速增加，资产负债率大幅降低，资产负债结构得到改善，所有者权益大幅度增加，资产结构调整初见成效。

通过战略实施极大地改变了经济运行状况，2005年总收入增长了22%，利润（结余）总额超计划完成，净资产收益率较年度计划高2.75个百分点，成本费用率较前一年下降2.04个百分点，航天某院经济实现扭亏为盈；"十一五"、"十二五"10年间营业收入年均复合增长24.4%、利润总额年均复合增长38.2%，经济运行质量得到大幅改善。

（4）树立了崭新的企业文化观念，团结凝聚了员工队伍

通过战略实施，不仅塑造了企业文化的外在形象，更塑造了其内在核心即共同的价值观，使全体员工树立了一种共同的理念并为之奋斗。自强不息、思变创新的精神得到了进一步的升华，质朴、坚毅、团结的品格得到了进一步体现，自信自强、无私无畏、敢想敢为、尽善尽美已成为四川航天共守的契约，企业文化建设取得新成果。

围绕航天某院战略目标，自上而下坚定地推行战略管理理念，促进了企业员工思想的统一、观念的转变，坚定了建设航天某院美好未来的信念与决心。共同的目标进一步密切了干群关系，生产经营素质得到了提高，经济基础进一步牢固，职工收入稳步增长，广大职工工作热情空前高涨，员工队伍精神面貌焕然一新，极大地提高了凝聚力和战斗力。

（5）实现了新的腾飞

按照新的发展战略，航天某院将自身定位于"战略批生产总装总测单位""战术导弹研制生产单位""航天产品协作配套单位"和"军民深度融合的集团公司区域性子公司"。明确了战略目标，企业定位更加明晰，发展方向更加专注，航天某院实现了新的腾飞。

（三）战略管理实施前后综合对比

航天某院实施战略管理后发生了巨大变化，表2显示在企业文化、管理模式、能力模型、产品（业务）结构、经济运行质量、人力资源结构六个方面在战略管理实施前后的情况对比（表2）。对比显示航天某院的管理基础得到加强，经济基础得到夯实，人才队伍初步满足可持续发展的需求，价值观强调自强和诚信，面貌焕然一新。

表 2　战略管理实施前后对比

对比项目	实施前（2003 年）	实施后（2015 年）
企业文化	缺乏创新和工作激情、抱怨情绪严重	自强不息、思变创新；质朴、坚毅、团结
管理模式	行政管理（粗放式）	精细化战略管理
能力模型	生产制造型	科研生产经营型
产品（业务）结构	方向不清，效益不高	军品、民品和服务业的方向明晰，有所为有所不为
经济运行质量	资产负债率 94.86% 净资产收益率 3.98% 成本费用率 101.3%	资产负债率 66.84% 净资产收益率 8.05% 成本费用率 97.36%
人力资源结构	年龄偏大，文化偏低	年轻化，文化程度提高

总而言之，航天某院实施战略管理与原来的计划管理相比有以下特点：

1）计划的制定是以战略为指导的。

2）管理过程实现了指标精细化、管理动态化、工作协同化。

三、航天特色战略管理

系统工程是一门关于组织管理的科学方法。在钱学森系统科学思想和系统工程方法论的指引下，中国航天很早就开始制定重大发展阶段的战略计划，例如，1965–1972 年的"八年四弹"计划，1977–1984 年的"三抓"任务。这些大型战略规划对于中国航天的发展具有重大的作用，在航天系统的科研生产管理中发挥了重要作用。20 世纪 90 年代特别是 21 世纪以来，中国航天事业逐步转入以企业化经营为特点的现代企业管理模式，由政府主导的计划经济下的科研生产型开始向以市场经济为主要特征的产业化发展过渡，形成了以两大国有航天企业集团为核心的、具有一定竞争机制的新业态。

（一）一般战略管理的基本过程

按照成熟的战略管理理论，一个完整的战略管理过程由战略制定、战略实施、战略评价三个基本阶段组成。在整个战略管理过程中，涉及五项基本的管理任务：

1）制定愿景与使命。明确企业未来的业务组成和前进方向，描绘企业所要从事的事业，使整个企业有一种目标感。

2）设置目标体系。将企业的愿景和使命转换成具体的业绩指标。

3）制定战略。分析并明确企业的外部机会与威胁、内部优势与弱点，选择并形成战略，以实现目标。

4）实施战略。包括制定战术和政策配置资源、建立有效的组织结构、控制体系和报酬激励制度、培育支持战略实施的企业文化等，以有效地执行所制定的战略。

5）评价与控制。由于内外部因素均处于不断变化之中，所有战略都必须不断地进行动态调整，包括重新审视内外部因素、评价绩效、采取纠正战略。

按照战略管理理论，一个成功的实施案例应该形成"战略制定→战略实施→战略评估与监控→战略修订→战略实施⌒"的良性循环，并保证战略不断地执行下去，其特征就是实现了闭环管控。

（二）航天特色战略管理的主要特点

航天某院领导在集团公司的大力支持下，对航天某院全面实施了战略管理，其工作流程完全遵循战略管理的基本框架，成为央企内部实践战略管理的典范。根据调查分析，航天某院的战略管理基本形成了闭环，其战略管理流程主要节点开展的工作可归纳如图 1 所示。

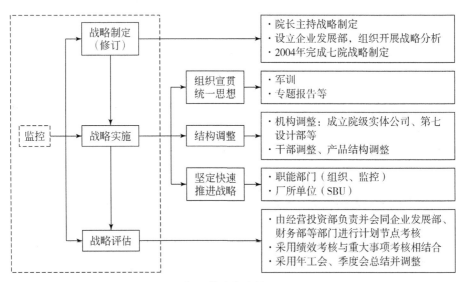

图 1　航天某院战略管理流程图

航天某院实施的这一套战略管理模式带有鲜明的具有航天系统思维战略家的特色，经过一段时期的严格实践，使一家老大难国有企业脱贫脱困，走上了以战略为牵引的阳关大道。同时，不可否认的是，中国航天经过近 50 年（指本案例研究的当时，约 2006 年前后）的发展，在武器产品和宇航产品科研生产方面不仅造就了一支能征善战、勇于攀登、专业配套、形成梯队的科研队伍，并且形成了航天人特有的航天精神、载人航天精神，在科研生产过程中还建立了一套行之有效的预研、科研、设计、攻关、制造、试验、发射、定型的完整的管理制度和管理体系，也可称之为独具航天特色的系统工程组织管理方法。正是有了这样的良好基础，院领导推行的战略管理才得以成功落地，因此本文称之为"航天特色战略管理"。

"航天特色战略管理"基本形式如图1所示，除了与战略管理理论相契合的部分，其他贡献点还有以下几点：

1）成立战略管理的主管部门——规划计划部，构筑一支具有团结战斗精神的战略管理核心团队，形成战略管理有序的组织体系，此举也完全符合系统工程方法论的要旨。

2）灵活运用经改良的战略研究工具自上而下地制定航天某院发展战略，在此基础上分别细化制定各业务领域和各职能领域的发展战略，使航天某院从院到厂、所，从军品到民品各个层面战略浑然一体，形成目标明确、定位清晰、相互支持、相互促进的充满活力的战略金字塔体系。

3）通过组织宣贯、战略目标分解、制定五年规划、制定年度计划、调整组织结构、重组或流程再造、干部调整、业务领域及产品结构调整、资本运作、修正薪酬与奖励计划和建立研发体系和市场营销体系等手段，培育全员的战略意识，坚定快速地推进实施航天某院发展战略。

4）注重3年滚动规划与现行经营管理体系的有效融合，通过滚动规划对战略和五年规划目标进行分解落实以及调节纠偏，对年度经营计划和年度预算进行指导，动态管理企业经营过程，控制企业经营风险，调整企业发展的节奏，促进企业平稳发展。

5）通过经营责任书的形式，将战略目标分解到年度，采用重大事项考核办法，提升对执行力的考核与监管，使战略评估与控制阶段不流于形式。根据内外部情况的变化对战略做出适当修订，之后又进入下一个战略执行的循环流程中，真正实现战略管理的动态、闭环过程。

6）建立五位一体闭环管理模式，打破传统职能管理的界限，将企业视为一个整体，在战略目标的指导下从事企业内部的各项管理活动。探索搭建适合航天企业发展的，集战略、规划、计划、预算、考核为一体的，工作目标统一，工作流程相互衔接，管理制度纵向匹配的综合管控模式，将企业短期经营目标与长期战略目标结合管理系统，通过短期经营目标的累积达成长期战略目标的实现。

7）广泛应用各类战略管理方法工具，例如在战略制定阶段，使用统一的战略管理语言工具，包括两大部分：统一战略分析工具（CCCET，SWOT），用于对业务经营活动的外部情境进行分析；统一财会分析语言，用于对业务经营活动的内部经济质量进行监控，在战略实施阶段，严格执行例会制度（季度、半年度、年度），采用统一的财务管理信息平台等手段，全面开展战略评估与监控。

四、结　束　语

战略管理是一种新的管理理念、新的管理方法，推进战略管理必然会有一个与人们熟悉、习惯了的管理模式和方法相撞、交叉、理性融合的过程。2006年1月6日，中国航天科技集团有限公司战略管理委员会成立标志着集团公司围绕新目标，开始全面推进战略管理工作。航天某院作为典型案例，为集团公司推进战略管理提供了有益的借鉴，相关研究报告得到集团公司高层领导的重视，并在集团公司内部推荐学习。

今天，运用系统科学思想对航天某院的实践案例重新进行审视，归纳提炼出"航天特色战略管理"，其最主要的特征就是运用系统思维开展战略管理实践，从系统的视角，创立统一的战略管理语言，精确管控战略实施各个环节，实现动态、连贯、开放的战略闭环管理。

第三部分

社会系统工程

迈向中国智慧新高度

薛惠锋

一部人类文明发展史，就是一部不断把"不可能"变为"可能"的历史，就是一部把梦想、行动和成功连缀起来的历史，就是一部想前人之未想、走前人之未走、成就前人未能成就之伟业的历史。跨越不可能之极限，创造无限之可能，是人类文明进步中永恒的历史命题。

从古到今，无论是文字的出现、货币的发明、法治的进步、互联网的产生，都是把不可能变为可能的生动体现。如果没有文字，人与人间的沟通和协作就没有可能，人类文明也无法得到保存和传播；如果没有货币，物与物之间的便捷交换就没有可能；如果没有法治，处处有规则、人人讲规则、事事合规则就没有可能；如果没有网络空间，人与人、人与物、物与物之间互联互通，进行光速信息链接就没有可能。这些从不可能到可能的跨越，不仅仅是某个局部的变化，不仅仅是孤立的某个领域的提高，也绝不仅仅是新兴技术应用到某个方面所引起的飞跃，而是全局性、引领性、颠覆性的拉动整个生产体系的重大变化，是全社会生产方式、生活方式、思想文化、社会形态的飞跃。"从不可能到可能""从不满意到满意"提升，需要从思想、科学、技术、工程、产业、市场、管理等全流程、各环节，实现系统性、整体性的突破。

14世纪肇始于欧洲的文艺复兴到17世纪的启蒙运动，引发了思想解放，进而引发了一系列科学革命、技术革命、产业革命、社会革命，创造了物质极大繁荣但却不可持续、弊端丛生的资本主义文明。恩格斯对欧洲的文艺复兴给予高度评价：其一，"这是一次人类从来没有经历过的最伟大的、进步的变革"；其二，这"是一个需要巨人而且产生了巨人"的时代；其三，这次文艺复兴的历史任务是"给现代资产阶级统治打下基础"。然而第一次文艺复兴及其引发的一系列变革，是以"还原论"为主要方法，就是将复杂对象不断分解为简单对象，将全局问题不断分解为局部问题去解决，这难以避免"头痛医头脚痛医脚"的弊端，特别在科学研究方面，已遇到了难以突破的瓶颈。当今世界，政府决策和社会治理，面临的是开放的复杂巨系统，涉及因素众多、关系耦合交织、功能结构复杂、问题千头万绪，还原论思想已不能很好解决决策问题。"还原论"引发的文艺复兴，不可避免地造成南北差距日益拉大、贫富分化日益严重、人与自然的矛盾日益突出、全球财富和资源日益掌控在少数国家和少数人手中。

3000到4000年前在中国诞生的整体论思想，能够从哲学层面破解"还原论"的弊端。从公元前一千多年前的八卦与周易学说的提出，到春秋战国时期的"百家争鸣"，一直到秦朝的建立，这段时期是中国思想文化最为繁荣的时期之一，也是中国古代系统工程思想非常丰富的一个时期。无论是神话传说，还是阴阳五行；无论是中医理论实践，还是都江堰水利工程，都闪耀着整体论思想之光。20世纪70年代以来，不少学者开始用控制论、信息论、系统论来研究五行学说，对五行学说的生克制化理论进行了确切地解释，并给予了高度的评价，称五行学说为具有东方色彩的普通系统论。中国古代的整体论思想，就是把万事、万物看作一个整体，从整体上考虑其最优效果。虽然没有发展成为完备的科学体系，但对于破解当今社会的诸如环境污染、粮食安全、民族冲突、恐怖威胁等一系列难题，具有哲学上的指导意义。

人类要继续生存发展，需要一次新的文明转型，就是综合西方的"还原论"、东方的"整体论"，形成系统论的思想，来开创"第二次文艺复兴"。这将在21世纪的社会主义中国得以实现，并引发世界社会形态的改变。当前经济社会的发展瓶颈，迫使人类产生新的思想文化的革命（文艺复兴），进而引发新的科学革命、技术革命、产业革命、社会革命，直到再一次遇到瓶颈，催生又一次的文艺复兴。20世纪80年代，战略科学家钱学森认为，中国将发挥"第二次文艺复兴"主战场的作用，通过"系统论"的发展应用，使人类把握客观规律、改造客观世界的能力实现跨越式的提升，把第五次、第六次、第七次产业革命不断向纵深推进，进而自然而然消灭"三大差别"，达到"整个社会形态的飞跃"。到那个时候，体力劳动将大大减轻，人民将基本上转入脑力劳动、创造性劳动，人类文化发展将空前加速，实现恩格斯在100多年前所说的从"必然王国"到"自由王国"的飞跃。

建设中国特色新型智库，必须在发展方式转变、人类文明转型中发挥关键作用，担当起引领"第二次文艺复兴"的重大历史使命。当前，国际国内形势日益复杂、改革发展任务艰巨繁重。全面深化改革已进入攻坚期和深水区，改革越深入，我们面临的挑战就越艰险，所经历的波澜就越震撼。要解决改革发展中的问题，必须用"钱学森之憾"的破解来解决"钱学森之问"。在哲学上，要运用系统论的思想实现整体谋划；在问题对象上，要解决"开放的复杂巨系统问题"；在方法和路径上，要运用钱学森智库基础设施，从更高起点去布局，真正实现"从不可能到可能""从不满意到满意"的综合提升，为第二次文艺复兴把控航向。这是时代大潮中，中国特色新型智库理应发挥的不可替代的关键作用。

一、钱学森智库的缘起

2016 年 4 月 24 日，经中央批准、中央编办发文，中国航天科技集团公司第十二研究院（以下简称十二院）在原航天部 707 所、710 所等五家单位的基础上重组成立的。中央赋予了十二院"建设钱学森智库，支撑航天、服务国家，成为军民融合产业平台建设的抓总单位"三大使命，其中首要任务就是要"建设钱学森智库"。中国已有 460 多家智库，为什么中央还要在批准建立十二院的时候，赋予十二院"建设钱学森智库"的职能？我们国家现有的智库，大致可以分为四类。第一类，是以党委政策研究室、各级党校、政府发展研究中心为代表，它们或运用马列经典著作论证领导人讲话符合马克思主义的科学理论，或专注于寻找事实依据，证明领导的决策符合国家发展需要。第二类，是以各类高校和"两院"（中国科学院、中国工程院）为代表，它们把智库研究工作与发论文、评职称、报奖金挂钩，真正的创新思想实际上数量不是很多。第三类，以政府各部门下属的研究机构为代表，它们常常为了维护部门利益，以部门的意愿影响国家决策，仅仅是为了国家大盘子里分一块蛋糕。第四类，是民间智库，包括各类企业智库。这几类智库，各有各的优势、各有各的目的，但它们都缺乏一种东西，就是智库的方法工具，或"基础设施"，而科学有效的方法和工具体系，才是产生真正管用的"战略思想"的关键。

今天，美国对中国的崛起忧心忡忡。不仅美国共和党担忧中国航天快速发展对美国大国地位形成挑战。美国军方也在反思自身的得失，认为第二次世界大战后的 70 年来，尽管保持了世界领先，但国家的创新动力、创新活力在走下坡路，他们认为美国真正最富有创造力的时期，是第二次世界大战后的 40 年代到 50 年代中期。包括钱学森作为核心成员在内的美国国防部科学咨询团撰写的《迈向新高度》报告，运用当时最为科学的方法和工具体系，勾画了战后 50 年美国航空航天发展蓝图，奠定了第二次世界大战后美国军事科技的绝对领先地位。后来以这个科学考察团为主题形成了准确预测抗美援朝、苏联解体的美国第一智库"兰德公司"。

可以说，钱学森是现代智库的创始人之一。钱学森晚年在十二院，总结其毕生的理论和实践精华，形成了一整套以系统工程为核心的方法和工具体系。这就是中央为什么赋予我们"建设钱学森智库"的职能。十二院通过继承发展，形成了"钱学森智库"的架构体系，概括为"六大体系、两个支撑"，包括"思想总体、数据总体、专家总体、网络和信息化总体、模型总体、决策支持总体"，以及机器平台、指挥控制平台。这套体系构成了"钱学森智库"的核心，是我们长期以来服务党和政府及军队决策的竞争力和底气所在。这套为中央高层服务的智库基础设施，具备解决"从不可能到可能"跨越问题的科学基础，使中国实现发展动力、发展模式、发展路径的变革性转换，从更高起点上布局和掌控未来。

二、钱学森智库的体系构建

当前，协同推进"五位一体""四个全面"的战略布局，是一个"开放的复杂巨系统"问题。所谓开放，不仅有国与国之间的经济交流、政治合作、文化沟通，还包括整个地球表层人与自然、自然与宇宙空间的物质交换。所谓复杂，是指一个系统拥有者内部层次繁复、涉及因素众多、关系耦合交织、功能结构复杂的子系统；所谓巨系统，是指其子系统的数量极为庞大。因此，只有运用系统工程理论和方法，才能做到统筹兼顾、综合施策，实现当前和长远、治本和治标、整体和重点、渐进和突破相统一。只有运用系统工程理论和方法，才能联通上下、激发活力，充分调动每个个体的积极性、主动性、创造性，使基层探索与顶层设计彼此呼应，改革共识与改革合力相互激荡。只有运用系统工程理论和方法，才能谋取全局最优、推动综合提升，实现各领域、各环节、各要素的良性互动与协调配合，形成1+1>2的总体效应。

总体设计部是系统工程解决开发的复杂局系统问题的运作实体，是钱学森智库思想的核心与精髓。我国航天事业之所以能取得举世瞩目的成就，为国争光，为民争气，系统工程的运作实体——总体设计部发挥了重要的作用。钱学森在总结我国导弹、卫星研制中总体设计部的成功经验，运用社会系统工程理论，提出建立国家总体设计部的设想，得到党和国家领导人高度重视。1983年，钱学森在给国家经济体制改革委员会的报告中讲到："为了把系统工程用于国民经济的管理，我国需要建立国民经济和社会发展的总体设计部……使各种单项的发展战略协调起来，提出总体设计方案，供领导决策。"钱老一生谦恭，从不自诩，但对于总体设计部，他从来都十分自豪地称之为"中国人的发明""前无古人的方法""是我们的命根子"。

总体设计部的基础设施和实践方式，是"从定性到定量的综合集成研讨厅体系"。20世纪80年代末到90年代初，结合现代信息技术的发展，钱学森先后提出"从定性到定量综合集成方法"及其实践形式"从定性到定量综合集成研讨厅体系"，使总体设计部有了一套可以操作且行之有效的方法体系和实践方式。从方法和技术层次上看，它是"人机结合、人网结合、以人为主"的信息、知识、智慧的综合集成技术。这套体系，使得智库发挥的作用不再只停留在纸面上，而是使"跨层级、跨地域、跨系统、跨部门、跨行业、跨领域"的综合集成与统筹设计成为可能，进而实现各类系统从"不满意状态"到

"最满意状态"的综合提升，这是"钱学森智库"的核心所在，也是重塑国家竞争优势、提升政府治理能力的"总钥匙"。

近年来，十二院"钱学森智库"致力于推进研究方法、政策分析工具和技术手段的创新，集成和完善钱学森20年留美、28年航天实践、近30年学术研究形成的一套智库基础设施，运用总体设计部思想精髓，利用信息革命的最新成果，打造了"从定性到定量的综合集成研讨厅体系"，构筑了钱学森智库"六大体系、两个平台"，为实现"数据—信息—知识—情报—智能—智慧"的多级跃升，解决开放的复杂巨系统问题，提供了科学有效的方法支撑和工具支持。

（一）构建思想体系，夯实理论根基

丰富和发展了"系统工程"这一既有中国特色、又有普遍科学意义的管理方法与技术，完善了系统科学的基础理论、技术体系、工程要津。在工程系统工程的基础上，以社会系统为应用对象，开创和发展了社会系统工程，完善了以"开放的复杂巨系统"理论和"总体设计部"理论为代表的一整套理论体系，形成了切实管用的"从定性到定量的综合集成方法"，为解决开放的复杂巨系统问题，推动工程系统、政策系统、经济系统、社会系统等各类系统"从不满意状态到满意状态"的综合提升，提供了基本的方法论支撑。

（二）构建数据体系，完善决策证据

构建了以"人机结合、人网结合、以人为主、数据驱动"的情报推进一体化平台，形成了"从数据到决策"的知识发现、情报获取、仿真推演、效能评估能力。面向网络空间环境下数据的获取、存储、传输、处理、分析等全链条以及数据主权维护，形成了较为完善的技术储备、资源储备、应用开发能力。一是自动化的数据获取系统。实现了基于网络空间的海量信息自动采集与存储，以及多源异构数据资源的自动整合、自动索引、自动归类、自动摘要。二是分布式的数据存储系统。以数据一致性、准确性、完整性、时效性、实体统一性为目标，构建了云计算环境下的分布式存储架构体系，初步建成了中国工程科技知识中心航天中心、战略性新兴产业中心，依托我院建设的航天科技信息服务系统，拥有3.5万多个访问终端。三是高性能的数据传输系统。以天基互联网为核心，具备了数据无损、实时、安全传输能力，实现了图标、图像、视频、文本等传输过程"终端不存秘，网络不传密，保证数据安全"的目标。四是智能化的数据分析系统。

具备了复杂结构化、半结构化和非结构化大数据管理与处理能力，实现了对数据的过滤、甄别、去噪、融合，对来源广泛、结构复杂、规模庞大的异构、海量、多元数据资源，能够进行关联、聚类等一系列分析。五是互动式的数据可视化技术。开发基于几何、层次、图像等的可视化推理与分析技术，便于发挥人的感性思维，观察到数据中隐含的规律信息，实现了多个应用场景的可视化展现。六是高可靠的数据安全技术。自主设计的多级控制传输平台、资源信息共享交换平台，能够实现对数据的分类管理与加密、安全传输控制，保障用户安全访问、避免数据泄露。

（三）构建网信体系，感知全面态势

利用航天独有的"天空地一体化"信息感知网络和通信网络，构建了复合式、立体化的网络和信息化及态势感知体系。天基监测方面，通过资源卫星、高分卫星等实现最小10分钟间隔的遥感数据采集；空基监测方面，通过高空激光雷达和无人机等平台对数据进行采集；地基监测方面，利用物联网、视频监测等手段进行数据采集。通过建设"天空地一体化"的信息网络，构建了宽带泛在、随遇接入的网络基础设施，为从更高层次、更广领域感知自然与社会态势，服务各领域决策提供了坚实基础。

（四）构建模型体系，实现推演预测

运用基于模型的系统工程（MBSE），面向工程设计试验、空间目标运行、军事推演、战略性新型产业发展预测等专题应用领域，构建了模型库与模型管理系统，搭建了高性能的建模仿真环境、高适应的仿真应用系统、高友好的人机协作环境，能够实现对工程系统、军事系统、宏观政策以及社会突发事件等进行仿真推演和预测。面向军事应用，研发了基于海量数据的广域态势感知、军事仿真推演、联合筹划决策、实时效果评估一体化决策支持技术；面向空间目标监测应用，开发了空间目标跟踪识别"态势"系统，能够实现对地球及空间飞行器的飞行轨迹、姿态进行实时监测、实景交互，支撑了有关部门的应用任务。面向工程应用，开发了涵盖需求论证、方案设计、工程研制、试验验证等全过程的建模仿真工具，为应对系统规模和复杂度的急剧增长，缩短研制周期、保障性能指标提供了有效工具。

（五）构建专家体系，集成专家经验

充分运用"跨层级、跨系统、跨领域、跨学科、跨地域"大规模专家资源优势，构建了表征专家个人信息、关系信息的数据集与信息库，建立了按专家属性分类的专家体系，以及涵盖背景网络、研究网络、业务领域网络的专家网络模型。能针对特定研究工作，针对不同领域问题，实现专家聚类和专家评分，为综合集成研讨提供专家检索与主动推荐服务。

（六）构建研讨体系，便捷人机交互

通过建设人机交互研讨控制系统、智能中控系统、视频会议系统、声学扩声系统等，搭建了便捷化的人人、人机接口，运用现代化的语音、视频、语义分析等各种手段，实现了"人帮机"和"机帮人"的理念，能够将专家的思维和智慧更便捷、更快速、更准确地通过机器系统进行展现。通过提供信息集中存储、资料并行修改、模型交互调用、屏幕集中控制、信息多源展示、意见灵活交互等功能，提供了多专家并行协同的工作环境。

（七）构建机器平台，实现复杂计算

构建了高性能的管理服务器、数据服务器、磁盘阵列、多媒体计算机等机器系统，提供 VDC 服务、云主机服务、云磁盘服务、网络服务及应用部署服务，建立了钱学森智库运维中心，为智库运行提供了高效、持续、稳定的计算服务。

（八）构建指控平台，实时应急指挥

面向决策机关"一把手掌控、一盘棋联动、一张图指挥"的需要，形成了全景式决策指挥中心的建设能力，一是实现全景式态势监管，特别是围绕应急管理，开展"平战结合""平灾结合"重点情报信息的可视化监控与在线管理，实时展现各类情报数据信息；二是实现全景式模拟推演，开发自动化、智能化的仿真模拟环境进行态势评估与预测；三是支撑全景式指挥控制，围绕国家安全、军事冲突、公共危机、恐怖威胁等应用，进行综合研判、实时指挥。

三、钱学森智库的历史丰碑

钱学森智库以"六大体系、两个平台"为核心优势，在航天发展、国防军工、国民经济等一系列重大战略问题的决策中，为中央把控全局、指引方向、抢占先机、赢得主动，发挥了不可替代的关键性作用。紧密围绕党中央、国务院、中央军委和各有关部委的决策需求，积极开展"重大战略、重大政策、重大工程"研究，产出了一批意义重大、影响深远的咨询成果，为党、政、军决策提供了高质量的智力支持。

（一）支撑航天发展的"大总体"设计

在"航空与航天之争"中，钱学森面对优先发展导弹还是飞机的战略抉择，没有亦步亦趋，而是建议国家，走跨越式的道路，先发展代价较小但威慑力量更强的导弹，这使得中国两弹发射至少提前 20 年，为中华人民共和国成立后 30 年以致后来的改革开放营造了长久和平、安全、稳定的发展环境；在航天发展战略设计中，从《建立我国国防航空工业的意见书》，到"八年四弹"规划，都凝结着钱学森高人一筹的智慧。在载人航天的前期探索中，钱学森着眼载人航天长远需要，毅然反对撤销航天 507 所和四川绵阳 29 基地，认为再困难也应当坚持开展"人机环"系统工程和风洞试验，为载人航天发展保留了不灭的火种。在载人航天"机派"和"船派"之争中，钱学森在综合考虑我国国情、战略需求和技术可行性的基础上，旗帜鲜明地支持飞船方案，再一次为航天事业指明了航向，发挥了中国载人航天指南针的作用。

航天十二院继承和发展了钱学森打造的智库"撒手锏"，围绕航天强国建设，支撑了航天发展"十一五""十二五""十三五"规划，《2011 中国的航天》《2016 中国的航天》白皮书，以及《国家民用空间基础设施中长期发展规划（2015-2025 年)》的研究与论证。《关于推动遥感应用产业商业化发展的建议》上报党中央、国务院，部分观点被写入国务院《关于创新重点领域投融资机制鼓励社会投资的指导意见》。《关于加快建设航天强国的建议》报送中央，得到了中央有关领导充分肯定。《我国空间探测发展战略研究报告》上报中央，为火星探测等重大任务立项论证提供了支撑。承担的"制造强国航天领域专题研究"，为《中国制造 2025》航天装备等方面的论证提供了重要参考。围绕重大科技项目，形成一批有影响的情报研究产品，有力支撑了载人航天、探月工程等重大工程论证与研制。

（二）保障国防军工的"全方位"谋划

钱学森在担任国防科工委副主任期间，参与领导设计制造了我国第一艘核动力潜艇，参与组织领导了第一次潜艇水下发射导弹，参与组织启动了航天远洋测量船基地建设工程，为建设强大海军、守卫广袤海疆发挥了关键作用。

进入新的历史时期，航天十二院"钱学森智库"围绕国防工业发展，以计划任务、紧急任务等方式，年均承担国家国防科工局、中央军委有关部门200多项情报研究任务。一大批情报研究成果获国务院、中央军委有关部门领导批示和肯定。《世界国防科技工业概览》《图说国防》《国外国防工业与技术重大发展动向》等自主拳头产品呈送中央，《每日快报》《一周要闻》《国防科技情报》《要情观察》等高端情报品牌不定期呈送中央和军委有关部门，已成为各级领导的重要参考读物。构建了"情报预警、事态监控、快速反应、综合保障"体系，形成了"日清""半月结""每月数报""年度报告"等不同节奏、全时域覆盖的产品体系。对重要成果以内参形式向国安委、中办、国办、军办等决策机关报送，提供"快、新、精、准、全"的国防科技与工业情报信息，成为上级机关掌握世界国防科技工业发展的重要窗口。

（三）服务经济社会的"重量级"论证

钱学森率先将系统工程运用于经济社会领域的重大决策，为三峡工程的决策、生态文明建设的提出发挥了重要作用。率先将系统工程运用于国家的宏观经济政策、人口政策等重大决策，为20世纪末、21世纪初国民经济和社会发展提供了顶层指导。

新的时期，航天十二院"钱学森智库"围绕创新驱动战略，承担中国工程院、中国科学院联合开展的《"十三五"战略性新兴产业发展规划咨询研究》综合组、航天领域组的工作，研究起草综合报告，为国家发展和改革委员会制定《"十三五"国家战略性新兴产业规划》提供了重要参考。受中国工程院委托，起草了《"十三五"科技支撑产业转型升级的重点和方向研究报告》，提出了"十三五"时期科技支撑产业转型升级总体思路、技术方向、重大科技任务以及措施建议，报送科学技术部。积极参与和支持中国工程院、国家自然科学基金委联合开展的《工程科技2035发展战略研究》重大咨询项目，承担了总体组、技术预见组、经济预测组等研究任务，面向2035年提出需超前部署的重大工程任务建议，为国家中长期科技战略制定提供了重要参考。

四、钱学森智库对未来的设计

中国的未来，一定在于"想别人没想过的事，走别人没走过的路，干别人没有干成的事业"。第二次世界大战后到现在，为什么全世界仅剩美国一个超级大国，并且在各领域全面引领世界发展？有人说："当中国在为需求生产产品的时候，美国永远在设计需求。"无论是知识产权体系、布雷顿森林体系（以美元为中心的国际货币体系）、还是WTO的建立，都是以美国为中心引领世界发展的典型，是美国保持绝对领先地位的根本原因。如果不能变"满足需求"为"设计需求"，今天的发展就不会为明天奠基，中国发展就不会站上新起点、不会拥有新未来。

地球是人类的摇篮，但人类不会永远生活在摇篮，必将挣脱引力束缚，开创全新的太空文明。自1957年，人类第一颗人造地球卫星发射，宇宙空间就成为陆地、海洋、空中之后，人类足迹到达的新疆域。面向未来，人类一定会顺应商业航天的大趋势，走出地球摇篮，在茫茫宇宙找到新的家园，引发人类文明又一次重大飞跃。因此，航天不仅仅是一个行业，而是经略宇宙、实现人类文明迈向新纪元的一扇窗口，是从星际世界看待人类未来发展的战略思路。在卫星联通全域、飞船俯瞰全球、宇宙航行曙光初现的今天，人们得以用没有过的全新视角、用"星际智慧"去探求自然和宇宙的规律。

运用星际智慧，实现对"空天地海网"的全方位感知、一体化掌控，是中国智库设计未来、决胜未来的必由之路。党的十八大以来，中央提出了"航天强国、海洋强国、网络强国、制造强国"等多项战略，其中航天强国是打头的，是实现其他各项战略不可或缺的保障。开发海洋、经略海洋、维护海权，需要运用卫星技术实现对海域的全面监测和掌控；维护网络安全、掌控数据主权，需要卫星通信网络与地面光纤通信的融合互补。当前，中国航天的发展已开始呈现领跑世界之势，到2024年国际空间站退役时，中国或可成为全球唯一拥有空间站的国家。面向未来，我们将发挥在探索太空方面的领先优势，以空间基础设施为保障，构建"感、传、知、用"为一体的天基信息网，实现人类认识客观世界、改造客观世界的重大飞跃，为第二次文艺复兴的到来发挥"先行军"和"桥头堡"的作用。

"星际智慧"就是钱学森智慧，用"星际智慧"处理开放的复杂巨系统问题，实现路径是：以天基互联网的全方位态势感知为基础，构建"物理—数据—智能—智慧"晋级提升的决策支持系统。政治、经济、社会、文化、生态五大系统及其数量庞大的子系统，形成一个普遍联系、相互促进、彼此影响的整体。在过去，由于科技力量的不足，这些子系统之间的关系无法为国家发展提供整合的信息支持。构建"天空地海"全面感知的物理网、数据网、智能网、智慧网，可将自然生态系统、虚拟网络空间、经济流通体系、政府决策体系等通通连接起来，成为新一代"智慧化"基础设施。以此为基础，就可以把五大系统各层级、各地域之间的关联性、耦合性、相互作用的机理，通过数据采集、传输、存储、分析、挖掘而显现出来，并交由"综合集成研讨厅"决策，上升到智慧层次，就好比装上网络神经系统，构建一个可以指挥决策、实时反应、协同运作的"系统之系统"，从而对"五位一体"、"四个全面"进行统筹考虑和整体设计，为掌握发展规律、统筹内外政策、设计未来战略提供支持。

"思深方益远，谋定而后动"，大时代需要大格局，大格局呼唤大智慧。铭记历史启示的伟大真理，运用系统工程的思想利器，从历史走向未来，从胜利走向胜利，我们的底气在此、勇气在此、信念在此。让我们担起历史重任，推动"跨层级、跨地域、跨系统、跨部门、跨行业、跨领域"的智慧集成，打造党政军企的智库总体，成为当之无愧的智库之智库，让钱学森的智慧服务于民族复兴的光辉伟业，在新的历史时期，放射出更加夺目的思想光芒！

迈向数据应用新高度

薛惠锋

从古到今，无论是语言、文字、印刷术的发明，还是电子计算机与互联网的产生，虽然在当时没有这样明确提出，但都是数据推动人类文明演进的体现。随着信息革命逐步深入，我们进入大数据时代。虚拟数据空间与现实世界平行存在、精准映射、深度交融，正在引发全人类的生产方式、生活方式、思想文化、社会形态变革，开启了人类文明的崭新时代。

实现"数据驱动发展"，是个开放的复杂巨系统，需要运用系统工程的方法解决。在这方面，一代宗师钱学森早已经为我们指明了方向。大数据本身具有的规模庞大、结构复杂、类型众多、层次繁复的特点，以及不同行业、不同系统、不同层次、不同地域之间的复杂的信息交互，使数据的处理成为一个开放的复杂巨系统。20世纪80年代，钱学森就敏锐地意识到这一问题，他运用系统工程的基本思想，特别是"开放的复杂巨系统理论"及其方法，提出"从定性到定量的综合集成研讨厅体系"，为大数据的发展和应用提供了至关重要的理论奠基。

在绝大多数人心目中，钱老是中国航天的奠基人，但这绝对不是他的全部。人们不熟悉的是，20世纪50年代，他在加州理工学院从事空气动力学、航空工程等领域所取得的研究成果，已经使他蜚声世界，并为世界反法西斯战争的胜利做出了贡献。第二次世界大战后，他作为"美国国防部科学咨询团"唯一一位非美国裔成员，考察纳粹德国的火箭生产设备，参与了《迈向新高度》报告13卷中7卷的编写，这一著作成为美国战后火箭、导弹、航空工业长远发展的蓝图，为美国奠定全球霸主的地位发挥了关键作用。曾准确预测抗美援朝、苏联解体的世界顶级智库兰德公司即肇始于这个考察团，可以说钱学森也是美国现代智库的重要创始人。有人说，"作为伟大的科学家，钱学森属于20世纪；作为伟大的思想家，钱学森属于21世纪。"钱学森运用毕生智慧，建立的一整套系统工程的"撒手锏"，跨越时空、超越国界、富有永恒魅力、具有当代价值。传承钱学森的科学思想，对于大数据的发展和应用，具有重大的现实意义。

一、钱学森影响世界的卓越历史功勋

时代造就伟大的人物，伟大的人物又引领时代。一代宗师钱学森，在他一生的岁月中，始终立时代之潮头、发思想之先声、建千秋之功业、垂中外之史册，达到了当代中国任何一个科学家都难以逾越的高度，为中华民族屹立于世界民族之林，立下了不可磨灭的功勋，为推动人类文明进步，做出了不可磨灭的贡献。

（一）世界的钱学森——五大科学创举

在美国的 20 年期间，钱学森开展了一系列远远超前于时代的科学实践，取得了"五个世界第一"的前沿性的突破，完成了系统工程思想的奠基，为后来主持我国航天事业奠定了基础。他第一个促进了火箭喷气推进技术在航空领域应用，为世界反法西斯胜利做出了贡献。1941 年，他与加州理工学院的同事一道，成功研制了火箭助推重型轰炸机起飞的装置，缩短了飞机的起飞距离，使重型轰炸机能够在航空母舰上使用，大大提高了美国空军的战斗力，也间接地加快了战争胜利的进程。他第一个为美国空军未来 50 年发展勾画了蓝图，从根本上影响了未来战争的形态。1945 年，钱学森作为主要执笔人，为美军撰写了《迈向新高度》报告。这一报告勾画了美国的火箭、导弹、飞机长远发展计划的蓝图，被誉为奠定美国航空领域领先地位的基础理论之作。美国军方亲自致信钱学森，对他的杰出贡献给予充分肯定与赞扬。他第一个提出"火箭客机"的概念，为世界首个航天飞机的诞生奠定了理论基础。1949 年，钱学森作了题为《火箭作为高速运载工具的前景》报告，这一构想就是 40 年后美国航天飞机的雏形。这在当时的美国取得了空前轰动的效应；他本人被《时代周刊》《纽约时报》等广泛报道，成为全美皆知的明星。他第一个提出"物理力学"，并完成了大量开创性的工作。这门全新科学，对于量子力学、应用力学、原子力学发展起到了无可估量的促进作用。他第一个提出"工程控制论"，创造性地将控制论、运筹学、信息论结合起来，为系统工程的诞生奠定了基础。在1960 年召开的国际自动控制联合会代表大会上，与会代表齐声朗诵《工程控制论》序言中的名句，以表达对钱学森的敬意。

（二）中国的钱学森——航天三大飞跃

20 世纪 50 年代中期，钱学森回国后，面对党的嘱托和人民的期盼，他勇于肩负起常人难以承担、不敢承担的重大使命，并以超乎寻常的胆略，推动了中国航天三大决定性的飞跃。他推动了中国导弹从无到有、从弱到强的关键飞跃，把导弹核武器发展至少向前推进了20年。1960至1964年，他指导设计了我国第一枚液体探空火箭发射，组织了我国第一枚近程地地导弹发射试验，组织了我国第一枚改进后中近程地地导弹飞行试验。1966年，他作为技术总负责，组织实施了我国第一次"两弹结合"试验。1980年到1984年，他参与组织领导了我国洲际导弹第一次全程飞行、第一次潜艇水下发射导弹，实现我国国防尖端技术的前所未有的重大新突破。他推动了中国航天从导弹武器时代进入宇航时代的关键飞跃，让茫茫太空有了中国人的声音。在1970年4月，他牵头组织实施了我国第一颗人造地球卫星发射任务，打开了中国人的宇航时代，开启了中国人开发太空、利用太空的伟大征程。他最早推动了中国载人航天的研究与探索，为后来的成功作了至关重要的理论准备和技术奠基。1970年，中央批准了"714"工程，钱学森作为工程的技术负责人，一手抓"曙光号"载人飞船的设计和运载火箭研制，一手抓宇宙医学工程和航天员选拔培训。尽管由于各种原因，"714"工程后来终止了，但在他主导下保留的航天员训练中心，为后来载人航天接续发展、快速成功，起到了不可替代的关键作用。

（三）未来的钱学森——两大思想贡献

他开创了系统工程的中国学派，推动了人类认识客观世界、改造客观世界的重大飞跃。钱学森在长期指导航天事业发展中，开创了一套既有中国特色，又有普遍科学意义的系统工程管理方法与技术。20世纪80年代起，钱学森开启了创建系统学、建立系统科学体系的工作，提出了开放的复杂巨系统理论。从早年的《工程控制论》的出版，到1978年《组织管理的技术——系统工程》一文发表，再到开放的复杂巨系统理论的提出，钱学森建立了系统科学的完备体系，以社会系统为应用研究的主要对象，应用于经济社会的诸多领域，成为重要的指导思想。有人评价，钱学森创立的系统科学，堪称是一次科学革命，其重要性绝不亚于相对论或量子力学。

钱老预测了21世纪的三次产业革命，指明了人类第二次文艺复兴的光辉前景。他认为，人类有史以来，已经发生了原始农业革命、手工业革命、大工业革命、电力革命、信息革命五次产业革。21世纪，随着生物技术和生命科学的发展，必将带来第六次和第七次产业革命。他进一步认为，肇始于欧洲的文艺复兴，催生了以还原论为主要方法的近现代科学，引发了科学革命、技术革命、产业革命、社会革命，创造了资本主义文明。人类要继续生存发展，需要一次新的文明转型，即以"系统论"为主要思想，以"定性到定量的综合集成"为主要方法，推动三次新的产业革命，实现整个社会形态的飞跃，这将在社会主义中国率先实现。中国将通过推动三次新的产业革命，自然而然消灭"三大差别"，到那个时候，体力劳动将大大减轻，人民将基本上转入脑力劳动、创造性劳动，人类文化发展将空前加速，实现恩格斯所说的从"必然王国"到"自由王国"的飞跃。

二、钱学森超前时代的数据思想理念

钱学森的数据思想，源自于他领导国防科技情报和信息工作的长期实践。他最先推动把情报和信息工作上升到国家层面、纳入到科技规划。他最先预见"建立联通全球的情报信息网"（实际上就是今天的互联网）是大势所趋，并将这项工作上升到他所说的第五次产业革命的高度。他最先倡导用系统工程的办法解决海量数据分析的问题，提出"从定性到定量的综合集成研讨厅"体系，认为它是实现"数据"活化，向"智慧"跃升的根本和唯一方法。钱学森的这套思想，必将在今后很长一段时间内，为大数据应用提供先导性的理论支撑和方法论支持。

（一）着眼长远的战略性：国家布局

钱学森把情报和信息工作上升到国家战略层面，纳入到科学技术和经济发展的整体布局当中。早在1956年，周恩来总理组织编制《1956-1967年科学技术发展远景规划纲要》（简称《规划》）期间，担任综合组长钱学森认为，应当把情报问题作为关乎科学技术发展的重大问题。正是由于钱学森的倡议，"科技情报系统"的建立成为57项重大研究任务中的一项，情报工作的现代化被作为科学技术现代化的重要环节，为建国初期科技事业发展发挥了至关重要的基础性作用。1963年，钱学森在《红旗》杂志发表文章《科学技术的组织管理工作》，指出科学技术情报资料的积聚是非常迅速的，用汗牛充栋来形容它是远远不够的，必须从情报资料的收集、研究、建立检索系统、提供情报服务等方面统筹考虑，建立一个体系。他在1978年情报国防科委情报工作会上的讲话中举例说，"光是浏览世界上一年内发表的有关化学的论文和著作，一个专家每周用四十小时，就要四十八年。因此老办法是不行了，逼着人们想办法解决这个问题。"虽然当时尚未提出"大数据"的概念，但钱老已敏锐地察觉到数据迅猛增长的趋势和价值，并强调从国家层面统筹规划，特别是在数据获取、存储、分析、应用方面，做了大量开创性的工作。

（二）引领时代的前瞻性：全球互联

钱学森准确预见了互联网的出现，深刻指出数据推进工作是"第五次产业革命"的核心工作。1978 年，他在国防科技情报工作会议讲话中指出："整个情报资料工作的搜集、存储、检索、复制、提供、传递这一套手段，现在由于电子计算机、激光技术的出现，已经在酝酿着一场革命。"还在 1978 年，他准确预言："沟通全世界，形成全球性的情报体系是大势所趋"，"恐怕不久的将来，全世界总是要建立情报资料网，这个网络与全球的计算机网络、卫星系统、资料库、通信线路、用户终端等设施都要互联互通"。1984 年 12 月 30 日，钱学森作了"信息情报是第五次产业革命的核心"报告，认为"信息是新一次产业革命（我说的第五次产业革命）的特征之一，而情报研究又是信息产业的核心，是知识和信息激活的过程，所以情报研究是产业革命的一项核心工作。"钱老所说的情报工作，实际上就是指"数据"从获取到应用的全生命周期。他把数据推进提升到了产业革命、人类文明发展的高度。他的一系列富有洞察力、预见性的观点，在今天已经成为现实。

（三）化知为智的创新性：综合集成

钱学森认为：用系统工程方法，特别是"从定性到定量的综合集成法"，是实现数据"活化"的钥匙，进而实现集腋成裘、化知为智。钱学森说："我们迎头赶上第五次产业革命的办法，是把信息革命的成果与社会系统工程结合起来。"他提出了情报工作的"数据–知识–信息–智慧"的四个层次。数据的综合集成可以获得知识，知识和信息的综合集成可以获得智慧。钱学森创造性地将系统科学、思维科学方法引入到海量数据的分析应用，这为解决大数据环境下"数据本体"到"数据衍生"的一系列复杂问题，提供了一整套有效管用的方法论支撑。

三、用钱学森智慧打造数据推进工程

（一）系统工程引领——"大数据"焕发"大智慧"

从全球范围看，"数据驱动发展"已成为时代主题，数据正以不可逆转之势向现实生产力转化。1956 年，钱学森就在一次讲话中大胆预言："在无人工厂的生产过程中，电子计算机要根据生产情报自动做出决定。"当前，这一趋势愈加明显。美国通用电气（GE）公司提出的"工业互联网"，将推动智能机器、智能生产系统、智能决策系统逐渐取代原有的生产体系，构成"以数据为核心"的智能化产业生态系统；德国以"工业 4.0"为代表，旨在通过信息物理系统（CPS），把一切机器、物品、人、服务、建筑统统连接起来，形成一个高度整合的生产系统；从我国看，以阿里巴巴提出的"DT时代"为代表，认为未来驱动发展的不再是石油、钢铁，而是数据。美国、德国、中国的这三种新发展理念可谓异曲同工、如出一辙，共同宣告"数据驱动发展"成为时代主题。

"数据驱动发展"，是一个开放的复杂巨系统，需要运用系统工程的方法解决。2016年10月9日，习近平总书记提出"以数据集中和共享为途径，建设全国一体化的国家大数据中心，推进技术融合、业务融合、数据融合"。建设全国一体化的国家大数据中心，面对的是规模庞大、标准不同、结构复杂、类型众多、层次繁复的数据。此外，系统之间、层次之间、地域之间、行业之间的存在复杂的信息交互和关联关系，特别是"人"的因素的介入，使这一系统更为复杂，是典型的开放的复杂巨系统。因此，需要运用"开放的复杂巨系统理论"及其方法，着力加以解决。

构建"从定性到定量的综合集成研讨厅体系"，打造"人机结合、人网结合、以人为主"智能化系统，是解决"数据驱动发展"的根本和唯一方法。"从定性到定量的综合集成研讨厅体系"，就是机器体系、知识体系、信息体系、专家体系、模型体系、决策支持体系有机结合起来，构成高度智能化的"人机结合、人网结合、以人为主"的系统。这个系统具有综合优势、整体优势、智能优势，能把人的思维成果、经验智慧与情报数据统统集成起来，从多方面的定性认识上升到定量认识，进而服务决策制定、预测决策效果、评估决策执行。

只有建立综合集成研讨厅体系，推动"数据–知识–智慧"三级跳，才能实现"数据到决策、数据到研发、数据到生产"的颠覆性创新。钱学森深刻指出，"逻辑思维，是微观法；形象思维，是宏观法；创造思维，是宏观与微观相结合，创造思维才是智慧的源泉，逻辑思维和形象思维都是手段。"我们运用综合集成研讨厅，就是把机器的逻辑思维优势、人类的形象思维优势有机结合在一起，创造比人类和机器都高明的智能系统，实现1+1>2的效果。运用"综合集成研讨厅体系"，可实现"跨层级、跨地域、跨系统、跨部门、跨行业"的综合集成，推动工程系统、政策系统、社会系统从不满意状态到满意状态的综合提升，带动治理能力、创新动力、商业模式的颠覆性变革。

（二）天空地海联通——"大数据"需要"大融合"

航天绝不仅仅是一个行业，而是人类文明迈向新纪元的一扇窗口，是从太空俯瞰全球、联通全域、经略宇宙、改变人类前途命运的战略之举。地球是人类的摇篮，但人类不可能永远生活在摇篮里。自1957年人类发射第一颗人造地球卫星，宇宙空间就成为继陆地、海洋、空中之后，人类足迹到达的新疆域。当前，全球商业航天的规模已超过

3000 亿美元。未来，人类必将顺应商业航天的大趋势，走出地球摇篮，在茫茫宇宙找到新的家园，引发人类社会又一次大飞跃。太空得天独厚的位置资源、理想洁净的环境资源、取之不尽的矿产资源，使各国经济、政治对太空的依赖性与日俱增，太空已经成为大国竞争的战略制高点。

只有建设航天强国，才能全方位掌控大数据资源，为网络强国、海洋强国提供重要支撑，为维护总体国家安全提供重要保障。党的十八大提出要"高度关注海洋、太空、网络空间安全"。中央提出"海洋强国""航天强国""网络强国"三大战略。应当看到，在维护海洋权益中占据主动，离不开天基遥感的保障，实现对海域的全面监测和掌控；在网络信息主权之争中决胜未来，离不开天基通信的支撑，以保障网络设施安全、维护数据主权。在经济和社会方面，国家已经把"天空地海一体化"作为大数据战略的重要支撑。《制造强国 2025》提出建设"空天地宽带互联网"，国家发展和改革委员会、国家国防科技工业局正在加快推进"'一带一路'空间信息走廊"建设，国家发展和改革委员会提出建设"空天地海一体化"大数据工程实验室。在国防和军事方面，"数据流牵引指挥流"的未来战争形态，根本上依赖天基系统的信息支援。当前，美军 70% 以上的通信、80% 以上的情报侦察与监视、90% 以上的精确武器制导都依赖于卫星系统。多国正大力发展微小卫星及编队飞行技术，力争在全球信息优势方面拉大与对手的"代差"。可以说，没有太空安全，就没有网络、海洋、经济、国防、军事安全；没有天基信息系统，就不可能在大数据这一战略资源的争夺中掌握主动权。

（三）数据主权保障——"大数据"呼唤"大安全"

当前，国际竞争焦点正在从对资本、土地、资源的争夺转向对数据的争夺，数据主权将成为陆权、海权、空权之后，又一个大国博弈领域。数据安全向各领域国家安全渗透，既可能影响社会安全、经济安全，也可能波及意识形态领域，影响文化安全、政治安全，甚至会改变战争形态、影响军事安全。数据安全常常超出传统的安全范畴，上升到维护国家主权的高度。正如习近平总书记指出的，"发展是安全的基础，安全是发展的条件"，没有数据安全、丧失数据主权，就是把国家命运交到别人手里，大数据产业就只是看上去很美的空中楼阁、镜花水月，发展越快越危险。

由于互联网源自美国这一历史原因，我国大数据的关键基础设施、核心技术、重要产品无法自主可控，且面临数据跨境监管制度不健全的问题，我国数据主权面临着重大现实威胁和潜在挑战。一是数据"心脏中枢"受制于人。目前，互联网共有 13 台根服务器中，其中唯一的主根服务器在美国，12 台辅根服务器中有 9 台在美国。全球所有的互联网域名解析工作，由美国商务部控制的互联网域名与地址监管机构（ICANN）来完成。网络域名解析主导权决定了全球数据对美"单向透明"。理论上，只要在根服务器上屏蔽该国家域名，就能让这个国家的国家顶级域名网站在网络上瞬间"消失"。一旦中美发生冲突，美国政府可以掐断中国的根服务器镜像和 COM 域名镜像，所有使用 COM 域名的网站都将无法访问，中国的互联网将陷入瘫痪，后果不堪设想。二是数据"骨干枢纽"尚难自主。美国思科公司作为全球最大的路由器、交换机设备制造商，在我国骨干网核心节点当中占有极高的市场份额，特别在通信行业，在电信、联通等各大骨干网都占据了 70% 以上的份额。除通信行业外，思科占有我国金融行业 70% 以上份额；在铁路系统，思科的份额约占 60%；在民航，空中管制骨干网络全部为思科设备；在互联网行业，腾讯、阿里巴巴、百度、新浪等互联网企业，思科设备占据了约 60% 份额，而在电视台及传媒行业，思科的份额更是达到了 80% 以上。思科之所以如此快速扩张，得益于我国一些地方政府的"不设防"甚至是欢迎的态度。三是数据"末梢神经"广被渗透。外资企业占据大数据终端设备的庞大市场份额，使数据安全面临极大风险。截至 2015 年年底，微软在我国桌面操作系统市场占有率超过 90%；安卓系统在我国手机操作系统市场份额超过 70%；甲骨文、IBM 合计占据我国数据库市场超过 70% 的份额；美国的 IE、Chrome 合计超过我国浏览器市场份额的 70%；《中国经济和信息化》研究称，中国的数据安全在以思科为代表的美国"八大金刚"（思科、IBM、Google、高通、英特尔、苹果、Oracle、微软）面前形同虚设。这些企业有时迫于压力需要与美国情报部门合作，运用它们的产品与服务的便利条件获取中国政府、企业和个人的敏感数据。四是数据跨境监管制度滞后。跨国企业在不同国家分支机构之间传输海量商业数据，随之带来数据跨境流动安全问题。我国互联网行业几大巨头均为外资控股，例如，阿里巴巴约有 70% 的股权归外国资本所有，腾讯公司有 51% 的股权归外国资本所有，百度、京东、网易、卓越等也均为外资控股企业。受国外势力影响，极容易造成我国互联网用户的海量数据在无监管的情况下出境。反观国外，美国大多数的跨国互联网企业，都由美国股东控股、管理和运营；俄罗斯出台法律明确规定，掌握俄罗斯公民信息的互联网公司必须将这些用户数据存储在境内的服务器上。相比之下，我国还没有建立完善的跨境数据流动法律制度，国家对跨境数据流动的总体态度不明确，监管体系、部门职责、安全审查、评估认证等制度尚待确立。

"聪者听于无声，明者见于未形"，为及时有效地应对这一局面，必须在法律层面明确"国家数据主权"：所谓国家数据主权，是指"国家对本国管辖地域范围内，任何个人和组织所收集或产生的数据，以及这些数据的存储、处理、传输、利用的运营主体、设施设备等进行独立管辖，并采取措施使其免受他国侵害的权力。"同时，应完善立法，为数据全生命周期监管提供法律依据。一是实行数据分等级保护。对不同安全等级的数据，明确规定相应的安全责任主体。二是加强数据跨境监管。对于国内数据出境进行严格管控，禁止涉及政治安全、国土安全、军事安全、经济安全、文化安全等各领域国家安全的数据跨境流动或存储。规范外资（外资控股）企业数据中心建设，在法律中明确规定，在我国境内开展业务的企业，必须将其业务数据存储于我国境内的数据库或数据中心，且必须接受我国政府的监管；因业务需要，确需在境外存储或者向境外的组织或者个人提供的，应依法由有关部门进行安全评估。

要统筹全国资源、集中优势力量、加快技术突破，加快大数据领域的核心关键技术国产化替代步伐。特别是在数据传输关键技术和装备、数据终端产品、关键芯片、密码技术等方面，培育能与八大金刚（思科、IBM、谷歌、高通、苹果、英特尔、甲骨文、微软）并驾齐驱的大型企业，让数据基础设施牢牢掌握在自己手中，筑牢数据安全、数据主权的坚固藩篱。

四、十二院助力大数据发展迈向新高度

2016 年，在我国首个航天日（4 月 24 日），经中央批准、中央编办发文，在原航天707 所、710 所等五家具有数十年历史的正局级事业单位基础上，中国航天第十二研究院正式重组成立。中央赋予了十二院"建设钱学森智库，支撑航天、服务国家，成为军民融合产业平台建设的抓总单位"三大使命，是中国航天的六大总体，即智库总体、情报总体、数据总体、自动化总体、网络与信息化总体、军民融合产业化推进总体。

十二院有着极不平凡的历史。钱学森在十二院的前身之一航天 710 所，开办并长期主持"系统学讨论班"，打造了一整套智库基础设施和方法工具体系，使这里成为系统工程的发源地、钱学森思想的第一传承者、钱学森智库的第一践行者。十二院是中国载人航天的原始创新单位，论证提出了"从飞船起步"的方案，获得中央采纳，在关键时刻发挥了别人无法替代的关键作用；是中国第一台大型计算机的应用单位，开通了中国第一条国际互联网专线，建设了中国第一个全国联网的计算机网络，是第一个实现"钱学森综合集成研讨厅"的单位，是中央财经领导小组确定的 9 家决策支撑单位中唯一一家工程科技类单位，是中国航天四大发射基地测发控系统的研制单位，为载人航天、探月工程以及各型卫星发射等重大任务提供了全方位的测发控、通信保障。

十二院独有的核心能力，能够为大数据产业发展发挥不可替代的支撑作用。

（一）"跨层级"晋级提升能力——打造复杂系统提升工程

十二院通过建设"钱学森综合集成仿真与演示实验室"，实现了钱老提出的"从定性到定量的综合集成研讨厅体系"，构建了机器体系、知识体系、信息体系、专家体系、模型体系相互融合的智能化决策支持系统，形成了从数据到决策的知识发现、仿真推演、效能评估能力。长期以来，十二院运用这套系统，支撑了《中国的航天》白皮书、航天科技工业"十一五""十二五""十三五"规划、国家民用空间基础设施发展规划的编制论证工作。十二院将充分运用"钱学森综合集成研讨厅"，为国家建设"天空地海一体、政产学研联合、军民融合互动"的大数据平台，提供全方位支撑。

（二）"天空地"通信集成能力——打造智慧系列专项工程

十二院在长期支撑航天重大任务的过程中，具备了"空天地海"一体化的信息集成能力，和卫星导航、遥感、通信综合应用能力，积极推进智慧城市、智慧园区、智慧工厂、智慧基地等智慧系列专项建设，面向宁夏、安徽、山东等地的需求，推动了安监、环保、政务、应急等多个领域治理模式的创新，获得了中央有关领导充分肯定。十二院将充分运用"天空地海"通信集成能力，着力打造以"数据推进为核心、数据主权为保障"的智慧工程新模式。

（三）"大数据"精准推进能力——打造情报支持专项工程

十二院作为中国经济社会分析研究中心、国防科技情报信息中心、中国航天信息中心、中国战略性新兴产业知识中心、国家两化融合创新推进联盟、中国卫星全球服务联盟、中国网信军民融合促进会、中国电子商务联盟、中国航天软件测评中心的依托单位，近60年来，积累了从中央到地方的丰富的数据资源，通过建设钱学森数据推进实验室，形成了"人机结合、人网结合、以人为主"的情报推进一体化平台。在国防和军工领域，打造了多个高端情报品牌，以日报、月报、年报、专报等形式向国家有关决策部门上报，在战略性新兴产业、宏观经济、人口、水资源大数据方面，为国家发展和改革委员会、国家自然科学基金委员会、水利部、环保部等重点项目提供了有力支撑。十二院将进一步促进"天空地海"与社会大数据资源的广泛集成、深度挖掘、综合利用，为中央、国家、各领域、各行业提供全方位的情报服务。

"得数据者得天下"的豪言壮语，彰显的是我们对新一轮科技革命和产业变革的期待。有钱学森系统工程思想的指导，有航天事业俯瞰全球、联通全域的高度，我国一定能站在"第五次产业革命"的潮头，发时代之先声、开智慧之先河、启文明之先风，引领全球大数据产业的发展变革，为人类文明迈向前所未有的新高度，做出不可替代的历史贡献！

迈向军民融合产业发展新高度

薛惠锋

党的十八大以来，以习近平同志为总书记的党中央紧跟时代潮流、保持战略定力，深刻分析我国面临的时与势，统筹治党治国治军、内政外交国防，提出并制定了一系列强国兴军的高远战略，把中华民族伟大复兴的历史进程不断推向新高度。"十三五"时期，我们恰逢"创新驱动发展""军民深度融合"战略的伟大时代，面临"航天强国、海洋强国、网络强国"建设的重大政策机遇。这三个强国战略中，航天强国排在首要位置。如果说，地球是人类的摇篮，人类已经在摇篮里生活上万年，还要在摇篮里待多久？面向未来，人类必将顺应商业航天的大趋势，走出地球摇篮，在茫茫宇宙找到新的家园。因此，航天绝不仅是一个行业，而是人类文明迈向新纪元的一扇窗口，是从太空俯瞰地球、开发蛮荒、经略广袤宇宙、改变人类前途命运的综合性战略之举。这是中央把航天作为军民融合先行军的战略考量，也是中国航天十二院（以下简称十二院）的使命所在。

当前，军工企业以及配套企业的发展，都面临经济下行压力加大、国家财政预算压缩等诸多挑战。特别是在中央军委、国防科工局等相关部门经费预算都有压缩的情况下，各军兵种、各战区直接支持军品的经费增速放缓，这对军工企业的发展也带来一定的压力。许多企业面临着"军品渠道拓展受限、民品市场开拓乏力、技术创新缺乏抓手、高端人才引进困难、传统增长逐渐褪色、转型升级动力不足"的六大发展瓶颈。"问题是时代的声音"。这些问题，拷问广大的企业家，也为中国航天十二院提出了新的课题。

一、钱学森强国兴军的重大历史功绩

今年是中国航天创建 60 年，也是我国杰出的科技大师、思想大家，为祖国强大和民族进步建立不可磨灭功勋的一代宗师钱学森同志诞辰 105 周年。在绝大多数人心目中，钱老是中国航天的奠基人。尽管他本人非常谦虚，但在国际学术界和中国人民的心中，他都是当之无愧的"中国航天之父"。但人们不熟悉的是，20 世纪中叶之前，他在美国加州理工学院从事空气动力学、航空工程等领域所取得的研究成果，已经使他蜚声世界，并提高了美国空军的战力，为世界反法西斯战争的胜利做出了贡献。第二次世界大战之后，他作为美国国防部科学咨询团的核心成员，考察纳粹德国的火箭生产设备，参与了《迈向新高度》报告13卷中7卷的编写，这一著作成为美国战后火箭、导弹、航空工业长远发展的蓝图，为美国奠定全球霸主的地位发挥了关键作用。曾准确预测抗美援朝、苏联解体的世界顶级智库兰德公司即肇始于这个考察团，可以说钱学森也是美国现代智库的重要创始人。钱老常说，人云亦云不是创新，必须想别人没有想到的东西，说别人没有说过的话，而且所想的、做的要比别人高出一大截才行。在这个"唯创新者强、唯创新者进、唯创新者胜的时代"，传承钱老思想，弘扬钱老精神，对于推动军民融合发展迈向新高度，具有重大的现实意义和深远的历史意义。

（一）敢超跨越——强国兴军的不朽功勋

钱学森是我国导弹之父、航天之父。20世纪50年代，钱学森从美国回国后，面对党的嘱托和人民的期盼，在经济一穷二白、工业基础薄弱、科研条件极端落后，甚至没有第二个人搞过航天的情况下，勇于承担起别人难以承担、也不敢承担的历史使命，在祖国需要的关键时刻，发挥了别人无法替代的关键作用。面对缺人、缺钱、缺技术的困境，陈赓大将问他："我们中国人到底能不能搞导弹？"钱学森满怀信心答道："有什么不能的？外国人能造出来的，我们中国人同样能造出来。难道中国人比外国人矮一截不成？"面对当时先发展航空工业，还是先发展导弹事业的重大战略抉择，钱学森敢于走别人没有走过的路，毅然建议国家，走敢于超越、敢于跨越的道路，优先发展代价较小但威慑力量更强的导弹，决不能跟在别人屁股后面追赶别人。他带领千军万马，攻克了一个又一个科学难题、技术难题、管理难题，创造了"导弹实现中国造""两弹结合震苍穹""太空高挂中国星"的中国奇迹，使两弹发射至少提前了20年，打破了西方国家的讹诈和围堵，让世界不得不尊重中国人的声音，让一个曾经缺钙的民族挺起了脊梁。如果没有钱学森，我们不会有迈向太空的中国高度，不会有科技强军的中国力量，不会有受人尊重的国际地位，更不会有长期以来和平稳定的发展环境。

2013年年底，我有幸与几位诺贝尔奖获得者座谈，并问过他们一个问题："你们都是诺贝尔奖获得者，而钱学森没有获得诺贝尔奖，是不是因为钱学森比你们逊色一些？"他们给了我几乎相同的答案："我们不如钱学森。我们没有上天赐予他的那种机遇。我们之所以获得诺贝尔奖，是因为我们在学术和理论上有所贡献。钱学森的幸运之处，是他不仅仅在理论上有重大贡献，更重要的是他有机会将科学理论与工程实践相结合，并付诸中国的建设，做出了卓越的贡献，同时也推进了人类的科学技术发展。在这点上，不是每一个科学家都能做到，钱学森已经远远超过了我们，他早就应该是诺贝尔奖获得者。他不仅仅是对中国有贡献，更是对人类有很大的贡献。"

（二）系统工程——引领时代的中国智慧

系统工程是钱老毕生的不懈追求。我们无法忘记，党和国家授予科学家的最高荣誉——"国家杰出贡献科学家"，钱学森是迄今为止的唯一一位获得者。然而鲜为人知的是，钱学森获得这一荣誉之后，从人民大会堂走出来的时候，说了这样的话："'两弹一星'工程所依据的都是成熟理论，我只是把别人和我经过实践证明可行的成熟技术拿过来用，这个没有什么了不起，只要国家需要我就应该这样做，系统工程与总体设计部思想才是我一生追求的"。

钱学森在长期指导航天事业发展过程中，开创了一套既有中国特色，又有普遍科学意义的系统工程管理方法与技术。这其中，包括"总体协调、系统优化"的最佳原则，也包括"一个总体部、两条指挥线、科学技术委员会制"的管理模式。这使得中国航天能够利用很少的投入、较短时间，将成千上万的人有效的组织起来，突破了规模庞大、系统复杂、技术密集、风险巨大的大科学工程。周恩来曾经对钱学森说："学森同志，你们那套方法可以介绍到全国其他行业去，让他们也学学。"航天的成就，是航天精神的奇迹，更是系统工程的奇迹。没有这套系统工程思想方法，就不会有中国航天的飞跃式发展。

20 世纪 80 年代初，钱老从科研一线领导岗位上退下来后一直到晚年，把全部精力投入到学术研究之中。这一时期，钱老学术思想之活跃、涉猎领域之广泛，原始创新性之强，在学术界是十分罕见的。在这个时期中，钱老开始了创建系统学和建立系统科学体系与系统论的工作，提出了开放的复杂巨系统及其方法论，又由此开创了复杂巨系统科学与技术这一新的科学领域。这些成就，标志着钱学森系统思想有了新的进展，达到了新的高度。从系统思想到系统实践的整个创新链条上，在工程、技术、科学到哲学的不同层次上，钱老都做出了开创性的系统贡献。

（三）不懈探索——超越时空的思想光辉

党的十八大报告提出，要实施创新驱动发展战略，强调科技创新是提高社会生产力和综合国力的战略支撑，必须摆在国家发展全局的核心位置。这是我们党立足全局、面向未来做出的重大战略决策。推动科技创新，最根本的是要走前人没有走过的路，敢于颠覆、善于超越，以技术的颠覆性创新引发产业的革命性突破，也就是以科学革命、技术革命推动全社会生产体系和经济结构的飞跃——产业革命。

在产业革命的问题上，早在20世纪80年代，钱老就以宏大的历史视野，洞察人类科技革命和产业变革规律，总结了人类历史上已经出现的五次产业革命，并预测了第六次产业革命的光辉前景。他认为，从原始农业革命、手工业革命、大工业革命，到19世纪末20世纪初以电力的发明和应用为主要标志的第四次产业革命，再到20世纪90年代，以航天、电子计算机技术应用等科学革命为代表的技术革命，引发了第五次产业革命——信息革命。而第六次产业革命将是农业和知识密集型的革命。钱学森在考察中国现代化进程和研究社会革命后指出："第二次文艺复兴是指第五次产业革命、第六次产业革命后，体力劳动将大大减轻，人民将基本上转入脑力劳动、创造性劳动，从而人类文化发展将空前加速。"在新一轮科技革命和产业变革正在重塑全球经济结构的今天，钱老数十年前的真知灼见仍旧闪耀着真理光辉，在新的历史时期，焕发出勃勃生机和强大生命力。

钱老以系统工程为核心、以综合集成为方法的科技创新思想，过去是，将来仍将是驱动航天事业发展和国家强大的重要力量。对于钱老思想和精神的研究、传承与应用，需要一批人、一批载体。全面学习和挖掘钱学森思想，并以此为指导建设钱学森智库，服务于国防建设和经济社会发展，为实现航天梦、强军梦、中国梦提供智力支撑，是时代赋予中国航天十二院的重大使命，更是中国航天十二院的自信之源、理论之基，以及指导实践强大思想武器。

二、传承钱学森思想，再造企业范式

钱老不仅运用系统工程方法指导航天事业发展，还致力于把它推广应用到整个国民经济和社会发展中，其中诸如"总体设计部"的理念、"从定性到定量的综合集成法"，已在国家建设的各个领域得到了广泛应用，成为重要指导思想，这些思想必然能够应用于企业的发展，推动企业这一军民融合的主力军迈向新高度。

现代企业是一个开放的复杂系统，与周围的政治、经济、文化、社会、生态系统高度交汇、相互作用，必须用系统工程的方法，进行统筹考虑、整体设计、综合施策。在新一轮科技革命、产业变革正重塑全球经济结构的今天，企业作为推动军民融合的重要载体，通过优化配置创新要素、劳动力、资源、资本，不断提高人类创造财富的效率，进而演化出结构复杂的企业系统。在这个复杂系统中，信息流、资金流、人才流、物资流、创新流高度交汇，是一个子系统繁多、结构繁复、与外界关联度高的开放的复杂系统，企业治理是一项开放的复杂系统工程，特别是对大型企业集团的管控，绝不是单体公司的简单累加。因此，管理者应当拥有系统思维，用系统工程的方法来审视和管理，从全局视角出发，对企业这个复杂系统的各个层次与要素进行统筹考虑和整体设计，特别是抓住"新一轮科技革命和产业变革孕育兴起"的机遇，推动企业数字化、网络化、集成化、智能化、绿色化、敏捷化协同发展，以宏观有序来驾驭微观有效，再造企业发展范式，掌握军民融合发展主动权，赢得世界领军企业的"入场券"。

（一）运用综合集成研讨厅，实现"数据驱动、集优决策"

从全球范围看，数据驱动发展已成为时代主题，大数据正在重塑企业发展战略和转型方向。美国的企业以 GE 提出的"工业互联网"为代表，提出智能机器、智能生产系统、智能决策系统，将逐渐取代原有的生产体系，构成"以数据为核心"的智能化产业生态系统。德国企业以"工业 4.0"为代表，要通过信息物理系统（CPS），把一切机器、物品、人、服务、建筑统统连接起来，形成一个高度整合的生产系统。中国企业当中，以阿里巴巴提出的"DT 时代"为代表，认为未来驱动发展的不再是石油、钢铁，而是数据。这三种新的发展理念可谓异曲同工、如出一辙，共同宣告"数据驱动发展"成为时代主题。

数据驱动的本质，是运用"人机结合、人网结合、以人为主"的综合集成技术，即钱老所说的"从定性到定量的综合集成研讨厅体系"。早在 20 世纪 80 年代末，钱老即敏锐预见到："恐怕不久的将来，全世界总要建立情报资料网，这个网络与全球的计算机网络、卫星系统、资料库、通信网络、用户终端等设施都要互联互通"，并进一步提出了"从定性到定量的综合集成方法"及其实践形式"从定性到定量综合集成研讨厅体系"，就是把信息体系、专家体系、机器体系有机结合起来，构成一个高度智能化的人-机结合、人-网结合的系统，这个体系具有综合优势、整体优势、智能优势，能把人的思维成果、经验智慧与情报数据统统集成起来，从多方面的定性认识上升到定量认识，进而服务决策，支撑战略制定、技术研发、产品研制。

建立企业综合集成研讨厅体系，推动"数据-知识-智慧"三级跳，实现企业"数据到决策、数据到研发、数据到生产"的颠覆性创新。数据层次，即大数据资源的搜集、存储、检索以及相应设施的建设；知识层次，就是通过分析、挖掘数据，激活数据信息，实现数据"活化"，发掘有实用价值的知识；最重要的是智慧层次，用钱老的话说，就是"要站在高处，远眺信息海洋，能观察到洋流的状况，察觉大势，做出预见，这就需要智慧了"。钱学森指出，逻辑思维，是微观法；形象思维，是宏观法；创造思维，是宏观与微观相结合，创造思维才是智慧的源泉，逻辑思维和形象思维都是手段。综合集成研讨厅就是把机器的逻辑思维优势、人类的形象思维优势有机结合在一起，运用"大数据"这个精准映射、定量再现客观世界的手段，实现 1+1>2 的效果，创造比人类和机器都要高明的智能系统。"综合集成研讨厅体系"必将引发企业决策体系、研发模式、生产体系的颠覆式变革。

（二）建立企业总体设计部，实现"聚合众力、综合提升"

"总体设计部"是中国航天实践的核心理论升华，是钱老毕生追求的重要思想结晶。钱学森在《组织管理的技术——系统工程》一文中，以鲜明的问题导向，阐明了对复杂工程系统组织管理的不可替代作用。他写道：导弹武器系统是现代最复杂的工程系统之一，要靠成千上万人的大力协同工作才能研制成功。研制这样一种复杂工程系统面临的基本问题是：怎样把比较笼统的初始研制要求逐步地变为成千上万个研制任务参加者的具体工作，以及怎样把这些工作最终综合成一个技术上合理、经济上合算、研制周期短、能协调运转的实际系统，并使这个系统成为它所从属的更大系统的有效组成部分。这样复杂的总体协调任务不可能靠一个人来完成；因为他不可能精通整个系统涉及的全部专业知识。他也不可能有足够的时间来完成数量惊人的技术协调工作。这就要求以一种组织、一个集体来代替先前的单个指挥者，对这种大规模社会劳动进行协调指挥。我国国防尖端技术科研部门建立的这种组织就是"总体设计部"。

计划时期的"全国大协作"，众创时代的"全链条创新"，本质上都离不开"总体设计部"。众创时代，企业发展是个复杂的系统工程。单打独斗时代早已过去，没有一家创新型的企业能够包打天下。一家企业不可能精通整个创新链条、产业链条所涉及的全部科学技术。必须打破行业、地域的界限，创造广泛协同的研发设计、组织管理、创新机制。

例如，一部 iPhone 手机的诞生需要环绕地球一周。世界有 31 个国家为一部 iPhone 6 手机提供原材料及零件，仅中国的供应商数量就达到 349 家。其供应链可以用"错综复杂"来形容，在全球共有 451 家供应链合作伙伴，超过 150 万一线生产工人需要经过培训才能上岗。如何平衡各个制造商之间的利益，获得符合要求的高性能零部件，同时还要提高全球工人的劳动生产率，降低生产成本，显然是一项复杂的系统工程。正如钱学森所说：在制造一部复杂的机器设备时，如果它的一个个局部构件彼此不协调，相互连接不起来，那么即使这些构件的设计和制造从局部来看是很先进的，但这不机器的总体性能还是不合格的。这就离不开"总体设计部"这样一个核心，做好顶层设计、过程控制、综合集成，在设计阶段，把工程系统作为若干个分系统有机结合的整体来设计，对每个分系统的技术要求都首先从实现整个系统目标的角度考虑；在研制阶段，对分系统之间的矛盾，分系统与系统间的矛盾，都首先从总体目标的要求来协调和解决；在集成阶段，把任何一个分系统作为它所从属的更大系统的组成部分来评价和取舍。

建立企业总体设计部，推动企业"三个优化、两个提升"。总体设计部是组织管理"系统"的规划、研究、设计、制造、试验使用的科学方法，是一种对所有系统都具有普遍意义的科学方法，我国国防尖端技术的实践，已经证明了这一方法的科学性。建立企业总体设计部，对工程系统结构、环境与功能进行总体规划、总体论证、总体设计、总体协调，把整体和部分协调统一起来（包括使用信息化手段，进行系统建模、仿真、分析、优化、试验与评估），达到"设计方案的集优性""性能指标的均衡性""可信程度的逐深性"（三个优化），从而有效避免跨层级复杂性带来的风险，使得"用不太可靠的部件组成可靠的系统""从不满意状态达到最满意状态"的两个晋级提升（两个提升）。后者就是"综合提升理论"，是对钱学森综合集成方法的丰富和发展。这一理论认为，任何系统的发展都源于人类主体持续将系统不满意状态提升到满意状态的追求，系统工程是运用一切可采用的思想、理论、技术、方法及实践经验，将一个系统从不满意状态提升到最满意状态，实现系统状态飞跃；综合集成解决用于系统最优化问题，而综合提升解决的是将"模型"状态提升至"目标满意状态"，突出了持续动态的提升系统，综合提升理论的实践形式就是总体设计部。

（三）遵循系统工程三原则，实现"步调统一、良性运转"

第一原则：坚持"五统一"，实现步调一致。包括"统一思想、统一标准、统一规则、统一力量、统一行动"。统一思想是保障企业系统整体提升的基础，针对工程项目，需统一对新理论、新认识、新目标和新观念的认识；统一标准是企业系统提升的重要支撑，实现对各分系统技术标准进行总体设计；统一规则是企业系统提升的重要保障，有助于分系统之间、分系统和系统之间的协调协作；统一力量是企业系统运行的动力源泉，发挥整合作用；统一行动是企业系统运行的重要保证，使得系统能够围绕既定路线逐步完善、达到目标。

第二原则：坚持"六个有"，提供基本遵循。包括"有目标、有规划、有组织、有程序、有约束、有效果"。有目标，要求企业系统总体目标明确、指向清晰，而且目标的制定要切实可行；有规划，是对企业创新系统进行全面、长远的发展计划，对未来较长一段时间内整套发展方案进行部署；有组织，是要在开放的系统中善于整合各种子系统的力量，综合集成有效方法，合理配置资源；有程序，是企业系统行为合法有效的保证，是系统高效运转的前提，是系统平衡的源泉；有约束，是科学控制的表现形式，即遵守相应的法律法规、单位规章；有效果，是系统工程的整体输出，是目标的检测器，是企业创新系统最终产品。"六个有"相互配合、相互促进、相得益彰，保障企业发展有条不紊。

第三原则：遵循"十法则"，用好基本方法。包括"最优化、全局说、结构说、动力说、运转说、程序说、时空说、环境说、模型说、决策说"。最优化，强调企业发展要以最少的人力、财力、物力来实现系统的最佳目标；全局说，是立足整体、把握全局，不能仅以还原论式对任务进行分解，要突出 1+1>2 的效果；结构说，是注重创新发展过程中各要素、各功能的相互作用，体现层次性、集成性；动力说，是关注创新发展过程中系统运行动力源、动力方向、动力贮存体，强调主体的凝聚力；运转说，是指对客观事物运动变化的客观认识，强调按照规律办事、发挥主观能动性；程序说，是强调在发展进程中任何事物都要讲原则、讲规则；时空说，是强调事物发展不仅在时间维度上发生，也要分析其空间的演化，做到全面认知；环境说，是突出系统与环境的相互依存性，对环境进行恰当的辨识；模型说，是对创新系统进行整体分析，建立适合对象特点的模型，抓住关键、深入剖析；决策说，是根据实际需求与系统状态，决定切实可行的方案，充分发挥领导者的经验、智慧与才能。

三、十二院助推军民融合迈向新高度

传承钱老思想，推动军民融合，关键在人，成败在干。最根本的是要把钱学森为我们铸就的一系列"撒手锏"，作为思想的利器、行动的指南，达到经世致用的效果。在这一方面，十二院作为钱老的重要传承者和第一实践者，自然使命在肩，责无旁贷。

我相信，十二院凭借国家赋予的"三大使命"，以及独有的"四大优势"和"五种能力"，一定能为广大企业弯道超车、转型跨越，成为军民融合的主力军，发挥不可替代的关键作用。

（一）三大使命，受之于国、兴之于民

2016 年的 4 月 24 日（我国首个航天日），经中央批准、中央编办发文，在原航天 707 所、710 所等五家具有数十年历史的正局级事业单位基础上，中国航天第十二研究院正式重组成立，历史性地肩负起了"建设钱学森智库，支撑航天、服务国家，成为军民融合

产业平台建设的抓总单位"三大使命。这三项职能既服务于党和国家高层亟须，又支撑航天强国、海洋强国、网络强国三大战略，还要面向经济社会发展，最终统一于实施军民融合国家战略。

使命之一："建设钱学森智库"，就是要传承钱老在美国奠基、在中国航天实践的一系列智库"撒手锏"，打造智库基础设施、发展规则，服务党中央、国务院、中央军委决策亟须，为治理体系和治理能力现代化，发挥不可替代的关键作用。截至 2015 年年底，中国已经有 435 家智库，在数量上已经成为全球第二智库大国。在中宣部提出控制智库数量、提升质量的大背景下，中央编办批复成立中国航天十二院，有其重大的现实考量和深远的历史逻辑。钱学森作为我国航天事业的创建者、规划者、实施者、领导者，用一整套的智库理论方法、技术工具，指导我国航天事业取得了一系列辉煌成就。钱老把在美国 20 年奠基的智库思想，在指导中国航天 28 年当中，不断丰富完善，并取得辉煌成就。中国航天十二院是钱学森智库思想的第一继承者和实践者。20 世纪 80 年代起，钱老作为十二院前身的第一任领导（第二任宋健同志），在十二院开展了近 30 年的研究，创建了系统工程的中国学派，这是他毕生追求、倾力打造的中国人自己的"撒手锏"，并由此衍生一整套智库基础设施，解决了从中央到地方决策支持的亟须，为国民经济、国防建设的全局性、复杂性、系统性问题决策提供了支持，是我们的核心竞争力。这一体系将亟须为推动国家治理体系和能力现代化提供有力的技术支撑和方法论支持，也定能为企业的发展提供高质量的智力支持。

使命之二："支撑航天、服务国家"，就是要巩固在航天领域的"情报总体、信息化总体、自动化总体、指挥控制总体"四大总体地位，推广到党和政府以及军委各级领导机关、军兵种、战区、地方及企业的发展当中，勇挑重担、建功立业。一提到航天，人们往往想到的是"两弹一星"、载人航天、探月工程、战略导弹、各种卫星等，其实这些只是航天看得见、大型化的硬件。这些硬件要其相应的信息系统，才能正常运转。没有通信网络、信息系统以及一系列智能化的配套设施，硬件只能是摆件。十二院恰恰在这方面发挥了"大总体"作用，特别是中国航天事业刚刚步入第二个 60 年，过去的航天器大、笨、重的形态将会发生革命性变化，未来航天器将由集中式逐渐变为分布式，逐渐向微型化、组合化的小飞行器方向发展。例如小卫星组网，建设分布式的覆盖地球的星座。而这离不开顶层谋划、系统设计，离不开高度智能化的通信网络和测控手段，十二院将继续在这些方面发挥更大的作用。

使命之三："成为军民融合产业平台建设的抓总单位"，就是要以航天高技术转移应用为抓手，推动尖端技术与常规技术集成应用、产业化发展。2016 年是中国航天事业创建 60 周年。60 年前，党中央面对我国受帝国主义围堵讹诈的严峻形势，做出了集中有限资源，优先发展军用航天、尖端武器的战略抉择。但航天的意义，远远不限于此。特殊历史时期已经成为过去，在全球航天经济达到 3300 亿美元的今天，商业航天已经是大势所趋。由于多年来我国军民融合发展的思想观念、体制机制、政策法规滞后，中国航天仅仅发挥了局部的、间接的、点状的"溢出效应"。"现实如此，并非理应如此"，中国人民养育了中国航天，中国航天必须回馈和反哺中国人民。今年晚些时候，航天的管理体制可能要恢复以前军民一体的高层统管体制，这也为中国航天技术从尖端常规，服务民生创造了必要的体制保障。党的十八大以来，以习近平同志为总书记的党中央从统筹全局的战略高度，以前所未有的胆略和勇气，将军民融合发展上升为国家战略，吹响了富国和强军相统一的号角。"成为军民融合产业平台建设的抓总单位"，就是中央赋予十二院在产业层面开展军民融合的"试验田"，也是十二院成立的初衷。十二院将会用好国家赋予的"军民融合促进中心"等平台，推动航天技术向现实生产力转化，坚持"政府搭台、企业唱戏、航天推进、民众受益"方针，建设专业的技术交易、成果转化、资本积聚、产业孵化平台，联合广大民营企业，以航天技术辐射带动企业技术改造、品牌升级，让更多航天产品与服务充分涌现，为培育新需求，创造新供给、引领新常态发挥更大作用。这是军民融合发展的能量之基、动力之源，也是十二院必须走下去的强院之路、兴院之道。

（二）四大优势，重塑军民融合示范省

发挥十二院的优势，助推山东建设军民融合示范省，是山东省委领导对十二院的谆谆嘱托，是山东省发展和改革委员会及六个地市对我们的殷切期盼。2016 年 6 月 23 日，省委书记、省人大常委会主任姜异康、副省长张务锋与十二院主要领导会谈。姜异康书记表示："山东的军民融合发展，十分需要十二院的高新技术、高级人才、高端平台支持，省委、省政府将全力以赴，为十二院全面服务山东省经济社会发展搭好台、铺好路，实现双方共同发展、互利共赢，为山东打造全国军民融合深度发展的示范省发挥临门一脚的作用"。为落实好异康书记讲话精神，山东省发展与改革委员会与十二院签订了战略合作协议。6 月至 7 月，十二院领导和技术团队赴青岛、淄博、烟台、威海、临沂、莱芜六个市进行考察交流，各市主要领导高度重视，都亲自会见或出席会谈，安排市政府分管领导和相关部门与十二院进行交流洽谈。在此基础上，十二院与各市分别签订了战略合作协议，在多个领域达成初步的项目合作意向，部分已取得重要进展。

十二院具备别人不具备的四大优势：

一是高端人才的"集聚区"。十二院的三支高端人才队伍，由 80 余名两院院士、高

级将领、高层领导、知名企业家组成的钱学森顾问委员会；由150余名长江学者、千人计划专家、国家杰出青年专家组成的钱学森创新委员会；由多学科博士后、研究生组成的创新团队。这三支队伍为各家企业招才引智，运用钱学森智库做好顶层设计、推动军民融合，提供了源源不断的新鲜动力。

二是平台资质的"双高地"。十二院拥有武器装备科研生产许可证、国防武器装备科研生产一级保密资质、涉密信息系统集成资质等整套军工资质；是国家级"一会三盟"（中国网信军民融合促进会、国家两化融合创新推进联盟、中国卫星全球服务联盟、中国电子商务联盟）的依托单位，是航天军民融合促进中心、航天大系统论证中心、航天软件评测中心、航天知识产权中心、航天育种中心等行业级平台的依托单位。共计有国家级平台8个，行业级平台近50个，各类资质20余项，期刊和出版物17个。这些独有的平台和资质，特别是完备的军工资质，为各企业参与军工科研生产、拓展军口市场，提供了关键性的"入场券"和独特通道。

三是尖端技术的集散地。十二院长期积累并独有的3.7万项航天专利技术，以及辐射到六大军工行业、十大军工集团的17万项专利技术。国家、国防科工局、航天科技集团公司通过建在我院的"军民融合促进中心"，全权赋予我们转移转化的使用权。这些近20万项过去只能运用在航天和国防的尖端技术，现在通过十二院，有了服务于企业技术改造、产业转型、品牌升级的可能，一定会成为各家企业转型跨越的新引擎。

四是产业资金的倍增器。包括中国航天科技集团公司赋予我们300亿元航天产业化基金，用于支持航天技术转化，以及我院联合中邮保险设立的1000亿元转化基金。这些产业化的资金是跟着十二院航天技术转移项目走的，项目到哪里，资金就到哪里，这为我们双方联合推动航天高技术产业化提供了重要的资金保障。

（三）四种能力，源自尖端、用在常规

一是"大数据"精准推进能力，打造情报支持专项工程。具备数据推进和知识发现能力，以"钱学森数据推进实验室"为重点，建立了"人机结合、人网结合、以人为主、数据驱动"的情报推进一体化平台，具备大数据环境下的情报采集、知识发现、情报获取、综合推演能力，实现传统情报和知识业务的智能化，成功打造了面向中央、中央军委、国防工业的多项重大品牌和重点情报专项工程。

二是"天空地"信息集成能力，打造智慧系列专项工程。具备信息化总体设计、总体集成能力，"天空地"一体化信息集成能力，卫星导航、遥感、通信综合应用能力，面向国家网信办、各级政府、大型企业及军委各大战区、各军兵种、战略支援部队，成功

推进了智慧城市、智慧园区、智慧企业、智慧工厂、智慧基地等一系列智慧专项建设。

三是"跨维度"晋级提升能力，打造复杂系统提升工程。基于系统科学与工程的基本框架，运用总体设计部理念，具备了跨部门、跨行业、跨学科、跨层级统筹设计和提升能力，推动复杂系统从"不满意状态"到"最满意状态"的晋级提升，解决"重大战略、重大政策、重大工程"等复杂性决策问题。综合集成仿真与演示实验室、钱学森数据推进实验室、工程科技知识中心等方法工具体系，实现了高性能的政策建模仿真工具、高友好的人机协作决策支持系统，为治理体系和治理能力现代化提供了重要的技术支持。

四是"全链条"集成创新能力，推动航天高技术产业化。依托"军民融合促进中心"拥有的近4万项专利技术使用许可权限，广泛对接各领域、各行业应用需求，统筹推进航天专利技术成果的二次开发、中试熟化、产品推广、产业化等工作，实现创新链、产业链、资金链的综合集成、对接融合；推进航天主体的科普教育、文化创意产业，为落实国家科技创新与科普教育两轮驱动的战略提供航天经验，培育壮大新产业、新业态，形成我院发展新的增长点。

（四）三条路径，助力企业发展开新局

第一条路：打造技术转移、产业孵化的标杆项目群。

中国航天军民融合促进中心拥有三项主要职能："航天（国防）系统和地方之间军地技术双向转移的平台""航天（国防）系统和地方之间信息交流、人才交流的窗口""地方企业参与军工科研生产的独特通道"。我们将充分运用"中国航天军民融合促进中心"这一平台，着力做好技术发布、军地对接、技术交易、产业孵化、人才培养、咨询服务各项工作，梳理近3.7万项航天专利技术，主动发布技术优势明显、市场前景好的技术成果，供企业选择，并提供专利技术公开挂牌、竞价转让等服务。

同时，精准对接企业需求，以"投资+孵化"为主路径，着力推进航天技术产业化。包括选择有技术需求和转化条件的企业承接转化项目，与有条件的企业共同孵化"专精特新"为特点的小微企业，获取股权收益。联合相关天使投资、创业投资机构合作建立"转化种子基金""转化风险投资基金"及专业化的管理团队。

对这一路径的主要实施设想包括：一是确定方向、发布指南。十二院依托专利技术信息资源库，确定符合政策导向、技术优势明显、市场前景广阔的技术转化主题，面向各家企业发布指南，征集技术转化项目方案和实施单位。二是评审方案、遴选企业。针对征集到的转化方案，评估其技术可行性，以及企业能否提供内源性融资等基本条件，确定合理的转化方案与实施企业。与实施企业签订专利使用许可及技术转化协议，授予

实施企业一定范围的专利使用权，委托其实施转化，并从"军民融合产业发展基金"中给予一定支持。三是二次开发、产业孵化。实施企业根据协议对专利技术进行二次开发和关键技术攻关。如双方有意向，军民融合促进中心可与项目实施单位合资成立小、微企业（以知识产权作价入股或货币投资入股），引导企业向"专精特新"的方向发展。四是中试熟化、风险投资。对于完成了二次开发、形成产品原型、开展市场试销与迭代熟化的实施单位，针对其开拓市场、改进产品、扩大生产的资金需求，积极推动"中邮保险产业化基金"予以支持，同时，可争取从外部引入多方风险投资。五是产品推广、上市融资。对于产品已获得市场认可、具有较强竞争力、稳定市场份额和盈利水平的转化企业，针对融资需求，推动开展知识产权质押融资，或通过发行债券、以知识产权证券化等方式进行融资。已经成功孵化企业的，积极推动企业在创业板、新三板等上市挂牌。

目前，基于这一模式，十二院联合宁夏有关企业，成功推动了"航天气动技术"实现转化，打造了"等离子点火工程"等应用项目，应用于宁夏宁东煤化工基地的多家电厂，并成功孵化了"航天神洁（北京）环保科技有限公司"，实现年产值2亿元左右。目前十二院正在与内蒙古有关企业合作推进的航天等离子煤制乙炔工程，也即将成功转化，实现规模化运营。

第二条路：开展服务企业、造福地方的创新性示范。

十二院依托钱学森智库，发挥"情报总体、信息化总体、自动化总体、指挥控制总体"的航天四大总体优势，为企业的战略重塑、技术改造、品牌升级、市场拓展提供全方位的服务，把十二院的技术优势和地方企业的优势有机结合起来，面向地方发展，联合拓展军品、民品市场。

——运用"大数据"精准推进能力，实现企业从"数据到决策"的转变。运用"基于大数据的科技智库系统"，帮助企业实现海量科技情报数据的采集、存储、溯源、分类、检索、分析等，大幅提升企业在大数据环境下的情报精准获取与决策支持能力。

——运用"天空地"信息集成能力，打造"智慧企业"，联合企业开展"智慧城市""智慧园区"建设。依托十二院信息安全平台一体化解决方案能力，服务于广大企业生产网络、制造网络、测试平台与涉密信息系统的互联互通需求（核心产品："工业控制系统ICS多级控制传输平台""天目神盾文件交换光盘刻录监控与审计系统""安全移动终端服务平台""多元数据融合处理平台"等信息系统及安全类产品）。依托十二院"天空地一体化"信息集成、卫星综合应用能力、全景式、全畅通综合指挥系统建设能力，与企业联合申请、联合攻关地方政府智慧城市建设项目（核心产品："一车一站一中心"卫星应用机动系统、微波中继数据链系统、多模式一体化通信系统等核心产品）。

——运用"跨维度"晋级提升能力，服务企业战略重塑、流程再造。运用"面向综合管控的智能决策分析系统""基于系统工程的社会重大问题决策支持系统"，支撑企业在财务金融、经济运行、产业发展走势方面的管理决策。

——运用"全链条"集成创新能力，联合打造航天科普和文化创意产业园区。用好地方政府对发展公益性文化事业给予的土地使用方面的政策、资金倾斜，与当地企业开展合作，以园区建设为核心，以"航天梦工厂"为特色，搭建虚拟化的"航天员训练""火箭发射""太空遨游"等虚拟体验环境，打造科普、娱乐、绿色（太空搭载）、动漫于一体的产业集群，在航天文化创业产业方面创造新供给、培育新需求。

第三条路：运作军民联合、总体集成的国家级工程。

运用各项军工资质、依托"军民融合促进中心"的平台，为各企业参与军工科研生产、拓展军口市场，提供"入场券"和新通道。特别是发挥十二院的总体集成作用，精心选择契合双方战略、带动双方发展的主攻方向，与各家企业一道，瞄准国防科工局、中央军委、各军兵种、各战区，联合攻关和运作重大项目，以大思路带动大发展，力争在关键领域占有一席之地，取得别人无法撼动的领跑地位。

当前十二院正面向未来，积极运作别人没有想过、没有做过的国家级工程，许多已经取得了突破性进展。希望联合更多企业的力量，推动这些重大工程在国家立项。

案例一：打造"低慢小"监测防御国家工程与项目群。面向大型城市、重点区域、典型建筑，对"低慢小"目标飞行器监测管控的需求，积极推动"低慢小飞行器"防御关键技术与装备专项工程在国家层面立项，并力争作为抓总单位开展工程实施，整合军民领域科技资源，在"低慢小"目标飞行器监测、识别、拦截、打击等一系列的理论问题、关键技术上实现整体突破，产出一批装备体系，形成全天候、全天时、广覆盖的"低慢小飞行器"自动防御能力，并面向全国重点城市推动规模化应用。

案例二：打造"网控南海复杂信息系统"国家级工程。针对我国南海面临的日益复杂严峻的国家安全和军事斗争形势，积极推动"网控南海复杂信息系统工程"在国家层面立项，运用我院开发的"分布式网络化对空探测与识别系统""大翼展太阳能无人侦察机""基于海上浮标传感器的分布式反潜系统"等技术，开展技术集成应用与防御工程建设，形成对南海空域、海域、水下目标的大范围实时探测能力，为我国南海海域侦察、探测和管控提供强有力的技术手段。

案例三："新一代战伤医疗信息化保障系统"项目群。面向各军兵种、战区，建立战伤救治卫星天基信息化平台，推动"多模生物电传感器"技术和天基通信技术有机结合，实时采集回传官兵身体健康数据及前线战伤数据，形成信息共享、互联互通、跨域应用的卫星天基战伤移动医疗综合服务能力，促进我军远程医疗、战时救治、火线抢救质量提升。

"未出土时先有节，待到凌云更虚心。"这是钱老最喜欢吟诵的诗句，也是他一生的真实写照。中国航天虽站在无数个辉煌成就的高起点上，但始终不忘人民期盼，牢记回报人民的根本使命。我们有幸经历军民深度融合、实现富国和强军相统一的伟大时代，必须坚定信心、用好机遇、用足政策，不遗余力推动钱学森的系统工程思想成为军民融合发展的指导思想。让我们携手共进，让中国航天十二院的一系列"撒手锏"化为"兴军富民强省"的新引擎，在关键时刻发挥不可替代的关键作用，不断迈向军民融合发展的新高度！

推动生态文明建设迈向新高度

薛惠锋

2016 年，是中国航天事业创建 60 周年。就在这一年，我们实现了神舟飞船与"天宫二号"的交会对接，实现了长征五号的顺利发射。这些举世瞩目的成就，让我们不得不缅怀中国航天事业的奠基人，百年不遇的一代宗师——钱学森同志。在绝大多数人心目中，钱老是中国航天的奠基人。但人们所不熟悉的是，20 世纪 40 年代，他在加州理工学院从事空气动力学、航空工程取得的研究成果，就已经使他蜚声世界。钱老在美国的 20 年期间，在世界科技前沿，取得了"五个第一"的重大突破。他第一个促进火箭喷气推进技术运用到航母舰载机，大大提升了美国空军的战斗力，为世界反法西斯胜利做出了贡献。他为美国军方撰写了《迈向新高度报告》，第一个勾画美国空军 50 年的发展蓝图，从根本上影响了未来战争形态。他第一个提出"火箭客机"的概念，为世界首个航天飞机的诞生奠定了理论基础。他第一个提出"物理力学"，对于量子力学、应用力学、原子力学发展起到了重要的促进作用。他第一个提出了"工程控制论"，为系统工程的诞生奠定了基础。在 1960 年召开的国际自动控制联合会代表大会上，与会代表齐声朗诵《工程控制论》序言中的名句，以表达对钱学森的敬意。

钱学森在中国航天的 28 年，以超人的胆略和气魄，推动了航天事业发展的"三大飞跃"。他推动了中国导弹从无到有、从弱到强的关键飞跃，把导弹核武器发展至少向前推进 20 年；他推动了中国航天从导弹武器时代进入宇航时代的关键飞跃，让茫茫太空有了中国人的声音。他最早推动载人航天研究与探索，为后来的成功作了至关重要的理论准备和技术奠基。

钱学森最后的 30 年，致力于开展系统工程研究，开创了"系统工程中国学派"，并以社会系统工程为主要应用领域，取得了经世致用的效果。20 世纪 80 年代，钱学森开启了创建系统学、建立系统科学体系的工作，提出了开放的复杂巨系统理论。他预测了 21 世纪的三次产业革命，指明了人类第二次文艺复兴的光辉前景。恰恰是钱老最早提出了生态文明的思想、永续发展的理念，开创了"环境系统工程"的方法，并始终如一、不遗余力地倡导。

钱学森总结和发展的一整套系统工程的"撒手锏"，铸就了今天"钱学森智库"的基础设施，它跨越时空、超越国界、富有永恒魅力、具有当代价值，是名副其实、当之无愧的中国创造。传承钱学森思想，对推进生态文明、建设美丽中国，具有重大的现实意义。

一、钱学森超前时代的生态理念

钱学森的生态文明理念，源于他在社会系统工程领域的长期实践。他最早倡导将"地理建设"，也就是今天的"生态文明"纳入社会主义文明建设的总布局；他最先提出永续发展的理念，为资源永续利用、文明永续发展写入党的纲领提供了理论奠基；他最先提出"环境系统工程"，为运用系统工程治理"山水林田湖"这一生命共同体开展了最早探索。钱学森的这套思想，必将在今后很长一段时间内，为"生态文明"建设提供源源不断的理论滋养和方法支撑。

（一）首创"生态文明思想"

钱学森创造性地提出"地理建设"，将其上升到"社会主义文明建设"的高度，作为物质文明、精神文明、政治文明不可或缺的重要基础。1989 年，钱老撰写了《地理科学的内容及研究方法》一文，在当时已提出的物质文明、精神文明两手抓的基础上，不仅首次提出了"社会主义政治文明"的概念，比党的十六大早了 13 年，还提出了"社会主义地理建设"的思想，即社会主义文明建设的环境建设。钱老认为，地理建设包括资源考察、能源建设、水资源建设、环境保护和绿化、气象事业、防灾等，这是"其他三个文明"的环境基础，环保生态问题也属于地理建设的范畴。钱学森指出，建设社会主义的"三个文明"，必须把它的基础条件——环境建设搞好，否则，持续稳定协调发展就很难，"物质文明、精神文明、政治文明、地理建设是相互联系的统一体，共同构成一个文明——社会主义文明建设。"今天看来，"地理建设"的本质就是"五位一体"中的生态文明。在党的十八大将"生态文明"纳入"五位一体"总布局之前的 20 年，钱学森就认识到"生态文明"是关系人民福祉、关乎民族未来的长远大计。他强调："地理建设要有长远观点，要看一百年、二百年、五百年，在共产党领导下的中华儿女一定要搞社会主义地理建设。"钱学森的这些观点，与习近平总书记提出的"生态环境保护是功在当代、利在千秋的事业""保护生态环境就是保护生产力、改善生态环境就是发展生产力的理念"的理念殊途同归、不谋而合。

钱学森提出将"国家环境管理"上升到和经济建设、国防建设、文化建设同等重要的高度。早在 1982 年，钱学森在其《我们的国家功能结构体系——再谈社会工程》一文中，把"国家环境管理"作为"物质财富生产、精神财富的创造、行政组织管理"等八大国家功能的其中一项。他认为"国家环境管理"包括生态平衡、环境保护、资源和能源、地质、气象、地震、水文、海洋、废旧物资回收利用等。这已经远远超出环境保护的范畴，比当时国家推行的环保政策更全面、更系统、更先进，目的是在改造自然环境、使之适应我们生产和生活要求的同时，遵循科学规律，达到人与环境的协调运行。可以说，钱学森是最早建议国家，把系统看待环境、科学管理环境、有序开发环境作为基本国策的，也是最早建议国家把生态文明建设放在突出位置，融入经济、政治、文化、社会建设各方面和全过程的。

（二）首倡"永续发展理念"

钱学森着眼十几亿人口的长远福祉，为"中华民族永续发展"上升为国家意志奠定了思想基础。1983 年 9 月，钱老致函时任国务委员宋健同志，提出他对综合利用自然资源和回收利用废旧资源的建议。他说："我多年一直注意两种资源的综合利用问题。目的一是使我国有一个优良的生态环境；二是使我国 11 亿人口的大国资源永续。"1984 年，他在"全国生态经济科学讨论会"上作了《生态经济学必须关心长远的环境问题和资源永续》报告，提出："我们要考虑现在和子孙后代，就是考虑资源怎么不断为人类利用，做到永续利用的问题"，前瞻地提出："三废"（废气、废水、废渣）不是废，恐怕是宝，是送到我们家门口不需要开采的资源，不用，它就成了公害；充分利用"三废"是我们社会主义经济的一个组成部分。直到后来，党的十七大报告提出"努力实现以人为本、全面协调可持续的科学发展"，党的十八大报告提出"努力建设美丽中国，实现中华民族永续发展"，再到 2016 年，"发展循环经济"成为中央推行的国策，正是在钱学森等有识之士"先知先觉"，并一以贯之地宣传倡导下，逐步深入人心，并上升为国家战略的。

（三）首提"环境系统工程"

钱学森认为地球表层是个"开放的复杂巨系统"，要用系统工程方法推进环境的开发和保护。1983 年，钱老发表《保护环境的工程技术：环境系统工程》一文，强调研究生态环境，要运用系统思维，扩大到人类所能到达的"地球表层"的范围，把地球表层的非生物、生物和人看作一个"开放的复杂巨系统"来管理。一方面，它是开放的，同宇宙空间有物质交换，接受外来电磁波、高能粒子、尘埃，并通过引力影响天体运动；另一方面，其本身有着层次复杂、种类繁多、相互依存、相互影响的无数子系统，特别是有"人"这一最为复杂的因素的介入。因此，要管理这个复杂系统，要靠系统工程的理论方法技术。今天，习近平总书记强调"环境治理是一个系统工程"，强调"山水林田湖是一个生命共同体"，正是用开放的复杂巨系统理论推动生态文明建设的生动体现。

他强烈呼吁从国家层面统一领导、统筹管理，以更大决心、更大气力推进环境工程。1982年，钱学森在《我们的国家功能结构体系———再谈社会工程》一文中指出：大家对环境问题是重视的，国家也已经有了环境保护法。但是事到如今，国家负责环境管理的行政机构似乎还不够健全，无法执行已经通告实行的环境法律；缺漏的有关环境、生态保护的其他法令也迟迟不能及时制订颁布，原因可能是个认识问题。我们要加强宣传，使得环境问题在党和国家的计划中，尽早排上队。他建议，"应设立国家再生资源委员会，来进行宏观筹划管理，同国家计委、经委、教委一样。试问，连语言文字工作都设立国家委员会，那为什么不能设立国家再生资源委员会呢？不然，到21世纪，我国生产还要几十倍、成百倍地增长，情况何堪设想！"30多年来，从国家环境保护局、环境保护总局到环境保护部的不断升级，到正在推开的"省级以下环保执法垂直管理"，钱老着眼长远的战略思维、真挚深厚的为民情怀，已经转化为建设美丽中国的强大共识和行动。

二、用钱学森智慧重塑生态文明

运用系统工程为核心的"钱学森智库思想"，从"太空高度"审视地球环境，用"太空技术"服务地面发展，打造"绿色格局"、培育"绿色动能"、点亮"绿色生活"、构筑"绿色屏障"，为推进生态文明、建设美丽中国提供技术支撑和方法论支持。

（一）总体设计、系统推进，打造"绿色格局"

总体设计部是系统工程的运作实体，是钱学森智库思想的核心与精髓。我国航天事业之所以能够用很短的时间，突破了规模庞大、系统复杂、技术密集、风险巨大的大科学工程，取得他国难以取得的大飞跃，总体设计部发挥了关键性的作用。面对复杂工程系统，钱学森创立了总体设计部这一实体组织，充分发挥其顶层设计、过程控制、综合集成的作用，将工程目标转化为成千上万参与者的具体工作，再把这些工作综合为技术上合理、经济上合算、工程上可靠的有效运转的系统。周恩来对钱学森说："学森同志，你们那套方法可以介绍到全国其他行业去，让他们也学学。"李克强总理在参观中国航天时，也表达了同样的看法。两位不同时代的总理，来到航天都感到有成就、有办法，感到腰杆能挺直，感到有必要把航天的系统工程应用到到经济社会的方方面面。钱学森在总结航天系统工程的基础上，形成了社会系统工程，并由此提出"国家总体设计部"的设想，得到了党和国家领导人的高度重视。钱老一生谦恭，从不自诩，但对于总体设计部，他自豪地称之为"中国人的发明""前无古人的方法""是我们的命根子"。

推动"生态文明"建设，是一项涉及因素众多、利益复杂交织的庞大系统工程，必须依靠总体设计部支持。建设生态文明，需要平衡不同地域、不同部门、不同行业、不同领域的需求，矛盾很多。无论是划定生态空间红线，还是严格市场准入红线，无论是严守土地利用红线，还是强化责任约束红线，都需要摈弃"中心论"，运用"系统论"，不以任何一个局部的最优为目的，权衡轻重、照顾各方，求得对国家、对部门、对地方、对当前、对长远都有利的方案。只有运用总体设计部，统一领导、统筹谋划、系统推进，才能谋取全局最优、推动综合提升，形成"1+1>2"的总体效应，打造人口、资源、环境发展相均衡，经济、社会、生态效益相统一的绿色发展新格局。

运用总体设计部推动生态文明建设，必须宏观和微观相结合，离不开"从定性到定量的综合集成法"。20世纪80年代末到90年代初，钱学森先后提出"从定性到定量综合集成方法"及其实践形式"从定性到定量综合集成研讨厅体系"，使总体设计部有了可操作且行之有效的方法体系和实践方式。从方法和技术层次上看，它是"人机结合、人网结合、以人为主"的信息、知识、智慧的综合集成技术。有这套体系，能够实现"跨层级、跨地域、跨系统、跨部门、跨行业、跨领域"的综合集成与统筹设计成为可能，进而实现政策系统、工程系统、社会系统从"不满意状态"到"最满意状态"的综合提升，这是"钱学森智库"的实践核心，也是统筹土地利用、产业发展、城乡平衡、考核约束等各方面，打造"绿色格局"的科学利器。

（二）尖端技术"上天落地"，培育"绿色动能"

当今世界，航天是科学发现最活跃、尖端技术最集中、产业带动最强劲的领域。从"太空高度"审视地球环境，用"太空技术"服务地面发展，必将引发人类生产方式、生活方式、社会形态的颠覆性变革。钱学森说，"实现宇宙航行，是科学史上的一个最重大实践。在此之前，人类都是在地球上观察和研究自然。今后就可以在一个新的立足点上研究自然和宇宙，这样必然会出现一个科学技术上的大发展、大创造的时期。"进入21世纪，航天科学技术对各领域、各行业的辐射和带动催生了太空经济。早在2007年，美国宇航局就提出"太空经济"时代已经来临。美国航天基金会发布的《2016 太空报告》显示，2015 年全球太空经济产值已达到 3290 亿美元，其中商业板块的收入占据 3/4 以上。从国内看，我国已经有近 3000 项空间技术成果应用于资源管理、气象预报、环境保护、防灾减灾、应急救援、位置服务、远程通信、安保反恐等国民经济各个领域。航天技术已经成为培育新需求、创造新供给、发展新经济的新引擎。

推动航天技术"上天落地"，实现"蓝色技术"净化"黑色能源"，"蓝色产业"壮大"绿色经济"，是实现永续发展、建设美丽中国的必然选择。绿色发展是科技革命和产业变革的形势所迫，是引领经济新常态的大势所趋。在这方面，航天技术的落地和转移应用，已经展现出广阔前景和显著效益。在此，仅以"航天等离子技术"应用于煤制乙炔为例，展现其对煤炭资源集约利用、实现低碳绿色发展所发挥的颠覆性作用。一是产业模式的颠覆性。乙炔是极其重要的化工原料。从塑料到纤维，从飞机到手机，乙炔应用十分广泛，有着"有机化工之母"的美称。煤制乙炔是近年来发展清洁低碳煤化工的重要方向。特别是近两年来，全球石油价格暴跌近 70%，导致"煤炭气化"为龙头的煤化工行业几乎没有利润可言。因此，大力推动煤制乙炔工程的产业化，将有力促进煤炭从"燃料"向"原料"的转变，实现多用煤、少烧煤，具有低能耗、低排放、低污染的特点，必将引领我国煤炭利用与消费革命。二是增长动力的颠覆性。近年来，山西、黑龙江等能源大省相继陷入"资源诅咒"怪圈，经济"断崖式"下滑十分普遍。实现资源型经济转型升级，根本上靠创新驱动发展。等离子体裂解煤制乙炔这一技术的运用，将大大提高传统煤炭行业的技术水平和附加值，促进资源型地区经济增长的动力转换、速度提升、结构优化，实现"高碳资源、低碳发展；黑色煤炭、绿色发展"，三是技术原理的颠覆性。目前，乙炔生产主要靠石油裂解方法。我国是富煤、贫油国家，石油裂解非长久之计。中国航天运用源自航天气动领域的等离子技术，在裂解劣质煤制乙炔等方面开展研发并取得重要突破，已经实现了乙炔短流程、高效率、低能耗的综合制备与利用。这是中国航天独有的"撒手锏"技术，也是航天尖端技术服务生态文明建设的实践典范。

（三）虚拟体验"天人合一"，点亮"绿色生活"

地球是人类的摇篮，但人类不会永远生活在摇篮，必将挣脱引力束缚，开创全新的太空文明。自 1957 年，人类第一颗人造地球卫星发射，宇宙空间就成为陆地、海洋、空中之后，人类足迹到达的新疆域。面向未来，人类一定会顺应商业航天的大趋势，走出地球摇篮，在茫茫宇宙找到新的家园，引发人类文明又一次重大飞跃。因此，航天不仅仅是一个行业，而是经略宇宙、实现人类文明迈向新纪元的一扇窗口。太空得天独厚的位置资源、理想洁净的环境资源、取之不尽的矿产资源，使各国经济、政治对太空的依赖性与日俱增。在卫星联通全域、飞船俯瞰全球、进入空间日趋频繁、宇宙航行曙光初现的今天，人们得以用全新视角去探求自然和宇宙的规律，"天人合一"的梦想，也正在成为触手可及的现实。

将人类迈向太空的"心理需求"转化为"消费需求"，发展"太空体验"工程，将成为塑造"绿色生活"、增进"绿色福祉"的重要支柱。随着技术的进步，旅游产品正在由"观光式"向"体验式"转型，由"服务型"供给向"互动型"供给转变。以"体验"为主要供给的经济，是继农业经济、工业经济和服务经济之后的新经济形式。传统观光式旅游，仅仅依靠自然资源或历史遗产，为游客提供一种游览的满足感；体验经济时代，旅游者对体验的需求日益高涨，人们不再满足于大众化的旅游产品，而渴望追求个性化、情感化、参与式、互动式的旅游经历。"太空体验"这一全新形式，就是将"火箭发射"到"星际飞行"的全流程，在地面进行虚拟再现，打造参与式、互动式、科普式、娱乐式的"航天梦工厂"，充分释放未来航天文明的集聚效应，以"探索浩瀚宇宙、体验天人合一"为主题，唤醒人们的个性化价值需求，打造"观光、休闲、体验三位一体"的绿色旅游新业态。

（四）环境监测"天地一体"，构筑"绿色屏障"

环境保护是绿色发展的屏障、生态文明的藩篱。得益于卫星导航、遥感、通信技术的发展，"天地协同"的监测系统，为构建保护、治理、监管"三位一体"的"绿色谱系"发挥了不可替代的关键作用。无论是开展保护攻坚战、构筑绿色"防护林"，还是打好治理组合拳、构筑制度"防波堤"，还是用好执法"撒手锏"、构筑监管"防火墙"，都离不开天基系统对山林、水源、大气、土壤、耕地全天候、全天时的监控。以水资源监测为例，通过卫星遥感数据的快速获取、更新和遥感影像的分析，能够实现五大功能：一是水资源监测平台，实现地表水体动态监测、水文地质调查、湿地资源调查、水资源评价等功能。二是水环境监测平台，能根据水体污染物的光谱特性分析遥感影像，快速评估水体污染类型、分布范围，实现对水体富营养化、悬浮固体、油污染、热污染的监测，为环境、水利、交通、航运等部门提供决策支持。三是水土保持监测平台，对植被覆盖度、土地利用情况、土壤侵蚀情况动态监测。四是水利工程监测平台，为工程选址提供地形、地貌、岩性、土壤、植被信息等遥感影像数据，并实现工程进度监测、工程效益评估等功能。五是防洪抗旱监测平台，实现基于遥感影像的洪灾监测、旱情监测、灾后评估。

三、十二院助力生态文明开新局

2016 年，在我国首个航天日（4 月 24 日），经中央批准、中央编办发文，在原航天 707 所、710 所等五家具有数十年历史的正局级事业单位基础上，中国航天第十二研究院正式重组成立。中央赋予了十二院"建设钱学森智库，支撑航天、服务国家，成为军民融合产业平台建设的抓总单位"三大使命，是中国航天的六大总体，即智库总体、情报总体、数据总体、自动化总体、网络与信息化总体、军民融合产业化推进总体。十二院作为钱学森思想的第一传承者，钱学森智库的第一践行者，将充分发挥独有的核心竞争力、独特的品牌影响力，为生态文明建设不可替代的关键作用。

（一）钱学森智库支持，谋划绿色发展

十二院独有的"钱学森综合集成研讨厅"，在长期支撑国家重大决策中，发挥了不可替代的关键作用。特别是构建了机器体系、知识体系、信息体系、专家体系、模型体系有机融合的决策支持系统，为载人"飞船方案"的提出，以及《中国的航天》白皮书、航天科技工业历次五年规划的编制提供了重要支撑，是航天发展的"大总体"和"策源地"。作为中央财经领导小组唯一一家工程科技类支撑单位，率先将系统工程运用于中国宏观经济及人口政策的决策，获得了国家科技进步奖一等奖，形成了在社会系统工程领域不可撼动地位。十二院的钱学森智库基础设施，能够为各地打造"人口资源环境相均衡、经济社会生态效益相统一"的绿色发展新格局，提供高质量的智力支持。

（二）天空地信息集成，实现智慧环保

十二院在长期支撑航天重大任务的过程中，具备了"天空地"一体化的信息集成能力，以及卫星导航、遥感、通信综合应用能力，积极推进智慧城市、智慧园区、智慧工厂、智慧基地等智慧系列专项建设，面向宁夏、安徽、山东等地的需求，推动了安监、环保、政务、应急等多个领域治理模式的创新，获得了中央有关领导的充分肯定。是我国第一台大型计算机的应用单位，开通了我国第一条国际互联网专线，建设了我国第一个实现全国联网的计算机网络，为载人航天、探月工程、各型卫星发射等重大任务提供了全方位的测控、通信保障。十二院能够充分运用"天空地"通信集成能力，将以数据

推进为核心，打造"天空地海"一体化感知、全方位监控的智慧环保新模式。

（三）全方位技术转移，助力低碳发展

十二院作为航天"军民融合促进中心"，拥有近 3.7 万项航天专利技术使用许可权限，是"尖端"技术转移应用的集散地。十二院广泛对接各领域、各行业的应用需求，发挥大总体作用，按照"政府搭台、航天推进、企业唱戏、民众受益"的思路，实现创新链、产业链、资金链的综合集成、深度融合，服务地方经济发展。已经在安徽、江苏等地建立了转移中心，用源于航天等离子技术，推动"煤制乙炔""固废处理"工程，服务于宁夏、内蒙古等地的多个资源型城市转型升级。十二院将发挥好军民融合发展抓总单位的作用，推动"太空技术"运用到推进生态文明、建设美丽中国的方方面面。

（四）互动式太空体验，重塑旅游业态

十二院联合优势企业，正在打造以"航天体验"为核心的文化创意、科普教育等产业，实现参与式、互动式、沉浸式的"航天梦工厂"。通过实现航天员训练体验、火箭发射体验、飞船舱内体验、太空漫步体验、星际穿越体验等现实和虚拟体验项目，力争对标深圳"世界之窗"在改革开放初期的巨大影响，打造全国领先的"航天之窗"，为重塑旅游业态、增进绿色福祉提供强劲动力。

"天地合，万物生，育自然，人之成。"人与自然和谐共生的思想，是中国人数千年前就已经有的智慧。党的十八大以来，以习近平总书记为核心党中央提出绿色发展理念，为实现中华民族永续发展勾画了宏伟蓝图。我们相信，有钱学森智慧的引领，有中国航天俯瞰全域、联通全球的高度，农耕时代的"黄色文明"、工业时代的"黑色文明"，一定会实现向"绿色文明"的转型，最终达到迈向太空的"蓝色文明"，实现人类文明前所未有的重大飞跃。"谋顶层、揽全局、各方助、聚群力"。让我们携手共进，把推进生态文明、建设美丽中国的伟大事业不断推向前进！

迈向宁夏水业发展新高度

薛惠锋

水是生命之源、生态之基、生产之要，是我们"蓝色星球"最基础的元素之一，是生命赖以存在的源泉和根本。正如春秋时期的政治家、军事家、哲学家管仲所说："水者，万物之本源也，诸生之宗室也。"没有水，就没有五彩缤纷的生物圈，也就不会有人类的生存和发展。"水者，地之血气，如筋脉之通流者也。"地球上，水是沟通有机界与无机界、人与自然的重要介质，是物质循环、能量传递最广泛、最活跃的载体。

人水关系是人与自然关系的核心部分。一部人类文明史，就是一部人依附水、改造水、征服水，最终实现人水和谐共生的历史。人水关系的演变，展现了水资源所具有生态属性、经济属性、社会属性、政治属性、文化属性，是一个经济社会与自然环境系统相互耦合的"水因工程"。水作为生命的源泉、物质循环的载体、有机与无机的媒介，首先表现出其独特的"生态属性"影响生态文明；水是保障粮食安全、工业发展、交通运输、城市建设等不可或缺的战略资源，表现出显著的"经济属性"影响物质文明；水在实现学有所教、劳有所得、病有所医、老有所养、住有所居方面作用突出，表现出明显的"社会属性"影响社会文明；数千年来，无数政权为抢占水源这一关乎国家生存的战略资源，因水而战、因水而盟，特别是过去 50 年的 500 多起国际"水冲突"，表现出重要的"政治属性"影响政治文明。"水善利万物而不争""仁者乐山，智者乐水""水能载舟亦能覆舟"的智慧，表现出独特的"文化属性"影响精神文明。以上五种属性，彰显了水在中国特色社会主义"五位一体总布局"中的突出地位；尤为重要的是，水之德、水之智、水之美、水之民生，凸显了在"人的自身全面发展"中的重要作用，是"人本文明"的具体体现。无论是习近平总书记提出的"人民对美好生活的向往，就是我们的奋斗目标"，还是钱学森强调的"使我的同胞能过上有尊严和幸福的生活"，都离不开水对人自身发展的基础性作用。

当前，全面深化改革已进入攻坚期和深水区。改革越深入，水利人面临的挑战就越艰险，经历的波澜就越震撼。治水不仅关乎经济、生态，也连着民生、政治，自始至终与"中国之命运"紧密相连。"现实如此，并非理应如此"，我们不得不去思考，什么才是水利工作的新高度？如何再造一个新水利，让已经绵延了5000年的中华文明，再创5000年的辉煌，成就"万年之业"，实现"永续发展"？水利人如何摆脱文艺复兴500年以来西方"还原论"思想的束缚，用"系统论"的智慧，让水利人摆脱在每一次改革冲击中的震撼与无助，摆脱自娱自乐工作的游戏文化，实现中央要求的标准、人民需求的满足、地方愿意作为，把山水林田湖作为一个生命共同体，实现水土资源承载能力和生态环境容量约束下的绿色发展模式，真正使水资源消耗总量和强度的双控更加有效。在时代的大潮中发挥我们不可替代的关键作用？

"大格局呼唤大谋略，大谋略需要大智慧"。近时期，美国共和党担忧中国航天的成就对美国大国地位构成挑战，美国军方也在反思自身的发展得失，并认为美国真正最富有创造力的时期，是第二次世界大战后的40年代到50年代中期，而这恰恰与钱学森有关。20世纪40年代，第二次世界大战胜利前夕，美国国防部派出34人组成的"科学咨询团"，对冯·布劳恩等126名德国导弹专家开展了技术情报审讯。这34人返美后，撰写了影响深远的《迈向新高度》报告。钱学森作为美国国防部科学咨询团唯一一位非美国裔科学家，撰写了《迈向新高度》报告13卷中的7卷。这个报告勾画了战后50年美国航空航天发展蓝图，奠定了第二次世界大战后美国军事科技的绝对领先地位。美国陆军航空兵司令亨利·阿诺德为此致信钱学森，对他的杰出贡献给予充分肯定与赞扬。后来准确预测抗美援朝、苏联解体的世界顶级智库兰德公司，就肇始于钱学森所在的这个科学考察团，可以说钱学森是现代智库的重要创始人之一。正如美国人的评价，"他是帮助美国成为第一流强国的科学家银河中的一颗明亮的星"。他为美国铸就了屹立于世界的军事科技高峰。钱学森回国后建立"两弹一星"功勋，奠定了坚实的思想和理论基础。他创造了跨越时空、超越国界的科学成就，是名副其实、当之无愧的世界级大师。

但钱学森的一生，远远没有定格在航天本身。作为伟大的科学家，钱学森属于20世纪；作为伟大的思想家，钱学森属于21世纪。钱学森晚年全面总结他20年在美国、28年在中国航天的工程实践经验，依托中国航天十二院，开展了近30年学术研究，开创了系统工程的"中国学派"，积极搭建现代科学技术体系，探索从工程、技术、科学、理论到哲学的跨层级创新的路径，大胆预见21世纪三次产业革命，展望了"第二次文艺复兴"将在中国率先实现的光明前景。钱学森从战略家的高度，以超前时代的眼光，很早就提出了"经济、政治、文化、社会、生态"五位一体的构想，并建议国家组建"总体设计部"，这一设想已在"全面深化改革领导小组"的职能中得到了体现。钱学森精神核心，是在关键时刻发挥别人无法替代的关键作用；钱学森思想的精髓，是以"系统工程"为核心，集成跨领域、跨层级、跨系统、跨地域、跨学科的智慧，实现"数据""知识"

"信息"到"智慧"的凝焦。直到今天,"钱学森之问"仍拷问着我们,让我们思考"怎样才能出第二个像钱学森一样的大师",超越他的高度。

中国航天十二院是钱学森思想的第一传承者,是钱学森智库的第一践行者。到2015年底,中国已经有400多家智库,在数量上已成为全球第二智库大国。"钱学森智库"的核心,是"六总归一、两个支撑",即发挥"思想总体、数据总体、专家总体、网络和信息化总体、模型总体、决策支持总体"的作用,真正集成跨领域、跨层级、跨系统、跨地域、跨学科的智慧,以高质量的智力支持,服务党和国家的科学决策。钱学森晚年为中国航天十二院打造了一整套智库理论、方法、工具"撒手锏",构成我们的智库基础设施,这是我们建设"钱学森智库"的底气所在。也正是为此,中央要求十二院发挥党政军企智库总体作用,做"智库的智库",为国家治理体系和治理能力的现代化建功立业。

近段时间,为了增强这次交流的针对性,我们专门研读了宁夏回族自治区水利厅白耀华厅长在"全区深化重点水利改革暨水利工作会议上的报告"。我们认为,这个报告符合中央的要求、适应宁夏的发展,特别是将"系统工程"思想贯穿全篇,真正做到了系统规划、系统实施、系统治理,真正集中了全区各部门、各地区的智慧和经验,这与钱学森的思想一脉相承,彰显了"钱学森智库"的核心理念。但是,随着宁夏跨越式发展,传统水业模式如何适应新的形势与任务?如何促使水资源治理、水安全保护科学、规范、符合国情?如何用好有限的水资源,支撑宁夏经济社会又好又快发展?

运用"钱学森智库"勾画宁夏水利发展蓝图,是我们不可替代的选择。传承钱学森智慧,我们就一定能想别人没有想过的事、走别人没有走过的路、成就别人没有成就的伟大事业,开创唯我独有的"宁夏模式",实现"中国水业、宁夏智慧"。

一、万年之业:"水运"关乎"国运"

5000年前,黄河与长江沿岸的先民,在中华大地上发展了旱作文化和稻作文化。江河之水作为纽带,连接上下游、左右岸、干支流,形成了一个经济社会大系统,陶冶了历代思想精英、涌现出无数风流人物,开启了绵延5000年的辉煌灿烂的中华文明。审视当代中国,我们必须面对一个深邃而迫切的问题——中华文明已经延续了5000年,能不能再延续5000年,成就"万年之业",实现"永续发展"?

观今宜鉴古。审视5000年来兴亡之乱的历史,可以得出"水利兴则仓廪足,仓廪足则人心稳,人心稳则百业兴,百业兴则天下定"的重要启示。中国是水利大国,也是水利古国。兴水利、除水害,历来是对一个政权、一个国家的考验。兴水富民、兴水强国的事例比比皆是;水利废弛、水患频繁,民不聊生、社会动荡,以至于改朝换代的事例也不胜枚举。我国历史上出现的一些盛世局面，许多都得益于统治者对水利的重视。从都江堰到大运河，从南水北调到三峡工程，治水不仅关乎经济、生态，也连着民生、政治，始终与"中国的命运"紧密相连，是延续中华文明、成就万年之业的长远之计、根本之举。

（一）人水关系演变：四个阶段

人水关系是人与自然关系的一个缩影。纵观人类文明发展历程，人类先后经历了史前文明、农业文明、工业文明等阶段，步入了生态文明时期。不同文明时期，人水的关系大体经历了"依附、改造、征服、共生"四个阶段。

一是史前文明时期：依附阶段。原始社会，人类的认知水平和生产力极其低下，只能在狭窄的范围内和孤立的地域中生存与发展。原始社会人使用木器、石器、骨器等工具，直接从大自然中获取生活资料，因而表现出对自然的直接依赖关系。这一时期，人类也高度依附于水，"逐水草而居""择丘陵而处"，并将洪水当作猛兽、将风雨雷电视为上天的安排，创造出一系列支配水的神话人物，这是对自然规律和自然现象的不了解而产生的适应性选择。在这样的环境中，人类基本上受自然的主宰，处于依附和从属的地位，这样的人水关系，也使得水资源与水生态处于自平衡状态，完全受自然界支配。

二是农业文明时期：改造阶段。农业文明时期，人类开始使用铁器，改造自然的能力大大加强，开垦农田、砍伐森林，人与自然环境的关系呈现相对平衡的状态。在这一时期，以"兴水利、避水害"为主要目的的水利工程建设突飞猛进，水资源开发利用能力大大增强。从我国历史看，从战国时期修筑黄河堤防开始，到东汉王景、明代潘继驯治理黄河，再到清代"四渎（音读，即江水、河水、淮水、济水）"及钱塘江海塘的治理等，实现了对主要水系的改造；而战国的都江堰、郑国渠，秦代的灵渠，西汉的六辅渠、白渠，唐代的湛渠等，实现了水资源规模化开发利用。此外，京杭大运河等大型人工渠道的开凿，在满足航运需求的同时，贯通不同流域，对水循环也产生一定的影响。农业文明时期人类对自然依附性减弱、对抗性增强。但由于人类力量仍然有限，其表现仍是以局部改造为特色。同时，水资源与水生态因人类的改造受到一定威胁，局部地区的水生态失去了平衡、遭到了破坏。

三是工业文明时期：征服阶段。工业文明来临后，人改造自然的力量在工业革命大潮的推动下空前强大起来，工业化、现代化创造了前所未有的物质文明，这一时期，水利工程建设遍地开花，一座座大坝出现在河道上，众多的大型输调水和供水工程有力地保障了城市地区的用水供给，甚至利用先进的技术手段，可以改变天气，影响局部水循环。此时的人类，力图摆脱受自然主宰的地位，要做自然的主人。与此同时，过度的开发利用使水生态问题不断涌现，如河道超量拦蓄造成河道断流、湿地萎缩、地下水超采引发水位下降、地面沉陷、泉水停涌、海水入侵，以及污废水排放造成水质污染、生物多样性下降等。这使得人类遭受了一系列的报复，各种重大灾害时有发生。人水对抗、水资源与水生态严重失衡，开始影响人类自身的可持续发展。

四是生态文明时期：共生阶段。20 世纪中后期，人类开始对过去改造自然的方式进行反思，期望能够实现人与自然和谐发展。1972 年，在瑞典斯德哥尔摩召开的联合国人类环境会议，第一次在世界范围内从政府层面提醒人们必须要改变"世界资源是无限的"思想。1988 年，联合国开发计划署理事会全体会议讨论《我们共同的未来》报告第一次正式提出了"可持续发展"的概念及其基本内涵。在水资源方面，1996 年成立的"世界水理事会"，召开多次世界水论坛及部长会议，上百个国家的部长参加。"世界水理事会"发表了《21 世纪水安全——海牙部长级会议宣言》，提出了《世界水展望》和《行动框架》，对推动全球水问题起了积极的促进作用。人类已着手开创一种新的文明形态来延续其生存和发展，人水关系也必将步入"和谐共生、良性循环、可持续发展"的阶段。

（二）古代治水方略：四利并举

中国 5000 年文明史，也是一部中华民族兴水利、除水害、创造江河文明的历史。总体来看，中国古代的水利工程可概括为"四利"，即"灌溉、漕运、防洪、排涝"。

一是灌溉：粮食安全的基石。在古代中国，以农立国是基本国策，水利就是农业的根本保障。正所谓"兴水利，而后有农功；有农功，而后裕国"，历朝历代都非常重视建设星罗棋布的灌溉设施，这对农业发展起到了决定性作用。例如，战国时期，魏国的西门豹开凿"引漳十二渠（西门渠）"，使漳河两岸成沃土，够"亩收一钟"（约亩产千斤，是当时一般田地产量的三倍多）。李冰在成都平原的岷江主持兴建举世闻名的都江堰水利工程，使曾经旱涝无常的成都平原成为天府之国，确保了 2000 多年沃野千里、水旱从人。这是全世界迄今为止年代最久、唯一留存、以"无坝引水"为特征的宏大水利工程，体现了古老中华民族的智慧，至今还为无数民众输送汩汩清流。战国末年，秦国修建长达300 余里的郑国渠，引泾阳之水向东注入洛水，"于是关中为沃野，无凶年，秦以富强，卒并诸侯"。西汉建都长安，为了保证首都粮食供应，优先发展关中农田灌溉，开凿了六辅渠、漕渠、河东渠、龙首渠、白渠、灵织渠、成国渠等，使关中"于天下三分之一，而人众不过什三，然量其富，什居其六"，成为全国举足轻重的产粮重地和富饶地区，这对巩固汉王朝的统治起到重要作用。历史上，凡是农业灌溉发展比较好的地区，大都成了富庶之地；凡是农业灌溉发展比较好的时期，大都是王朝兴盛时期。

二是漕运：经济繁荣的枢纽。开凿运河，沟通和加强地区之间的联系，是中国历史上巩固政权的要务。宋代以前，封建王朝的都城大多位于北方，需要建立沟通南北的运输体系，其最佳途径就是开凿运河，来保障都城的粮食供给。春秋时吴王夫差修建的"邗沟（邗，音含）"，是中国历史上有文字记载的最早的人工运河，它沟通了淮河和黄河，以运送军粮、服务吴国北上争霸。汉代，汉武帝开凿漕渠，形成了长安与黄河之间300余里的人工水道，使黄河下游的谷物、贡赋能顺利运至京都长安；漕渠一直沿用到唐代，成为供给长安的生命线。隋朝倾全国之力开凿大运河，使黄河、淮河、海河、长江、钱塘江五大水系形成一线贯通的水运网，全长近3千米的大运河，为唐朝成为世界上最富庶和强大的封建王朝奠定了基础，并且使后来的历朝历代坐享其利1000多年。正是得益于漕运，中国北方政治中心与南方经济中心才能够连接起来，唐长安城、元大都、明清北京城等大型都城才得以巩固和发展。

三是防洪：长治久安的保障。"善为国者，必先除其五害"，"五害之属，水最为大。五害已除，人乃可治"，中国历史上重要的政治家、军事家、思想家管仲第一次提出了"治水患"是治国安邦头等大事的思想。汉朝初年，黄河瓠子口（瓠，音"户"）决口南侵，洪水淹及16郡，泛滥23年。汉武帝亲临决口祭祀，随从官员自将军以下都要背柴参加堵口，这种由政府组织、皇帝亲临工地直接指挥的治理黄河工程，是中国历史上的第一次。在治理黄河泛滥方面，西汉著名治河专家贾让提出的"治河三策"，体现出高超的哲学思想。贾让认为，治理黄河的上策是开辟滞洪区，实行宽堤距，充分考虑河床容蓄洪水的能力，而不能侵占河床、乱围乱垦，阻碍行洪，与水争地；中策是开辟分洪河道，下入漳河，并开渠建闸，以便引黄河水作灌溉之用；下策是加固堤防，维持河道现状，但是堤防难免岁修岁坏，结果往往会劳民伤财。贾让的治河理念充分体现了人水和谐共处、按自然规律办事的思想。明代河道总督潘季驯提出"筑堤束水，以水攻沙"的治黄方略，强调治水与治沙相结合，并提出"束水攻沙、蓄清刷黄、淤滩固堤"三条相互配合的举措。潘季驯的治河理论，充分体现了系统性、整体性、辩证法等哲学观念。黄河治理特别是水患的治理，为中华民族生存发展提供了极为重要的安全保障，留下了极为宝贵的治水智慧，也对中国的政治体制产生了极为深远的影响。

四是排涝：海绵城市的开端。除军事重镇以外，中国古代城镇几乎都是临河（湖）而建，其主要原因就是为了给城市取用水、排水提供便利条件。特别是作为国家心脏的都城，都有独特的水利条件和相应的排涝工程。如战国时的韩故城（今河南郑州）、燕国下都（河北易县）等地，都通过考古发现了地下水管道。随着长安、洛阳和开封等规模宏大城市的出现，城市水利也随之兴旺发达，系统完备的防洪排涝、取水供水等城市水利系统开始出现。特别是作为元、明、清三代都城的北京，堪称是历代城市水利集大成者。2012 年北京遭遇了 61 年来最强暴雨，部分地区积水深度达到 2 米，人们戏称"来北京看海"。但与此形成鲜明对比的是，故宫地面自始至终也未曾出现明显积水，完备的排水系统，更展示了难得一见的"千龙吐水"场景。故宫之所以能避免"城中看海"，得益于在建造之初就具备的集"排水、渗水、蓄水、净水、利用"一体化的完备体系，设计巧妙、施工精准，仅三大殿台基上就有 1142 个龙头排水孔，被排出的水通过北高南低的地势，泻入金水河流出。古代"海绵城市"的智慧，对今天的城市水利系统建设仍然具有不可或缺的借鉴意义。

（三）当代兴水指南：四句方针

中华人民共和国成立以来，党和政府始终把水利建设放在极其重要的战略地位，作为治国、富民、兴邦的大事来抓。毛主席先后发出"一定要把淮河修好""要把黄河的事情办好""一定要根治海河"等号召，提出兴建"南水北调工程"和"三峡工程"等设想，为中国水利事业的发展勾勒了宏图大计。改革开放以来，"小浪底水库""三峡工程""南水北调工程"等"国字号"工程相继通过论证并开工建设，《水利法》《水土保持法》《防洪法》等一系列涉水法律法规先后颁布实施，水利投入逐年增加，依法工作法制化逐步深入，人水和谐逐渐成为现代水利工作主旋律。

党的十八大以来，习近平总书记多次就治水发表重要论述，形成了新时期我国治水兴水的重要战略思想。习近平总书记关于"山水林田湖是一个生命共同体"的重要论述，关于"节水优先、空间均衡、系统治理、两手发力"的治水思路，为新时期的水利工作赋予了新内涵、新要求、新任务，为我们强化水治理、保障水安全指明了方向。

第一，牢牢把握节水优先的根本方针。习近平总书记强调，要善用系统思维统筹水的全过程治理，分清主次、因果关系，当前的关键环节是节水，从观念、意识、措施等各方面都要把节水放在优先位置。据 2012 年的统计，我国人均水资源占有量 2100 立方米，仅为世界平均水平的 28%，正常年份缺水 500 多亿立方米。目前，我国的用水方式还比较粗放，万元工业增加值用水量为世界先进水平的 2-3 倍；农田灌溉水有效利用系数 0.52，远低于 0.7-0.8 的世界先进水平。我们要充分认识节水的极端重要性，始终坚持并严格落实节水优先方针，像抓节能减排一样抓好节水工作。

第二，牢牢把握空间均衡的重大原则。习近平总书记强调，面对水安全的严峻形势，必须树立人口经济与资源环境相均衡的原则，加强需求管理，把水资源、水生态、水环境承载能力作为刚性约束，贯彻落实到改革发展稳定各项工作中。长期以来，一些地方对水资源进行掠夺式开发，经济增长付出的资源环境代价过大。我们要深刻认识到，水资源、水生态、水环境承载能力是有限的，始终坚守空间均衡的重大原则，努力实现人与自然、人与水的和谐相处。

第三，牢牢把握系统治理的思想方法。习近平总书记强调，山水林田湖是一个生命共同体，治水要统筹自然生态的各个要素，要用系统论的思想方法看问题，统筹治水和治山、治水和治林、治水和治田等。长期以来，许多地方重开发建设、轻生态保护，开山造田、毁林开荒、侵占河道、围垦湖面，造成生态系统严重损害，导致生态链条恶性循环。我们要坚持从山水林田湖是一个生命共同体出发，运用系统思维，统筹谋划治水兴水节水管水各项工作。

第四，牢牢把握两手发力的基本要求。习近平总书记强调，保障水安全，无论是系统修复生态、扩大生态空间，还是节约用水、治理水污染等，都要充分发挥市场和政府的作用，分清政府该干什么，哪些事情可以依靠市场机制。水是公共产品，水治理是政府的主要职责，该管的不但要管，还要管严管好。同时要看到，政府主导不是政府包办，应当充分利用水权、水价、水市场优化配置水资源，让政府和市场"两只手"相辅相成、相得益彰。

二、千年之困："水荒"催生"水权"

4500 年前，美索不达米亚平原（现今伊拉克境内）的两座古城邦拉格什和、乌玛之间，为争夺幼发拉底河与底格里斯河的控制权而相互宣战，爆发了人类历史上第一次夺水资源战争。此后的数千年，因水而战的冲突屡屡上演。据统计，到 2030 年，全球的水需求量将高于供应量的 40 倍。持续数千年的"水争端""水战争"，将延续到 21 世纪。如何采取有效措施，在解决国内"水荒"的同时，化解可能产生的国际水冲突，是各国的执政者无法回避的问题。

（一）需求激增引发"水危机"

水资源短缺如今已成为一个全球性问题，水正取代石油成为最稀缺的自然资源。石油可以被其他燃料替代，但水却永远无法取代。目前我国水资源短缺情况非常严峻，特别是人均水资源量，不到世界平均水平的 1/4。此外，我国有 9 个省（自治区、直辖市）人均水量低于 500 立方米，低于国际公认的极度缺水标准。与此同时，我国又是世界上用水量最多的国家，用水总量和人均用水量逐年快速攀升，用水量与水资源拥有量之间严重不平衡。此外，还面临着水污染严重、水生态破坏的严峻形势，水资源面临着严峻危机。

（二）跨国公司侵蚀"水安全"

近年来，一些跨国公司积极参与和控制第三世界国家的供水工程，这些公司主导的供水私有化对所在国的水安全造成了一定威胁。例如法国的威立雅水务集团和苏伊士集团、德国的莱茵集团、美国的柏克德公司等跨国公司巨头，利用一些第三世界国家的债务困境，以私有化的方式，获得了这些国家部分公共供水服务设施的运营权。这些跨国公司主导的供水私有化计划，导致了水价快速上涨、自来水质量问题、服务质量下降以及地方控制权的丧失。特别是自来水价格的快速上涨导致第三世界国家的许多人无力支付日常用水的费用。一些第三世界国家的政府不仅软弱无力，且债务缠身，在世界银行和国际货币基金组织的压力下，面对外国公司的漫天要价，常常无力保护本国的公民。例如，玻利维亚政府在世界银行的建议和压力下，推动恰班巴市与美国柏克德公司达成了一项长达 40 年的供水许可协议。柏克德公司很快就把水价提高了 2-3 倍。平均每月收入不到 100 美元的家庭被要求每月支付 20 美元的水费，导致当地爆发了骚乱。为了安抚抗议者，玻利维亚政府承诺降低水价，但从未兑现诺言。

（三）国际争端威胁"水主权"

日益频繁的跨国境水资源争端，已成为国际冲突甚至战争的重要根源。全世界共有 260 余条河流由两国或更多的国家所共有。其中 184 个水系流经两个国家，31 个水系流经 3 个国家，有的水系甚至流经多达 32 个国家。由于水资源短缺，跨国水系已成为地区乃至全球冲突的潜在根源，甚至成为爆发战争的导火索。1995 年，世界银行副行长伊斯梅尔·撒拉格尔丁对未来战争做出了预测："如果本世纪的战争是争夺石油的战争，那么下一世纪的战争将是争夺水资源的战争。"

"水危机""水安全""水主权"问题，直接关系到我国的国家安全、主权和可持续发展，影响着"一带一路"建设等重大国际战略参与国的交流合作。我国需在解决国内水资源短缺、水生态破坏、水污染治理等问题的同时，尽快构建我国周边水外交体系，尽快与周边国家构建水资源利益共同体，为维护周边关系稳定、推动"一带一路"战略顺利实施提供有力保障。

三、百年之变："水道"系于"天道"

1903 年，莱特兄弟成功制作并试验了第一架完全受控、持续滞空的飞机，开启了人类的"航空时代"；1957 年，人类第一颗人造地球卫星发射，开启了人类的"宇航时代"，宇宙空间从此成为陆地、海洋、空中之后，人类足迹到达的新疆域。近 100 年来人类翱翔蓝天、经略太空的重大飞跃，是文明史上的大事件，使我们能够从全新的角度研究地球和自然，也必然为水利事业的发展开启了新的窗口。

审视人类航空航天的发展历程，就不得不提到钱学森同志。他不仅是中国航天的奠基人、开创者、领导者、实施者，也为美国航空航天发展勾画了近半个世纪的蓝图。他倾尽毕生智慧打造的一系列"智库撒手锏"，是对近百年航空航天事业发展的经验总结和理论升华，一定能够为破解水资源"千年之困"、成就中国水利的"万年之业"，发挥不可替代的关键作用。

（一）航天辉煌铸就"钱学森智库"

钱学森在美国 20 年，以超前时代的探索，在人类科技史上，书写了五大革命性的创举。他在美国期间，就始终将个人的理想与祖国的命运结合在一起，开展了大量站在时代前沿的科学实践。他第一个促进了火箭喷气推进技术在航空领域应用，为世界反法西斯胜利做出了贡献。1941 年，他与美国加州理工学院的同事一道，成功研制了火箭助推重型轰炸机起飞的装置，缩短了飞机的起飞距离，使重型轰炸机能够在航空母舰上使用，大大提高了美国空军的战斗力，也间接地加快了战争胜利的进程。他第一个为美国空军未来 50 年发展勾画了蓝图，从根本上影响了未来战争的形态。1945 年，钱学作为主要执笔人，为美军撰写了《迈向新高度》报告。这一报告勾画了美国的火箭、导弹、飞机长远发展计划的蓝图，被誉为奠定美国航空领域领先地位的基础理论之作。美国军方亲自致信钱学森，对他的杰出贡献给予充分肯定与赞扬。他第一个提出"火箭客机"的概念，为世界首个航天飞机的诞生奠定了理论基础。1949 年，钱学森作了题为《火箭作为高速运载工具的前景》报告，这一构想就是 40 年后美国航天飞机的雏形。这在当时的美国取得了空前轰动的效应；他本人被《时代周刊》《纽约时报》等广泛报道，成了全美皆知的明星。他第一个提出"物理力学"，并完成了大量开创性的工作。这门全新科学，对量子力学、应用力学、原子力学发展起到了不可估量的促进作用。他第一个提出了"工程控制论"，创造性地将控制论、运筹学、信息论结合起来，为系统工程的诞生奠定了基础。在 1960 年召开的国际自动控制联合会代表大会上，与会代表齐声朗诵《工程控制论》序言中的名句，以表达对钱学森的敬意。

钱学森在中国航天 28 年，以超乎寻常的胆略，在祖国航天史上，推动了三大决定性的飞跃。20 世纪 50 年代，钱学森历尽艰辛，排除万难，回到祖国怀抱，并做出了他人生中的又一次重大抉择。在归国路上，他满怀深情地说："我将竭尽努力，和中国人民一道建设自己的国家，使我的同胞能过上有尊严和幸福的生活"。面对党的嘱托和人民的期盼，他毅然肩负起中国航天的领导者、规划者、实施者的多重使命。他推动了中国导弹从无到有、从弱到强的关键飞跃，把导弹核武器发展至少向前推进了 20 年，让一个缺钙的民族挺直了脊梁，赢得了前所未有的大国地位。1960 至 1964 年，他指导设计了我国第一枚液体探空火箭发射，组织了我国第一枚近程地地导弹发射试验，组织了我国第一枚改进后中近程地地导弹飞行试验。1966 年，他作为技术总负责，组织实施了我国第一次"两弹结合"试验。1980 年到 1984 年，他参与组织领导了我国洲际导弹第一次全程飞行、第一次潜艇水下发射导弹，实现我国国防尖端技术的前所未有的重大新突破。他推动了中国航天从导弹武器时代进入宇航时代的关键飞跃，让茫茫太空有了中国人的声音。在 1970 年 4 月，他牵头组织实施了我国第一颗人造地球卫星发射任务，打开了中国人的宇航时代，开启了中国人开发太空、利用太空的伟大征程。他最早推动了中国载人航天的研究与探索，为后来的成功做了至关重要的理论准备和技术奠基。1970 年，中央批准了"714"工程，钱学森作为工程的技术负责人，一手抓"曙光号"载人飞船的设计和运载火箭研制，一手抓宇宙医学工程和航天员选拔培训。尽管由于各种原因，"714"工程后来终止了，但在他主导下保留的航天员训练中心，为后来载人航天接续发展、快速成功，起到了不可替代的关键作用。

钱学森晚年 30 年学术研究，把航天工程和管理经验上升到科学、理论和哲学的高度，创立了一套既有中国特色，又有普遍科学意义的系统工程管理方法与技术。这既包括"总体协调、系统优化"的原则，也包括"一个总体部、两条指挥线、科学技术委员会制"的管理模式。这使中国航天能够利用很少投入、很短时间，将成千上万人有效地组织起来，突破了规模庞大、系统复杂、技术密集、风险巨大的大科学工程。20 世纪 80 年代起，钱学森开启了创建系统学、建立系统科学体系的工作，提出了开放的复杂巨系统及其方法论，又由此开创了复杂巨系统科学与技术这一全新的科学领域。从早年的《工程控制论》的出版，到 1978 年《组织管理的技术——系统工程》一文发表，再到开放的复杂巨系统理论的提出，钱学森建立了系统科学的完备体系，并以社会系统为应用研究的主要对象，是名副其实的"中国创造"。系统工程的"中国学派"，就是钱学森学派。

钱学森开创的这一整套系统工程科学体系，推动了人类认识和改造客观世界的重大飞跃，为"钱学森智库"的建立奠定了基础。钱学森作为中国科学家最高荣誉——"国家杰出贡献科学家"称号的唯一一位获得者，在领奖后曾说过这样一段话："'两弹一星'工程所依据的都是成熟理论，我只是把别人和我经过实践证明可行的成熟技术拿过来用，这个没有什么了不起，只要国家需要，我就应该这样做，系统工程与总体设计部思想才是我一生追求之的。它的意义可能要远远超出我对中国航天的贡献"。周恩来对钱学森说："学森同志，你们那套方法可以介绍到全国其他行业去，让他们也学学。"李克强总理在参观中国航天时，也表达了同样的看法。两位不同时代的总理，来到航天都感到有成就、有办法，感到腰杆能挺直，感到有必要把航天的系统工程应用到经济社会的顶层设计。钱学森在总结航天系统工程的基础上，形成了社会系统工程，并由此提出"国家总体设计部"的设想，得到了党和国家领导人的高度重视。钱老一生谦恭，从不自诩，但对总体设计部，他自豪地称之为"中国人的发明""前无古人的方法""是我们的命根子"。

钱学森为处理"开放的复杂巨系统"，特别是经济社会复杂系统，打造了方法利器——"从定性到定量综合集成研讨厅体系"。他认为，国家的建设、社会的发展，都涉及开放的复杂巨系统的处理，解决这些问题，必须突破几个世纪前就沿用的科学研究方法的局限性。这就需要构建"从定性到定量的综合集成研讨厅体系"，打造"人机结合、人网结合、以人为主"智能化系统。这是机器体系、知识体系、信息体系、专家体系、模型体系以及决策支持体系有机结合的系统，能把机器的逻辑思维优势、人类的形象思维优势有机结合在一起，把人类的思维成果、经验智慧与情报数据统统集成在一起，实现从多方面的定性认识上升到定量认识，创造比人类和机器都高明的智慧，实现 $1+1>2$ 的效果。特别是 20 世纪 50 年代以来，电子计算机、互联网络、灵境技术等信息革命的成果，使这一系统的建设具备了坚实的技术基础。在钱学森的指导下，中国航天十二院率先建成了"综合集成研讨厅体系"，并运用这套体系，服务中央和国家，解决了国防工业、经济和社会发展的一系列重大问题，实现了"跨层级、跨地域、跨系统、跨部门、跨行业"的综合集成，推动了工程系统、政策系统、社会系统"从不满意状态到满意状态"的综合提升，促进了国家治理能力的大幅提升，这就是"钱学森智库"的精髓。

(二)"文艺复兴"指引"产业兴水"

钱学森创造性提出了文艺复兴与四类革命交替相生、循环往复的关系，大胆预见了"系统论"思想将催生第二次文艺复兴，而中国将是第二次文艺复兴的主战场。500 多年前肇始于欧洲的文艺复兴，引发了一系列科学革命、技术革命、产业革命、社会革命，创造了资本主义文明。这一系列变革，以"还原论"为主要方法，就是将复杂对象分解为简单对象，将全局问题分解为局部问题去解决，这难以避免"头痛医头脚痛医脚"的弊端，特别是在科学研究方面，已遇到了难以突破的瓶颈。钱学森认为，人类要继续生存发展，需要一次新的文明转型，就是综合系统的"还原论"、东方的"整体论"，形成系统论的思想，以定性到定量的综合集成为基本方法，来开创"第二次文艺复兴"。这将在 21 世纪的社会主义中国得以实现，并引发世界社会形态的改变。基本过程是：经济社会的发展瓶颈，迫使人类产生新的思想文化的革命（文艺复兴），进而引发新的科学革命、技术革命、产业革命、社会革命，直到再一次遇到瓶颈，催生新的文艺复兴。钱老认为，中国将发挥"第二次文艺复兴"的主战场作用，通过"系统论"的发展和应用，使人类把握客观规律、改造客观世界的能力实现跨越式的提升，把第五次、第六次、第七次产业革命不断向纵深推进，进而自然而然消灭"三大差别"，达到"整个社会形态的飞跃"。到那个时候，体力劳动将大大减轻，人民将基本上转入脑力劳动、创造性劳动，人类文化发展将空前加速，实现恩格斯在 100 多年前所说的，从"必然王国"到"自由王国"的飞跃。

钱学森沿着"社会关系归结于生产关系，生产关系归结于生产力"的思路，总结了人类历史上已经完成的 4 次产业革命，准确预言了当前的第 5 次产业革命。钱学森认为："科学革命是人认识客观世界的飞跃，技术革命是人改造客观世界的飞跃，而科学革命、技术革命又会引起全社会生产体系和经济结构的飞跃，即产业革命。"他以生产力决定生产关系的变化为依据，进一步论述了产业革命可以引起社会制度的变革——社会革命。他指出这种动态演化过程从古至今已经历了五次，即原始农业革命、手工业革命、大工业革命，到 19 世纪末 20 世纪初以电力的发明和应用为主要标志的第四次产业革命，再到 20 世纪 50 年代之后，以航天、微电子、信息技术革新引发了至今仍在发展着的第五次产业革命——信息革命。

钱学森针对 21 世纪已经和将要发生的三次产业革命，从科技基础、社会生产体系的变革、社会制度三个维度，分析了其内在联系与演化过程。他认为，第五次产业革命：发生在第二次世界大战后至今，其科技革命的基础是：相对论、量子力学等科学革命为先导，大批高新技术（核、激光、航天、生物工程等）为动力的信息技术革命；社会生产体系的变革是：科技业、咨询业、信息业迅速发展，全球一体化的生产体系出现，体力、脑力劳动差别逐渐缩小；社会制度的转变是：开始形成各种不同政体、不同经济发展状况、不同意识形态、打破地区界限的各国联合体——世界社会形态。第六次产业革命：即将到来。科技革命的基础是：以微生物、酶、细胞基因等科学成果为代表的生物科学与生物工程技术的飞速发展；社会生产体系的变革是：以太阳光为能源，利用生物、水、大气，农、林、草、畜、禽、菌、药、渔、沙、海业于一体的生产体系形成。城乡差别逐渐消失（第一产业逐渐变成第二产业，第二、三、四产业相互促进）；社会制度的转变是，形成从"资本主义"向"社会主义"过渡的世界社会形态。第七次产业革命：将于 21 世纪的后 50 年开启。科技革命的基础是：以人体科学（包括医学、生命科学等）为主导带动各种科学技术飞速发展；社会生产体系的变革是：人的体质、功能、智能大大提高，先进的科学技术与设备促成组织管理革命。社会制度的转变是：叩响共产主义大门，开创世界大同的人类新纪元。

钱学森认为，第六次产业革命是第二次文艺复兴的先导性实践，其关键是对太阳能的颠覆性利用。钱学森说，传统农业是以太阳光为直接能源，以植物光合作用为基础，进行产品生产的生产体系。限于水肥的供应、光合作用所需的二氧化碳、植物本身能力，太阳能只有很小一部分（不到1%）转变为产品。一年中，太阳能光照辐射到我国960万平方千米的土地上，产生了相当于燃烧16000亿吨煤的能量，假设其中的1/4能量用于农业和林业，每人就会多出5吨以上的农、林产品。钱学森看到，随着石化能源日渐枯竭，一个以取之不尽的阳光为直接能源，通过光合作用进行产品生产的知识密集、技术密集的大农业生产体系的将要出现。就是"以太阳光为能源，利用生物、水与大气，推动知识密集型产业革命"。钱学森说，通过光合作用产物的深度加工，创造"第二个农业""第三个农业"，使农业人口人年均产值达万元以上，就一定能在21世纪的中国消灭三大差别。他很自信地展望："我们要在总结历史经验的基础上，有远见之明，看到建党100周年！看到由现代生物技术引起的又一次产业革命——第六次产业革命。"钱老以其常人所不及的特殊经历、世界眼光、战略远见，为"两个百年"奋斗目标的实现指明了现实路径。

钱学森认识到第六次产业革命的特点是综合性、系统性、复杂性，他从我国国情出发，提出了农、林、海、草、沙五大产业相互支撑、协同发展的设想，作为推动第六次产业革命的主体。例如，钱学森从科学的角度论及了几千年来中国人梦想的"黄河水清"问题，认为："'黄河水清'是可以办到的，社会主义中国要实现这个的愿望。具体做法是，通过造林治沙，草原养畜，使入黄河的泥沙减少60%-80%，使黄河能够在下游水清。"在论及我国的林业状况时，钱学森指出："未来改良我国生态环境，森林面积应占国土面积的30%以上，林业种类除分为山林、农田林外，还应有草原林、黄土高原林、防沙林和海岸林。只要抓了这六种林，那森林覆盖率就不是现在的百分之十几，而可以达到国土面积的百分之四十"。在论及中国的戈壁沙漠时，钱学森指出："中国的沙荒、沙漠、戈壁完全可以改造为绿洲，草原也可以改造为农畜业联营等等；这样，就算是中国人口发展到30亿，也一样可以丰衣足食。"农、林、海、草、沙五大产业，体现了第六次产业革命超常规、强关联、物尽其用、变废为宝的特点，必将在引发生产方式、生活方式、产业模式巨变的同时，实现经济效益、社会效益、生态效益的统一。

（三）"综合集成"推动"系统治水"

水除了其本身具有的自然属性外，还兼具政治、经济、社会、生态、文化等多种属性。因此，对水的治理决不能就水而论水，要克服"还原论"的局限性，用"系统论"的方法，特别是用钱学森"开放的复杂巨系统"的理念，构建和运用"从定性到定量的综合集成研讨厅体系"来总体把控，做到"三个统筹"，即统筹政治、经济、社会、生态、文化等各要素，统筹中央、区域、地方各层关系，统筹"山水林田湖"生命共同体，推动跨层级、跨地域、跨系统、跨部门、跨行业、跨领域的综合集成，进而实现水资源复杂巨系统从不满意状态到满意状态的综合提升。

实现"水资源复杂巨系统"的综合提升，需要对"物理水网（含自然水网、人工水网）"进行数字化建模，从而建立"物理水网—数字水网—智能水网—智慧水网"晋级提升的框架模型。在建模的过程中，需充分考虑自然水网系统、人工水网系统之间的紧密耦合关系：一方面，两者构成要素直接重叠，例如，河道是自然水网系统的要素，但在很多情况下又会成为人工水网系统中跨流域调水的通道；又如，山区水库依赖人工建筑而发挥作用，但其建设本身又依附于有利的自然河流条件。另一方面，水资源在这两个系统之间进行频繁和复杂的交换，两个系统之间也会通过一系列调水行为改变水资源的时空分布。通过钱学森综合集成研讨厅体系，"数字水网"向"智能水网"和"智慧水网"的跃升，实现智慧化实时监测、预报预警、动态模拟、资源配置、信息服务等功能。

通过"智慧水网"的运行，可以实现水资源复杂巨系统三个层次的协调运转。第一，构成各子系统的诸要素自身的和谐。例如，水元素是"自然水网系统"最基本的要素，水的气、液、固三种形态变化及水的流域特性构成了自然水循环的基础，自然界的水循环是水分物质与能量的和谐；再如，人类是"人工水网系统"的组成要素，是系统中最活跃的力量，它依赖于思维与体质、科学与管理、法制与道德等的统一与和谐，任何一个方面的弱化或缺失，便会导致"人工水网系统"的紊乱或缺憾。第二，各子系统内部各要素之间的和谐。对于"自然水网系统"，水、涉水介质和涉水工程是其组成要素，水沙平衡、水盐平衡、水体自净能力、水文完整性是"自然水网系统"和谐的具体表现，而水土流失、水体污染、水资源过度开发都可能导致"自然水网子系统"的不和谐，从而使系统丧失某些外部功能。第三，水资源复杂巨系统的整体和谐。通过实现各子系统之间的和谐，例如，实现治水与治山、治林、治田有机结合、整体推进，实现蓄水调水、农田保护、水土流失治理的有机统一，从而实现水资源复杂巨系统的综合治理、协调运转、永续发展。

（四）"天地一体"实现"数据管水"

在水治理过程中，无论是资源监测、规划布局、工程建设、检查执法，各个环节都会产生大量的数据。水资源领域的数据规模庞大、标准不同、结构复杂、类型众多、层次繁复，呈现出以下特点。一是海量性。水资源领域积累的数据呈爆炸性增长，迫切需要新的数据采集、传输、存储、分析等新技术的保障。二是多源性。同一个数据指标可以有不同的数据来源。如流域的用水量，可以通过统计部门、监管部门、考核部门分别获取。三是异构性。水资源数据由国家、省、市县等各级管理部门分布式管理。由于各部门所采用的管理平台采用的系统不同、标准不统一，造成同样数据采用不同结构和形态存储。四是结构复杂性。数据类型有结构化、半结构化和非结构化数据。例如，档案、文书、表格等业务数据属结构化数据，数据流和图像等属半结构化数据。五是动态性。所谓"人不能两次踏进同一条河流"，水资源无时无刻不在运动和变化，而监测数据也是动态变化的。尤为重要的是，系统之间、层次之间、地域之间、行业之间还存在着复杂的信息交互和关联关系，特别是"人"的因素的介入，使这一系统更为复杂，因此是典型的开放的复杂巨系统。因此，只有构建"从定性到定量的综合集成研讨厅体系"，打造"人机结合、人网结合、以人为主"智能化系统，才能推动"数据–知识–智慧"的跃升，实现水资源领域"从数据到决策"的颠覆性管理。

得益于卫星导航、遥感、通信技术的发展，"天地协同"的监测系统，为构建保护、治理、监管"三位一体"的"蓝色谱系"发挥了不可替代的关键作用。无论是建设生态水利、构筑保持水土的"防护林"，还是建设民生水利、构筑调水供水的"生命线"，还是建设安全水利、构筑防汛抗旱的"防火墙"，都离不开天基系统对山林、水源、大气、土壤、耕地全天候、全天时的监控。以水资源监测为例，通过卫星遥感数据的快速获取、更新和遥感影像的分析，能够实现五大功能：一是水资源监测平台，实现地表水体动态监测、水文地质调查、湿地资源调查、水资源评价等功能。二是水环境监测平台，能根据水体污染物的光谱特性分析遥感影像，快速评估水体污染类型、分布范围，实现对水体富营养化、悬浮固体、油污染、热污染的监测，为环境、水利、交通、航运等部门提供决策支持。三是水土保持监测平台，对植被覆盖度、土地利用情况、土壤侵蚀情况动态监测。四是水利工程监测平台，为工程选址提供地形、地貌、岩性、土壤、植被信息等遥感影像数据，并实现工程进度监测、工程效益评估等功能。五是防洪抗旱监测平台，实现基于遥感影像的洪灾监测、旱情监测、灾后评估。

四、五年之策："治宁"必先"治水"

治水兴水，既关系宁夏自身的建设发展，也关系全国生态环境大格局。落实习近平总书记重要讲话精神，建设和谐富裕宁夏、与全国同步进入全面小康社会，在我国看来，需要坚持"治水为先、以水驱动",运用钱学森智慧,打造不可替代的"宁夏治水模式",以产业兴水、系统治水、数据管水的主动,赢得经济社会发展的全面主动。

(一) 战略:"以水驱动"发展

当前,宁夏回族自治区水利改革发展还面临一系列的短板和困难。一是水资源供需矛盾日益突出,严重缺水仍是今后一个时期经济社会发展的最大约束。二是水资源调控能力还不够强,节水工程体系还不健全、效益还不能充分发挥,水利基础设施薄弱仍显不足。三是水生态水环境形势严峻是影响可持续发展的关键因素,河流生态功能大幅衰减,农业面源污染、河湖沟渠水污染日趋加重,水土流失和水污染尚未得到根本遏制,引黄灌区土壤盐碱化程度依然严重。四是节水投入不足、节水机制不够完善仍是制约提高用水效率效益的突出难点。五是水利社会服务、水利管理不够、依法治水能力弱仍是影响水利工程效益充分发挥的主要问题。

综合审视宁夏发展,我们认为,宁夏发展的最大瓶颈在水、最大出路在水、最大动力在水、最大价值也在水。应当做好"以水兴业、以水富民、以水维安"的大文章,构建涵盖经济、政治、文化、社会、生态的"大水利"工作格局,掌握"数据推进"这个撬动水利工作的杠杆,运用钱学森"综合集成研讨厅体系"这个科学治水的利器,面向未来5年,实施"四梁八柱"工程、"十百千万"行动,构建唯我独有的宁夏水利模式,实现"中国水业、宁夏智慧"。

(二) 战役:"四梁八柱"工程

四梁,是指着眼经济、政治、文化、社会、生态"五位一体"总布局,构筑"水安全体系、水供给体系、水生态体系、水决策体系"四大体系。

八柱,是指支撑四大体系的八条主要举措。包括:一是落实最严格的水资源管理制度,强化"三条红线"约束性指标管理、实行水资源消耗总量和强度双控行动、强化水资源承载力刚性约束、强化水资源安全风险监测预警。二是健全节水激励机制,完善节水支持政策、强化节水监督管理。三是加快水资源配置体系建设,推进黄河大柳树枢纽工程、引黄灌区水资源调蓄工程、南部山区水资源配置网络、中部扬黄水供水工程的建设。四是加强供水保障体系建设,完善应急水源工程布局,着重保障能源基地和工业园区、清水河产业带和太中银发展轴、贺兰山东麓葡萄长廊的供水。五是加快水土流失综合治理,重点实施六盘山三河源水源涵养水土流失综合治理、清水河水土流失综合治理、中部干旱风沙生态修复、沿黄两岸水土流失综合治理等水土流失重点防治项目。六是加强生态保护和修复。加强水功能区监督管理，加强生态用水调度管理，规范水体系建设。七是深化重点领域改革。加快建立水权制度、建立科学合理的水价形成机制、创新水利投融资机制、全面强化依法治水管水。八是建立"钱学森智慧水业体系"，建设"钱学森智库水治理中心"、建设天空地一体水资源数据管理中心等。

（三）战术："十百千万"行动

按照集中力量、重点突破的原则，抓住一批紧缺性、关键性、带动性和社会最关注的项目，面向未来5年，实施"十枢""百净""千治""万灌"行动。

"十枢"，是指建设十大蓄水、调水、排水等骨干型水利枢纽工程。如："黄河大柳树枢纽工程""中部干旱带脱贫攻坚新建水库工程""城市备用水源地建设工程""抗旱应急水源工程""宁东供水二期工程""黄河宁夏段二期防洪和城市段综合治理工程""中南部城乡饮水安全水源工程及配套工程""大型灌区续建配套与节水改造工程""黄河宁夏段二期防洪和城市段综合治理工程""自治区防汛抗旱指挥系统建设工程"等。

"百净"，是指对全区246处农村饮水安全工程进行巩固提升，让全区老百姓喝上安全、洁净水。

"千治"，是指每年新增水土流失综合治理面积4000平方千米。

"万灌"，是指全区新增高效节水灌溉面积170万亩，2020年全区高效节水灌溉面积达到400万亩。

五、"中国水业宁夏智慧航天支撑"

（一）钱学森智慧重塑水业新模式

近年来，宁夏水利事业保持了大投入、大建设、大发展的良好势头。一批重大水利工程相继建成，初步形成全区供水、节水、防洪、水生态保护等工程体系，水利基础设施条件大为改善，农村饮水安全实现了全覆盖，农田水利建设被誉为全国的一面旗帜。特别是率先在全国开展省级节水型社会示范区建设，水权改革得到了时任副总理汪洋的肯定。水利工作为自治区经济发展和社会进步及群众脱贫致富做出了重要贡献。

传统的治水方式取得一定的成绩，但面对中央的新要求、宁夏人民的新期盼、宁夏水业的新问题、新情况，迫切需要我们转变思路、更新观念，采取新思路、新办法、新技术，推动宁夏水业跨越提升。特别是对水资源短缺、城市污水处理、水利工程重复建设、水资源数据统筹利用不足等问题，给"钱学森智库"和"空天地"一体化数据推进技术发挥作用，提供了广阔的舞台。

中国航天十二院是钱学森思想的第一传承者，是钱学森智库的第一践行者。2016 年，在我国首个航天日（4 月 24 日），经中央批准、中央编办发文，在原航天 707 所、710 所等五家具有正局级事业单位基础上，中国航天第十二研究院正式重组成立。中央赋予了十二院"建设钱学森智库，支撑航天、服务国家，成为军民融合产业平台建设的抓总单位"三大使命，是中国航天的智库总体、情报总体、数据总体、自动化总体、网络与信息化总体、军民融合产业化推进总体（六大总体）。十二院凭借中央赋予的"三大使命"，发挥航天"六大总体"作用，一定能为宁夏水业发展闯出新路，发挥不可替代的关键作用。

（二）共建"六个体系、两个平台"

十二院将与宁夏水利厅共建"钱学森智库水安全与发展中心"，为宁夏打造涵盖经济、政治、文化、社会、生态的"大水利"工作格局，提供全方位的支持。通过"钱学森智库水安全与发展中心"的建设，构建"六个体系、两个平台"，即水资源思想库体系（钱学森系统工程思想）、数据体系（多元数据融合处理平台）、专家体系（钱学森决策顾问委员会、创新委员会 3 支队伍）、网络和信息化体系（"天空地"一体化信息集成系统）、模型体系（基于模型的系统工程 MBSE）、决策支持体系，以及机器平台、指控平台。"六个体系、两个平台"的建立，将更加有力地推动"节水优先、空间均衡、系统治理、两手发力"方针的落实，更加有力地推行"河长制"，更加有力地推动流域环境保护"统一规划、统一标准、统一环评、统一监测、统一执法"，更加有力地实施水资源消耗总量和强度双控行动，更加有力地推进"资源水利、工程水利、民生水利、生态水利、智慧水利、法治水利"在宁夏全面实施。

（三）"天空地"信息一体化保障

中国航天十二院多年来建立的"钱学森综合集成研讨厅"为核心，以天空地"感、传、知、用"一体化为特色的技术体系，能为"六个体系、两个平台"建设发挥关键的技术支撑作用。主要体现在以下四个方面：一是在"感"方面，具备了高精准、高覆盖的卫星资源数据采集与监测技术。特别是在遥感数据采集方面，我们开展的"中国资源卫星应用中心项目"，成功开发遥感数据的采集传输处理与应用原型系统，实现了卫星对资源数据采集有效优化。二是在"传"方面，具备了无损、实时、安全传输技术。在数据传输关键技术方面，项目组利用帧间编解码处理技术实现了图标、图像、视频、文本等传输过程"终端不存秘，网络不传密，保证数据安全"的目标。三是在"知"方面，具备了水资源多元数据融合与建模技术。解决了水资源数据的完备性、真伪性、功效性问题。四是在"用"方面，完成了水资源数据支撑管理决策多项实践。先后承担水资源相关项目27项，为国家、流域、地区水资源的管理提供了大量有效的决策支持。

"善政若水，于民无所不利；美政若水，于时未尝有逆。"我们的蓝色星球，正是因为有水的存在，才在百万年的沧桑巨变中，孕育了无数的生命。兴水利、除水害，事关人类生存、社会进步，历来是治国安邦的大事。我们相信，有钱学森智慧引领，有中国航天俯瞰全域、联通全球的高度，农耕时代的"黄色文明"、工业时代的"黑色文明"，一定会实现向"绿色文明"转型，并在"塞上江南"的宁夏，以水兴业、以水富民，创造出独一无二"蓝色文明"。谋顶层、揽全局、各方助、聚群力。让我们携手共进，让"中国水业、宁夏智慧"书写出更加壮丽的篇章！

系统思想与领导创新能力①

李建华

李建华，中共中央党校哲学部现代科技哲学教研室教授、博士生导师。多年从事科学哲学、系统科学、自然科学哲学问题、系统管理方法等方面的研究教学。著有《现代系统科学与管理》《科学哲学》。主编《系统科学大词典》。发表《通讯与生态系统的进化》（国际论文）、《自组织的问题、理论与机制》和《第五项修炼系列讲座》等几十篇。2003-2006 年和 2010 年获得中央党校教学优秀奖，2006 年获中央党校"人才强校基金"资助，2011 获评全国党校精品课。自 1995 年以来曾在数千期企业干部培训班讲授"系统科学与现代管理""创建学习型组织"，及在数千家机关、军队和大学讲授"系统科学与战略思维""现代科技的发展与创新战略""系统思想与领导创新能力""党校教学的理念方法与艺术""发展创新推动中国特色社会主义新时代——认真学习十九大报告精神"等课程，受到听众的普遍赞扬与好评。

创新是现代科技发展与经济、社会实践发展的重要推动力量，也是现代化的领导者、管理者必须要不断提高的一种执政能力与实践能力。党的十九大报告指出："创新是引领发展的第一动力，是建设现代化经济体系的战略支撑。"中国特色社会主义进入新时代，意味着近代以来久经磨难的中华民族迎来了从站起来、富起来到强起来的伟大飞跃，迎来了实现中华民族伟大复兴的光明前景。意味着科学社会主义在 21 世纪的中国焕发出强大生机活力，在世界上高高举起了中国特色社会主义伟大旗帜；意味着中国特色社会主义道路、理论、制度、文化不断发展，拓展了发展中国家走向现代化的途径，给世界上那些既希望加快发展又希望保持自身独立性的国家和民族提供了全新选择，为解决人类问题贡献了中国智慧和中国方案。

---

① 根据李建华教授于 2018 年 5 月 29 日为中国航天系统科学与工程研究院"学习贯彻党的十九大精神培训班"所作的讲座内容整理。稿件由硕士研究生崔慧敏根据讲座录音及幻灯片整理写作，人力资源部王海宁、硕士研究生王娜等对稿件进行了修改完善，稿件未经李建华教授校改。

一、科学发展的世界观和系统创新的方法论

（一）创生发展的世界

人类现代的创新精神，来自于科学对世界进化发展的完整认识，来自于科学技术不断创新对社会形成的巨大推动力。今天我们所提倡和运用的创新方法与创新精神，是从对全部客观世界发展过程的高度概括中得到的。我们不仅要从科学理论上进一步明确科学发展观的内涵，而且要从科学的基础研究和应用研究、各学科研究和跨学科研究等方面来确定在经济社会发展的各个领域，落实科学发展观的具体要求。要把自然科学、人文科学、社会科学等方方面面的知识、方法、手段协调和集成起来，不断认识和把握社会发展的客观规律，对科学发展观进行周密的科学解释。

宇宙是一个不断通过联系组合生成系统的创生创新过程中的世界，它展现了无机、有机、社会和文化四大领域及其 27 个基本层次系统。现代科学的唯物论使人们看到了一个万物自我创生，生生不息、蓬勃发展的世界。

（二）系统创新的世界观

世界普遍的系统性。世界是系统的，处处是系统。每一层次事物都是具有结构性、动态性和整体性的系统。这构成了现代的"科学的世界观"。如图 1 所示。

世界统一的发展性。现代科学的研究表明：137 亿年前，宇宙从一种混沌态，经过一次巨大的膨胀与爆炸，不断地创新出了万事万物，全部世界是一个从小到大、从简单到复杂、从低级到高级的完整的历史发展过程。这构成了现代"科学的发展观"。

世界发展的创新性。宇宙的发展是一个通过一定要素的相互作用与搭配组合而不断创生出许许多多具有整体性系统的过程。而其中社会的进步与发展，同样是一种人们通过社会要素以及系统不断组合的体制、理论、科技的创新和创造的过程。这构成了人类今天推动进步与发展的"创新的方法论"。

万物生生灭灭，各自都归于其根源，归根就是静止，就是归复本因，本因就是普遍性，知道普遍性就是智明，不知普遍性就会盲目作恶。知道普遍性就会宽容，宽容就是公正，公正是因为全面，全面是因为认识自然，认识自然就是懂得道（发展），道是恒久的。

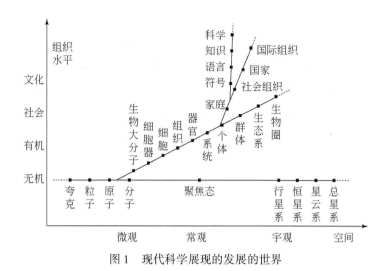

图 1　现代科学展现的发展的世界

二、结构创新与社会体制机制改革的创新战略

系统科学表明，任何系统总是通过内部子系统之间一定的联系形式形成特定的结构，而系统的结构决定着系统的功能或行为。或者说，社会的一定运行规律是由体制内部的联系或结构所决定的。

总体来看，事物的基本联系可以分为两种类型，也就构成两类行为规律不同的系统："单向作用"联系形成的简单系统，其行为表现出机械性；"相互作用"联系形成的复杂系统，其行为表现出有机性。运用这两种结构形式来观察社会的经济系统和管理系统便可以看出，改革开放以来中国社会的改革正是将一些不适应发展的单向作用系统转变为具有更大发展能动性的相互作用的复杂系统的创新与发展。

（一）单向作用与集中化系统的结构与行为

由单向作用联系结成的系统是集中化系统，是人类较早认识，并在实践中不断创新和长期运用的一种有效控制系统。集中化的管理系统存在着许多优点：指挥统一、权限清晰、任务明确、工作快速精确、减少重复、活动连续、成本低廉等，以至在人类社会管理的几千年中成为管理的主要结构形式。但是，随着现代经济社会系统的规模化、复杂化，也随着 20 世纪中叶系统论、控制论和信息论等新科技的产生，人们发现了由相互作用联系构成的有机系统，发现了一种新的扁平式、互动式、开放式、团队式、充满创新力量的新结构。许多管理学家对比发现，集中化系统存在着"上下等级森严，横向隔绝无关，动点少而集中，行为机械简单”等缺陷和不足，特别是在社会的经济系统中，人的积极性和创新性不能充分发挥，缺乏不断实现目的、适应环境的灵活变化的能动协调能力。这种结构在经济系统中的典型就是“高度集中的计划经济体制”。以至无论是在中国还是在国外，许多这类结构的经济系统后来都出现了问题，都被迫进行了改革。因此，现代经济系统与社会系统变革的主要方向就是从单向作用系统逐步向着相互作用体制机制的创新，从一种机械式的管理转向充满活力的有机化和系统式管理。

（二）相互作用与有机化管理系统的创新

相互作用又称“互动因果关系”，也就是新方法所说的矛盾联系。相互作用是事物发展中最重要和最为神奇的联系。这种互动式的联系结构，会使系统形成复杂性、自动性、非线性等有机性行为。由于控制论的产生，使得现代机电技术创新的重要方向就是从人工控制系统走向内部具有互动机制的自动控制系统，产生了大量自动化、智能化的机器；同样，现代社会管理系统的创新重要方向就是从集中化控制系统走向内部具有相互作用机制的扁平化的自组织管理系统。中国近40年改革开放的成功，事实上正是得益于从单向作用向相互作用、从计划经济向市场经济的转变。

计划经济系统的内部主要是一个高度集中的单向作用结构，其中包含着垄断性，因而表现出种种脱离市场，轻视消费者需求的倾向，因而使得计划经济系统在数量、质量、创新和服务等方面都得不到能动的、持久的推动与调整，最终导致生产积极性下降，数量不足、质量低下、创新乏力、品种短缺，服务不周等问题。

市场经济的基本结构则是一个扁平化的相互作用的系统，这使得生产和消费者之间处于相互依存、相互制约的互动机制中。消费者必须依靠生产来获得产品，同时生产者也必须通过满足消费者的需求来获得生存和发展的资本。由于市场中存在着不同生产者的持续竞争，使得消费者能够通过对产品的选择性购买来决定生产者的行为。这种互动机制迫使生产必须朝着尽可能满足消费者需要的数量、质量、品种、服务的方向不断努力创新发展。整个社会系统表现出能动协调的“自组织化”行为。

事实上，唯物辩证法的哲学思想正是对自然与社会中普遍存在的相互作用联系方式的反映。恩格斯曾经指出：“相互作用是我们从现今自然科学的观点出发在整体上考察运动着的物质时首先遇到的东西，我们看到一系列的运动形式，都是相互转化、互相制约的，在这里是原因，在那里就是结果，……因此，自然科学证实了黑格尔曾经说过的：相互作用是事物真正终极的原因。”

这里讲的普遍存在的和作为终极原因的“相互作用”，正是辩证法所讲的“矛盾”。

而通过相互作用来看矛盾，则充满了和谐性、创新性和发展性。从这个意义上说，旧的计划经济模式是简单化的经济系统，是机械论思想在社会经济系统中的反映。而正是通过改革开放的伟大变革，我国社会主义经济才开始走上了运用相互作用机制的辩证的发展道路。邓小平是这条道路的开拓者，是他把辩证法的思想真正创造性地运用于社会主义的经济发展之中。

三、构建自组织协调体制机制与国家治理体系能力现代化的创新战略

推进国家治理体系和治理能力现代化，就是要适应时代变化，既改革不适应实践发展要求的体制机制、法律法规，又不断构建新的体制机制、法律法规，使各方面制度更加科学、更加完善，实现党、国家、社会各项事务治理制度化、规范化、程序化。

自组织（self-organization）又称"复杂性系统"理论，是现代科技的前沿问题，是系统科学对自然进化和发展的一种新的认识和理念。自组织理论认为，系统通过一定相互作用的机制，可以形成种种能动的，具有内在和谐、自动调节、自我完善，能动创新性质的自组织系统。20 世纪 40 年代末，维纳和艾什比提出了自动控制理论，就是以正反馈和负反馈为基础的"自组织"的科学概念。学会自组织的创新是社会管理的十分重要的方法。

（一）正反馈、负反馈的结构

正反馈是由两个正相关因果关系或两个负相关因果关系形成的互动循环，负反馈是由一个正相关因果关系和一个负相关因果关系形成的互动循环。这里的"正相关"是指一种"因涨果涨、因落果落"的因果关系，"负相关"是指一种"因涨果落、因落果涨"的因果关系。

（二）正反馈和负反馈系统的自组织作用与社会机制创新

"正反馈"是一种自推动性的循环，它能够自动地推动系统离开原有状态，加速走向新的状态。如马克思提出的"多劳多得"的原则，显然"多得"是"多劳"积极性的根源，而两者的互动就成了生产积极性的不竭源泉。由于社会生产力是多种要素构成的系统，除了体力劳动的生产外，还有智力、技术、管理等复杂劳动力；除了劳动的生产力

外，还有非劳动的生产力，生产资本、生产资源和生产资料种种要素，都要不断创新实现科学发展。所以推动社会的科学发展，合理的正反馈机制是重要的创新手段。

"负反馈"是一种自稳定性的循环，它能够在一定程度上抗拒和消除干扰，使系统自动恢复原初状态。在社会系统控制与管理中，我们可以通过合理的制度、法规来创建和谐的社会自组织机制，使社会系统自动地消除偏差、保持稳定、接近和实现目标，实现无人控制的、"无为而治"的管理。

"负反馈"是一种自稳定性的循环，它能够在一定程度上抗拒和消除干扰，使系统自动恢复原初状态。在社会系统控制与管理中，我们可以通过合理的制度、法规来创建和谐的社会自组织机制，使社会系统自动地消除偏差、保持稳定、接近和实现目标，实现无人控制的、"无为而治"的管理。

比如在市场经济中，生产与价格之间自然建构起一种负反馈的自调节机制："价格上生产上，生产上价格下，价格下生产下，生产下价格上……"这个动态机制会使得市场经济的生产系统可以能动地与需求相平衡，价格向着生产者最大盈利与消费者最小支出相平衡的方向不断调整与发展。这种机制虽然局部状态和时期上会出现一定的偏差，甚至出现较大的波动，但在经济的长期发展中却有着不可替代的作用。因此，社会主义的创新不是破坏市场机制，而以维护和协调市场机制的不断创新。

可以看出，党的十一届三中全会以来，在中国特色社会主义的旗帜下，我国进行了大规模的社会经济系统的改革。改革中，我们从原有"计划经济"的"组织化"经济系统走向了"市场经济"的"自组织化"经济系统，并且恰当地区分和运用了不同性质的复杂系统，这是现代社会管理的进步和科学化的发展。

所以，每当我们实现了社会经济系统的自组织化，社会生产力就能动地、奇迹般地前进和发展。从这些奇迹的发展中，我们可以清楚地看到辩证法所说的矛盾的能动性。正是对矛盾的能动性或自组织规律性的科学性运用，使我国的经济走出了困境；正是马克思主义中国化理论和党的创新理论的发展，使我国的社会主义建设走上了跨越式发展的康庄大道。

四、科学宏观调控与促进经济新常态持续发展的创新战略

党的十九大报告指出："十八大以来的五年，是党和国家发展进程中极不平凡的五年。……面对我国经济发展进入新常态等一系列深刻变化，我们坚持稳中求进工作总基调，迎难而上，开拓进取，取得了改革开放和社会主义现代化建设的历史性成就。"

"十三五"时期我国经济发展的显著特征就是进入新常态，谋划和推动"十三五"我国经济社会发展，就要把适应新常态，把握新常态，引领新常态作为贯穿发展全局全过程的大逻辑，经济新常态是发展长过程的一个阶段，这完全符合事物发展螺旋式上升的运动规律。

（一）环境与经济发展中的延滞、波动与科学决策方法

系统波动的原因是一个有延滞的负反馈。波动是市场经济系统中必然存在的一种现象，平稳的波动在一定意义上是推动系统发展变革的积极因素，但是剧烈的波动会使系统发展受阻，甚至导致系统崩溃。

对于系统波动的战略决策：

1）适应系统波动规律的战略决策，应当在一定时期逐步摸清系统的波动幅度与波动周期，有预见地提前采取相应适应行动。比如，政府运用一定宏观的调控措施提前影响那些过热或过冷的趋势来减缓波动。

2）对系统波动性的根本改造性的战略决策，则在于通过结构调整，协调社会内部的快、慢循环，降低系统的延滞程度，努力实现不同系统的协调运行。如：降低 GDP 增长的速度，加快基础建设：信息基础、交通基础设施建设，提高科技创新水平，提高自然环境、经济环境的有机程度，增强发展的品质与持久力量。

（二）统筹协调波动与经济社会健康可持续的发展

党的十六届三中全会指出："要按照统筹城乡发展、统筹区域发展、统筹经济社会发展、统筹人与自然和谐发展、统筹国内发展和对外开放"五个统筹的科学发展思想要求。我国经济发展进入新常态，并没有改变我国是世界上最大的发展中国家这一国际地位。一定要牢牢抓住发展这个党执政兴国的第一要务不动摇，在推动产业优化升级上下功夫，在提高创新能力上下功夫，在加快基础设施建设上下功夫，在深化改革开放上下功夫，扎扎实实走出一条创新驱动发展的路子来。

要着力推进人与自然的和谐共生，生态环境没有替代品，用之不觉，失之难存。坚持节约资源和保护环境的基本国策，像保护眼睛一样的保护生态环境，像对待生命一样的对待环境，推动形成绿色发展方式和生活方式（图2，图3）。

坚持共享发展，必须坚持发展为了人民、发展依靠人民、发展成果由人民共享，做出更有效的制度安排，使全体人民在共建共享发展中有更多获得感，增强发展动力，增

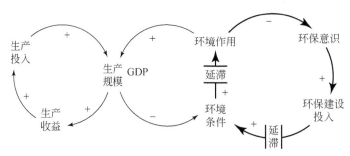

图 2　绿色协调可持续发展

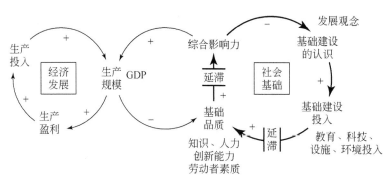

图 3　经济发展与社会基础关系图

进人民团结，朝着共同富裕方向稳步前进。按照人人参与、人人尽力、人人享有的要求，坚守底线、突出重点、完善制度、引导预期，注重机会公平，保障基本民生，实现全体人民共同迈入全面小康社会。为什么必须要坚持为人民服务的方向呢？因为这不仅是正义、合理和动人的方向，也是成功的方向，胜利的方向，是政治能够稳固，政党能够发展，政治工作者能够建立恒久伟业、名垂青史的唯一方向。战争年代是如此，和平发展的年代也是如此。

从数据到智慧——关于高端科技智库的思考①

李睿深

李睿深，男，1976 年出生，中国电子科学研究院管理研究中心主任，曾任国防科技大学教师，解放军总装备部参谋。先后参与起草国家级战略规划十余部。目前主要从事政策咨询工作，重点研究领域是科技创新和军民融合。

一、高端科技智库的成因

西方学界对智库建设提出三个原则即独立思考、影响政策、引导公众舆论。西方的智库大致可以分为三类：从公关公司和媒体公司转化而来、从咨询公司转化而来、从一些科研机构转化而来。这些智库在西方，特别是美国和英国，在决策的过程中发挥着重要的作用。

就中国智库而言：若把中国社会科学院、国务院发展研究中心、中国工程院等的体制内政策咨询机构算作传统智库的话。中国所谓的新型智库很少，目前的现实是，大部分智库都是从新闻机构转化过来，小部分是从大学转化而来，当然还有极个别的智库是从央企、国企中诞生，而这样的一类智库多是从科技或者说是某一个具体的行业来进行策划和研究。

党的十八大以来，中央对新型高端智库的工作予以高度重视。西方的人类学家认为我们现在所有的人都源于同一人种叫智人。但是在距今 3-6 万年的时，地球上并不是只有这一种人，还有尼安德特人等。尼安德特人无论从繁殖能力还是人种数量，都优于智人，但是他们还是消失在历史进程中。

有一种观点是尼安德特人是"蠢死的"。智人善于总结，善于提炼知识，什么时候该播种，什么时候该捕鱼……不断地在实践中总结经验知识。而尼安德特人，只知道看，

---

① 根据李睿深研究员于 2017 年 9 月 18 日为中国航天系统科学与工程研究院"钱学森系统科学与系统工程讲座"所作报告内容整理而成。稿件由曲以堃、马千程、胡笛、顾炎极根据录音整理。

不知道思考，只知道守株待兔，不知道举一反三。信息是一个原始人看见水、看见兔子、看见阳光雨露、看见土地。知识是经过观察得出结论，兔子要吃草、草是长在土里的、云腾致雨、狼吃兔子，等等，这就叫知识。那么接下来呢，他们能产生一种叫作"智慧"的东西，比如如果把所有的狼全杀掉并不好，因为兔子会大量的繁衍，把所有的草全部吃光，水土容易流失……

尼安德特人曾经一度很兴旺，但后来被历史淘汰，就是因为他们在智力的竞争过程中大大落后，完全靠天吃饭，体力再好、数量再多也是不行的。人类历史发展到今天已经进入信息时代，如果我们在智力的发展上落后，有可能也会重蹈尼安德特人的覆辙，将会直接威胁到中华民族的生存。

如图1所示，在不同的时代，推动时代的发展的要素不同。在农业时代，最重要的是土地和劳力；工业时代资本和劳力成为最重要的要素，到知识时代，知识将成为最重要的生产力。在这种情况下，如果没有很好的工具和办法来管理知识，那么我们将没有办法应对这个时代，将会是又一个被淘汰的尼安德特人。

这可能也是中央在大力推行社会主义新型高端智库的一个初衷。

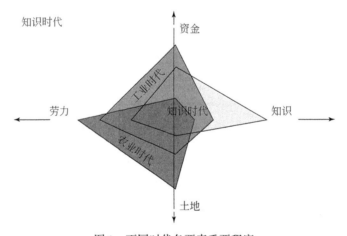

图1　不同时代各要素重要程度

（一）数据、信息、知识、智慧

在智库建设的过程中，第一个需要理清的是数据、信息、知识、智慧这四个概念。

什么叫数据？数据就是客观事实的反映；

什么叫信息？信息就是经过传递的数据；

什么叫知识？知识就是实践验证的信息；

什么叫智慧？智慧就是具有观念的知识。

这其中有两点需要解释，一是实践验证是上述过程中最为重要的一件事情；二是关于智慧的表述，智慧表述成"具有价值观"或者"具有道德"的知识，但这种表述可能引发歧义，故采用了"观念"一词。

基于以上理解，智库研究者的核心使命是：如何把当今社会海量的信息，生成决策者所需要的智慧，起到辅助决策、引导舆论的作用。也就是如何按照"数据、信息、知识、智慧"这个逻辑链条，构建决策者的智囊团？

对智库而言，若把大量的数据聚合起来，把足够多的智慧进行交融，能否产生所谓的智库，如何构建一个这样的智库。一方面，通过知识作为中心，采取一个所谓双牵引双驱动的概念，从大量的数据里去攫取需要的知识；另一方面，通过主观智慧去指导这个知识库的构建，那么这里面的核心就是实践，因为实践不仅仅对从数据到智慧的各个环节具有举足轻重的作用，更重要的是如果离开实践，所做事情的意义无法锚定。

一个智库和一个普通的研究员最大区别即在于此。罗素认为所有职业里科学家是最幸福的，因为他只用对自己内心的追求负责，若搞智库的学者也去追求自己内心的欢乐，就彻底偏离初衷。前段时间颁布"搞笑诺贝尔奖"，其物理学奖得主，用严格的论证证明猫是一种液体，并且在上台领奖时还给出他的证明。这就是一个完全以内心欢乐为导向的科学家，因为他研究的就是他的兴趣所在。智库研究一定不能如此。

（二）多学科融合

在智库的具体实践中，可以将上述过程划分为四个象限。向个体的方向，就是去获取个人的数据、信息、知识、智慧的这样一种能力；从集体的角度来说，就要着力构建以知识库为中心，数据库和智库这样一个双牵引、双驱动的模型。大数据概念出世后在社会上引来热议，东方智慧很多时候在考虑问题时，或解释一个问题时，更多时候会从宏观、从抽象方面去解释，这是由东方人文环境所决定，而西方很多时候是用一种具象、精细化、数量化的方式去解释世界。到了大数据阶段，西方人对数据精细化的依赖走向了东方式的宏观范式。

作为智库研究者要实践、要真正要理解社会的复杂性、整个世界的多元性。必须将宏观和微观、抽象和具体相结合起来，建立一个完整的视野，而不是从单点进行盲人摸象式的探索。基于这样理念，团队做一项具体工作，就要围绕党政军和一些国家部委，根据其需求，来整合自身知识库，从而生成决策者所需的智库，可采取多学科融合模式，法学、经济学、管理学、国际关系，包括传播学。这种模式使我们对具体问题解决方式有多视角方案。如此每当对问题进行分析时，研究结论都是体系化的，或者说是一套组合拳，使决策者可以在他完整的视野里面选择最合适的一种方式处理问题。

在上述过程中，不同学科的学者们，在自己的知识点上去分析给出结论，然后再以头脑风暴的方式给出完整建构。团队年轻学者的创造力，学术上的爆发力非常强，成长非常快。但是这种多学科融合的团队，带来最大的问题是信息冗余。

（三）信息冗余

信息时代并非信息越多，知识越多。某个 APP 会用算法，把你喜欢的信息推送给你，但这样会加深学科之间、人与人之间的知识壁垒和意见分歧。

从脑科学和心理学角度看，人类发明文字到目前仅有 1 万年，在文字发明前，由于没有形式逻辑表达方式，只靠语言和绘画，导致逻辑思维能力很差，后来人类发明文字，从形式逻辑到符号逻辑，人类的逻辑思维逐步达到高峰。而随着计算机和互联网的发明，"超链接"导致一个质的变化，每到你点击一个"超链接"时，会从当前的链接跳转目标信息。再去点击下一个链接，会发生二次跳转，几次跳转后容易忽略初始信息。

换言之，互联网带来的最大问题是把人类习惯的脑思维模式由线式逻辑转化为网状逻辑，超链接已经让我们树立了网状思维，这种思维带来的冲击巨大，现在的自然科学体系是建立在形式逻辑和符号逻辑，或者数理逻辑的基础上，而不是网状逻辑。而在自媒体时代，算法的使用使这种问题愈发严重，人类可能面临着现有科学知识体系全面重建的重大挑战，这个问题已接近哲学层面。

人类发展历史和近代社会的趋势看，人类获取信息将越来越多，交互方式越来越丰富：最早读报看书，仅是视觉；到当下虚拟现实（VR），有感知和触觉，拥有交互知觉。海量信息涌到人类面前，信息是否有效，能否对知识结构进行补充，是否对知识结构有污染，这是一个值得思考的问题。

所以，信息时代智库研究者做好知识管理是一种核心能力。

二、信息爆炸的知识管理

从外界信息的数量和展现方式上看，信息爆炸是不可逆趋势，研究者应当处理好这个问题。回到喜好推荐算法，喜欢吃烧烤的人，第一天阅读一条烧烤信息，第二天会被推送 15% 关于烤串的信息，第三天也许是 30%，也许一个月后推送的 80% 的信息都说烧烤是个好东西。若某人喜素食，则她获得的知识和信息都认为吃素好、吃烧烤不健康，则前后两者认知偏差越来越远，人与人之间交流被人与数据或者被人与信息之间的交流所替代。这其中揭示了一个人的基本属性的问题。

（一）知识的主观性

每个人都由自己的生理结构构成，而不是由计算机和数据构成，因此人会有认知偏差，例如首因效应、晕轮效应等，这些会影响判断的客观性，故在面对如此境况时应时刻提醒自己，人会存在这样的认知偏差，要特别注意，不要过于依赖那些符合主观偏好的信息，需要有意地去增加自己不熟悉信息和知识的摄入，以此来平衡偏差。这就是所谓的知识管理。

知识管理学科一直存在，它从知识的定义出发，给出关于如何管理个人和组织管理知识的系统性的解释，知识即是一种"内省的收获"，更是一种"习得的技艺"，其中的关键是如何有效组织"学习的过程"。诚如习近平总书记指出，建设"人人兼学、处处能学、时时可学"的学习型社会，培养大批创新人才，是人类共同面临的重大课题。

野中郁次郎的"知识创新理论"是知识管理学科的一个流派，其简单好用。首先它把知识分为两类：显性知识和隐性知识。能用语言文字表达出来知识都是显性知识，表达不出来只可意会的知识都是隐性知识。以学骑车为例，表述说双手把握方向并用脚蹬，在动态中保持平衡，这是显性知识。但是骑自行车光说无用，必须辅以练习，通过练习掌握骑自行车技能，除了表述之外部分就是隐性知识。举一个有趣的例子，松下公司面包机一度无法做出好吃的面包，设计师即去从师东京最著名面包师一年，他一边学徒一边和工程师讨论，把实践所得逐步形式化、编码化。显性知识和隐性知识产生螺旋的过程，就是所谓的"SECI 模型"：隐性知识变成显性知识叫外显化，显性到显性是结合化，会骑自行车并用语言表达骑行之法，这是外显化，传授给第二个人，这就是结合化，第二个人学会骑车过程是内隐化，两个骑行高手的交流称之为社会化，所谓的创新或知识的创造，必须要经历这四个过程。

图 2 是把个人，群体和组织的知识外显化、结合化、内隐化、社会化。外显化和内隐化是第一和第三象限，这两个象限较易实现，第二和第四象限非常难以实现。个体把个体外显化，可以写报告，阅读他人报告获取知识，是第三象限的内隐化。难的是显性到显性的传达，在庞大企业组织内部，较难把不同研究团队知识进行编码化和显性化传达。社会化，共同提高组织能力，在实践中很复杂。第二和第四象限是不断产生新知识的最大挑战，也是智库建设需要重点解决的领域。

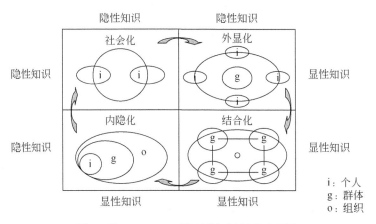

图2 基于"SECI"模型的知识创造流程图

（二）组织的知识管理

组织的知识管理，可以采用五阶段的模型。

第一项是组织要有不断进行知识创新的意志，包含两方面：第一，组织有进行知识创新的意识；第二，组织的战略要清晰，要明白组织的职能，如果大家在组织中不了解组织的职能，则其基本不可能进行知识创造。

第二项，自主管理，给予组织内部成员一定活性。

第三项，波动与创造性混沌，既要混乱，又要有序。

第四项，冗余。需要有冗余的知识体系，才能更好成长。

第五项，要多样性。无论工科，还是社科学生，不同领域的知识、概念，也要接受。

接受其他学科看待问题的角度对于组织中的个体非常重要。基于此易认为组织不可能创造知识，个体创造力才是关键。个体是平台的基石。

在组织维度，对平台的知识创造用"知识之轮"来描述。"知识之轮"主要是对知识沉淀、知识共享、知识学习和应用、创新的过程进行评述。其特点是，当你的知识编码传播化越高、扩散能力越强时，组织的创新能力就会越强。

理工科背景的人喜欢"因为-所以"的较强逻辑性表达。遇事习惯性找原因，对问题层层地解剖、分析，然后由点倒推找原因。但是如果建立创新型组织，就必须从不同的角度看同一个问题，比如技术、经济、法律、管理、社会关系、历史等视角。这不是演绎推理的方式，而是研讨式研究，或者说是"思辨"的方式（图3）。

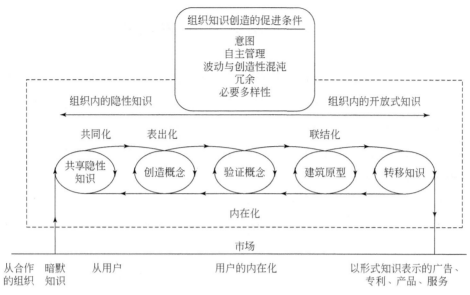

图 3   组织知识创造的五个阶段模型

（三）微观对宏观不可知，宏观对微观不可信

现有的学科分野是在启蒙运动后才建立起来的，包括哲学、科学、社会、艺术等，然后往下细分，这种方式最大的好处就是在细分的情况下，大家会在某一个细分的领域越走越强，人类发展的速度越来越快。

但是这种学术分野也会有问题，即如果分得太细，在宏观视角去看微观时，无法得到确切的认识，最基本的悖论是，只有当衡量世界的标尺是准确的，结论才是可信的，但由于学科分得太细太碎，不同学科的衡量标准常常是相互矛盾的，从宏观上看就变成了"这样说也行、那样说也对"，这种情况有点类似"薛定谔之猫"的问题，因为以宏观世界的概念去度量微观，评判的标准不在同一维度。这是宏观对微观不可信。

问题的另一面是，在微观层面建立的多个具体的知识点，在面对现实社会的复杂性问题，就好比盲人摸象，都站在细分领域，用细分领域专业观点解释全局性多元化问题，会导致无法在社会整体层面形成合理认知，这是微观对宏观的不可知。

智库面对的关键挑战，不是去解决或解释一个问题，而是通过知识去辅助决策者的行动。所以面对上述矛盾，智库管理知识、产生智慧的过程不是一篇篇论文，而是一个个社会现象。社会现象的复杂性决定了要从不同的角度审视，不同层次分析，要在最大程度上兼顾宏观和微观、自科与社科，不能只站在自己学科角度看，特别是做决策建议时不能"学什么吆喝什么"，那样很容易给决策者造成误导。

三、科技智库的社会功用

无论是西方还是中国，90%的智库都属于社科类，其中也包括新闻界，但科技类智库同样重要。科学技术对人类社会的发展具有非常重要的作用，关于科技与精神、科技与社会文化、科技与教育等的研究有很多。而就科技自身而言，也是在道德宗教艺术哲学的各方面的综合影响中得以发展的，科技并不是一个关在某一个领域里自行发展的体系，它始终是被社会影响着。

科学与社会无法截然分开，人们常说科研工作者喜欢工具理性，锤头看全世界都是钉子，因为他们笃信物质决定意识，认为技术能够决定很多事，但知识是具有很强主观性，另外社会对技术也有这种很强的决定性。科学文化和文学文化，包括美学文化，在斯诺命题里有一个非常重要的位置。图4统计中国社会粗离婚率，随着微博、微信兴起，离婚率上升趋势非常明显，当下社会结构正被消解。

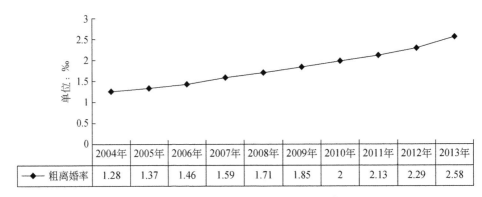

	2004年	2005年	2006年	2007年	2008年	2009年	2010年	2011年	2012年	2013年
粗离婚率	1.28	1.37	1.46	1.59	1.71	1.85	2	2.13	2.29	2.58

图4　2004–2013年我国社会粗离婚率

学术界研究这类问题的学科叫科学技术与社会学。较多议题集中在技术对社会的影响，有必要从历史的角度去梳理人类的社会发展和科学进步的关系。

历史上的先进文明，其社会条件和科技发展相互促进。比如古希腊文明的自然科学和哲学，其基于公理模式的知识体系。都是由于古希腊有其他同时代文明所不具备的一些社会条件，包括科学家的闲暇，充沛的好奇心，社会的自由思想，这也是古希腊建立高度发达的学科原因。

在西方黑暗中世纪时期，阿拉伯人崛起时《古兰经》中，"为了追求知识，哪怕远在中国也要前往。"在中世纪时候伊斯兰文明的科学素养，科学家的数量，科学成果数量，丝毫不亚于古希腊的鼎盛时期。正是经由伊斯兰文明的延续和传播，使得西方的知识体系，清晰、很安全地度过黑暗的中世纪。

在《1500 年后的战争》一书中可以看到冷兵器时代，工业化战争时代和信息化战争时代，技术的运用和军事管理或军事策略在不断交替过程中，从冷兵器时代的冶炼技术，中国的军事指挥技术独步全球，工业化战争时代火药崛起，欧洲成为军事强国，随后是美国，以后可能是中国。

通过梳理可以得出结论，中国科技智库的责任，是基于当今时代庞大知识、信息，给决策者予以有效决策支撑。从而为实现中华民族伟大复兴、实现中国梦做出自己的贡献。

四、总　　结

作为科技智库，可能不直接产生智慧，只是把知识进行梳理总结，以适当的形式呈现、归纳、成形，目的是要让决策者产生智慧。其中的关键在于以下几点：

智库学者与一般意义上的学者不同，他们不以个人喜好或者学科专长作为研究的出发点，而是以实践为导向，围绕现实社会的具体问题开展研究。多学科融合是一种重要方法，但要正视并妥善处理信息冗余。如何在信息爆炸时代中构建从信息到智慧的过程，是智库学者必须解决好的首要问题。智库学者要时刻警醒自己，知识有主观性，人的认知有偏差。知识管理应坚持以个人为核心。组织的知识管理，其重点和难点在于"社会化"和"结合化"。"微观对宏观不可知，宏观对微观不可信"是由现行学科体系决定的，要正确看待。科技智库的勃兴在于其社会功用，而非技术功能。

发展性含简洁性才有持续存在性

孙希有

孙希有，兼有金融学、经济学、管理学、哲学、社会学等多学科背景。经济学学士、管理学硕士、哲学博士、社会学博士后。中国社会科学院博士后理事会福建分会理事长、北京理工大学等多所院校兼职教授；福建省统计局局长、党组书记。专业涉猎广泛、知识渊博，善于和习惯用哲学、社会学思维观察和思考政治、经济、社会、文化、生态等现象和发展问题。独创有许多学术理论和实践概念，在全球最早提出了"流量经济""服务型社会""实体消费者""服务型制造业""生产性服务""差序增长极律""增长决堤律""域理性论""域行为经济论""域经济人理性协调论""域经济人感性协调论""本质科技""本性科技""零地发展""零地招商""颜面管理"等诸多的理论与实践概念，工作实务与学术背景兼备，曾经在中央与地方金融机构及地方政府的多部门、多岗位工作过，擅于将工作的实践放入理论的视域中进行思考和研究，主要研究领域和方向是文化社会学、经济社会学、经济哲学、管理哲学、社会人类学等，在公开刊物和中央与地方内参刊物等发表过论文两百余篇，论文获得过中央单位和地方单位的评奖。出版了十多部专著，主要代表作有《服务型社会的来临》《流量经济新论》《想要生活好必须做得对》《竞争战略分析方法》《制造混乱——追求和谐与均衡的另一种维度》被学术界、媒体界冠以中国的丹尼尔·贝尔称号。其基于中国的"一带一路"出版的《流量经济新论》被称为是首部将"一带一路"理论化的著述。全新理论概念受到诸多著名专家学者的好评。此书出版后，被收入中国好书榜。2016 年末，按照中央系列发展观又形成了新理论、新概念、新观念、新做法，按中央系列发展观出版的新著《想要生活好必须做得对》热销，影响很大，也再次独创了许多新理论，又再次获得了一些知名专家学者的好评。同时，孙希有也被称为是一个集思想者、创新者、行动者、坚持者为一身的特殊官员、特殊学者，是坚定的环境保护和回归自然倡议者，坚定的过度现代化反对者，坚定的后现代主义者，低调的批判主义者。

　　这次讲座有三个关键词：一个是发展性，另一个是简洁性，还有一个是持续性。这三个关键词组成了讲座题目"发展性含简洁性才有持续存在性"。持续存在主要是指人与自然界的持续存在。事物发展过程中包含很多内容，内容当中会有很多问题，问题很难解决，但必须解决。正是因为发现发展当中有一些问题（如环保问题、产业结构当中的问题等），党的十八大以来才提出了一系列思想理念，如"五大发展理念""供给侧结构性改革""经济发展新常态""健康中国2030""小康社会建设"等，目的就是解决发展当中发现的问题，这些问题会影响人和社会的持续存在。要想让社会持续存在，社会的一切行为必须以人的健康为主体目标。简洁性同样也包含很多内容，事物都是人做出的，做人做事要简洁，简洁才会使发展有科学性，有持续存在性。

一、简洁主义观点、概念

　　简洁主义是指人类的一切行为动向、思想意识，要以人类的本质性生活存在为主体，人类的行为方式、思想意识要以不谋私利、追求公利为主体，人类的生产活动要以人本意义为主体，人类的生活方式要以自己的身心健康存在为主体，社会管理要以为民众生产、生活健康服务为主体，人际交往要以社会共存共荣为主体，从而形成做人做事简单、干净、利落，自然、顺畅、健康、无瑕的状态。简洁主义是从社会发展的健康存在与效率角度，从主体行为人做人做事要以讲规则、讲道德伦理为节点，来减少做人做事的复杂性、风险性，以短超长、以少胜多、以轻压重、以小替大、以薄遮厚、以简抑繁、以净驱脏，以此实现人类发展和存在当中的远近均衡，高低一致，上下和谐，左右逢源的可持续发展与存在的目的。

　　简洁是我们做人做事应当掌握的概念，简洁主义就是做人做事要简单、干净，简洁才能让社会健康可持续发展。它是针对复杂主义、肮脏主义而言的，做人要简洁，做官要简洁，做生意要简洁，生活要简洁，讲座也要简洁。但简洁也要有限度，简洁不是不做事，吃饭要简单，但不能不吃；穿衣服要简单，但也不能不穿衣服；住宅要简单，但也不能露天住，那不是简洁，是更复杂。如果你不穿衣服，住在马路上，那会使城市出现更复杂的现象。所以本人有"域理性论"概念形成。所谓域理性论，是指人在社会生活和社会实践行动当中，不能机械教条式和不假思索地盲从按照当下现实已存在的事物现象和规律规则建立起自己的思维，并得出自己的思想结论、采取自己的行动，要对已经存在的现实现象和规律规则进行重新评审、认定、比较，在评审、认定、比较之后，再划定自己的思想与行为界限，从而达到真正理想的思想与行为目标。

　　人的思想和行为出现问题，违规违纪行为的存在，环境污染、城市诟病、人身体出毛病等都是人的思想和行动不简洁、太肮脏、太复杂造成的。万事万物既简单又复杂，不简单又复杂，会出现不干净的局面。复杂、肮脏是丧失了简洁的结果。社会发展不可持续也是复杂的结果。人类发明了电话是为了什么？手机状况如何？人类发明电话，包括90年代有了移动电话，这是便于人际间交流的发明。人类要使用电话，只要你有手会按键，有嘴会说话，有耳朵会听声音就足够了，就会使用电话了。但现在有了智能手机，要想会使用智能手机没那么简单了。过去原生态的手机只要你有对方号码，一拨通就联系上了，而现在的手机功能很复杂、多样多变。没有上网功能，没有收发信息功能的手机是最简单的，低成本的。但是现在大多数人不敢用非智能手机，因为担心如果错过别人的信息，对方会对你产生意见，觉得你太傲慢清高，这样的结果就是你将会失去朋友，难以树立口碑。再如佳节收到别人的祝福却未回复，对方也会有意见，觉得你没礼貌，以后就不可持续与你交往了。这就是智能手机的复杂化带来的有些人不可持续交往的原因。复杂手机功能很多，带来的问题更多，隐私有丧失、家庭有矛盾、造谣有惑众、诈骗有手段等。

如何实行简洁主义？要控制本性，满足本质，让发展可持续。控制本性就是让人要遵纪守法，讲究伦理道德。满足本质就是能保证人的生命健康存在，让人类可持续存在。

有的人的观点是人间万事万物都很复杂，这一观点，我赞同接受。有人说人间万事万物很简单，这一观点我也接受，也赞同。至此，可能有人会问：两个观点，你都接受这不是矛盾吗？其实这有矛盾又没有矛盾。因为说人间万事万物复杂，并不是客观的，是人的主观造成的，万事万物的复杂是对现实的描述，是对现代化的定义性描述；说人间万事万物简单是对人间万事万物本质的原生态性的定义，是正确的。

人简单生活不会出事，是原生态文化。复杂会出事，一个人有吃有住、有衣服穿、有配偶生活就行了，吃、住、穿、配偶够了就可以生活，不用多，更不能超，如果多了、超了，就放弃了简单，反而变得复杂，会出事。你想多吃、多住、多衣、多行、多配偶生活，那就复杂了。为了多，当官的你可能会去贪、去占，这样才能保证多、超的存在。但最终的结果却是你的一生将要在监狱中度过，使原本简单的生活变得复杂。

社会的自然人都是想方设法达到自己的本性需求，去贪去占，喜欢吃喝玩乐，不顾一切社会规律和身体规律去吃喝玩乐，不顾一切去做生意赚钱。作为行政的社会管理者，不能不顾科学发展观、和谐社会建设、绿色发展理念去追求经济发展，那只会使发展脱离原本简单的轨道，变得复杂化。

人的衣食住行其实是个很简单的事情。建住宅并不复杂，而当其成为市场化的房地产，特别是有了中介机构或炒房者后，住宅便变得复杂。房价潮起潮落，房地产商行贿购地，房子建设量超出了社会总需求量，有的人买不起房子没房住。这就是西方文化的定位误导造成的，中华民族传统文化就是自己建住宅。但住宅市场化之后，反而难以取得住宅，无形中增加生活的巨大压力。

简洁主义就是舍去一切可有可无的东西，停止一切超出人本质生活需要或不是人本质生活需要的东西，只保留满足、保障人生命生活存在的基本要素和营造健康的外部生活环境。为了人和社会的可持续存在，不能在要素生产内容及传递给消费者的过程中添加更多的环节，或添加无用的要素。"房子是用来住的，不是用来炒的"高端思想充分证实住宅存在的简洁化。

现代化具有双面性。人的现代化体现在三个方面：一是思想现代化；二是行为现代化；三是生活现代化。人的现代化的根本目的是要满足人的本质生活现代化，人工排泄物要有处理的方法、生病要有治疗救助的方法。物理健康和形象要保持，但长相如何没必要做整形整容，形象的整形整容是现代化的做法，不仅使人的物理身体变得复杂，而且男女恋爱也复杂了。经过形象造假后的恋爱结婚，一旦被发现，不仅影响双方的幸福生活，而且后代的基因遗传也会被质疑。这些就是人的本性现代化。人的本性现代化即是想怎么样就怎么样，这样会让人的生活存在复杂化、肮脏化。

总结起来说，简洁主义主张的代表人物叫孙希有，其代表性理论有很多，他主张人类生活简洁、生产简洁、做人做事简洁、说话简洁、与人交往简洁、异性交往要更加简洁，不简洁会导致复杂形成脏乱差。比如生产要简洁，简洁要没有污染，不能不安全；与人交往要简洁，相互和谐，但不能行贿受贿，合伙干坏事；人的生活要简洁，不能乱吃、乱喝、乱玩、乱乐、乱贪、乱占、乱吻、乱消费；社会管理要简洁，行政机构做事要简洁明快。复杂是表现，简单是根本，简洁是目标。

简洁主义者认为社会不需要以财富为主的大发展，不需要自由性的市场化大发展。简洁主义者提出，为了人类本质性生存，需要付出这么多物质文化成本吗？这样的付出代价值得吗？城市需要集中那么多人在一起吗？过度现代化有利于人的健康吗？人如果不健康社会还能可持续存在吗？因此，对人类的生产生活，一是尽量对其充分认识，有了正确认识之后就要形成工作实践。社会发展要有健康可持续的发展理念、有"五大发展理念"、有绿色发展理念、有健康中国的理念、可以参考孙希有的简洁主义理念。当代人发展不能仅仅以当代人受益为目标，还要为下代、后代人着想，当代经济高速增长不能危及下一代、后代人的增长与发展。现代化当中的一些事情，特别是经济发展要降低不科学不健康的增长，要降低消耗，要有大人类的意识，不要让意识变狭隘，否则，对人类可持续发展有负向作用。

然而当代人，都努力采取一切手段和办法为自己的下一代积累更多的财富，而不是仅仅为了自己，这样会有负向效应。一个负向效应就是为了留遗产给下一代，会不顾一切，浪费资源，甚至违法违纪赚钱捞物。贪官的存在就是基于此；另一个负向效应是当代人给自己的后代留下了大量的遗产，这反而不会激励下代人更努力地做事，因为他已经有足够的生活要素，没有压力和动力去创新做事业。真正会创新、创业、有才能的后代，大都是上一代没有留下什么遗产，为此自己才努力锻炼各种必须技能。许多当代的80后创业老板都是普通人的后代。如果我的父母有很多遗产留给我，那么我这个回归自然的倡议者、简洁主义者，就根本不用学习，不用长智慧，不用上大学，不用读博士后，也就不会离开家乡，更没有能力来航天研究院讲座。

人类自己是自己利益的创造者、维护者，也是自己最复杂的敌人，人类自己如果不放弃、不调节控制自己的行为，只顾盲从地进行所谓的发展而不计后果，那未来会是怎样？有没有利于人类可持续发展？有没有利于人类的健康存在？都要经过认证。

20世纪末21世纪初，德国社会学家乌尔里希·贝克，提出了风险社会理论。贝克说：全球化、信息化、高科技的社会一定是高昂付出的社会，人类付出的是健康和生命。人类最佳的合理存在方式不是急剧增长的财富和技术研发品，而是零存在、零增长、零生活。人与自然、人与物得保持平衡，人的身体要保持平衡。他还指出：工业化社会已经发展到了风险社会，人们的意识已经从"我饥饿"到"我害怕"，风险社会也产生了新的国际不平等。首先是发展中国家和工业化国家的不平等，其次是工业化国家之间的不平等。在科技没有过度发明之前，人类间并没有不平等，也没有大量消耗生命的冲突。但人类的武器技术研发使得人类紧张情绪增长，核武器、化学武器对人类会有大面积伤害性威胁。

贝克将风险社会视为第一现代性所导致的"现代性后果"，并将其称之为"反思性现代性"，即人类有创造性的自我毁灭一个时代的可能性。

现代性体现的现代化主要是互联网、卫星定位系统的发明、监控监听设备的发明，使得人人生活及行动处于隐私丧失、行为紧张害怕的状态，这使得人类已经丧失了生活自由的本质和幸福自由的域理性。这些都是市场经济体制促进的人类现象存在。

当然，市场经济体制虽然有缺陷，但也不能完全排斥，任何事情都要有协调、共享的理念，经济发展就要加创新、绿色的理念。为了社会的可持续发展，必须要协调好市场化体制与政府行政管理的关系，该放开的放开，该严管的严管，可以共享科学发展的资源和体制机制。不能将创新简单地理解为做当前无人做的事情。创新要讲究经济效益同时不破坏自然环境，不破坏人身体健康、让社会可持续存在。市场经济体制机制，不能一切以获取效益为准则。既要讲经济发展，又要调控经济存在。可以说，"五大发展理念"就是调控的标准。

现代化的商业性为主的社会，一切都以经济至上。有的发达国家、发达城市房价很高，房子的价值有那么高吗？房子的价值在于人们使用、居住、有效用，这才是房的价值所在。但是有很多高房价的房子也空在那里，这样的房子有价值吗？不能光知道物品、事物的价格，而不知道、不问询物品、事物的价值在哪里？社会管理者在经济领域的重要方向不应当是追求、寻求物品、事物的价格上升带来的经济增长，而应当是协调生产品的性质，数量与消费者健康享受的关系，不能仅仅协调生产与消费的部分结构与性质的平衡。

二、宏观经济学使人类发展的方式和路径不简洁

宏观经济学的概念有很多，尽管理解不同，做法也有区别，但有一点没有差别，就是通过求得供给总量与需求总量的平衡来达到拉动经济增长的目的。宏观经济学主要以凯恩斯的思想为代表，即利用投资、消费来拉动经济增长。宏观经济学，主张供求整体均衡，但能做到完全均衡吗？从需求侧讲，人的需求各种各样、千姿百态；从供给侧讲，供给产品提供者为了商业利益会不顾一切地推进自己的产品出售，但需求者并不一定全接受，对有的供给品也不应当接受。当然也有形式上接受而实际上没接受或者形式上接受，实际上是由于各种因素刺激，供给品推动者用各种办法促使需求者必须接受的情况。

人的本质需要多少，物的供给就要尽可能满足多少，这种供给与需求平衡才是真正的平衡，这是反凯恩斯主义的思想。反凯恩斯主义有很多人，甚至还包括地球，动植物。从这个角度来讲，地球肯定对凯恩斯有意见，猪鸡鸭鹅、鱼鳖虾蟹肯定对凯恩斯也有意见。养猪者按照凯恩斯的思想理论为了多赚钱、快赚钱，采取非理性手段让猪长得快、死得快。猪没有思维能力，面对不健康的食物也不会抵制。鱼鳖虾蟹本来是在海里自由生长的生物，现在变成人工管制、缺乏自由，身体素质本质也发生了变化。凯恩斯只讲经济发展，只讲拉动消费，不顾破坏地球，破坏动植物的原生态。反凯恩斯主义者主要是货币学派、供给学派，代表人物有萨伊、弗里德曼、芒德尔、拉弗，还有孙希有等。这些年的发展，我们更多地注重微观利益，而没有真正注重宏观利益。即使注重了宏观利益，也是先注意了微观利益，即所谓消费拉动。真正的宏观利益并不是宏观上生产与消费对等，而是整个人类社会的健康可持续存在，所以共产主义社会必须早日实现。从中华人民共和国成立之初开始，直到70年代末改革开放，我们微观层面的人、物、事等在整个经济生活、社会生活中，人们的感觉都是沉浸在统一被安排、被管理的氛围中，做每件事都要在笼子内做，因此对计划经济的宏观管理方法有抵触性的思想意识，所以当我们改变计划经济体制为市场经济体制后，便把放开微观层面及个人的发展作为发展的显性、主体性。现代人类社会越来越忽略人类宏观层面的发展，把发展理解得越来越

窄，认为发展就是自我发展，就是自身所在的人群发展，只要能为自己赚取利益，能为自己所在的人群赚取利益，就会奋力去做。环境问题出现在微观层面，体现在宏观层面。巴西亚马孙河流域由全球二氧化碳吸收地变成少吸收，甚至变成排放地就是典型的例子。还有不合适的科技研发，比如一些不合适、不人本的软件研发等，这些微观层面的作为，虽然使得个人、人群等微观层面得到了好处，但是对他人、对宏观人类的影响是负面的。很多软件技术的研发成果被用于非法的、有害于人类的手段工具。由此，使得人类生活变性了、变质了。微观的效益并不一定代表宏观性效益，宏观性效益也不一定代表微观效益。

传统经济学认为，经济人是有理性的，通俗点讲就是说不必管理，他们自然会赚钱，自然会赢得效益。如果仅仅从一个产业或项目的经济效益及赚钱多少来讲，这种经济人理性人假设是成立的，按照西方学者的说法，经济人理性假设的内容是"经济人是既会计算、又有创造性并能追求最大利益的人"，但问题就在于正因为微观经济人具有会计算的理性，所以经济学的传统概念才有问题。微观经济人会计算自己的效益，但他并不计算社会效益，而且会损害社会效益，损害人类可持续的效益，这是人的自私本性带来的后果。人的自私本性是人从纯生物人变成小自然人之后明显显现的。人在成为自然人之后，虽然从形式表现上进入了社会人，与更多的人相联系结成一体，理性缘由是因为个人资源的有限性，个人力量的孤单。

从原始社会讲，个人力量难以抵御自然力的各种威胁，到了近现代社会，人们结成一体，结成团队，结成交往的网络关系，但从每个狭隘理性个人思想来讲，也并不全是为他人考虑，而是想通过与他人交往，加入社会团队而获取自己更多的利益，让他人的资源成为自己的利益资源。由于人的自私本性，在加入社会中后，做事办事往往也总是为了自己的眼前利益，而破坏正义原则。人不能只充当自然动物，也不能只当经济动物。自然动物没头脑，会让人生活得不好。经济动物只懂得获取金钱财富而不管其他，这也会让人类生活得不好，不可持续地好。人的存在责任不仅要能让自己存在，也要顾及他人的存在，更重要的是能让人类永续存在，让社会永远存在，以便能够让人类生活可以不断再组织、人类存在需要物可以不断再生产、再创造，不断为人类社会的可持续存在创造更好的环境条件，而又不能伤害环境，不减少存在条件。如果不理会这些，只讲现代化，只讲创造社会财富，只讲现代化技术研发，电脑代替人脑，智能机器人代替人，网络交往代替实体交往，只讲消费拉动经济增长等，这对人类可持续发展没有任何意义，反而有负面作用。

社会到底如何发展？西方社会已经探讨和走过了三个制度性阶段，即 19 世纪初的自由资本主义阶段；20 世纪二三十年代凯恩斯主义的福利国家制度阶段；20 世纪 80 年代开始的以自由市场为核心的货币主义制度阶段。货币主义实际上就是新自由主义思想。资本主义这三个阶段虽然有不同定名，但其实就是一个目的，即促进经济增长，更多地创造社会财富，让人们更多地生产和消费，多生产、多消费。

而到今天，西方社会出现了接二连三的危机，问题的本质是经济增长是为了创造社会财富，创造财富的目的是为了更好地享受生命的存在。如果财富的增长与生命发生冲突时，如何抉择呢？例如，在安全环境下一桶水和100万美金选择哪个，人们都会选择美金，但是换一种环境，在一个旷野沙漠的环境中人们就会选择水。因为水是人的生存基本需要，水的价值是永恒的，而美金仅仅是交换的媒介所需。这个例子至少折射出两个道理：一是人到底需要什么？其次是资本的价值在哪里？资本是经济发展的前提和条件。资本做什么，取决于两个权责点：一个是行政机构的审批；另一个是资金的流向。政府不能对资本的流动采取放任自由主义，政府在运用货币流量推动经济发展的同时，也要注意货币流动的方向，涉的机构主要是政府审批部门和银行。如果你不管资本的投资方向，不管资本产生的效益，只要资本进入了某个领域投资，资本的逐利性，就一定不顾其他。

资本主义和社会主义区别在哪里？从名字上就看得出来，一个是以资本做主导的社会，一个是以社会做主导的社会，这本身就包含了两种文化。在资本主导的社会里资本高于一切，一切以赚钱为目的。而以社会做主导的社会，社会能综合性地全面发展，不仅仅是为了经济发展，为了物质生活。社会主义为什么比资本主义先进？就是因为社会主义具有社会性的人类整体发展意识，而资本主义只懂得经济发展、物质丰富、赚钱。一个是经济学的社会，一个是文化社会学的社会。

我们应当辩证地看待我们今天的增长。在发展之初，可能由于项目少、发展实体少而出现高增长。因为一个项目就可能让你增长很高，你的基数低或没有基数就可以让你增速高。在项目没有或短缺的时候，你增加一个项目、补上一个项目，就会使经济出现增长，特别是基础设施项目，这种情况表现更是明显。在基础设施项目建设时，投资一定会拉动经济增长，但当基础设施建成后，特别是把所有社会需要的基础设施项目建成后，已经满足了社会需要，这时人们生活的需求满足了，但经济可能下行了，至少投资拉动力降低了。这时候，难道为了投资拉动经济增长，再重建和新建重复、多余的项目吗？比如地铁项目，你建设时拉动了经济增长，建完了，投资拉动下去了，难道你为了再增长，还要再建设吗？你能把全城的地下都弄成地铁吗？甚至你为了投资拉动经济增长而把建好的地铁再拆除了，拆除过程也要有投资要素，再重建吗？建设地铁的目的是为了人们出行方便，是为了民众的生活需要。从基础设施建设对经济拉动的表现和民众的情绪对比看，地铁在建设期，对经济拉动有好处，而建设期民众的情绪反而不好。因为建设期间人们出行不便，交通拥堵，而建设完成后，投资拉动虽然停止了，经济下行了，而人们由于出行减少交通拥堵了，有了地铁交通方便了，心情反而好了。这也就说明了一个道理，就是发展经济的目的是为了什么？是为了人的生活方便还是为了经济增长的现象。

发展的真理是，经济发展不是为了自己本身，而是为了人的生活本质需求，生活要素基本需求。由此原理我们也可以印证出所谓经济增长的其他人类经济行为也是如此。世界上没有哪一个经济体能做到永远保持经济始终高速增长的。英国、美国、日本等先发达国家，工业化革命后，保持了一段经济的高速增长期，但现阶段已经回落到了很低点。这并不能说他们的经济发展不好，这些国家目前仍然是经济总量大国，总量也没低。当然这些先行发展、发达的国家目前也没有完全认识到"发展的真理"，看到本国经济增长速度降低了，便开始拼命采取一切措施来搞所谓刺激增长、刺激消费。而从西方国家所发生的各种现象原因中分析，刺激增长是为了恢复经济高速增长，而经济危机恰恰又是刺激增长措施所带来的。如果经济永远处于高速增长状态并不一定是科学的，相反这样会产生负面效应。因为不顾一切地投资和生产，无所顾忌的消费会带来诸多问题：环境破坏问题、资源保持不了可持续发展供给问题、消费者生活不健康问题、人的身体肥胖问题等。

在当前生活要素已足够的年代，无论经济增长是在高点还是在低点，钱多还是钱少，生活都能维持下去，这是社会生产和生活的常态状。但现在为了保持所谓的经济高速增长，世界上很多国家都进行掠夺资源性投资和生产。超量供给并不是发展，人类的生产品足够就好，我们不能为了拉动经济增长而过度生产已经超出人类本质需要的产品。供给不能过度，否则会让供给物的功能受损、形象受损。比如汽车的供给，在汽车刚发明的年代，汽车很少，人类对汽车无比崇拜；在人类有了一定量的汽车的年代，人类对拥有汽车是羡慕；随着汽车逐渐增多，人们对有汽车的人是嫉妒；而进入到汽车多如牛毛的现代，马路上、居民区到处行走着汽车、停放的汽车，造成人们出行不便、环境污染、噪声污染，人们对汽车开始讨厌和痛恨。为什么人们从对汽车崇拜、羡慕、嫉妒到痛恨呢？其中的原因并不是汽车不好、不应当存在，而是汽车发展过度，供给过度。人的生活要素足够就好，不能为了经济增长去刺激人家再消费，超出生活要素需要进行生产，那是浪费。所以，对所谓经济波动现象，不能仅用外部的办法去补充其短项，让经济暂时上涨，而不问其原因或合理性、科学性、可持续性。建设基础设施项目也好，生产产品也好，目的是为了让人们生活更好，并不是为了拉动经济增长，更不能为了少数人获取效益而拉动经济增长。汽车生产销售越多，房子建造、销售越多，肯定对老板有好处，但对普通人，特别是对未来人，肯定是破坏。

　　我的观点是：资本无价值，资本无价值观；商品有价值，商品无价值观；人有价值，人有价值观。

　　在生活中，人们通常不会轻易被满足，总想得到更多。这是不对的，不要以为后面的一定会是更好的，有了现在的，就先认定现在的是最好的，这样才会有满足感。特别是当代社会的现代化科技研发更是出现了骗取人眼前的快乐而不顾身心健康幸福的研发成果。电子游戏产业的研发生产，互联网发明对人类交流、交往方式的改变等也是如此。游戏容易让人上瘾、网络交流的各种方式现象也容易让人上瘾，上瘾是容易让人产生快乐的原因之一，但这些让人上瘾的工具性存在，也只是让人能产生短期快乐的人工设计物，而这种给人们带来短期快乐的人工设计物的存在却对人体和精神的伤害极大，我认为不应当发展和研发，不应当供给。有人边开车、边骑自行车、边骑摩托车，边从手机上接打电话、看QQ、看微信、发信息甚至还玩游戏等，由此提高了交通事故的发生率。但大多数的人都图眼前快乐，没有考虑今后。图眼前快乐是无度的发展，多余的发展，风险的发展，也是浪费人类地球成本资源、造成生态环境被破坏的元凶之一，但很多人都认为只要社会上有本性式需要，就只讲经济效益，并把这当作是为了人类幸福。这种想法是错误的，这是快乐而不是幸福。由于这种快乐的行为，才造成发展的复杂性、混乱性、不可持续性。

三、思想既认知又协调才能做到持续性发展

　　供给侧结构性改革的核心目的是促进经济的科学发展。虽然西方传统的经济理论也有类似的说法，比如新自由主义、供给学派、自由主义学派等，但这些传统的西方学派都是强调所谓用"看不见的手"推进经济的发展。所谓"看不见的手"，公平的市场化等，听起来公平，实际上却是真正产生不公平的源头，没有看得见的手管理，那些看不见的手会更加任性，甚至骗取社会资源，采取各种手段骗取钱财，这是没有管理的概念，也就是新自由主义思想带来的概念。新自由主义经济思想和理论与古典自由主义经济思想理论其实是一致的，仍然都认为经济人都是有理性的人。我们知道，传统的经济学理论以及现代经济学理论，都是按以下两个标准来定义经济人的，一是他们都认为经济人是力图以自己的最小经济代价去获取最大的经济利益的人，二是经济人有计算能力，有创造性思维和能力。这没错，经济人的确具备这样的理性，但问题是正因为经济人有会计算的理性，有获取经济利益的理性，所以按经济学的思维发展经济才出现了问题。经济人的获利性、创造性、计算性，往往只考虑微观、个人自己的利益，而不考虑社会整体的利益和效益。虽然说他们懂得获取自己的经济利益，懂得创造，他们获取利益的方

式手段行为虽然带来了经济的增长现象，但是如果不加规制，有可能带来社会的负面的效应，而且有些发展已经带来了负面效应。

人都有理性和感性特征，这是客观的存在。理性是按客观规律行走、办事。庸俗的思想、普遍的观点认为，理性为上，感性为下。承认理性的科学存在，贬低感性的存在。好像理性就值得信任、可靠；感性就一定要限制、不可靠，这样的普遍性观点已经得到了全世界绝大多数人的认可，但没有得到孙希有的认可。说一个人是有理性的人，就认为是好人、可信赖的人；而说一个人是很感性的人，就认为这个人是不可信赖的人，甚至认为是坏人。其实，普遍认可的观点也并不一定百分之百正确，普遍不被认可的人也并不一定百分之百错误。说到理性人的假设，是指人的理性具有双面性。如果理性的做法从形式上看虽然是按照客观现实的规律走的，但走得对不对、该不该走、走得有没有问题，那要看客观现实存在的规律本身是不是科学，是不是有利于社会健康、可持续发展该走的路。

客观现实存在的规律也并不一定都科学健康。如果按照健康、科学、有利于人类可持续的客观规律走，这种理性就属于好人的理性，反之就是坏人的理性。比如，任何经济人都喜欢赚钱，都会赚钱，但如果利用不科学、不健康的产业赚钱，按照理性原则，难道他能被接受吗？从经济人理性观点上看，经济人都会自发、主动赚取效益。理性经济人都懂得计算，他计算的目的不是为了消费者，而是计算能用什么方式、以最低的成本尽可能多赚钱，甚至骗取消费者的钱。商人还设计一些看似为了你，实际是蒙骗你的商品销售方式。比如，超市里的商品上写着"买一送一"，但这些都是经过计算之后的销售方式，他还是会从中获取利益，这就是商人经销的技巧和狡计。对于感性的人，不要妖魔化他们的感性特点，感性的人同样具有双面性。感性是按自己的愿望办事，如果一个感性人的愿望科学、健康，那么这样的感性就是合理的存在。当一个人把科学合理的感性愿望变成了客观现实，这其实就是一种创新。通俗地讲，创新就是现在社会没有存在的事物和现象在新的思想和行为中脱颖而出，而当创新出的合理事物和现象被越来越多地接受，进而形成普遍性的现象和事物时，这种感性实现的现象或事物便变成了新的客观规律性的事物和现象了，最终也就变成了理性的客观规律存在的现象和事物。感性与理性相比，应当是感性在先，理性在后。感性创造得多了，被大家普遍接受、认可了，才变成理性的规律，进而成为理性人遵循、效仿、跟随的对象。

事实上，经济学的理性经济人观点只是针对经济人自己利益的理性，而非为社会宏观效益的理性。所谓的理性经济人，都具有下述特点：无限任意的理性，无限的心理环境，无限自私自利的性格。正是由于这三个无限性的特点，所以现代社会的经济发展不能完全按照传统的理性经济人套路的模式走，而是要加进去新的行为经济学。行为经济学认为人是非理性的，固定模式的行为经济学和经济学相对立。经济学理论的核心观点是经济人都是具有无限理性的人，行为经济学理论则认为经济人不可能是无限理性的，而是非理性的，不具备稳定和连续的偏好理性。不管是承认理性经济人还是承认非理性经济人，这两个观点都是希望经济人会计算、多赚钱，能永远会计算、永远会赚钱。只是行为经济学认为经济人保持不了永远的理性，即保持不了永远赚钱的态度和能力。从形式上看，两者是对立的，但两者从本质上其实是合二为一的，甚至是同流合污的。因此才产生了本人所独立重新思考出的域行为经济学。我的域行为经济学的观点是：域行为经济学是指经济人在理性行为中，对其所创造的经济物和经济做法的诞生过程及运行结果要进行认证、调节、选择，看其对象、结果是否符合社会的整体价值，以避免经济行为的社会出轨行为的出现。

按我的域行为经济学的理论观点，理性经济人的无限赚钱能力和态度要有，但要把握住度，明确知道赚什么钱、该赚什么钱、不该赚什么钱。非理性经济人缺少的无限赚钱能力和态度要把控，赚取什么样的钱的态度和能力要继续留存促进，赚取什么样的钱的态度和能力要停止要有一个清晰的认识，由此还要有认知不协调理论。认知不协调理论通俗地讲就是心里明白，但就是不按照明白的方法去做，这也是心理学的概念。我主张做任何事情，包括发展经济，必须懂心理学，心理与外部相互协调，这叫认知心理学。

按照认知心理学的观点，每个人都会努力使自己的内心世界没有矛盾，然而任何人都无法使自己达到无矛盾的状态。因为现实社会的外部环境会影响以致制约人的内心世界，人的内心世界被影响、被约束、被捆绑，就会使外在行为与内部意识出现矛盾的。比如知道吸烟有害健康，但社会中还未强行制止吸烟，官方也不剔除烟草工厂。吸烟者知道吸烟是不健康的行为，但仍然不停止吸烟的行为。公共场合某一区域挂着一个牌子写着：吸烟有害健康，但旁边却又挂着一个牌子：吸烟区；虽然知道房地产浪费土地资源，已经过剩，但还是鼓励甚至刺激房地产发展，这些就是认知不协调。

发展经济过程中存在很多认知不协调的问题。供给侧结构性改革就是为了解决认知不协调的矛盾，具体方法从理论上讲可有三种：一是改变不健康行为；二是改变不科学思想；三是核对思想与行为的要素是否科学合理，是否有利于社会的可持续存在。我们都懂得绿色发展有利于人类的可持续发展，但总会有人在赚钱的时候不考虑绿色发展，只讲赚钱的效应。认知不协调的理论提示我们必须懂得社会如何维持可持续发展，但是要真正做到可持续发展，不能以经济效益为前提来从事任何经济行为，特别是行政机构对社会发展的管理，更是既要讲发展、讲推进，又要讲协调。

我认为，不懂得为经济增长做事的官员是无能的人；只懂得为经济增长做事的官员是平庸的人；既懂得为经济增长做事又懂得控制经济增长的官员是最高尚的人。

这些都是文化经济化的结果。经济不能脱离自然文化、人类文化、社会文化研究和发展。地球是一个持久的文化运动，人类是文化运动的动力和目的，经济应当服从文化。从某种角度来看，当今人类社会的发展既是一个经济不断增长的过程，也是一个耕地不断减少、环境问题不断增多、大自然生态平衡不断打破、生存条件不断恶化的过程。

凡事都有度，凡事要有度，无度会出事，简洁也有度。如何才能做到有度呢？我也有一个自创的理论概念——微流程管理论。所谓微流程管理论，是指以最简短的线路实行最可靠、最长的创造事物，做成事情的行为目标方法论。微流程管理论讲究的是对创造一种事物、做成一种事情要关注和提示短小、细微的环节，用宏观的思维和规则去认定流程的细微之处。微流程管理论对事物、事情从起点到终点都要有关注，有要求。

信息时代的中国工会服务职工模式

苏文帅

苏文帅，男，汉族，安徽人，历史学学士、哲学硕士，系统工程博士研究生。现任中华全国总工会权益保障部帮扶工作处处长。负责全国各级工会职工服务中心（困难职工帮扶中心）管理规划和项目业务指导，组织实施城市贫困职工脱贫解困工作、工会送温暖活动和职工福利政策制定，负责全国总工会参加全国社会救助部级联席会议、国家春运工作协调小组、中国社会工作委员会、中国消费者协会等联络工作。致力于研究钱学森总体设计部思想，并在项目发展规划、项目资金管理等实际工作中实践运用，在职工福利政策、城市反贫困政策体系、工会服务职工体系、智慧工会等方面提出了系列创新理论并应用于实践，先后参与了党的群团改革、产业工人队伍建设改革等制度设计，参加《慈善法》《社会救助暂行办法》起草工作。习近平总书记对工会送温暖工作是实行国家帮扶制度、保障民生的重要举措。李克强总理高度肯定了工会送温暖在国家救助体系中有一席地位。胡锦涛同志曾4次视察工会帮扶中心，高度评价帮扶中心是保障和改善民生的一个重要创举。

纵观世界文明史，人类先后经历了农业革命、工业革命、信息革命。每一次产业技术革命，都给人类生产生活带来巨大而深刻的影响。现在，以互联网为代表的信息技术日新月异，引领了社会生产新变革，创造了人类生活新空间，拓展了国家治理新领域，极大提高了人类认识世界、改造世界的能力。

党的十八大以来，习近平总书记准确把握时代大势，积极回应实践要求，站在战略高度和长远角度，就互联网发展尤其是网络强国战略发表了一系列具有重大现实意义和深远历史意义的重要讲话。这一系列重要讲话精神，成为以习近平同志为核心的党中央治国理政新理念新思想新战略的重要组成部分，为新时代社会治理体系和能力现代化提供了重要遵循。

信息时代的经济社会发展需要什么。随着互联网技术的发展，特别是大数据、云计算等技术的出现，整个经济模式、社会形态、组织结构以及人的价值观念在发生重大变化。经济上，更重要的是注重供需平衡，产消融合，生产和消费精准对接；社会结构上，组织扁平化，更注重社会协同。未来的社会的逻辑框架，是要充分运用技术，做到科学决策和精准服务。一个智慧的社会，基础是服务，核心是数据，流程是智能的。基于工业时代的思维方式无法适应经济社会，线上而言，大数据、云计算等技术的兴起，为社会从资源消耗到资源优化、从信息壁垒到信息共享，组织结构管理从科层制到扁平化，整个社会从盲目的羊群效应到分工协同的蚁群效应提供良好的技术支撑。我们自身必须要有系统思维，才会构建真正一套现代化的社会治理体系。线下而言，更重要的是如何发挥社会组织的作用，尤其具有政治性、群众性和先进性三大特点的工会等政治组织的优势。旧有的依靠具有浓厚的计划色彩的人员编制肯定被更多依靠社会工作者所代替。

社会治理模式亟待升级。每当革命性颠覆性技术的出现，促进经济模式变化和社会形态的发展，必然要求社会治理模式升级。原有建立在工业社会基础上的社会治理模式已经难以适应经济社会的发展和人们的社会价值形态，唯有升级社会治理模式。信息时代最大的特征是社会成员呈现横向流动且分布式的结构，其特点是成员间横向增多，而结构越趋于复杂化，这使得原来依靠科层制的组织管理模式已无法完成更好的治理。只有从管理到服务，从社会管理到社会协同转变才可能适应当下社会，这一切离不开社会协同的力量。一是线上要搞先进的技术，因为时间和空间的阻碍的资源和信息要连通和共享；二是线下要搞覆盖广泛的成员的发达的社会组织来协同。

中国工会改革方向是什么。中国工会作为世界上最大的一个群众性组织，具有会员庞大、组织健全、资源众多和信任背书效应的品牌，在未来的社会治理中必然要求去发挥其社会协同作用。习近平总书记要求群团组织增"三性"、去"四化"。这表明，中国工会绝不仅仅像传统的工业社会那种调节劳动关系的模式，而是寄希望未来的中国工会能够在社会协同中发挥着重要作用。也就是未来中国工会更注重的是社会协同功能，而其表现出来的就是充当枢纽型组织，一是充当党政和职工的枢纽，一是充当社会组织和社会治理的枢纽。习近平总书记对群团组织的要求是政治性，群众性和先进性，其政治性绝不是空喊几句"带领职工跟党走"的口号，而是如何在社会治理中起到社会协同的作用，是整个经济社会发展对工会的要求，政治性是工会组织的根本基石，在整个国家社会治理体系中起到协同性作用，不能党在喊什么工会跟在后面喊什么，而是需要真正地能帮党解决问题，引导职工跟党走。职工为什么要跟党走，就是群众性。群众性是工会组织的本质属性，增强群众性就是工会的本质回归。工会永远是职工的组织，工会的力量的源泉来自于职工。从工会的起源到工运的高潮，工会的力量都是来自于庞大的职工，如果脱离职工，工会则无源之水。群众性就是要把之前的"做工会的工作"转向至

"做职工的工作"，无可否认的是，这些年来，包括工会在内的众多群团组织，大多数是趋于行政化的，都是简单重复上级机构的职能，都是在内部循环，做着自己机构的工作。各级工会都是在做工会的工作，省工会管市工会，发个文件，开个会，市给县工会开个会，会议和文件跑到基层又跑回来。所以叫"最后一公里不通"。实际上，工会要想真正发展成社会协同的重要力量，其首要的就是要本质的回归，就是要让职工融入工会工作，工会工作要走到职工之中。第三就是先进性，要想带动职工群众，是要具有先进性的，不先进没人跟着跑。平常在生活中也一样，一个人不可能去学落后，肯定去学先进，一个组织也一样，要想能够带动群众，首先自己要先进。先进性意味的是经济社会新模式、新要素、新体系的开创者，中国工会具有其他任何组织、企业所不可比拟的优势，这种优势和资源如果能够充分发挥出来，其先进性必然显现。要建立一个符合经济社会发展趋势，满足职工需求并能优化资源配置和创新信息渠道，同时科学决策、社会协同的工会。

工会改革要适合经济社会发展和职工需求。现在工会正在发生着变化，包括系统结构在发生变化、系统要素职工发生变化、外部的环境也在变化。如果说工会模式不改革、不创新，原有的工作模式和变化发展的需求正在背道而驰。工会面临的紧迫问题大多起因于：一是外部环境发生了根本变化。工会的种种困难看作是一种社会大现象的细部，这个大现象不是别的，乃是不折不扣的传统工业社会秩序解体，基于工业社会的经济调控模式和社会治理模式无法适应经济社会发展和社会成员需求。二是难于在社会需求高速下预见和应付这些变化。工会在信息社会的治理模式革命中必然占有一席中心地位。它实乃产生这场巨大的社会变革的一支关键力量。一则工会的成员广大工人是社会发展的各项先进技术的一个主要创造者。其新理念新技术不断注入经济模式，从而大大加速了变革总速度，促使现存体制更趋动荡。二则工会之所以在这场革命中居于举足轻重的地位，因为身在社会协同力量社会组织之界。将来，社会组织必然在社会治理中协同的关键因素。工会因其力足以促进社会协同又快又有效，所以是在张罗着信息时代社会治理模式就位，可以说是革命变化的马前卒。三则工会又处于一种特殊的地位，因为它比其他任何大组织都易于招致物议。工会会员几乎覆盖和影响全体社会成员，除了远居于偏僻山区且无人出来打工的人，几乎每个人都和工会有种各类关系。四则中国工会之与众不同更在于它是世上最大组织。今后二三十年的命运影响亿万的人。它的成就可以成为全国全世界一切组织的表率。由于上述原因，必须认识到，今后 10 年的新目标，将工会系统从目前工业社会模式转变为一种更能适应上升的信息社会体系，成为信息时代的社会治理模式的协同最关键力量。为了完成这一转变，必须采用新的更有效的规划制度。这就需要对于那些影响本系统的各项社会因素（经济模式、社会形态、思维方式、技术进步等新业态）有个透彻的了解，对于工业社会和信息社会之间的基本差别有个清醒的估计。

中国工会以职工需求为导向的社会协同。中国工会经过本轮改革，功能逐步倾向泛社会化，由原来的注重调节劳资矛盾的职能，逐渐转变为社会协同功能。这一转变意味着改革后的中国工会更加注重桥梁纽带似的枢纽功能，以职工社会需求导向的服务功能。未来的中国工会注重四个方面目标：一是实现稳定及良好的劳、资、政三方关系，维持工业生产安定，协助企业与国家经济取得增长；二是实现改善工人工作、福利条件，以加强工人的社会经济地位，促进工会社会经济地位的加强；三是兴办经济实体，实现工会直接参与国家经济生活；四是构建线上线下相统一的服务职工体系，运用大数据、云计算等先进技术参与社会治理现代化体系。未来的工会的发展方向要通过改革：一是组织形态上的转变，就是各级工会组织不再是简单的复制，而是以职工需求为导向的分工协作。二是服务导向的转变，不再是单向的命令，而是以职工个性化需求出发，多样化服务。三是运作资源的模式的转变。不再仅仅依赖自己内部的这点资源，而是应该运作社会的资源，更多的是搭建平台，让社会资源和职工需求精准对接。困难职工解困脱困在这方面做的创新很多。工会最大的优势是什么，就是组织体系。党联系职工的桥梁纽带，用现在时髦的话就是一个整合资源的平台：第一，要能够在党和职工群众关系上起协同治理的作用；第二，要联系各类社会资源来给职工服务，这就是桥梁和纽带，要让每天有人在上面走，能让人家过桥。四是基层工会的运行模式要转变，要靠和社会组织合作的模式来解决。基层工会的人员力量受计划编制影响，就那么几个人，怎么干？只能靠共同联合协调社会组织。实现这些的途径就是构建一套真正以职工需求为导向的、符合随着经济社会变化的职工结构变化的服务职工体系，给职工搭建一个平台，把资源和信息进行一个整合和优化，然后每一级工会都是以职工为导向，信息快速到达，资源优化。

信息化时代的工会服务职工必须是高效的。如今工会面对的服务对象不仅是现实社会中的职工，而且还有虚拟社会的职工，如今网络就业已经在冲击着传统的就业模式，时代节奏快、变化多。整个职工队伍完全区别于传统的工业社会模式，职工的需求完全多元化，如果工会还是按照传统的几项工作来设计互联网+服务职工，根本不可能得到职工的认可。工会有很多的优势：第一，有潜在的、庞大的会员优势，现在有2.95亿的会员、4亿职工，这是一个对国家来讲，对社会治理很重要的一个基础，对经济模式来讲，是有庞大的潜在的消费的群体；第二，有健全的体系，相当于企业的销售、物流、服务体系，从上到下有280万的工会组织，而且有各级工会帮扶中心，有丰富的政策和资金、社会资源，还有具有公众认同的信任品牌效益。但问题是，现在工会在互联网+的思维还严重不足。互联网+的主要本质在于系统思维，主要功能在于优化资源配置和畅通信息共享。而作为具体应用到工会而言，"互联网+工会"应该是通过互联网+技术，把工会组织结构扁平化，其指向目标为职工需求，让资源快速到达职工，让职工信息快速到达各级工会。就互联网应用而言，大体分三个层次：一是软件思维，即把其传统工作信息化，就是把单向工作用互联网手段应用，这个层次，确实提高了效率和准确度。但算不上互联网+。二是平台思维，即注重与服务对象互动，以需求为导向，提供精准的服务。即改变传统的工作模式，改为以需求来提供产品和服务。三是系统思维，即通过精准服务和科学决策互为依存，应用层为符合职工个性化需求的产品和服务，服务层为大数据、云计算等技术来科学决策。而且其组织结构发生变化，各级工会不再是简单复制上级结构，而是根据自身情况，服务职工需求，分工协同，上下联动。若做好工会互联网+，仅仅依赖于软件肯定不行，更重要的是运营和服务。无论什么模式，都离不开精准化的服务内容，而且这个服务不是传统的那几样，而是应该随着职工需求变化而精准的服务。同时，其基础在于基层工会，而基层工会又需要社会化运作。其实未来的互联网+工会，应该是社会化、专业化、公益化和先进化。现在的工会不仅是在劳动力和资本之间调配，更多的是充当人力资源优化，即帮助职工提供服务、解决难题。要研究工会在社会治理中充当什么角色、发挥什么作用、如何整合资源、如何充当枢纽、有社会化的功能。其社会化在于市场专业运营和优化社会资源，专业化在于需要专业团队和专业技术、公益化在于职工参与，多方受益，而先进化要线上线下统一、技术与运营并行。这里面离不开技术的实现，更重要的是思维的转变。

要科学提供精准的满足职工需求的服务产品。习近平总书记指出："社会总是在发展的，新情况新问题总是层出不穷的，其中有一些可以凭老经验、用老办法来应对和解决，同时也有不少是老经验、老办法不能应对和解决的。"在工业社会向信息社会转型的过程中，信息技术改变了经济社会发展的模式，带来了深刻的社会变革，职工生活状况呈现多样性、需求也呈现多元化。这些需要通过数据化、精准化科学决策，使用新技术、新型服务模式、新型供给模式。工会改革绝不是仅仅解决编制和人事的问题，而是应该从四大方面变革：一是组织结构的变革，即组织扁平化和引入社会专业化力量以及分工协作的形态。二是工会方式的变革，信息时代必须要运用大数据技术对职工的状态和需求进行全样本、全过程的场景描述。三是工会干部的心灵的变革。工会源于农业社会向工业社会转型时期，是当时社会最先进的组织。工会经过对抗、协商谈判、合作的阶段，但到了信息社会时代，工会更重要的是如何在社会协同中发挥优化人力资源的作用，协同将成为主要职能，这需要从心灵和理念上的一次大的变革。四是理论的变革。现在运用的管理学、社会学、经济学、社会保障理论等都是第二次世界大战前西方建立在工业社会基础上，其形态基础是标准化、集中化、同步化的社会成员结构。但信息社会其形态特点变革为分布式、非标准的模式，社会理论必然要随着变化，带来的是工会的理论也必然要随着变革。未来，工会应该通过流程再造和大数据技术的运用，建立和完善工会组织与社会组织、工会与职工的互动机制，探索建设枢纽型、服务型、社会化、信息化的平台组织形态，让职工和企业在一种全新体验中享有精准的生活保障服务产品供给。

智能驾驶关键技术与应用[①]

鲍　泓

鲍泓，工学博士，教授，博士生导师，北京联合大学原副校长。现任北京市信息服务工程重点实验室主任，计算机应用技术北京市重点建设学科带头人、北京联合大学校学术委员会常务副主任等。主要兼职有中国人工智能学会智能驾驶专业委员会副主任、中国计算机用户协会理事/网络应用分会副理事长等。主要从事智能驾驶、认知计算、网络与分布式系统等领域的研究，主持完成的项目有国家自然科学基金委"视听觉信息的认知计算"重大研究计划项目"智能车驾驶脑认知技术、平台和转化研究"、北京市人才计划创新团队项目"图像理解与应用"等多项课题，发表被 SCI/EI 收录的论文 50 余篇，发明专利和软件著作 30 余项，组织联合大学智能车团队参加 2013 年以来历次"中国智能车未来挑战赛""世界智能驾驶挑战赛"等国内国际实际道路和离线竞赛，获多个单项第一和前列的成绩及奖励，其本人获国家自然科学基金委员会重大研究计划专家组颁发的"关键技术应用贡献奖。"

现在人类进入了一个智能化的时代。在新的时代，汽车与环境也发生了很大变化。智能驾驶及其相关名词大家说的很多。但是智能驾驶到底是什么？如何实现智能驾驶？这次讲座以"智能驾驶关键技术与应用"为主题，结合我们基金重大研究计划项目（91420202）研究成果，主要介绍汽车发展与驾驶环境的变化、智能驾驶的关键核心技术和应用、智能汽车的量产分级和发展路径等问题。

一、汽车发展与驾驶环境的变化

新时代视角下的汽车发展与驾驶环境都有着很大的变化。汽车的发展是随着科技革

[①]　根据鲍泓教授于 2018 年 6 月 11 日为中国航天系统科学与工程研究院"钱学森系统科学与系统工程讲座"所作报告内容整理。稿件由硕士研究生曲以堃、胡笛、顾炎极根据讲座录音和幻灯片整理而成。

命和工业革命的发展而产生的。第一次科技革命促进了第一次工业革命，出现了蒸汽机。此时，法国陆军工程师古诺（1725–1804）通过蒸汽机加上四个轮子制造出第一辆蒸汽机驱动的汽车。到了 19 世纪，随着第二次科技革命的发展，人类进入了电气时代。1886 年由德国人仁尔·本茨发明世界上第一款现代汽车：用上了单缸四冲程汽油机、电点火、化油器、灯光等，使得汽车驾驶更加轻便与舒适。20 世纪中叶，以图灵提出的计算模型，香农提出的信息论，维纳提出的控制论等，促进了计算机、通信和自动控制的出现，从而使人类进入了第三次科技革命，也就是现在的信息时代。现在的汽车属于第三次科技革命的产物。现代汽车有着以下特点：新能源、半自动化、通信与网联、多媒体信息、电子导航等；近年进入了科技革命时代，它的切入点就是人工智能和机器人技术，因此，也称为智能时代。从汽车和驾驶环境变化的历史看，如果在汽车加上自动变速装置，可称为自动挡汽车，如果在汽车上加上网络可称为网联汽车，现在汽车加上了人工智能技术，可称为智能汽车，而车辆又是通过轮子运动的，就可以称之为轮式机器人。不管哪个时期，它的初心是不变的，都是以人为中心，以车为载体，以路为基础。因此，在今后的智能化时代，设计的系统仍然是围绕这个初心的。

　　所谓的智能驾驶，从智能科学与技术角度来说，本质上涉及注意力吸引和注意力分散的认知物理学和认知工程学，主要研究地面的各种车辆的智能驾驶。属自主无人系统研究领域，技术路线有所不同，又有不同称谓。智能驾驶还有其他的一些概念。例如，自动驾驶，自动驾驶有别于传统的自动化驾驶，它是有自主控制的含义；自驾驶，是在汽车自己的电脑的控制下，汽车自己驾驶，甚至可以没有方向盘，无人驾驶的车上可能是有人驾驶的，也可能是没人驾驶的；智能网联汽车，这是一个比较流行的概念，通过移动互联网把各种车辆连起来管理和控制，这种方案就是要给汽车搭建一个智能交通管理系统。现在为人搭建的交通管理系统主要是红绿灯、交通指示牌等。但是现在的智能汽车对这些信息的识别率很低，所以智能网联汽车方案较 V2X，就是用互联网将汽车与交通环境连起来，告诉自动驾驶汽车该如何操作。

　　国外的智能汽车研究成果在实际道路测试的热点是从 2004 年起，美国国防部高级研究项目局（DARPA）开始举办智能车挑战大赛。该大赛对促进智能车技术交流与创新起到很大激励作用。图 1 为美国斯坦福大学的智能车团队，这款比赛车获得了当年第一名。直到现在，很多算法用的还是斯坦福大学的算法。

　　中国智能汽车研究成果及在实际道路测试的起步比国外稍微晚几年，从 2008 年起，国家自然科学基金委设立"视听觉信息的认知计算"重大研究计划，并在 2009 年主办"中国智能车未来挑战赛"，每年一届，已举办 9 届。该大赛对促进中国智能车研究和自主技术研发、对赶超国际水平起到重大推动作用。国家自然科学基金重大研究计划支持

图1 2005 斯坦福大学研发的自动驾驶汽车

的有 20 多个重点或集成项目，其中：“智能车驾驶脑认知技术、平台与转化研究”项目由北京联合大学和原总参 61 所合作承担，鲍泓教授为项目负责人，李德毅院士为首席专家，横向建立了 11 个课题组群，纵向建立了“猛狮”“京龙”和“宇通”等 6 个车队群，部分车辆如图 2、图 3 所示，历时 4 年，全过程实行有效的阵式管理。我国研发的智能车在实际道路的公开测试历程，有较大影响的如下：

2009-2017 年，国家自然科学基金委员会“中国智能车未来挑战赛”，在常熟市封闭城市道路公开测试，最高限速 50 公里/小时。

2012 年，京津高速路公开测试，在两个收费站之间 114 公里，平均速度 104 公里/小时。

2015 年，“郑开大道”（Z2K）的开放道路公开测试，32 公里城际道路。李德毅院士全国联合课题组 5 辆智能驾驶车进行了测试，最高限速 80 公里/小时。

2017 年 11 月-2018 年 3 月，正进行北京首都机场到园博园（T2Y）的城市道路公开测试，全程 55.4 公里。

图2 C70 自主品牌智能汽车“京龙”1 号

图3 中国也是全球第一辆智能大客车 iBus

二、智能驾驶技术、核心和应用

智能驾驶的核心技术可分为技术核心和设计核心。技术核心主要是算力，体现在集成电路技术水平上；设计核心主要是算法，体现在机器学习、逻辑推理、认知计算等智能软件方法上，还有就是业务核心也就是数据，数据包含了汽车驾驶中的信息、知识、记忆和经验等。例如，特斯拉的智能车和谷歌的智能车的设计理念、思路、技术路线是不一样的，这是他们自己的核心技术。如何设计出"不牵一发动全身"的智能车架构？对普通汽车的底层进行线控改造，在汽车上加装传感器、多总线驾驶电脑、控制器以及执行器。控制器负责油门、制动以及转向。这里设计到感知层、认知层和行动层，建立起以汽车为载体的智能车体架构，如图4所示。

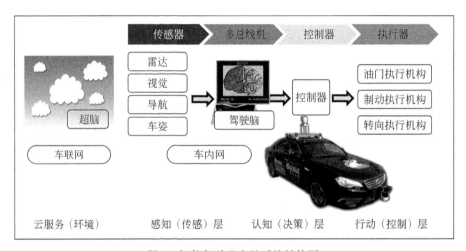

图 4 智能驾驶汽车的系统结构图

在这个架构上，再加上操作系统，支撑模块以及应用模块。其中应用模块要具备感知能力，认知能力和行为能力。利用传感器，通过感知层、认知层，最终控制车辆的控制器。控制器包括油门、刹车和方向盘，控制器虽然简单，却是保障汽车安全的关键。感知技术主要用到各种传感器，例如，视觉传感器，雷达传感器，车辆位置和姿态传感器视觉传感器由多个摄像头组成，可以进行红绿灯检测，道路情况检测等；车辆位置和姿态传感器，目前主要是用 GPS+惯导 IMU。利用差分原理弥补 GPS 精度不够的问题。激光雷达根据清晰度可以分成 4 线、8 线、32 线和 64 线雷达，激光雷达使用极坐标，形成三维点云数据，来检测周边环境。

智能驾驶还有一种车联网方案，即以车内网、车际网和云端移动互联网为基础，按照约定的通信协议和数据交互标准，在车 V2X（V：车，X：车、路、行人及互联网等，缩写：V2V、V2I、V2P）之间进行无线通信和信息交换的大系统网络。智能联网是能够实现智化交通管理、动态信息服务和车辆控制的一体化网络，是云计算、大数据和物联网技术在交通领域典型应用。在车联网领域，已提出一些网联协议，LET-V 是我国提出的一种协议规范，专门为 V2X 的智能网联设计的。此协议试图用 5G 全覆盖车辆及车辆周围环境的感知，智能汽车的行驶就可以依靠网络来实时进行定位、导航、动态规划等，但是这个目前还是不行的。即便 5G 实时性能够达到，试想所有的车辆都在网络中，一旦有黑客攻击，整个网络里的汽车都将受影响。因此，还是提倡车要有自主的驾驶能力。当然车上决策系统也不能完全依赖某一种传感器。各种传感器需要融合，每种传感器的作用各不相同，并且传感器是不完备的：不同传感器的任务分工体现了人类在驾驶过程中的选择性注意。其配置种类和数量的论证是一个优化问题，既没有唯一解，也不会有最终解。例如雷达可以扫描 360°对前后左右的车辆，障碍物检测的比较准确，但是对物体的颜色、类型就不能有效进行检测，此时就需要摄像机。

认知技术是人工智能领域，它能完成以往只有人能够识别和分类的任务，李德毅院士在项目研究中提出了认知技术包含了记忆认知、计算认知和交互认知。记忆认知分为侧重感知的瞬时记忆、侧重态势的工作记忆和侧重知识、经验的长期记忆三种形态，用不同的尺度形式化。计算认知是通过计算可用路权，在对数极坐标系下以变粒度的形式驾驶态势图，有效地体现了选择性注意。聚焦工作记忆中驾驶态势图序列的关联计算，形成实时的驾驶态势评估，通过计算碰撞时间（ToC）预测当前方向的纵向最大威胁和横向最大威胁，进行威胁判定，克服自动驾驶模式的有限性和模式切换的唯一性问题。交互认知是根据交互情景构建确定、半确定和不确定数据的驾驶认知图谱，重点研究车车之间的车体语言交互认知、交警和行人手势等肌体语言交互认知以及乘员与自主驾驶车的人车交互认知技术。而机器学习的过程包括正学习和负学习。正学习就是机器人向有经验的驾驶员学习开车的过程，流程如图 5 所示。经验驾驶员通过生物视觉等形成的当前驾驶态势图，然后驾驶员人工操控油门、制动和方向盘，最终抽象出车辆的认知方向。同时，驾驶脑视觉综合形成的当前驾驶态势图，采集数据形成驾驶态势–认知箭头图库。然后经过认证提取形成驾驶记忆棒，在实际的驾驶过程中，就可以代替人类驾驶员驾驶。

将以上过程封装到芯片中就形成了技术核心。芯片仅仅用 CPU 还是不够的，还需要用到图像 CPU，甚至还要把某些神经网络等核心算法做到芯片上，这样速度就更快、更可靠。

将人工智能和人脑对比起来看，人类脑是由双螺旋结构 DNA 决定，也称为碳基脑，属脑科学的基础研究。人工智能是研究模拟人的智能的一门的技术科学，用电脑及软件

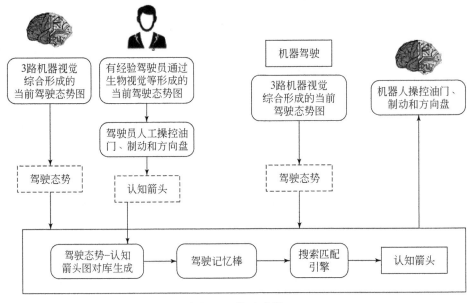

图 5　正学习过程

模拟人的智能的脑也称为硅基脑。当前一种有效方法就是用人工神经网络和机器学习技术来实现人类的专门领域的智能，如下棋、图像识别和智能驾驶等。

智能驾驶技术实现落地首先在专门场地营运车辆，其道路环境相对简单，政策法规风险较低，如共享无人专车、无人配送等领域。随后，智能驾驶将在乘用车和运输车如出租车、大货车中得到应用。随着智能驾驶产业成熟，智能驾驶会得到更广泛应用。

互联网企业-智能驾驶汽车：

● 谷歌智能车。谷歌的测试车辆已经在美国 4 个城市行驶了 300 万英里①的距离。此外，它还学会了从礼貌地鸣笛到感受骑车辆和行人在内的多项技能，可以没有方向盘和油门。

● 特斯拉自动汽车。特斯拉 2016 年发布了 MODEL S 车型，配备了自动驾驶系统。特斯拉已经通过量产车型积累数十亿公里测试数据。

汽车服务企业：

在价值链中的比重不断加大，车企纷纷向服务提供商转型，沃尔沃、福特、日产、戴姆勒等多家整车厂与优步开展合作。

近年，自动驾驶汽车的发展迅速。仅美国谷歌公司自主驾驶汽车，自 2009 年至 2016 年 3 月，其无人驾驶计划下的车辆就已行驶超过 240 万公里。2016 年 9 月 24 日，法国 EZ10 无人驾驶公交车在巴黎进行试运行；2016 年 9 月 14 日，美国宾夕法尼亚州匹兹堡

---

①　1 英里≈1.609 千米。

市约 1000 名市民接受邀请，享受优步推出的无人驾驶汽车打车服务；2018 年 9 月初，芬兰赫尔辛基试运行小型无人驾驶公交车，新加坡的无人驾驶出租车也开始试运行。除了各种试运行，各汽车厂商也都纷纷将生产无人驾驶汽车的目标定在下个 10 年，而美国福特公司此前更是公开放出豪言，2021 年将实现无人驾驶汽车的量产。在国内，车企、IT企业：上汽、北汽、一汽、广汽等加入。百度宣布"阿波罗计划"开放自动驾驶软件平台，华为联合车企积极推动 LTE-V/5G 通信技术在智能网联中应用。

三、智能汽车的量产分级和路径

无人驾驶车有一个类驾驶员认知大脑和行为小脑。因此，驾驶智能本质上是能实现人类驾驶员的智能与行为。

目前全球汽车行业公认的两个分级分别是由美国高速公路安全管理局和国际汽车工程师学会提出的。以国际汽车工程师学会版本为例，来看看从 L0 到 L5 级的自动驾驶技术分别具备什么无人驾驶的能力。

L0 是完全由驾驶员进行驾驶操作，属于纯人工驾驶，汽车只负责执行命令并不进行驾驶干预。

L1 是指自动系统有时能够辅助驾驶员完成某些驾驶任务，车道保持系统和自动制动系统就属于 L1 级自动驾驶的范畴。

而到了 L2，自动系统能够完成某些驾驶任务，但驾驶员需要监控驾驶环境并准备随时接管。目前绝大多数车企都已经做到了 L2 级别的自动驾驶技术，比如 ACC 自适应巡航和拨动转向灯即可实现自动变道行驶等。在这个阶段，虽然机器可以独立完成一些组合行驶需求，但驾驶员仍需要将双手双脚预备在方向盘及制动踏板上随时待命。

到了 L3 级别的自动驾驶技术，驾驶员将不再需要手脚待命，机器可以独立完成几乎全部的驾驶操作，但驾驶员仍需要保持注意力集中，以便随应对可能出现的人工智能应对不了的情况。L3 级是驾驶操作主体有无人驾驶系统介入的分水岭，是需要解决自动驾驶等级转换点以及驾驶掌控权交接的度量等关键点。

而 L4 和 L5 级别的自动驾驶技术都可以称为完全自动驾驶技术，到了这个级别，汽车已经可以在完全不需要驾驶员介入的情况下来进行所有的驾驶操作，驾驶员也可以将注意力放在其他的方面比如工作或是休息。但两者的区别在于：L4 级别的自动驾驶适用于部分场景下，通常是指在城市中或是高速公路上；而 L5 级别则要求自动驾驶汽车在任何场景下都可以做到完全驾驶车辆行驶。

目前还没有任何一辆智能车能做到在任何场景下完全自动驾驶。去年以来，在美国已发生多起智能车和普通车辆交通事故，而责任在后者。地面交通的复杂性和不确定性主要是人类驾驶的不确定性引起的。

目前实现L4级和L5级主要由两条技术路线：一条技术路线是自主驾驶，即汽车本身智能化。这种方法的优点是，自主可控、安全、个性化，存在的问题就是：单车的成本高，而且达到驾驶员的能力还有待时日。解决的途径主要依靠个性化驾驶脑，人工智能算法的突破。另一条技术路线是智能网联汽车。这种方法的优点是交通事故降低；提高交通流通量；开启汽车共享经济。存在的问题是网络空间安全性、网络故障、电磁干扰和黑客攻击。

驾驶智能：本质上涉及对智能驾驶实现程度度量的认知工程学。机器学习和图灵测试近年突破性进展，为驾驶智能的工程化、标准化提供了有力支撑。驾驶智能的"智商"，粗分为

初级驾驶智能（Rule Driving Intelligence DI 1.0）——规则型DI（通过拟驾照级功能测试）。

中级驾驶智能（Narrow Driving Intelligence DI 2.0-3.0）——专用型DI（通过拟初级到一般驾驶员的驾驶智能测试）。

强驾驶智能（General Driving Intelligence DI 4.0）——通用型DI（通过拟经验驾驶员智能测试）。

基于自主环境感知的单项驾驶辅助功能（即DA级）大规模运用将于2016年实现；以自主环境感知为主、网联信息服务为辅的部分自动驾驶（即PA级）应用将于2018年实现；融合自车传感器和网联信息、可在复杂工况下的半自动驾驶（即CA级）将于2020年实现；在2025年左右可实现V2X协同控制，完成高度/完全自动驾驶功能（即HA/FA级），在2030年左右实现一定规模的产业化应用。图6是对智能驾驶未来发展的预测，其中2045年是科学家预言人工智能可能出现奇点的节点。

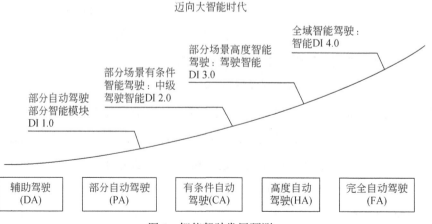

图6　智能驾驶发展预测

斯坦福人工智能百年（AI100）《2017 人工智能指数报告》：计算机视觉、听觉、自然语言理解等技术发展现状（机器类人程度）：根据 LSVRC 竞赛结果，图像标注的误差率从 2010 年的 28.5% 降至低于 2.5%；ImageNet：深度学习热潮的关键推动者之一，Imagenet 数据集有 1400 多万幅图片，涵盖 2 万多个类别；其中有超过百万的图片有明确地类别标注和图像中物体位置的标注，2010~2017 年结束测试比赛时，无论的图像分类、物体检测、物体识别，计算机的正确率都已经远远超越人类。视觉问答是一种开放式问答，数据集发展出新版本 VQA 2.0。自然语言理解技术范畴下的语法解析、语种互译、问答、语音识别等技术皆逼近人类的能力，但实际道路全天候行驶的场景的不确定性和复杂性，在无人驾驶汽车实际上路安全行驶仍然任重道远。

2017 年 7 月 8 日，国务院发布《新一代人工智能发展规划》。这是国务院第一个以"人工智能"作为发文题目的文件，意义重大。目标概括为利用 13 年时间，分新"三步走"，要抢占人工智能全球制高点，如图 7 所示。第一步：到 2020 年，人工智能总体技术和应用与世界先进水平同步，其产业成为新的重要经济增长点，其技术应用成为改善民生的新途径；第二步：到 2025 年，部分技术与应用达到世界领先水平，成为我国产业升级和经济转型的主要动力，智能社会建设取得积极进展；第三步：到 2030 年，总体达到世界领先水平，成为世界主要人工智能创新中心。实现世界制造强国目标的时间明显提前了，但抢占高地的智力人才资源匮乏，因此培养智能时代人才的任务十分紧迫。现在的本科生和研究生正是未来攀登世界人工智能领域高峰的主力军，使命光荣而艰巨，希望在他们身上。

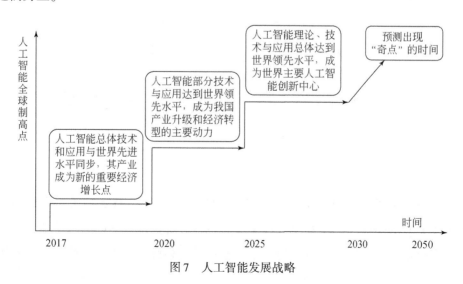

图 7　人工智能发展战略

区块链与数字货币监管的历史、现在和未来[①]

杨 东

杨东，中国人民大学法学院教授、博士生导师、副院长，中国人民大学国际发展战略研究院金融科技与互联网安全研究中心主任。教育部首批青年长江学者，曾获全国十大杰出青年法学家提名奖。经银监会等机关推荐，到中南海国务院办公厅专题讲解互联网金融监管相关问题。全国人大证券法、期货法、电子商务法立法专家，工商总局反不正当竞争法修改课题组成员，网信办中欧数字经济专家工作组成员，发改委大数据流通国家工程实验室专家委员，证监会和证券投资者保护基金公司专家委员，国家互联网金融安全技术专委会委员，中国互联网金融协会网贷专委会委员，中国电子学会区块链专委会副主任委员，北京青年互联网协会监事长。中国证券法学会研究会副会长，中国金融科技50人论坛成员，中国人工智能30人论坛、中国个人信息保护与数据治理30人论坛、中国互联网竞争政策30人论坛发起人。多次受到中央电视台、凤凰卫视、新华网等知名媒体采访，就互联网金融、金融科技等相关最新议题发表看法。

一、区块链与数字货币的源起与本质

（一）数字货币与数字加密货币

数字货币，英文为 Digital Currency，指价值的数字表示。数字加密货币也称密码货币，英文为 Cryptocurrency，指基于密码学算法和区块链技术成立的数字价值，有时也被简称为数字货币。它不依托任何实物，比如比特币、莱特币、比特股等，是一种依靠密

---

① 根据杨东教授于2018年5月7日为中国航天系统科学与工程研究院"钱学森系统科学与系统工程讲座"所作报告内容整理而成。稿件由硕士研究生王毅然根据讲座录音整理，人力资源部王海宁、硕士研究生许彦卿等对稿件进行了修改完善，稿件内容未经杨东教授核改。

码技术和校验技术来创建、分发和维持的数字货币。数字加密货币的特殊性在于其运用了点对点技术且每个人都可以发行它。目前，数字加密货币分为开放式采矿型（以比特币为代表）和发行式。

（二）法定数字货币与比特币

在20世纪90年代就有计算机科学家和密码学家试图创造类似于比特币这样的世界性货币，但他们一直没能获得突破性进展。因为世界性的货币必须要令所有人信任，这好比统一全世界一样困难，直到中本聪的方案出现才算获得突破性的进展。比特币基于区块链技术和密码学设计了一套系统运行规则，在这套规则之下所有货币的发行都是公平透明的。数字货币不等于比特币，比特币仅仅是数字货币的一个子集中的一种。优质的数字货币有广泛的用途，比如价值存储及升值、炒作及投资、全球流通及跨国转账、各种黑色和灰色市场使用等其他多个领域。

法定数字货币是由中央银行发行，采用特定数字密码技术实现的货币形态。与实物法币相比，数字法币变得是技术形态，不变的是价值内涵。从本质上来看，它仍是中央银行对公众发行的债务，以国家信用为价值支撑。法定数字货币有其两方面的内涵：一是价值锚定，能够有效发挥货币功能；二是信用创造功能，从而对经济有实质作用。商品货币、金属货币的价值锚定来源于物品本身的内在价值。金本位制度下，各国法定货币以黄金为价值锚定；Bretton森林体系崩溃以后，各国法定货币虽不再与黄金挂钩，但是以主权信用为价值担保；到了法定数字货币时代，这一最高价值信任将继续得到保留和传承。

以比特币为代表的去中心化类私人数字货币，其价值来源于哪里？现阶段没有准确的说法。其来源可能是自由主义者对货币发行非国家化的Utopia情怀，或者挖矿消耗的计算资源，或者是市场对未来区块链技术发展的乐观预期，或者是短期投机暴利下的非理性诱惑。从目前来看，应该是投机因素居多，从公共经济学视角看，比特币等私人类数字货币不具备提供"清偿服务"和"核算单位价值稳定化服务"等公共产品服务的能力，在交易费用上亦不具有明显优势，这些缺陷决定了其难以成为真正的货币。

在非信用货币时代，人们眼中的货币是无意义的。李嘉图、Anton Menger、Walras等古典经济学家们倾向于认为，商品货币、金属货币等非信用货币对经济是中性的，它们只是覆盖在实物经济的面纱，对经济无实质作用，仅会引起价格的变化。在信用货币时代，货币本身就是信用，实质上是发行主体信用的证券化，具有金融属性，货币创造过程即是一种信用创造过程。Keynes主义者、货币主义学派、理性预期学派以及金融加速器理论从不同角度分别论证了各种情况下货币非中性的微观机理和宏观表现，支持了货币在经济中的关键作用。事实也表明，货币的信用创造功能对于现代经济至关重要，尤其是金融危机时刻的流动性救助，对于防止危机传染、助推经济快速复苏有着重要的意义。典型的例子是 2008 年国际金融危机爆发后，美联储主动创设多种流动性支持工具，将援助对象由传统的商业银行，扩展到非银行金融机构、金融市场和企业，迅速阻止了危机的进一步传染和恶化，这正是当前美国经济能够在全球率先复苏的关键因素。以国家信用为价值支撑的法定数字货币，在不同人眼里有着不同评判：一是自由主义者宣扬自由市场的力量，建议废除国家货币发行垄断权，实行货币自由发行和竞争，以维持价格稳定。它可以通过提高央行独立性来解决。目前，在政府治理机制比较完善的国家中，财政赤字货币化行为已得到很好的抑制。二是中央银行制定货币政策规则时，通常会设定 2% 的目标通胀水平，也经常被解读为通胀倾向。可通过引入法定数字货币，来降低货币政策规则上设定 2% 目标通胀水平的必要性。

（三）区块链

区块链，一个创造信任的机器实现价值点到点传递，由网络来实现记账，而不是中心机构。区块链的核心特征是去中心化、开放性、自治性、信息不可篡改和匿名性。目前分为三类：一是公有区块链，世界上任何个体或团体都可以发送交易，且交易能够获得该区块链的有效确认，任何人都可以参与其共识过程。公有区块链是最早的区块链，也是目前应用最广泛的区块链。二是联合（行业）区块链，由某个群体内部指定多个预选的节点为记账人，每个块的生成由所有的预选节点共同决定，其他接入节点可以参与交易，但不问记账过程。三是私有区块链，仅仅使用区块链的总账技术进行记账，可以是一个公司，也可以是个人独享该区块链的写入权限。区块链的应用场景十分广泛，主要包括以下几个重要方面：①区块链技术在金融市场的关键基础设施领域，例如支付结算领域、数字票据领域、资产数字化领域和征信领域的广泛应用。②区块链技术在重要的金融市场领域，比如证券领域、保险领域、供应链金融领域和 P2P 领域的具体应用。③区块链在其他非金融市场领域，如电子存证、数字版权管理、医疗领域、能源领域、物联网、电子商务、慈善事业等领域内的应用。

二、各国对数字货币的态度

数字货币也称为虚拟货币，其现有障碍主要有：一是理论上会对传统货币体系造成冲击，影响中央银行的宏观调控能力；二是可能危及金融诚信，虚拟货币的匿名性和不受地域限制的特点正在被用于恐怖融资与洗钱活动；三是可能有损金融稳定，以比特币为例，其价格与价值偏离幅度较大，风险极大，极大地放大了金融风险；四是虚拟货币的技术安全性有待进一步完善。各国对虚拟货币的监管态度分为严禁虚拟货币，限制虚拟货币和准许虚拟货币。其中孟加拉、玻利维亚和冰岛等国家严禁购买比特币，规定是非法行为；中国、俄罗斯、泰国、印尼、越南等国对虚拟货币持谨慎态度，但仍允许虚拟货币在其境内发展；美国、日本、欧盟、加拿大、澳大利亚等国对比特币持准许态度，德国甚至持支持态度。

主要国家（或机构）的监管政策如表 1 所示。

表 1　主要国家（或机构）的监管政策

监管国家（或机构）	日期	具体内容
中国	2013.12.05	央行允许私人主体间的交易，但禁止金融机构之间的加密货币交易
	2017.09.04	禁止所有的企业和个人通过 ICO 来募集资金，将 ICO 视为违法行为
韩国	2017.09.29	金融服务委员会（FSC）禁止 ICO
	2018.01.23	FSC 禁止现有的匿名虚拟账户；加密货币交易所必须提供客户信息
新加坡	2017.10.02	MAS 认为虚拟货币不是法定货币； 虚拟货币业务受反洗钱监管规则约束； MAS 致力于构建新的支付服务监管框架，从而解决洗钱风险； ICO 必须遵守既有的证券法
	2017.11.21	MAS 发布支付服务立法的征求意见稿，其将扩大监管范围，涵盖虚拟货币买卖和其他用于国内转账的创新，以及通过线下或网上支付的商业交易
印度尼西亚	2018.01.13	印度尼西亚银行认为加密货币不是法定支付工具并禁止支付系统运营者从事加密货币交易
法国金融市场管理局	2017.11.19	征集对 ICO 的公共意见；对征集意见分析后拟出台相应监管规则
英国	2017.04.01	FCA 针对分布式记账技术求意见
	2017.10.27	英国国会讨论对欧盟目前的反洗钱指引做出修订，从而将加密货币纳入监管；修订建议拟将数字货币交易平台和钱包存管机构纳入监管
	2017.11.14	FCA 提醒投资者注意加密货币投资风险
加拿大	2017.05.25	加拿大银行称，其对区块链或分布式记账技术的试验结果表明，目前该技术无法适用于中心化的银行间支付系统
	2017.11	加拿大银行讨论央行是否应发行供公众使用的数字货币
	2017.11.02	多伦多证券委员会授权 Toronto-based Funder, Inc, 允许安大略省第一单受监管的 ICO 发行
	2017.08.24	加拿大标准协会声明商业组织需要考虑在加密货币发行时，是否适用于招股说明书（披露），注册和/或市场（行为）要求
委内瑞拉	2018.2.21	委内瑞拉总统马杜罗 21 日宣布将于下周推出以黄金为支撑的第二种加密货币，即所谓的"黄金石油币"

美国加密货币监管政策框架与其既有的金融监管体制息息相关。由于美国的金融监管属于功能监管基础上的多头监管机制，再加上联邦制国体分权效应，使得美国并不存在类似于英国金融服务监管局或日本金融厅那样的统一金融监管机构，所以针对加密货币的监管政策也可谓"政出多门"，即由各金融监管者在自己职权范围内出台相应监管政策。如表2所示。

表 2　美国加密货币监管政策

监管机构	日期	具体内容
商品期货委员会（CFTC）	2015.09.17	CFTC对比特币期权交易平台发布声明，将比特币界定为"商品"，其对跨州商业中比特币交易的欺诈和市场操纵，以及与比特币直接挂钩的商品期货具有监管权；CFTC允许芝加哥期货交易所（CME）和芝加哥期权交易所（CBOE）提供比特币期货和期权，并授权一家平台进行虚拟货币衍生品的交易和清算
证券交易委员会（SEC）	2017.07.25	SEC发布调查报告，认为根据《证券交易法》的规定，DAO发行的代币（Token）属于"证券"；ICO可以提供公平合法的投资机会，同时存在着被滥用的可能
	2017.09.11	SEC要求ICO的发行人必须证明其产品不属于"证券"，或者已遵守证券法的规定。SEC未授权任何持有加密货币的交易产品或允许与加密货币挂钩的其他资产上市或交易；SEC未注册任何ICO
国内收入局（IRS）	2014.03.25	从税收角度考量，IRS将比特币界定为"财产"，这意味着财产交易的资本利得和损失均须确认。当比特币被持有以供出售时，作为存货对待，因此需要记录其收益和损失；当比特币被用于支付时，作为货币对待，但是需要转换成市场上的公允价值
金融业监管局（FINRA）	2017.12.21	FINRA提醒投资者在购买与加密货币挂钩的高回报公司股票时要警惕诈骗
美联储	2017.11.30	围绕加密货币的属性和界定讨论其带来的支付系统创新和相关收益及挑战
金融犯罪执法网络（FinCEN）	2013.03.18	发布虚拟货币使用指引，将虚拟货币使用纳入货币服务业监管
金融消费者保护局（CFPB）	2014.08	发布消费者建议声明，向公众提醒比特币风险，比如比特币被黑客袭击的风险；开始接受消费者关于虚拟货币产品和服务的投诉（包括电子钱包和交易所）

美国许多州计划接受和促进比特币的使用和区块链技术的运用，有些州已经通过相应立法，比如亚利桑那州认可智能合约，佛蒙特州允许区块链中的记录作为证据材料，特拉华州将允许州内公司的股份注册通过区块链技术记录。2018年2月14日，美国国会再次召开区块链听证会，主题为：超越比特币——区块链技术新兴应用；目的在于获得

区块链技术应用的立法和调查行动权。此次听证会中，沃尔玛、IBM、NIST 方面的发言分别解释了区块链技术现阶段在各自领域的应用，已具备的功能及未来应用预期，并向国会提出一系列建议，包括监管政策应区别区块链在新货币形式中的使用与区块链的更广泛应用等。总结来看，本次听证会表明区块链正改变格局，将成为共担信任的基石。

三、法定数字货币监管建议

（一）ICO 监管建议

第一，监管与疏导统一，开放股权众筹试点满足市场需求。开放股权众筹试点具有正当性与必要性。应当正视初创科技型中小企业资本形成和普罗大众对普惠金融需求的正当性，及时开放股权众筹试点，弥补空位。股权众筹对于中小企业，尤其是金融科技的初创企业的投融资两端都极有价值。借助小额豁免制度的立法可以实现股权众筹的合规，初创企业融资较高的金融风险亦可以借助股权众筹的理论逻辑达到分散。开放股权众筹试点后可以积极引入"监管沙箱"制度进一步加以引导、规制。此外亦可引入以信息披露为核心的小额发行豁免；建立投资者资金第三方托管制度等。

第二，加强穿透式监管。所有金融活动都应当受到监管，并应当采取各种措施促进其服务实体经济。监管的核心仍是风险，应当及时加强对于包括 ICO 在内所有金融科技的穿透式监管，实现监管的全覆盖，防止监管空窗期导致恶性金融犯罪乘虚而入，进而异化金融科技，使金融监管和风险排查跟上金融创新的步伐，同时避免因监管规则的不统一导致监管套利。

第三，加强科技驱动型监管。应该加强科技驱动型监管（Regulation Technology，RegTech，又译"监管科技"），挤压监管空窗期，完善动态监管。理想情况下的金融科技市场，可通过大数据信息系统、人工智能、区块链和云计算等信息技术，实现信息对称、金融脱媒及降低信用风险的目标。然而，金融市场在我国管制型立法格局下，体现为市场主体对原有法律解决信息不对称和信用风险问题的思路的规避。在我国现实金融环境中，金融科技仅践行着金融脱媒；在以管制型立法为特征的法律体系中，既未实现信息对称，也未降低信用风险。ICO 所代表的风险突出表现为行为合规不足（不符合金融法规或者处于模糊地带），场景不可知（依托项目交易不知道是否真实，是否存在洗钱、传销可能），数据不可控（既有监管措施无法有效搜集参与人员数据、交易数据、资金流向等数据）。科技驱动型监管的核心是利用技术实现对于监管数据的触达、辨别和获取。科技驱动型监管意味着更高的效率。信息技术降低了信息供给的成本，以提高金融科技的透明度，降低信息不对称带来的风险。在后续对于 ICO 平台和项目的甄别以及代币清退上，仍可以借助技术驱动型监管。

（二）区块链行业的监管建议

比特币等区块链技术的应用是人类社会未来发展的方向。因此现在最为需要思考的问题是，如何利用现有的法律法规更好的监管和规范比特币，为此，需要重新探索一套新的监管机制。在新信息技术的冲击下，金融市场旧的平衡逐渐被打破，需要及时转换理念，引入新的措施，促成安全与效率、稳定与发展、创新与消费者保护之间新的平衡。应当精准、及时、全面洞悉创新金融业态之本质，加强穿透式监管。

第一，对于本质上属于证券模式的 ICO，应当适用证券的监管办法进行监管。目前，证监会正在考虑重开股权众筹试点，即试点证券小额公开发行注册豁免制度。国外的很多同类立法早已出台，并取得了比较好的效果，在国内进行试点有现成的制度经验可以参考。在此背景下，一方面要打击违法的假借 ICO 进行欺诈等违法犯罪的行为，另一方面也要鼓励合法的区块链金融创新，对符合条件的 ICO 项目可以鼓励其适用股权众筹试点的规定，在监管沙盒等制度配套保障下发挥其直接融资的价值，满足中小创新金融科技企业等的融资需求。

第二，对于非证券模式的区块链项目应当注意控制金融风险，鼓励应用创新。例如，迅雷推出的玩客云是一种具备应用场景的区块链创新，某种程度上相比于比特币更为先进。玩客云能够有效利用闲置资源，通过专用的终端，把闲置的存储空间、算力、网络带宽等资源利用起来，在产生实际价值的同时给用户提供一种名为"链克"的代币作为奖励。这种模式比比特币消耗巨大电力资源"挖矿"的模式要先进。可以说，比特币和链克是完全截然不同的两种模式：前者是一种单纯的币；后者则是依托于实际的应用场景而成立的。这一模式的项目不从用户手中募集虚拟货币和法定货币等财产，也不涉及给代币的持有者以资金回报，因而不属于证券的范畴。对具有实际应用价值的项目应当予以鼓励，同时注意防范交易可能带来的金融风险。

第三，区块链行业应当拥抱监管并加强行业自律，防止害群之马的出现。从业者应当提高警惕，不能认为在场外、国外进行交易就有侥幸心理，仍应自觉维护金融消费者权利。对当前的 ICO 项目转移到国外的现象，相关监管部门可以依据有关法律法规加以规制，防止敏感数据流失，防范跨境犯罪风险，维护金融消费者利益、金融稳定和国家安全。在必要的时候，政府还可以依法采取其他更为严厉的监管手段，如切断访问链接等直至依法追究相关责任人刑事责任。因此从业者一定要杜绝侥幸心理，在拥抱监管的同时，自觉建设健全行业自律机制。

第四，建议引入监管科技，运用"监管沙盒"等方式，对合规的 ICO 项目进行引导。这种监管模式给了新技术试错的空间，鼓励科技创新，将风险置于可控范围之内，保障消费者合法利益，避免系统性风险的发生。对 ICO 进行监管时，通过引入监管沙盒可以有效地将难以确定的风险控制在可接受范围之内，为金融创新制造稳定安全的空间。

第五，完善民法体系中关于网络虚拟财产的规定，保护区块链资产持有者的合法利益。相较于国外，我国《民法总则》率先对网络虚拟财产的权利进行了原则性规定，属于世界上较为先进的立法经验。但是仍然缺乏对于网络虚拟财产权利性质和内容的准确而具体的规定。建议在将来的民法典中对网络虚拟财产的权利规定进行进一步的细化，明确民事主体对网络虚拟财产享有的权利内容。

第六，加快推进法定数字货币的研究与发行准备工作。目前，日本的商业银行主导开展了发行数字货币的尝试，与日元 1∶1 等值，以期降低支付结算的成本，避免消费数据的外流。建议加快对法定数字货币进行研究，推动发行计划的具体落地施行。法定数字货币与人民币等值，支付使用体验更为良好，央行推出优质的法定数字货币，能够将公众的兴趣从各类代币中转移回来，有助于虚拟货币和 ICO 市场的降温。

（三）法定数字货币的发展建议

第一，货币法的完善。现行《中国人民银行法》《人民币管理条例》等法律法规中，有关货币发行、流通与管理的规定，不能适应法定数字货币的需要，因此有必要对现行法律进行修改和完善。例如，法定货币的形态，目前，法定货币被限定为实物，仅包括纸币和硬币。法定数字货币作为法定货币的新形态，必须要在法律法规中有所依据；法偿性的有关规定，法定数字货币受制于终端设备，实际上无法做到在任何情况下都能完成支付，因此目前技术条件下法定数字货币不能完全替代实物货币，也不能独立拥有完整的法偿性；货币发行的有关规定，货币的发行需要法律的明确授权。现行法对货币发行授权和发行模式的规定都针对实物货币，不能适应法定数字货币的需要；反假币问题，目前的反假币规定仅针对实物货币，伪造、变造的概念含义狭窄，法定数字货币造假的方式可能是通过攻击央行的法定数字货币认证登记系统或破解法定数字货币加密算法等方式实现的，赋予代理机构冻结或删除伪造的法定数字货币电子数据的权限（类似于收缴假币）；央行、商业银行等各方主体的权利义务，人民银行作为法定数字货币的发行主体，有义务对法定数字货币系统进行技术维护，稳定法定数字货币币值，在货币权利人不因自身原因遭受货币财产损失时进行赔偿，还应当保护法定数字货币持有人的隐私。

对商业银行等代理机构，应当赋予其相应的经营权利和从央行获得必要费用的权利，同时要求其协助维护法定数字货币系统，对客户进行审核认证，审查金融违法犯罪等。

第二，民法的完善。我国民法中的物，原则上指有体物，无形财产构成物权客体需要法律专门规定。法定数字货币不具备物理实体，现行法下难以构成物权客体。传统货币民法是动产，持有者对货币享有所有权，且使用"占有即所有"。占有货币的主体即是货币的所有权人。法定数字货币也需要同样的规则，因而需要对法律进行完善。

第三，逐步推广法定数字货币。技术上对法定数字货币方案进一步研究与细化，创造出最基础的法定数字货币运转机制模型，以便应对在后续推广过程中需要进行的调整与变化，开展法定数字货币区域试点，相关交易、支付服务的机构企业可以发挥积极的作用，作为全国法定数字货币体系构建的帮助者与参与者，同步向社会全体民众推广智能社会构建，鼓励相关领域的创新与技术发展。

第四，寻求多方合作。与商业银行、支付机构等合作，利用现有电子支付体系的技术经验。要充分实现法定数字货币的建设目标，不能完全"另起炉灶"，必须在现有的社会物质条件和公众习惯的基础上进行创新。要考虑到社会公众的接受度，通过潜移默化的方式推广法定数字货币的使用，打造推动世界经济技术发展的中国样本。

四、结论与展望

技术创新与制度创新的交织共同推动着人类社会的进步。技术创新带来的生产力发展引发制度创新，而制度创新又进一步释放了技术创新的潜力，可以说，产业变革与人类社会的进步始于技术创新，而成于制度创新。金融的未来发展趋势毫无疑问应当是革命性的，不断革新的技术也将不断冲击旧的金融业态，监管政策也将随之发生改变。在新信息技术的冲击下，金融市场旧的平衡逐渐被打破，需要及时转换理念，引入新的措施，促成安全与效率、稳定与发展、创新与消费者保护之间新的平衡。应当精准、及时、全面洞悉创新金融业态之本质，加强穿透式监管。同时，在大数据、区块链、云计算等科技发展的基础上，应当建立金融合规、场景依托和技术驱动三位一体的金融风险防范体系，突出技术驱动型监管在金融监管中的重要作用，从而加强对所有金融科技的监管，引导金融科技服务于实体经济。

基于系统工程的空间信息网络关键技术研究

任　勇　关桑海　王景璟　段瑞详

任勇，清华大学电子工程系教授，博士生导师。研究方向包括计算机网络的自组织临界（SOC）现象、混沌系统的线性反馈同步定理、通信网络 AQM 模糊控制、滑模变结构时空混沌同步、无线自组织网络的博弈论模型，以及基于复杂系统理论与方法的网络通信系统研究体系等，发表学术论文 150 余篇，其中 SCI 检索 50 余篇，H 因子 11，担任 IEEE TSP、IEEE SPM、IEEE Signal Processing、IEICE TC、《中国科学》《电子学报》《自然科学进展》《物理学报》《中国物理快报》《自动化学报》以及多所大学学报的评阅人，担任多个国际学术会议 Section 主席。近年来，在网络科学与复杂网络研究相关领域参加国家 "973" 项目子课题 1 项，负责国家自然科学基金重点项目 1 项，负责面上项目 3 项，负责航天基金 2 项，负责博士点基金 1 项，负责国际合作项目 1 项。先后获得航天部科学技术进步奖二等奖、教育部科学技术进步奖二等奖、黑龙江省科学技术进步奖二等奖、清华大学科技成果转化效益显著奖等奖项。

空间信息网络是以空间平台，如高、中、低轨卫星、浮空平台和有人或无人驾驶飞机等为载体，实时获取、处理、传输空间信息的网络系统。作为我国重要的基础设施，空间信息网络在防灾减灾、应急救援、远洋航行、导航定位、航空运输、航天测控等重大应用中担负着越来越重要的作用，发展空间信息网络是国家的重大需求。目前，我国及世界各国已部署了大量对地观测系列卫星，这些卫星部署在不同的轨道高度、轨道类型，具有不同的覆盖能力，而重访周期，也就是卫星回到地球同一点上空所经历的时间，也各不相同。为了完成陆地资源、环境、气象、海洋等不同领域的监测任务，需要星载传感器等系统的资源。由于这些系统的功能、性能存在着较大差异，而且，这些系统在卫星管理、数据处理等方面相互独立，分属于不同的管理部门，主要采用单星系统进行任务规划，不同卫星之间很少交互，因此造成了资源浪费，也为后期的数据处理带来困难。对于这样一个复杂的巨型信息系统，其体系架构和关键技术的研究，是国内外学术界、工业界和国防应用领域持续关注又亟待解决的热点难题，具有极其重要的理论意义和实际应用价值。而系统工程理论作为一种研究复杂巨系统的结构特点以及子系统间联系的学科，为空间信息网络这一复杂巨系统下的关键技术研究提供了有力的工具。本文围绕空间信息网络的探测与传输问题，基于系统工程理论，分析研究了空间信息网络的动态协作与网络资源配置、移动管理以及网络安全等问题，总结了其中的关键技术，并将其分为网络模型、网络调度和网络安全三个主要组成部分，其关系如图1所示。本文的研究成果可以为空间信息网络的研究和设计提供参考。

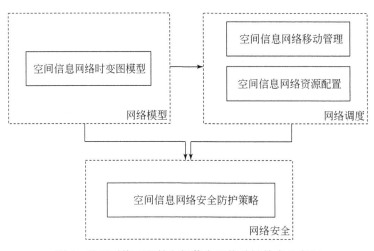

图1　基于系统工程的空间信息网络关键技术示意图

一、空间信息网络资源配置研究

空间信息网络需要进行大时空跨度下的网络信息传输，卫星节点及星载传感器数目众多，且功能、性能存在较大差异，网络拓扑高动态变化，任务需求具有突发性和不可预知性。这些因素导致空间信息网络内部物理及逻辑关联呈现出极大地复杂性和不确定性。如何实现对高动态复杂网络的协调控制，动态管理、分配和使用变化的空间信息网络资源，成为网络协同的关键问题之一。目前国内外关于卫星网络资源配置的研究，仍主要集中在单一卫星系统的协作，没有考虑卫星探测、传输等差异导致的空间信息网络异构性，而网络动态性、多业务突发性导致的网络复杂特性对节点、系统协作机制和性能的影响也并没有得到充分的研究。因此，有必要研究空间信息网络动态协作传输机理，并针对其异构性、复杂性设计动态协作及资源配置方法。

（一）空间信息网络时变图模型研究

由于卫星运动的时变特性，导致单颗卫星对特定地点无法实现持续、连续观测，与地面站建立的连接也会频繁中断。已有大量针对不同拓扑结构的空间信息网络对网络探测与传输性能影响的研究，研究表明，通过网络化协同，可以提高信息获取与传输的时间、空间分辨率，实现任意时间对任意地点信息的连续获取与传输。但是，对于空间信息网络而言，对事件探测的卫星和与地面站建立连接的卫星也是随时间变化的，而整个网络拓扑结构的变化同样会受到星间链路（ISL）的建立和中断的影响。要实现对网络资源灵活配置，并实现网络的可重构与可伸缩，需要对这种高时变特性的网络进行灵活、高效的模型化描述。

以往静态图模型中没有明确的对时间变化参量的描述，因此无法对空间信息网络的时变特性进行建模。而许多静态图的概念，如路径、距离、直径或节点度，在时变图中没有直接的对应参数，因此静态图的理论在时变图中无法成立，静态图中的常见问题，如强连接判断等，在时变图中也难以进行相应分析。

而传统的时变图是由时间方程确定节点与边的出现和消失，已成为对复杂网络进行建模的关键模型，以及研究移动网络基本特性的重要理论框架。但这种建模方法及相关理论侧重讨论随机移动网络的拓扑结构，空间信息网络拓扑结构及演化规律在很大程度上是可预测的（除因节点失效等不可预测因素导致的拓扑结构变化），因此，传统时变图建模及分析理论对空间信息网络并不适用，需要结合网络特性及所要分析的问题，对空间信息网络的拓扑结构、拓扑变化建立新的时变图模型，并在此基础上对网络的探测、传输等性能进行分析和评估。

结合空间信息网络的结构特点，定义空间信息网络时变图 $VTG = (G^1, G^2, \cdots, G^T)$，其中 $1 \leq i \leq T$，T 为总分析时间长度，G^i 表示依据一定时隙划分规律得到的网络拓扑快照，并由此构成时变图 VTG 的有序静态子图，V_{VTG} 为网络中所有卫星节点的集合。对每个静态子图进行定义，即 $G^i = (V^i, E^i, T^i, \rho^i, \zeta^i)$，其中 V^i 表示空间信息网络中所有卫星节点，可用多元组 $V = (\text{location}, \text{level}, \text{velocity}, \text{sensor})$ 描述卫星轨道层、运动、载荷等参数信息，$N = |V^i|$ 为卫星节点个数；$E^i \subseteq V^i \times V^i$ 为卫星间所有可能存在的边，即星间链路；T^i 为该快照的时间跨度；ρ^i 为该子图时间跨度内，依据一定链路建立规则，如网络拓扑结构导致的卫星间可见性、星间链路指向方位角限制等，得到的星间链路存在性方程，$\rho^i: E^i \times T^i \to \{0, 1\}$，可通过该存在性方程确定子图在 T^i 内实际可使用的星间链路；ζ^i 表示可使用的每条星间链路的传输延迟。由于空间信息网络拓扑结构是呈周期运动的，因此具有可预测性，可根据卫星星座参数预测未来任意时间的网络中卫星节点、星

间链路是否可调用，及可调用的卫星运动、链路距离、传输延迟等参数。

结合链路存在性约束、可达性约束，可计算最小延迟路径，即在已知空间信息网络时变图及其序列子图，给定信源卫星节点 Sat_{source} 及信宿卫星节点 Sat_{sink} 条件下，结合网络链路存在性及传输可达性判别，寻找最小传输延迟路径。

在仿真中，使用 Satellite Tool Kit 9（STK 9）对 Walker 24/3/2 星座进行仿真，仿真时间为 8 Aug 2013 04：00：00.000 UTCG 至 8 Aug 2013 06：00：00.000 UTCG，进行两小时模拟，模拟时间段内，选定时间间隔为 15min，在同一时间片段内，假定网络连接情况不变。使用本文提出的空间信息网络时变图模型对探测场景进行建模，构造相应的时变图静态有序子图；对每个子图构造其卫星节点集合、通过链路建立准则确定星间链路集合及存在方程、链路传输延迟。

（二）基于业务特性的空间信息网络动态资源配置

随着空间信息网络的发展，多媒体业务对于卫星通信的需求也在不断增加，如台风监测中的图像业务等。如何设计合适的协作机制来实现高效的网络资源配置，使网络的效率最大化、功耗与延迟最小化，是一个非常值得研究的问题。目前针对多接入系统的资源配置、优化控制这些问题已经有了非常多的研究。并且已有研究表明，对用户行为或者业务特性进行学习，利用这些行为或特性信息进行网络控制优化，能够对系统性能起到非常积极的影响。在这部分研究中，主要研究如何利用得到的预测信息，设计系统的预服务机制以及基于预服务的资源分配机制，从而使网络系统的传输性能得到有效提高。因此，可将场景建模为多接入卫星与单服务者构成的空间信息网络排队系统，其应用为多媒体传输业务，业务流量作为系统到达，分配的服务资源为传输功率和服务速率。系统包含多颗具有传输需求的接入卫星，一个位于地面站的服务器，对来自多颗接入卫星的数据到达分配传输功率，将数据分发到相应的地面目的节点，其结构如图 2 所示。

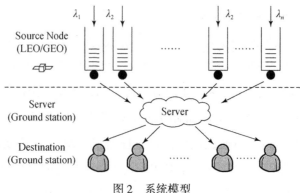

图 2　系统模型

基于预测信息的资源配置系统主要包含两个模块，首先是业务流量预测，通过对历史业务流量的训练学习，预测未来 T 个时隙的流量到达。在资源配置模块中，根据前面的预测信息，对网络资源进行动态配置，因此可以使用基于小波的反向传播人工神经网络。如图 3 所示。

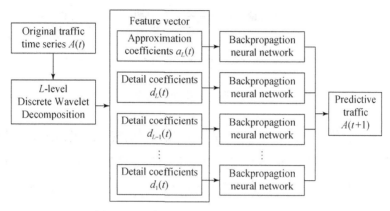

图 3　基于小波的 BP 神经网络预测系统

资源配置模块的核心思想主要包括以下几个方面。首先是基于预测信息的预服务机制，即当前时刻可以为未来两个时隙的业务到达预先分配服务速率。基于一系列预服务过程，可以推导系统各队列到达积压的动态变化，并构建系统稳定条件下，系统代价最小化和积压最小化的资源配置优化问题，其中积压最小化的核心思想是利用预测信息，应用背压算法，为可能造成流量堆积的用户分配更多的传输资源，背压算法的思想最早应用于路由中，可以抽象成为水势越高，倾泻下来的能量越大。这里是将经过预测、预服务后各队列可能造成的包堆积建模成为这种水势，可能的堆积越多，分配给这个队列的资源就越多，从而降低因堆积导致的延迟。优化模型可建模为

$$\min V f_c(\boldsymbol{S}(t),\ \boldsymbol{P}(t)) - \sum_{i=1}^{N} \sum_{\tau=-1}^{D_i-1} Q_i^{(\tau)}(t) \cdot \mu_i(\boldsymbol{S}(t),\ \boldsymbol{P}(t))$$
$$\text{s. t. } \boldsymbol{P}(t) \in P^{\boldsymbol{S}(t)}.$$

对功率分配最小化问题，第一部分表示系统的期望代价，也就是总功耗越小越好，参数 V 表示在这个优化中对功耗的侧重程度；第二部分中，计算每颗卫星在未来 D_i 个时隙内通过预服务后剩余的到达数总和，然后获得当前时刻的 N 个信道状态。此外，上式中，$Q^{(\tau)}$ 可建模为如下演化过程：

（1）$\tau = D_i - 1$

$Q_i^{(\tau)}(t+1) = A_i(t + D_i)$。

（2）$0 \leqslant \tau \leqslant D_i - 2$

$Q_i^{(\tau)}(t+1) = \max\{Q_i^{(\tau+1)}(t+1) - \mu_i^{(\tau+1)}(t),\ 0\}$。

（3）$\tau = -1$

$$Q_i^{(\tau)}(t+1) = \max\{Q_i^{(\tau)}(t) - \mu_i^{(\tau)}(t), 0\} + \max\{Q_i^{(0)}(t) - \mu_i^{(0)}(t), 0\}。$$

上述过程如图4所示。

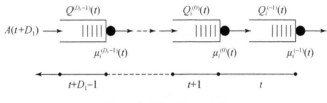

图4　队列积压变化过程

在如图5所示的仿真中，主要讨论了两用户场景下的资源配置，使用预测信息的背压算法，相比不使用预测信息，能够有效降低系统的传输延迟，这也验证了前面提出的在资源分配中，通过对用户或业务信息特性的学习和利用，能够有效提高系统传输性能。

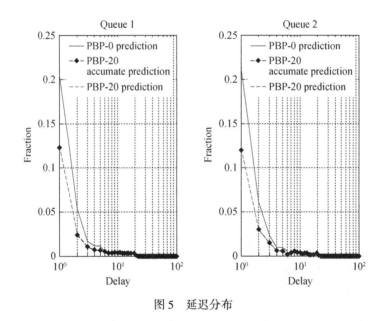

图5　延迟分布

二、空间信息网络移动管理技术研究

空间信息网络区别于普通地面网络的一个基本特征是：具有带有星上处理能力的、立体动态的星间链路，是一个以卫星为主要网络节点、信息种类繁多、网络结构庞杂、应用模式广泛的复杂巨系统。空间信息网络与地面网络之间在空间分布及移动特性等方面存在着诸多本质差异，其移动管理技术的研究面临巨大挑战。空间信息网络区别于普通地面网络的基本特征在于：①通常空间环境的多径效应不明显，导致其信道特性与地面通信网络有较大不同；②空间信息网络覆盖范围较大，导致通信延时较高；③终端移动性较强，在短时间内会移动较长距离，可能导致较频繁的切换；④平台及移动终端的异构性明显，其通信体制、信号强度以及对服务质量的需求较为多样。因此空间信息网络是一个以卫星为主要网络节点、信息种类繁多、网络结构庞杂、应用模式广泛的复杂巨系统。空间信息网络与地面网络之间在空间分布及移动特性等方面存在着诸多本质差异，其切换技术的研究面临巨大挑战。由于组成空间信息网络的卫星移动范围大、动态性高，造成网络拓扑结构变化速度快，这要求网络切换必须快速高效的完成，同时卫星的相对移动又都是可预测的，这些与地面移动网络具有很大差异。因此切换技术成为空间信息网络研究必不可少的基础内容和技术支持。

传统的基于信号强度的切换策略一般分为三步：无线信号测量阶段、切换判决阶段及切换执行阶段。

1）无线信号测量阶段：网络节点在运动过程中，周期性的对当前连接节点及其他临近节点发送信号强度进行检测。随后进入判决阶段。

2）切换判决阶段：网络节点将测量到的信号强度与预先设置的切换门限进行对比，一旦信号强度达到切换门限，即进入执行阶段。

3）切换执行阶段：按照执行方式的不同，切换技术又可分为硬切换、软切换及接力切换。

在传统切换策略的基础上，为了保证用户的服务质量，研究者又提出了最近卫星准则、最强信号准则、自适应切换算法等。然而，传统的网络切换方法并未考虑到空间信息网络的异构特性。与地面通信网络相似，空间信息网络也可建模为多层网络，属于不同层的网络节点往往具有不同的数据处理能力、信号覆盖范围及运动特性等，导致服务质量具有较大差别，不能单纯依靠信号强度决定切换。针对这方面的研究仍处于空白阶段。

在考虑了空间信息网络异构特性的基础上，本节提出一种基于服务质量（quality of service，QoS）的空间信息网络切换方法。不同于传统方法在测量阶段仅测量信号强度的是，该方法综合考虑了信号强度、延时、丢包率等多种影响服务质量的因素，来判断当前的接入网络是否满足业务需求，以决定是否要进行切换。该方法的好处在于，克服了传统方法因未考虑平台、终端在数据处理能力、业务需求等方面的异构特性，而导致一些信号覆盖范围小，但负载较轻，能较好地弥补主基站卸载流量的小基站未被充分利用的缺陷。

（一）空间信息网络服务质量描述

将 QoS 历史信息以及网络节点运动模型与传统信号强度结合，形成空间信息网络切换的综合判决方法，首先必须解决的问题是，采用合适的 QoS 评价模型，将通信中的干扰、延时、丢包率等参数映射成为某种连续或离散的分数。针对不同的业务，QoS 评价模型有所不同，因为不同的业务对同一网络参数的敏感程度各不相同。如对于实时业务，对延时有较严格的要求，但对于误码率等参数的要求则相对较低；而对于非实时的数据业务，则要求较低的误码率，而延时则不是最关心的参数。因此，需要针对不同的业务需求建立相应的评价模型。在这里，以话音业务为例，可以采用国际通用的 E-model 作为客观 QoS 评价模型。E-model 为国际电信联盟（ITU-T）在其标准 ITU-T G.107 中提出的，其首先定义了一个传输评价因子 R：

$$R = R_o - Is - Id - Ie_{eff} + A。$$

其中，R_o 反映了基础信噪比，Is 反映了与声音信号同时产生的各种损耗，Id 反映了延时带来的损耗，Ie_{eff} 反映了低比特率编解码和随机产生的丢包带来的损耗，而 A 则是一个用于补偿的参数。针对以上每一个参数及与其相对应的损耗之间的关系，E-model 都给出了具体的转换公式。网络节点在于自身以外的某一节点通信过程中，可以实时测量诸如干扰、延时、丢包等参数，并通过转换公式映射为传输评价因子。通常情况下，R 的取值在 $[0, 100]$ 的区间范围内。

在以上的各参数中，有的是声学相关参数，有的是电学相关参数。通常情况下，声学参数只与通话双方所处的环境相关，而与无线信道，或终端接入的网络无关。电学相关参数则依赖于信道环境以及网络状态。例如，终端与平台的距离远近，直接影响着接收信号的信号强度，从而影响信噪比；当平台负载较重时，由于其处理能力有限，就可能造成较大的丢包率。ITU-T G.107 中规定了各个参数的默认值。在实际使用的过程中，对于无关参数，可以设为默认值。

在通信终端的通信和运动过程中，终端可以实时测量相关的电学参数，如信噪比、延时、丢包率等。其测量均有成熟的方法，不在本文的讨论范围内，因此不再展开讨论。得到测量值后，终端可以自动根据上述各定义及公式将其转换为各损耗参数的值（需要注意的是，事实上 ITU-T G.107 中对各参数的转换均详细定义了转换公式，但由于其会影响本文的连贯性和可读性，因此并没有在这里一一列出）。进一步的，可以根据以下公式将传输评价因子 R 映射为平均意见得分（mean opinion score，MOS）：

$$\text{MOS} = \begin{cases} 1, & R < 0, \\ 1 + 0.035R + R \cdot (R - 60)(100 - R) \cdot 7 \cdot 10^{-6}, & 0 < R < 100, \\ 4.5, & R > 100。 \end{cases}$$

通过以上过程，即可将通话中的各项参数综合考虑，映射为一个在区间 $[1, 4.5]$ 内的评价分数，这一分数综合反映了终端与平台之间的信道特性、平台的负载等影响 QoS 的信息，终端可以借此评价网络的 QoS，并进一步做出是否执行切换的决定。

（二）基于运动模型及服务质量的快速切换策略

为了更好地完成异构空间信息网络的切换，在传统的基于信号强度的切换策略的基础上，进一步引入节点的运动模型以及服务质量信息，以更加综合的考虑网络状态。传统地面通信网络，通信节点往往以相对随机的方式运动，其运动状态难以用确定的形式进行表达，因此在切换时很难通过预测节点下一步即将出现的位置，来提前进行判断，并以此为依据做出决定。与此不同的是，空间信息网络节点在空间运行的过程中遵循相对确定的轨道，该轨道可以用若干参数来表征。由于空间信息网络的高动态性，节点在执行切换的过程中应充分考虑其与当前连接节点以及相邻节点的相对运动趋势。如果两个节点正相背运行，那么即使当前信号强度较强，也可以推断其在不久的将来很有可能会变弱，因此将当前连接切换到该节点可能并不理想。可以在节点间设计轨道信息共享机制，即当两个节点相邻时，它们可以通过预留的信道，在不改变当前网络拓扑的基础上，进行点对点通信，共享各自的轨道及运行信息，并计算两者之间的相对运动趋势（如距离的导数 dr/dt），供切换判决阶段参考。

而在判决阶段，需要将信号强度、QoS 历史信息、相对运动趋势等信息综合起来做出决策。可以对以上提及的各参数赋予不同的权重，并计算加权和，得到判决系数：

$$\Gamma = \gamma_1 \text{RSSI} + \gamma_2 \text{MOS} - \gamma_3 \frac{dr}{dt},$$

并与切换门限进行比较，代替传统切换判决阶段单纯以信号强度作为决策依据的判决方式。此处 γ_1、γ_2、γ_3 为不同量纲的非负系数，体现了切换策略中对各参数的重视程度。

与单纯考虑 RSSI 信息的传统切换方式所不同的是，此处加入了服务质量信息（即 MOS）以及运动轨道信息（即 dr/dt）。在通信过程中，即使 RSSI 保持在较强的状态时，如果服务质量出现较大下降，同样有可能触发切换；类似地，有时 RSSI 及服务质量稍差（但在容忍范围内），但经过终端的计算，发现其与平台之间的距离正在缩小，在这种情况下，也有可能不会触发切换。完整的切换策略过程如图 6 所示。

针对基于 E-model 的服务质量描述方法，在 MATLAB 中进行仿真。在众多参数中，重点考察了延时（Ta），丢包率（Ppl）及其突发性（BurstR）这三个参数。图 7 中展示了在不同丢包率的情况下，服务质量随延时的变化情况。可以看到，当丢包率大于 10%时，延时对服务质量的影响已经变得很小，即使延时为 0，也很难保证一个可以接受的服务质量。而当丢包率小于 10%时，服务质量对小于 200ms 的延时并不十分敏感，一旦延时大于 200ms，服务质量则会出现急剧的下降。图 8 展示了在不同延时的情况下，丢包率对服务质量的影响。在图 8 中同样可以观察到，当丢包率大于 10%时，无论延时如何，服务

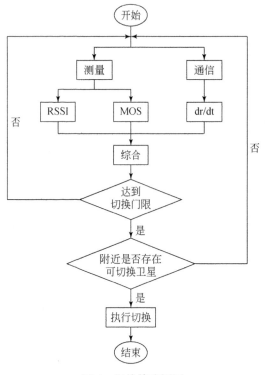

图6　切换策略框图

质量均已下降到了一个不可接受的程度，这与图7中的分析是吻合的。图9则展示了在不同丢包率的情况下，丢包的突发性对服务质量的影响。可以看到，虽然 ITU-T G.107 中将 BurstR 的取值范围规定为1-8，但当 BurstR 大于2时，其服务质量下降非常严重，只有当丢包率极小时，才不会对服务质量产生十分严重的影响。这一现象符合实时性服务的特点，即突发性丢包会使得一段时间内的信号集中丢失，因此严重影响用户体验。

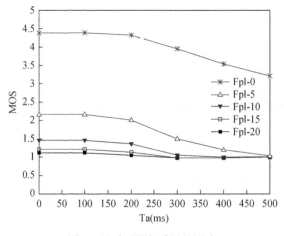

图7　延时对服务质量的影响

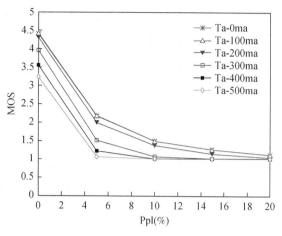

图 8　丢包率对服务质量的影响

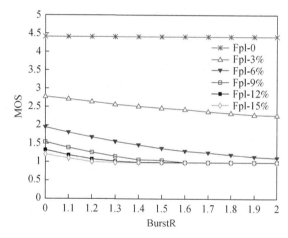

图 9　丢包的突发性对服务质量的影响

三、空间信息网络安全防护策略研究

随着航天技术、移动通信技术和网络技术迅速发展，空间信息系统正向着复杂化、网络化的趋势加速发展。然而，由于空间信息网络固有的开放空间环境，使得网络节点可能面临诸多安全威胁，例如太空碎片撞击，宇宙空间辐射干扰，信号被非法截获与干扰，动能武器和激光武器摧毁或致盲等。空间信息网的安全威胁大体可分为通信系统的安全威胁和通信信息安全威胁两大类。前者主要是指组成空间信息网的各网络节点的物理安全威胁；后者指空间信息网中各种通信服务受到的安全威胁。

1）通信系统的安全威胁。包括对空、天节点，主要是卫星节点的物理攻击以及对地面站的物理攻击。由于卫星高度依赖于敏感的光学和电子系统，有效利用电子站手段可以对卫星的敏感部位进行攻击，使之无法正常工作；另外，由于卫星轨道的规律性，通过来自航天飞机、地面、海上基地的定向武器也可以有效地摧毁卫星节点。对地面站的攻击主要是来自海陆空的硬攻击，会造成地球站平台的损坏，从而使地面用户无法接入空间信息网络。

2）通信信息安全威胁。这一类威胁包括对空间信息网节点之间无线通信链路的截获、干扰，无线信号的屏蔽、篡改、伪造攻击，以及对空间信息网网络应用的攻击。对无线链路的攻击可以干扰空间信息网中的正常无线信号，使得无线链路中的信噪比严重恶化，卫星节点接收机饱和、阻塞无法正常工作，同时可以利用该链路，进行假冒身份，侵入系统或发送伪造信号。网络应用是最终面向应用的系统部分，是构建在通信系统上的通信服务功能。网络应用安全关系到整个通信系统工作的可靠性、有效性。攻击者通过监控网络控制信道，分析网络管理信息格式、类型和内容，可以获得关于通信网的大量信息；也可能采用各种可能的手段攻击或非法入侵网管中心计算机系统，窃取网络配置信息，篡改参数。

为了应对空间信息网络面临的各种安全威胁，保障未来空间通信和应用安全，开展空间信息网络安全理论和技术研究非常重要。但是由于空间信息网络复杂性、异构性、高动态性、长延迟等特性，使得传统的防火墙，防病毒软件和入侵检测系统等安全防护措施已经不能适应空间信息网络安全保障的需要。因此需要根据空间信息网络的特点，研究其在入侵攻击环境下适用于空间信息网络的安全防护策略。

根据传统地面网络中关于网络安全的研究内容，可以总结归纳出空间信息网络安全的分析框架，主要包括协议安全和拓扑安全两大方面，如图10所示。

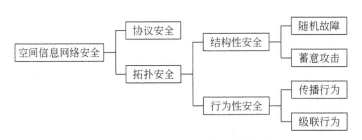

图10　空间信息网络安全的分析框架

目前无论是传统地面网络还是空间信息网络，网络安全方面的研究主要集中在协议安全方面，但由于空间信息网络是呈现高度复杂性的信息系统，要想有效地控制和保障其安全性，需要从不同的角度和不同的层面进行研究。从网络科学的角度进行研究是一种有效的方法。相比于协议安全从密码学的角度进行研究，从网络科学的角度来分析空间信息网络，将复杂空间信息系统抽象为复杂网络，进而分析网络中的各种交互行为，有助于理解空间信息系统网络拓扑的本质特征，并发现其深层次的安全问题。

空间信息网络拓扑安全问题分为结构性和行为性两个方面，既包含了对网络结构的静态分析，也包括了对网络行为的动态分析。结构性分析即静态分析，是指节点或链路的失效不会导致其他组件的失效，即没有考虑组件之间的动态关联关系。结构性安全的研究包括随机故障和蓄意攻击两方面。行为性分析即动态分析，考虑了由于网络中信息传输给节点和链路带来的动态关联关系。行为性安全包括传播行为和级联行为等。传播行为指的是类似计算机病毒这种可以进行动态传播的攻击行为。级联行为指网络中被触发的节点失效或损坏可以引起大规模的雪崩效应。具体来说，在结构性安全方面，研究空间信息网络的结构特性，研究防御资源优化配置策略，在有限的防御资源下获得最大的防御和保护能力；在行为性安全方面，研究空间信息网络的行为特性，研究病毒等威胁的传播规律，设计高效的免疫策略，抑制威胁扩散，降低其带来的危害。

（一）网络攻击行为的建模

网络攻击可以分为网络静态攻击和网络传播型攻击两种。其中，静态攻击主要包括随机攻击和选择性攻击。随机攻击指的是网络中的节点以一定的概率被随机的删除。而选择性攻击指的是网络中的节点或边以某种攻击方式被选择性的删除。通常来说，网络的本身原因或者外部环境因素造成的网络瘫痪属于随机攻击，而恶意的攻击则属于选择性攻击。

静态攻击策略可以划分为基于节点和边两种方式，每种攻击策略又包括多种不同的攻击方式。其中，基于度的策略可以看作是基于局部拓扑信息的方式，而基于介数的策略就需要了解整个网络的拓扑结构。除此之外，还有一种方式就是采用扩散方式策略，扩散方式策略的基本思想就是删除已失效节点的邻居节点，且删除目标的选择只是基于节点的局部静态特征——已失效节点的邻居的度。

此外，传播型攻击也是一种在网络中广泛存在的动态现象，包括疾病在动物或人类中的传播，计算机病毒的传播，甚至如信息、文化、谣言等具有隐喻含义的"攻击"在社会网络中的传播扩散。在研究网络传播型攻击行为的过程中人们通常需要借助于病毒传播模型，迄今为止已经有多种病毒传播模型被提出来，其中 SIR、SIS 和 SI 三种经典病毒传播模型的应用最广，并且人们对这三种经典模型的研究最为透彻。在这些经典传播模型中通常需要假设种群中的个体充分混合，并且每个感染个体都拥有相同机会来感染种群内其他的易感个体。如果从网络的角度来考虑，上述假设可以认为是在一个完全连通的传播网络环境中来研究病毒的相关传播特性。对于生活中一般的传播现象，经典传播模型都能够刻画真实病毒的主要传播行为，但是很多的传播现象还与空间位置相关，显然这些传播现象与那种完全连通传播环境的假设相矛盾。为了解决这个问题，并进一步研究病毒的传播特性，人们于是就引入了传播网络的概念。除了复杂网络上病毒的传播，复杂网络传播动力学的研究同样还包括对谣言、舆论等主体在网络上传播扩散的探讨，但这些传播过程一般情况下都可以借助于病毒的传播机理来加以描述。基于此，下面依然从病毒传播的角度来简单概括传播型攻击行为的相关研究。

病毒传播模型一般假定网络中的个体（节点）可以根据所处的病毒传播阶段划分为不同的状态，一个节点在某一时刻只能处在一种状态，在一定条件下节点可以在状态间转换节点可以分为诸如易感态（susceptible，能够被病毒感染的正常节点，记为 S），感染态（infected，正携带病毒、具有感染能力的节点，记为 I），移除态（removed 或 recovered，感染病毒后死亡，恢复或者免疫的节点，总而言之这些节点不会被再次感染、不再参与病毒传播的过程，记为 R）等类型。这种分类方式很容易就对应到人群的疾病传播、计算机网络中的病毒传播、社会网络中的信息传播等场景。在病毒传播最为核心的过程是易感态节点受到感染成为感染态节点这一变化。据此，可以得到最为简单、直观的 SI（susceptible-infected）模型。在此模型中，设感染率为 β，当一个易感态节点的任意一条边连接至一个感染态节点时，节点以 β 概率变为感染态。由于 SI 模型过于简单，以至于无法描述现实情况中的绝大多数病毒传播现象，因此在其基础上进一步发展了与现实情况更为接近的 SIS 和 SIR 等模型。在 SIS 模型中，考虑了节点治愈的情况，即感染态的节点能够以概率 μ 返回到易感态。而在 SIR 模型中，一个感染节点则以概率 γ 脱离病毒传播的过程，即死去或者恢复且免疫。因此，SIS 模型与 SIR 模型最主要的区别在于那些已经感染的节点是否能够重新回到病毒传播的过程中去，这也导致当节点间充分接触且传播时间足够长时，SIS 病毒传播过程将进入一个动态的平衡中，节点在易感态和感染态交替转换但整体比例不再变化，而 SIR 病毒传播过程则进入稳态，即网络中节点将处于确定的易感态或移除态而不再发生改变。

（二）常见的网络安全防护策略

目前针对网络静态攻击，大量的研究都考虑面向关键节点的防御资源优化配置，其基本思想在于，网络防御通过保护或加固网络节点和链路，保护网络免遭破坏或性能损失。当网络防御资源有限，无法对所有节点与链路均进行很好保护时，要想有效地保护复杂网络，关键节点应该比其他非关键节点分配更多的资源。这种思想的本质是概率风险分析，即通过建立网络风险模型，利用优化算法求出最优的防御资源的分配方案，通过优化分配，使网络风险降到最低，以使有限的防御资源达到最好的防御和保护关键节点的作用。最典型的研究成果是使用度加权模型确定网络中哪个节点对网络的整体安全最重要，并将这种研究方法称为关键节点分析，同时指出在防御资源有限时，最好的防御就是优先保护度值最大的网络节点（图11）。

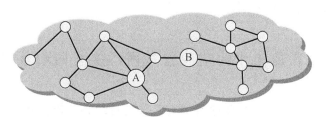

图11　基于度（A）和介数（B）的安全防护策略

前文讨论网络传播型攻击行为，目的就是为了掌握攻击的传播机理，以便人们能有效控制网络传播型攻击的传播，从而大幅降低传播型攻击给人们带来的危害。要想防控网络攻击的传播，一个行之有效的方法就是对网络中的节点进行安全防护。下面依然从病毒传播的角度来介绍安全防护相关的研究。目前，通用的抑制病毒传播的方法是免疫，通过对个体接种疫苗，使其能对某种特定的病毒具有免疫能力，从此不再被此种病毒感染。在生物病毒传播网络中，为了对抗"天花"病毒，新生儿在出生时都要通过"种痕"来获得对抗"天花"病毒的免疫能力；在计算机网络中，为了对抗某些病毒，就要给计算机安装相对应的补丁程序。现实生活中的病毒种类多样，采用不同的免疫策略会得到不同的免疫效果。判断一种网络免疫策略是否有效关键在于策略对网络中节点的保护能力。好的免疫策略必须能够应对网络结构动态性的影响，同时又可以抑制病毒的传播，保护网络中大多数节点不被病毒感染（即网络中被感染的节点数目最少）。最基本的三种免疫策略包括随机免疫、目标免疫和熟人免疫。

随机免疫策略是最早产生的一种免疫策略，也称均匀免疫，是指完全随机地从网络中选取一定比例节点进行免疫。它是平等对待网络中度大的节点（被感染的概率高）和度小的节点（被感染的概率低），而不考虑网络中节点之间的差异。由于随机免疫在现实网络中不可行，因此研究者提出了目标免疫策略，它是根据网络中度分布的不均匀性，依次选择一定比例的度数大的节点进行免疫。而一旦这些节点被免疫则意味着与它们相连的边可以从网络中删除，大大减少了病毒的传播途径。但是此种免疫策略需事先了解网络的全局信息，包括网络的拓扑结构和网络中节点的度，这对于P2P网络，计算机网络等大规模的动态网络而言，是不太现实的。而随机免疫虽然不需要知道网络的拓扑结构但免疫效果不理想，而熟人免疫的基本思想是：首先从 n 个节点中随机选出比例为 k 的节点，其次再从每一个被选出的节点中随机选择一个（也可以是多个）直接邻居节点进行免疫。由于在无标度网络中，度大的节点具有更多的邻居节点，其被选择的概率要比度小的节点要大得多，因此能以很低的代价取得远比随机免疫要好的效果，同时避免了目标免疫中计算网络节点度的问题，只需知道网络局部拓扑信息。但是，熟人免疫策略在选择邻居节点的时候是随机选取，且仅考虑了直接邻居节点的影响，使得熟人免疫策略的实际效果也受到了一些影响。

（三） 基于传输容量优化的空间信息网络安全防护策略

通过对现有网络攻击和防护策略等研究工作的总结和分析，可以发现这些研究存在如下两个主要问题：

1) 网络脆弱性评价指标更注重对网络结构特征的影响，没有针对网络性能进行量化分析。例如在研究网络遭受到删除节点的静态攻击（随机失效或蓄意攻击）时，目前主要的工作都集中在对网络连通性的影响，即考虑攻击后网络中所有的节点和链路连通的程度，包括最大连通子图的大小、平均路径长度、节点连接对的数量等。在研究网络遭受到病毒扩散的传播型攻击时，目前主要的工作都集中在如何制定更好的免疫策略，使得失效节点或移除节点的数量最少。这些针对网络结构特征的评价指标可以有助于分析传染病传播、流言传播等网络的拓扑变化规律，以复杂网络拓扑结构分析方法进行安全防护资源的配置，从而有效降低节点攻击带来的危害。但是对于空间信息网络，人们更关心网络的通信能力或传输能力，关心网络的数据承载能力，关心是否发生网络拥塞，而现有的关于安全防护的研究并没有针对这些体现空间信息网络性能的指标进行建模和量化分析。

2) 网络安全防护策略主要运用概率风险分析和节点重要性分析的方法，认为关键节点应该比其他非关键节点分配更多的资源，这样可以最小化网络风险，而并没有定量分析防护资源对实际网络性能的促进作用。网络概率风险分析主要研究网络中心性，研究人员依据各种标准提出了许多中心性指标（如度中心性、接近度中心性和介数中心性等）来判定网络中那些节点比其他节点更重要，从而认为这些节点有更高的防护价值。这种分析方法在包含关键设施或 hub 节点的网络中应用可以得到很好的应用，但是需要对网络攻击行为进行先验的估计，并且其防护策略与风险模型密切相关，这些不确定因素导致无法对不同的防护方案进行量化比较，也无法明确每一项防护方案对网络的实际防护效果，即对实际网络性能的影响。

本节从空间信息网络传输容量优化的角度进行静态攻击防护策略的研究，通过安全防护资源的合理配置，提升网络在静态攻击环境下的传输能力。由于空间信息网络资源的分散性致使在实施网络安全防御时面临着在不同节点上防御资源的配置问题，资源的稀缺性决定了实施安全防御的过程中必须通过合理的资源配置方式把有限的资源合理分配到网络的各个节点中去，以实现资源的最佳利用，即用最少的资源耗费获取最佳的安全防御效益。

在易受攻击的网络环境下，针对节点的蓄意攻击有可能导致持续的网络拥塞，进而使得整个网络的性能下降。通过对网络节点分配安全防护资源可以一定程度上降低节点的脆弱性。因此可以利用安全防护资源分配的多少来衡量网络节点的脆弱性。假设网络中含有 N 个节点，完全消除节点 i 的脆弱性所需要的安全防护资源分别为 $\max DA_i$，实际分配给节点 i 的安全防护资源为 DA_i，则每个网络节点的脆弱性可以表示如下：

$$v_i(DA_i) = 1 - \frac{DA_i}{\max DA_i}(0 \leqslant DA_i \leqslant \max DA_i)。$$

与之对应的，每个网络节点的可用性，即节点不会失效的概率可以表示为

$$a_i(DA_i) = 1 - v_i(DA_i) = \frac{DA_i}{\max DA_i}。$$

但一般情况下有限的防护资源无法完全消除所有节点的脆弱性，因此需要研究有效的资源分配策略，可以尽可能地提高网络性能。本文利用复杂网络动力学分析方法，提出在安全防护资源有限的前提下最优的资源分配策略，可以最大限度地提高网络容量。具体来说，本文首先建立攻击场景下网络脆弱性模型和网络传输容量模型，然后深入研究安全防护资源与网络容量的关系，并建立针对资源分配方案的优化问题，通过求解此优化问题得到最优的资源分配策略。

这里采用网络科学中经常用来描述网络动力学模型，来刻画网络的传输容量。对于网络中的 N 个节点，假设每个节点都可以同时作为主机或者路由器，即每个节点都同时具有数据产生、发送和转发的能力。同时在每个时间间隔内，整个网络随机选取部分源节点，从中随机产生 R 个数据包，并随机发送给网络中的其他目的节点（与源节点不同）。每个节点具有一定的处理数据包的能力 C，即每个节点在每个时间间隔内可以同时处理数据包的数量。数据包送到每个节点后采用先进先出（first-in-first-out，FIFO）的策略进行缓存和处理，并假设每个节点的缓存大小都是无穷大。每个数据包从源节点到目的节点的传输采用的是某种特定的路由协议，如有效最短路径路由协议等。

在入侵攻击场景下，对于空间信息网络这样一个通信网络，相比于传统的关注攻击对网络连通性的影响，攻击对网络传输容量的影响更为重要。针对节点的蓄意攻击有可能导致持续的网络拥塞，进而使得整个网络的性能下降。网络传输容量是衡量网络性能的一个非常重要的指标，可以具体地表示为整个网络数据包产生速率的临界值 R_c。当网络中的数据包产生速率小于这个临界值，每个发送的数据包都可以及时地被处理和送达，

网络将达到一种没有拥塞的平衡状态；当网络中的数据包产生速率大于这个临界值，由于节点的处理能力有限，网络中产生的数据包不能被及时处理，因而会发生数据包的堆积，进而产生网络拥塞，导致网络性能持续下降。所以 R_C 是正常传输和产生拥塞的分界点。

为了能针对网络传输容量进行安全防护资源的分配，需要建立网络传输容量和网络脆弱性之间的联系。为此，本节利用介数中心性（betweenness centrality）对传输容量进行理论估计。节点的介数中心性定义为通过此节点的最短路径的条数，其归一化的形式可表示为

$$BC(k) = \sum_{i \neq j} \frac{\sigma_{ij}(k)}{\sigma_{ij}}。$$

其中，σ_{ij} 表示节点 i 和节点 j 之间最短路径的条数，$\sigma_{ij}(k)$ 表示节点 i 和节点 j 之间最短路径中经过节点 k 的条数。实际上，介数的定义是基于最短路径算法，而如果网络采用的是非最短路径路由算法，则可以扩展介数的概念为有效介数（efficient betweenness），其定义为

$$BC_{\text{eff}}(k) = \sum_{i \neq j} \frac{\sigma'_{ij}(k)}{\sigma'_{ij}}。$$

其中，σ'_{ij} 表示节点 i 和节点 j 之间按给定路由算法得到的路径的条数，$\sigma'_{ij}(k)$ 表示节点 i 和节点 j 之间按给定路由算法得到的路径中经过节点 k 的条数。

有了有效介数的概念，就可以对网络传输容量 R_C 进行理论估计。在每个时间间隔内，通过某个节点的平均数据包的数量可以利用有效介数表示为：$R \cdot BC_{\text{eff}}/N(N-1)$，如果 $R \cdot BC_{\text{eff}}/N(N-1) > C$，网络中将会产生拥塞。因此网络中数据包传输正常的条件是 $R \cdot BC_{\text{eff}}/N(N-1) \leqslant C$，因此网络传输容量可以表示为

$$R_C = \frac{C \cdot N(N-1)}{\max BC_{\text{eff}}}。$$

其中，$\max BC_{\text{eff}}$ 指的是网络中最大的有效介数。

在入侵攻击场景下，由于存在节点的损坏，网络节点的介数并不能完全反应实际数据传输的状态，因此根据节点的脆弱性定义期望介数（expected betweenness）的概念，即

$$BC_{\text{exp}}(k) = a_k \cdot BC_{\text{eff}}(k) = \frac{DA_i}{\max DA_i} \cdot BC_{\text{eff}}(k)。$$

进而入侵攻击场景下网络传输容量 R_C 的理论估计值可以表示为

$$R_C^{\text{exp}} = \frac{C \cdot N(N-1)}{\max BC_{\text{exp}}}。$$

从上文的分析可以看出，网络传输容量 R_C 与最大介数的值成反比关系。因此，给定有限的安全防护资源预算 B，最优的安全防护资源的配置策略可以通过求解以下的优化

问题得到：

$$\min_{DA} \max_k B\,C_{\mathrm{exp}} = \frac{DA_i}{\max DA_i} \cdot B\,C_{\mathrm{eff}}(k) \quad \sum_i DA_i = B \quad DA_i \geqslant 0。$$

这个优化问题是一种典型的最小最大问题（minmax problem），包含等式和不等式约束，可以通过最优化的方法得到此优化问题的最优解：

$$DA_i^* = \frac{\dfrac{1}{B\,C_{\mathrm{eff}}(i)}}{\displaystyle\sum_k \dfrac{1}{B\,C_{\mathrm{eff}}(k)}} \cdot B。$$

而后，在一个网路节点数量 $N=100$ 且平均度为 10 的网络中进行仿真实验。网络中的路由协议采用有效最短路径路由协议，并将每个节点的处理能力都设置为 $C=1$。仿真结果采用 10 次实验的结果进行平均。具体仿真结果如图 12 所示。

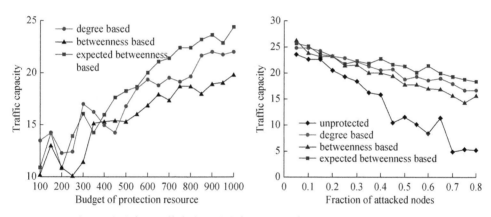

图 12　防护资源预算大小和受攻击节点的比例对网络传输容量的影响

左图的蓝线表示的是根据期望介数得到最优安全防护资源配置方案下网络传输容量的变化趋势，其他两条线表示根据节点重要性分析，即按照度中心性和介数中心性得到的资源配置方案下网络传输容量的变化趋势。可以看出随着防护资源预算的增长，网络传输容量也会越来越大，而本文提出的根据期望介数的防护资源配置方案传输容量增长的速度要大于其他两种方案，即表现出更好的防护性能。右图表示受攻击节点的比例对网络传输容量的影响，可以看出随着受攻击节点的比例越来越大，网络传输容量也会越来越小，而本文提出的根据期望介数的防护资源配置方案传输容量减小的速度要缓于其他两种方案，即表现出更好的防护性能。

此外，在图 13 中，粗曲线部分表示的根据期望介数得到的针对网络传输容量的最优分配方案，其他两条线表示根据节点重要性分析，按照度中心性和介数中心性得到的分配方案。可以看出最优分配方案是相对均匀地分布，不像度中心性和介数中心性分配方案那样震荡。这个仿真结果可以解释为什么按照节点重要性分析的分配方案不是最优的安全防护方案。因为在网络数据包传输过程中，节点倾向于通过度比较大的重要的中心节点转发数据包，可以比较快地送达目的节点，这种网络结构的不均匀性导致在重要节点更容易发生数据包拥塞，如果网络容量有效地分散到其他非中心节点，整个网络的网络容量将会得到提升。因此将安全防护资源分配到一些非中心的节点可以得到更优的网络性能。

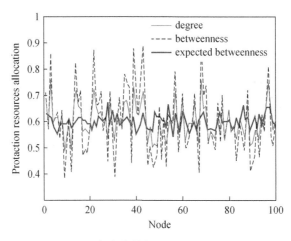

图 13　安全防护资源分配方案比较

四、结　束　语

　　空间信息网络作为一种复杂的信息系统，其体系架构和关键技术的研究还远未成熟，是国内外学术界、工业界和国防应用领域的热点难题，具有极其重要的理论意义和实际应用价值。本文针对国内外空间信息网络发展的现状，对空间信息网络中的诸多关键问题及关键技术进行了讨论与总结。首先，针对网络拓扑建模、多接入系统动态协作以及业务特性预测等问题，提出了空间信息网络探测与传输资源动态分配方法，并研究了系统稳定性、吞吐量和延迟等系统特性。其次，基于空间信息网络的特点，研究了快速网络切换理论和方法。最后，针对空间信息网络安全，研究了空间信息网络的行为特性，分析了病毒等威胁的传播规律，并提出了高效的免疫策略，以抑制威胁的扩散，有效降低其危害。相关结论可应用于空间信息网络的设计、分析和维护，有助于提高系统稳定性和网络整体性能。

基于钱学森大成智慧体系的科技创新人才关键要素体系研究

张文宇

张文宇，女，山西太原人，工学博士，西安邮电大学经济与管理学院教授，中国航天系统科学与工程研究院博士生导师。研究方向：智能决策、数据挖掘、模式识别；校级管理科学与工程一级学科的学科带头人，国家级专业综合改革试点省级精品课程《移动电子商务》课程负责人，中国航天系统与工程研究院钱学森创新委员会委员，《系统管理学报》《控制理论与应用》杂志审稿专家。目前在国内外公开刊物上以第一作者身份发表科研论文近 50 篇，其中，中文核心期刊论文 40 余篇，SCI、EI、ISTP 索引 20 余篇，6 篇发表在国家一级期刊如《系统工程理论与实践》《控制理论与应用》《情报学报》等期刊上，1 篇论文获中国西部优秀论文理论创新一等奖；出版著作《信息港理论与实践》《智能数据挖掘技术》《数据挖掘与粗糙集方法》《物联网智能技术》《知识发现与智能决策》5 部；单独指导硕士研究生 23 名，其中获得硕士学位的有 15 名，近 5 年内硕士生导师成果评选中均获优秀，且多次获硕士生导师优秀指导奖，"中关村青联杯"第十二届全国研究生数学建模竞赛全国二等奖指导教师称号；联合培养硕士研究生 20 名，获得硕士学位的有 18 名；辅助指导博士研究生 18 名；主持及参与国家级、省部级、厅局级、横向科研项目 50 余项，近年来主持的各类科研项目经费年平均百万元；独立发明国家专利 1 项。

钱学森智库作为现代智库中重要的智慧思想与体系机构，是一个国家思想创新点的源泉，通过"集大成得智慧"充分利用定性定量集成思想，为我国航天事业乃至军事、政治、经济、社会、教育等领域的重大问题提供决策支撑。钱学森大成智慧体系作为钱学森智库的核心部件，在学科层面、系统方法论层面、工程实践层面、决策支持层面为各行各业复杂非线性巨系统问题提供理论支撑及实践指导。将钱学森大成智慧思想应用于我国科技创新人才关键因素之系统研究中，试图从钱老"大成智慧学"中"集"的要点出发，依据大系统的理念，构建科技创新人才应具有的要素系统，为今后对科技创新人才的评价和选拔提供一定的指导，为我国实施全面素质教育打下基础，培养更为全面发展的、新型智能型的科技创新人才奠定理论基础和提供实践指导。

一、系统科学引领大成智慧体系总体架构

（一）钱学森智库

智库作为专门从事开发性研究的高端政策咨询研究机构或集体智慧的集成，属于一种新型的知识创新和智慧集成模式，具有高度的创造性和能动性。钱学森智库是以信息空间智界为载体的人机结合、人网结合、以人为主的大成智慧思想构成的基础科学–应用科学–工程技术–决策应用–实践领域为一体的集成智库。该智库可以将不同机构、不同学科、不同专业、不同领域的机器智能和人工智慧的知识及智力资源有效整合起来，通过"集大成得智慧"充分凝聚人机智能与智慧，为国家乃至国际社会的军事、政治、经济、社会等特定领域、特定行业、特定地区的重大问题提供决策咨询意见和有效的定性与定量相结合的最优解决方案。

（二）钱学森大成智慧体系

在系统科学思想引领下构建"从定性到定量的综合集成研讨厅体系"，打造"以信息空间智界为载体的人机结合、人网结合、以人为主的大成智慧体系架构"是解决领域系统工程问题的根本和唯一方法。该架构从马克思主义哲学的认识论出发，将中国传统认知思想整体论与西方本体认知思想还原论进行宏观与微观的辩证统一结合，遵循"老三论"与"新三论"、混沌理论与非线性科学的学科基础支撑，形成复杂巨系统知识体系及其相关方法论，涉及专家体系、机器体系、知识体系、推理体系、搜索体系，构成集六大体系和两大平台相结合的人工智能交互平台，构建以问题求解链为主导的七库一体智能决策支持系统，应用于经济、社会、军事、政治、科技、教育、人口、资源、环境、信息化等各个实践领域，实现数据–信息–知识–策略–智能–智慧的综合提升，加速机械化、工业化、数字化、信息化、网络化、智能化、智慧化的快速发展。这个系统具有综合优势、整体优势、智能优势，能把人的思维成果、经验智慧与情报数据统统集成起来，把机器的逻辑思维优势、人类的形象思维优势有机结合在一起，创造比人类和机器都智能的智慧系统，从多方面多目标多准则实现从定性到定量再到定性的螺旋式上升过程，

可实现跨层级、跨地域、跨系统、跨部门、跨行业的综合集成，推动政治、经济、社会、工程、产业从"不满意状态到满意状态"的综合提升。图1所示为钱学森大成智慧体系架构流程。

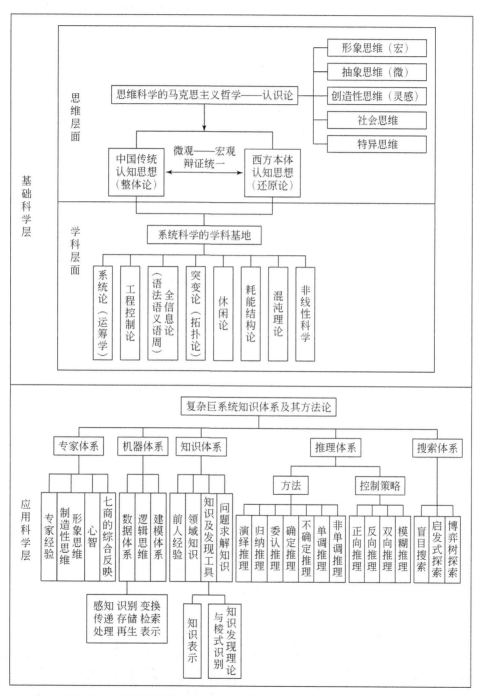

图1　基于信息空间智界的人机结合、人网结合、以人为主的大成智慧工程体系图

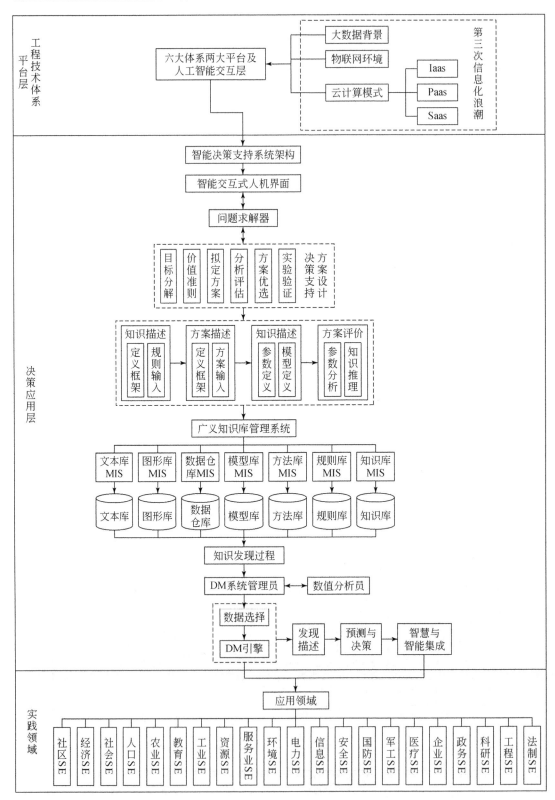

图1　基于信息空间智界的人机结合、人网结合、以人为主的大成智慧工程体系图（续）

（三）钱学森智库与大成智慧体系关系

钱学森大成智慧体系作为钱学森智库的核心元素，在钱学森现代科学技术体系指导下，服务于钱学森综合集成研讨厅的六大体系和两大平台建设，可以支撑国家经济、社会、军事、政治、科技、教育、资源与环境信息化等各个领域的智能决策，形成支撑国民经济与社会发展的真实"根与魂"，如图2所示。

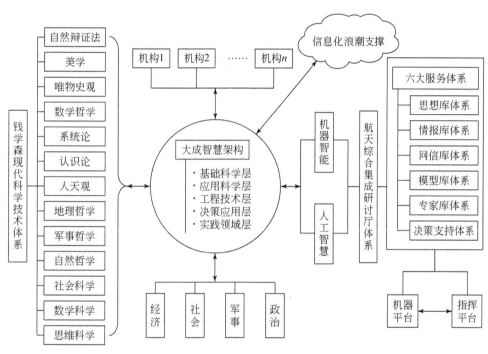

图2 钱学森智库与大成智慧体系关系

二、大成智慧体系支撑下的科技创新人才关键要素之系统分析

科技在人类推演的历史中扮演着极为重要的角色，历史上的每一次重大科学发现，都使人们对客观世界的认识产生巨大的飞跃，把人类社会推向更高一层的文明。因此，对科技的掌握及运用程度，决定了一个国家经济社会发展的程度。科技创新作为科技进步的推动力量，是促使国家经济发展的决定性因素，科技创新能力标志着区域核心竞争力的高低。而科技发展和科技创新的不竭动力都来自于科技创新人才，其水平直接体现着科技创新能力的强弱，是使区域社会经济快速发展的具有不可替代作用的优势资源。

因此，对科技创新人才的培养问题便成为当今时代世界诸国人力资源开发活动中普遍关注的一项极具战略意义的课题，世界各国无不采取对策和措施，加速培养和造就高层次和高水平的科技创新人才。我国作为一个发展中国家，要想在经济上尽快赶上发达国家，就要充分认识到培养科技创新人才的重要性，必须把科技创新型人才视为战略资源和提升国家竞争力的核心因素，加强高层次科技创新人才队伍建设，引领和带动各类科技人才的发展，为提高自主创新能力、建设创新型国家提供有力的人才支撑。对于世人关注的"钱学森之问"，钱老用他所倡导的"大成智慧学"提供了一定的解决思路。大成智慧的核心就是要打通各行、各业、各学科的界限，即为"集大成得智慧"。在科技研究领域，科技创新人才作为一国科技人才的领军人物，必须具有科学的人生观、价值观和世界观，能够运用多学科交融的知识进行科技创新，并运用创新科学技术改造客观世界，拥有较高综合素质的全方位发展人才，必须是集大成而得智慧者。然而，钱老比较超前的教育设想是前瞻性的，但还是初步的，有的还只是一个草图，尚需接受实践的进一步检验，需要在科技创新人才培养的实践中实事求是地理解和发挥。因此，本文试图从钱老"大成智慧学"中"集"的要点出发，依据大系统的理念，构建科技创新人才应具有的要素系统，为今后对科技创新人才的评价和选拔提供一定的指导，为我国实施全面素质教育打下理论基础。本节在钱学森大成智慧体系架构支撑下分析科技创新人才关键素质研究途径，以哲学思维和人工智能技术的无缝对接探讨科技创新人才培养过程中的从特殊事例到普遍规律的数学归纳，再由一般规律指导个案成长的逻辑演绎过程。

（一）学科支撑层面

遵循钱学森大成智慧体系工程架构图，一切问题分析决策的前提是遵循思维科学中马克思主义哲学中的认识论，也就是充分利用整体论和还原论的辩证统一，将中国传统的认知思想与西方本体的认知思想有机结合，深度挖掘人类自身的形象思维、抽象思维、创造性思维、社会思维和特异思维，从人类大脑的神经生理学角度及神经心理学的加纳德多元理论研究科技创新人才发展的七商系统，可将科技创新人才的关键要素用七商评价系统来衡量，涵盖了科技创新人才的良好的知识修养、优秀的人格品质、健康的体魄和健全的心理四个层面，表现出的七商关键要素为智商（intelligence quotient）、情商（emotional quotient）、知商（knowledge quotient）、健商（health quotient）、德商（moral quotient）、意商（will quotient）、位商（position quotient），细分为 32 个统计指标（statistical indicator）和 93 个影响因素（influence factor）。在学科分析方法上，由于科技创新人才系统涉及因素多、结构复杂，是一个复杂非线性巨系统。对于这样一个复杂非线性巨系统的研究，完全采用定性分析或者单独使用定量研究的方法都很难把问题研究透彻。而目前国内外研究文献在科技创新人才研究上多倾向于用定性研究方法或简单的统计定量方法，研究结论比较宏观和粗糙。笔者尝试以哲学、心理学、社会学、管理学、神经医学、系统学、计算机学、仿生物学、人工智能学等多学科交叉和融合的思想，充分体现钱老"集大成得智慧"的科学思维，运用了多个交叉学科的13个前沿定量计算模型，对所收集的科技创新人才进行相关数据建模，挖掘分析模型结果，通过定性分析与定量计算相结合的方法更系统、准确地研究科技创新人才的关键要素，为国家和社会培养和选拔高层次科技创新人才提供坚实的理论依据。

（二）系统方法论层面

对于复杂非线性的科技创新人才巨系统，利用多学科的方法从系统全生命周期的角度依次探讨科技创新人才关键要素定性分析及关联分析、科技创新人才关键要素匹配分析与评价过程建模、基于复杂网络的科技创新人才关键要素重要性排序及抗毁性评价建模、基于脑认知的科技创新人才成长规律建模、基于机器智能的科技创新人才鉴别及培养分析。具体分析如下。

1. 科技创新人才关键要素定性分析及关联分析

为了实现科技创新人才从普通到优秀素质的提升，达到培养更多的杰出科技创新人才的目标，本文将科技创新人才的素质特征划分为知识修养、身体素质、人格品质及心理状况四个层次特征，再利用七商指标衡量科技创新人才关键要素。其中知识修养通过智商和知商来衡量，是科技创新人才内在素质；健全的人格品质通过德商来衡量，是指科技创新人才的劳动成果通过其创造性劳动对社会的进步与发展产生积极的贡献，这是判定其为科技创新人才的外在依据；健康的体魄作为科技创新人才发展的主要用健商来衡量，是科技创新人才进行科学研究的身体根本；而健全的心理则通过情商、意商、位商三商衡量，是科技创新人才的心理状态。每个商值下又有不同的共计32个统计指标及93个影响因子对各商进行具体衡量，以构建出具体、详细、完备、系统的科技创新人才要素体系。具体而言，智商（IQ）是人们认识客观事物并运用知识解决客观实际问题的能力，智商是一个科技创新主体进行创造性思维活动的基础，没有良好的智商发展水平，就谈不上高水平的创新能力。知商（KQ）是指个体通过大脑思维对客观世界的物质形态及运动规律进行概括和反映的能力，并将客观世界的信息转化为知识的能力。知商作为人脑加工处理的内在的信息材料，是提升智商水平必不可少的文化营养，只有当后天获取的知商被人脑认知功能灵活表达和自如运用的时候，知商才能转化为智商水平，进而提高智商。德商（MQ）是指测定人的道德素养的一种指标，具体是指个体的所作所为、言行举止是否符合当时社会所公认的道德操守、行为规范和各种美德。具体体现为科技创新主体是否具有高尚的思想道德情操，公平、公正的处事原则及勤勉、踏实的工作作风。健商（HQ）是个体对健康的态度及其把握程度，人类自身的基本素质的标志，但它又是最基础、最根本和最关键的，个体一切活动都要以高水平的健商作为保证。它的一个根本性的目的就是对个体的健康状况进行全面的、综合性的评价。情商（EQ）是个体准确评价和表述情绪的能力、有效地调节情绪的能力和将情绪体验运用于驱动、计划和追求成功等动机和意志过程的能力。意商（WQ）是指个体的意志品质水平，是人在一定动机激励下为实现目的而克服内部与外部困难的心理过程。人的意志力强弱有差异，个体必须在明确的奋斗目标的基础上，通过周密的计划，运用正确的途径和科学的方法，在克服困难的勇气和毅力的支撑下能取得成功的意志表现。位商（PQ）是衡量一个人处位能力的商数，是指个体迅速且准确判断自身在社会中所处地位并恰当制定出人生阶段奋斗目标或把握成功的决策能力，它决定着个体能否正确选择、获取适合自己个性和能力的位置，并能够不断发展自己的位阶。

在七商定性分析之后，通过已调研收集的科技创新人才七商要素相关统计数据，对七商的各个商内部要素关联度进行皮尔逊相关系数（PCC Coefficient）定量分析，具体分析七商内部各个要素之间是否存在相关性，若存在的相关性，相关程度的强弱和方向。同时，利用结构方程（SEM）对七商之间的相关性进行统计分析，结果如下：①健商与智商和知商有中等程度相关关系，与意商关联度相对较弱，高健商体现了良好的身体素质和健康意识，能在各个方面促进智商、意商、知商的发展。②智商与知商、意商、位商有强相关关系，与情商中等程度相关，尤其是知商与智商关联系数超过0.9以上，是因为知商与智商呈极强的线性关系，知商是智商的延伸，是智商的另一个层面的体现，在一定程度上知商就能够完全代表智商的高低，高智商的人具有较强的逻辑思维能力和主观意识，对自身有较强的控制力、表现力，在与社会、他人接触时融入较快，不管是体现情绪表达和控制的情商，体现决策能力、组织协作能力的位商，还是体现独立、自信程度、抗压能力的意商都与智商的高低有相当高的关联度。③除智商外，知商与位商有一定的关联度，知商作为人脑加工处理的内在的信息材料，是提升智力水平必不可少的文化营养，只有当后天获取的知商被人脑认知功能灵活表达和自如运用的时候，知商才能转化为智力水平，进而提高智力，智商水平的不断提升，也会加大对各种外界信息的需求，从而不断促进知商、位商的逐级发展。④情商与位商关联度较强，与意商中等程度相关，高情商的人，人际关系处理得比较好，会在一定程度上使他能够得到别人的信任，在成功路上越走越远，对他的位商起很大的促进作用，而高位商的人，才能正确地认识自己的情绪、管理自己的情绪、克制自己的情绪、消除不良情绪。⑤德商与位商关联度较强，与意商弱相关，"在其位，谋其政"，位商决定了一个人是否有准确的定位能力，正确决策、解决问题的能力，组织协作的能力，而只有具备强烈的社会责任感、奉献精神、敬业精神的人也就是高德商的人，才能得到人们的认同，德商与位商相辅相成，相互影响。⑥位商与意商存在极强的相关关系，位商决策的过程就是区别于一般动物的一种特殊思维活动，是需要在智商、知商、情商和意商的基础之上，有明确奋斗目标的高级分析活动。为了达到这一目标，在掌握充分信息和对有关情况进行深刻分析的基础上，用系统思维方法拟定并评估各种方案，从中选出合理方案的过程，从这个意义上讲，人的一切活动就是决策、执行、再决策、再执行，循环往复，以致无穷，这时就需要高的意商，具有较强的抗压能力，自身行为的把控能力以及坚持、果断的决策执行力，位商与意商相互促进，密不可分。

2. 科技创新人才关键要素匹配分析与评价过程建模

科技创新人才关键要素之系统评价研究主要基于数据样本的七商指标数据，通过所构建的评价指标体系建立相关模型对个体的科技创新层次进行客观评价。过程可以体现为首先通过 K-means 聚类对比一般样本与正例样本数据之间的差距，将一般样品中的个体进行区分，找出一般样本中科技创新层次较高的个体，并针对具体个体特征进行特殊培养。若个体与正样本的匹配度较高，则该个体的创新程度也较高。其次通过对大量样本数据的处理，通过熵值法和多层交互式权重算法计算七商指标的综合权重，并利用模糊综合评价模型对个体的综合情况进行评价，得到该个体的科技创新层次。

在数据实证分析中将公认的高层次科技创新人才（第一类为影响世界 100 人中经济科技精英、生化医药英才、科学之星以及探索之星，第二类为诺贝尔获得者，第三类为中国科学院和中国工程院院士）数据作为科技创新人才的标准数据，利用收集样本与标准向量之间的距离划分匹配阈值，能够很好地区分样本是否为科技创新人才；在匹配模型的基础上，为进一步确定匹配成功或匹配失败样本之间科技创新人才的层次区别，通过熵值理论和多层级交互式权重计算科技创新人才评价指标的权重，并利用模糊综合评价模型对样本科技创新等级进行系统评价。实证结果的样本评价等级主要集中在等级 3（中），样本评价等级分布呈现为右偏正态分布，符合样本相关特征。由评价过程中计算所得到的评价指标权重可以看出，影响科技创新人才成长的重要指标主要集中在"智商""知商""意商"和"位商"，表明科技创新人才的成长过程中个体的教育程度、对领域知识的应用、对科研的专注精神以及团队管理协作能力对个体的科技创新水平有重要的影响。进一步随机抽取部分样本，并将样本匹配结果、评价结果与样本特征进行对比分析，分析结果也验证了所构建的匹配模型和科技创新人才评价模型的有效性。

科技创新人才关键要素系统评价意义，在于通过基于个体七商指标数据，对该个体的科技创新层次进行评价，可以通过评价结果对样本个体的科技创新水平进行分类，针对不同层次的个体采用不同的培养方案进行培养，有针对性地提高个体的科技创新能力，为国家的科技创新人才培养提供一定的决策参考。

3. 科技创新人才关键要素重要性排序及抗毁性评价建模

由于科技创新人才系统涉及因素多、结构复杂，是一个复杂非线性巨系统。钱学森给出了复杂网络的一个较严格的定义：具有自组织、自相似、吸引子、小世界、无标度网络中部分或全部性质的网络称为复杂网络。简而言之复杂网络即是呈现高度复杂性的网络，具有结构复杂、网络可进化（表现在节点或连接的产生与消失）、连接多样性（节点之间的连接权重存在差异，且有可能存在方向性）、节点多样性（复杂网络中的节点可以代表任何事物）、多重复杂性融合（即以上多重复杂性相互影响，导致更为难以预料的结果）的特点。而科技创新人才关键要素的研究也是一个复杂巨系统，研究过程中涉及多种影响要素，要素之间的关联关系也是多重复杂性的部分或全部相互影响，其关键要素之系统研究具有小世界复杂网络的显著特征。因而，将复杂系统中的复杂网络相关理论应用于科技创新人才关键要素的研究，能够利用复杂网络相关特征详尽地分析科技创新人才关键要素之间的复杂结构关联关系和要素间的动态影响关系，为挖掘影响科技创新人才的关键要素，探索要素缺失状态下的科技创新人才鉴别与培养提供理论支撑。遵循复杂网络的局部属性、全局属性、综合属性三个角度，通过分析复杂网络节点重要性排序的 9 个不同指标：节点度、节点度+邻居节点度、节点度+邻居节点度+次邻居节点度、互信息、节点紧密度、特征向量指标、介数、邻居信息与集聚系数、综合测度指标，利用潜在科技创新人才、一般科技创新人才、杰出科技创新人才统计数据进行验证，得出了如下实验结论：

1）节点重要度实验结果解析：对比发现潜在的科技创新人才在情商、德商方面有所欠缺，不能理智处理自身与他人、社会的关系，要成长为一名一般科技创新人才需要着重培养个体的情商和德商，加强情绪处理、运用能力，严格遵守职业道德规范，爱岗敬业，提高科技创新能力；而一般的科技创新人才虽然已经具备一定的科技创新能力，但是在智商、知商和位商方面还是有所欠缺，知识存储量不够、逻辑思维能力不强，处位能力和组织协作能力较弱，要成长为一名杰出的科技创新人才需要继续深造，进一步接受教育，着重培养逻辑思维能力、应变能力，加强专业领域知识的积累，并通过灵活地运用和表达提高自身的科技创新能力，努力成长为一名杰出的科技创新人才。

2）网络抗毁性实证结果解析：经过对杰出科技创新人才、一般科技创新人才、潜在科技创新人才在网络随机攻击和蓄意攻击两种策略下网络的抗毁性指标如"加权平均最短路径"和"自然连通度"的变化情况进行对比后发现：对于杰出科技创新人才，其七商相关指标均处于较高水平，各指标全面发展，对蓄意攻击和随机攻击的抗毁性都比较好；对于一般科技创新人才，存在部分指标偏低的情况，所以一般科技创新人才在攻击前期对随机攻击的抗毁性较好，而当攻击节点达到一定量后，随机攻击对一般科技创新人才的影响更大；对于潜在科技创新人才，各指标的层次都处于一般水平，蓄意攻击会导致网络产生较大的变化，所以一般科技创新人才对蓄意攻击的抗毁性较弱。

4. 科技创新人才成长规律建模

步入 21 世纪，推动人类历史进程极大发展的是人类蛋白质组计划和人类脑计划。关于脑和心智的研究是当代科学中多学科研究的交叉点和前沿，同时也是当代科学最大的挑战之一。结合人类脑认知的发展现状，科技创新人才七商指标的衡量、提高和有效开发可以从人类大脑的神经生理结构出发研究神经系统和科技创新人才关键要素的关系，进而深入分析神经系统发育的特点以便有目的地辅助人们培养七商等有关科技创新的关键要素。科技创新人才做出科技创新的过程归根结底是认识世界和改造世界这两大部分，从大脑的基本认知模型角度分析了科技创新人才在科技创新活动中如何认识世界并利用七商要素在认知过程中发挥关键作用的基本原理和模式。结合脑认知过程，将科技创新人才的关键要素发展从而推进人才成长的过程分为三类：基于自顶向下概念加工分析、基于自底向上数据加工分析、基于双向协同的融合加工分析。具体而言，先采用自顶向下的概念加工人才分类方法——Bayes 方法挖掘不同层次人才的差别；再利用自底向上的层次聚类的仿真方法，进行科技创新人才的关键要素分析、关联分析和类别分析，定量地研究不同要素在科技创新人才成长中的作用，对科技创新人才的关键要素和成长模式进行了可视化呈现和深入研究；随后使用自底向上的数据加工动态时间建模，利用时间序列模型，进行典型发展曲线推导；最后为了研究双向加工中的七商各个要素的作用，对收集的案例数据进行基于谱系聚类的先验决策模型，分析科技创新人才成长所需的关键影响因素。双向协同的认知过程在杰出科技创新人才进行科技创新活动中是非常重要的。在杰出科技创新人才从事科技创新活动时，利用概念驱动的加工过程认知主体过往的知识经验作为存储于潜意识中的"模板"或者"原型"，或是认知主体从知识经验中提取出某事物的特点，用来等待与数据加工后的知觉对象进行匹配、识别。而数据加工则需要认知主体在觉察到刺激之后，通过对刺激加工，将所知觉到的刺激依据格式塔整体性原则分为背景和知觉对象两部分，之后概念加工与数据加工结合、相互作用，即依据由过往的知识经验经概念加工而形成的"模板""原型"或"特征"，力求对知觉对象做出某种解释，使知觉对象具有一定意义，即知觉对象被尽可能识别出来。而且科技创新活动并不是一蹴而就的事，因此这个过程是一个螺旋式迭代过程，即依据某模板主动将知觉对象组织为此模板，而后再将组织过的知觉对象与模板进行匹配，比较其相似度。根据相似度由谱系聚类中鉴别决策点的指标组集合量身定制科学合理的培养模式，帮助其成长为一名杰出的科技创新人才。

5. 科技创新人才鉴别及培养分析

从信息时代走向智能时代，机器智能引领人类社会未来的发展。当今社会工作岗位和专业领域的高度分工使得人类不可能全知全能，在未来社会实现的分工将是各个领域智能层面人类和机器的分工。因此本文从研究机器智能开始，对人的七商进行建模，分析科技创新人才必备的商有哪些，机器可以辅助的商有哪些，从而为今后人才的发展、鉴别和培养以及智能层面人和机器的分工提供一些建议。人工智能作为研究机器智能和智能机器的一门综合性高技术学科，在当前被人们称为世界三大尖端技术之一，而人类智慧是人类认识世界和改造世界的才智和本领。思维是人类智能的核心，人类智慧和人类认知从初级到高级可以分为五个层级：神经层级的认知、心理层级的认知、语言层级的认知、思维层级的认知和文化层级的认知，简称神经认知、心理认知、语言认知、思维认知和文化认知。五个层级的认知形成一个序列，低层级的认知是高层级认知的基础，而高层级的认知向下包含并影响低层级的认知。在神经、心理、语言、思维、文化这五个人类智能和认知的层级上，人工智能都是在模仿人类智慧，并取得不断进步，但在总体上并未超过人类智慧。在语言、思维和文化层级，即在高阶认知层级上，目前人工智能都远逊于人类智慧。

人工智能的神经认知是模拟人类神经活动，感觉认知并没有达到人类水平，情绪认知几乎不具备，因此，人工智能情商、德商、健商都较低；在心理认知层级，人工智能具备基本的感知觉，但不具有跨越感觉通道的感知能力，因此，可以说人工智能情商较低，而意商却很高，位商需要通过决策管理系统给出评价。不过人工智能存在着智商中的很高的记忆力水平指标；语言认知层级是高级认知的基础，思维和文化认知都建立在此之上，语言产生思维，但是人工智能的语言是二进制语言，具备知商中的知识存储量指标；思维认知是人类最高级别的精神活动，人工智能在概念推理判断方面做得较好，但在直觉、灵感、顿悟、创造性思维方面很差，无法对已有的知识进行综合创新，但是相当于具有智商中的逻辑思维能力指标；最高阶的认知是文化认知，包含了科学、艺术、哲学、宗教，人工智能都没有涉及。本文依据人工智能与人类智慧的优势和特点，尝试性地借鉴机器智能中 SVM 法、K-means 聚类法、Apriori 关联规则分析法、BP 神经网络法对科技创新人才的关键要素进行特征提取和模式识别，提出机器和人类"各尽其长，协同发展"的思路，分析协同发展路径。图 3 为科技创新人才关键素质之系统研究的全生命周期图。

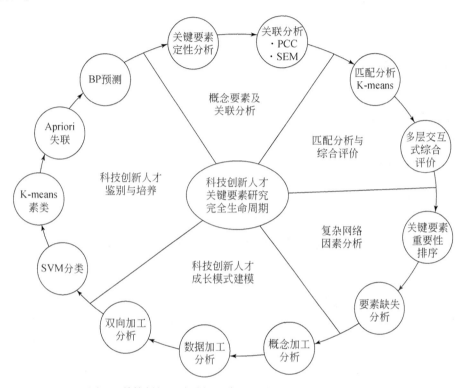

图 3   科技创新人才关键要素之系统研究的全生命周期图

（三）决策软件支持层面

科技创新人才关键要素决策系统的功能是对科技创新人才的全生命周期个模块进行系统软件设计，要求能够从系统管理员发布测评任务到具体的单位或企事业单位人才完成七商测评的流程，主要用户包括后台管理员、人才管理员、部门、人才、企事业单位和政府机关。其中后台管理员角色拥有的功能模块有个人中心、任务中心、单位管理、测评中心、权限管理、测试报告查看、人才档案、人才预警、决策支持；人才管理员角色拥有的功能模块有个人中心、任务中心、测评报告查看、部门管理、人才档案；部门角色拥有的功能模块有个人中心、任务中心、测评报告查看、人才管理、人才档案；人才、政府机关和企事业单位角色拥有的功能模块有个人中心、待完成测评、已完成测评、人才测评。

三、科技创新人才关键要素决策支持系统架构分析

科技创新人才关键要素决策支持系统（STITKFDSS）的原型设计在科技人才成长鉴别和培养过程中起到非常大的辅助决策支持作用。下面就 STITKFDSS 原型系统中的关键部件进行分解说明。

（一）数据仓库设计

科技创新人才数据选取：

杰出科技创新人才分为三类：影响世界，世界突出贡献（诺贝尔奖），国家突出贡献（院士），作为正样本。

一般科技创新人才：主要包括高校教师和一般科研人员。

潜在科技创新人才：主要是普通高校学生。

普通人员：主要有个体户和从事低收入工作的一般工作人员。

某区域的院士、千人、三秦学者数据：作为校验样本。

数据仓库的存储采用主体为雪花型、附表为星型的数据存储模式，由事实表和若干个维表构成。涉及的所有数据库表单有登录信息表、单位表、部门信息表、人才管理员表、人才信息表、测评系统表、量表、维度表、题目表、组卷表、答题表、测评分数表、任务表、部门任务表、人才任务表等基本二维表单构成。在各个表的基础上，从科技创新人才数据仓库的概念模型出发，可以结合主题的多个表的关系模式，选择最完整、最及时、最准确、最接近外部实体源的数据定义其相应的记录系统。

（二）模型库与知识库设计

在 STITKFDSS 原型设计中最重要的环节即为模型库与知识库设计。通常模型库的表示有方程形式、程序形式及逻辑形式，我们在实践过程中用程序形式来表达科技创新人才关键要素之系统研究的全生命周期过程所用到的所有模型，其中模型库的组织用四类文件表达，所有文件通过模型库的字典库和文件库进行组织、存储和管理。表1是模型库中模型字典的数据库表达。

表1　STITKFDSS 原型系统模型字典规范

模型名称	模型编号	源程序名	目标程序名	数据说明文件名	数据描述文件名
相关分析模型	M001	PCC. m	PCC. exe	PCC. hlp	PCC. txt
结构方程模型	M002	SEM. m	SEM. exe	SEM. hlp	SEM. txt
模糊综合评价模型	M002	FCE. m	FCE. exe	FCE. hlp	FCE. txt
匹配模型	M004	KM. m	KM. exe	KM. hlp	KM. txt
重要度模型	M005	ID. m	ID. exe	ID. hlp	ID. txt
抗毁性模型	M006	DR. m	DR. exe	DR. hlp	DR. txt
贝叶斯分类器模型	M007	BAY. m	BAY. exe	BAY. hlp	BAY. txt
层次聚类模型	M008	HC. m	HC. exe	HC. hlp	HC. txt
谱系聚类模型	M009	AC. m	AC. exe	AC. hlp	AC. txt
支撑向量机模型	M10	SVM. m	SVM. exe	SVM. hlp	SVM. txt
相似度聚类模型	M11	SD. m	SD. exe	SD. hlp	SD. txt
关联规则模型	M12	APR. m	APR. exe	APR. hlp	APR. txt
神经网络模型	M13	BP. m	BP. exe	BP. hlp	BP. txt

以上模型可以在我们自定义的模型库管理系统下统一调用和运行，可以完成模型管理语言（MML）、模型运行语言（MRL）和数据接口语言（DIL）的功能。在科技创新人才全生命周期管理过程中形成的所有知识库可以用规则、语义网络、框架等多种形式表达，为了方便输出结果的可视化显示。知识的推理可以根据实际情况采用钱学森大成智慧体系中的推理体系及搜索体系进行知识的匹配。

四、结　束　语

面对世界科技发展的新形势和日趋激烈的国际竞争，我国已把走创新型国家发展道路作为面向 2020 年的战略选择。其中，科技创新作为在科学技术领域的创造与革新的活动，是解决发展中面临的重大问题的根本，是建设创新型国家的一个重要方面。科技创新人才的缺乏是科技创新活动中最显著的问题，而以往针对科技创新人才的研究大多停留在定性分析层面，缺少系统研究成果，难以挖掘科技创新人才所具有的关键要素。我们综合运用管理科学、系统工程、脑认知和机器智能的思想、理论、技术和方法，按照定性分析、数据方案设计、定量关联分析、多学科系统建模、仿真与实证分析、决策支持系统原型构建科技创新人才关键要素全生命周期研究体系，对科技创新人才关键要素进行了系统研究，对我国科技创新人才的培养有着重要的理论意义和社会价值。

人工神经网络的发展与展望

刘海滨

刘海滨，男，工学博士，研究员，中组部"千人计划"国家特聘专家，中国航天系统科学与工程研究院总工程师，博士生导师，中国航天社会系统工程实验室（CALSSE）理事。1988 年毕业于西北工业大学航空宇航制造工程专业并获得工学硕士学位，1990 年作为中国首批联合培养博士生及日本政府文部省奖学金获得者赴日留学，1995 年毕业于日本北海道大学并获得工学博士学位。从事先进制造技术、人工智能、信息技术和系统工程相关研究近 30 年。在人工智能研究领域，建立了基于磁场信息导入的新型人工神经网络模型，在国际上首次提出人工神经场（ANEF）理论，以此构建起一种新型计算结构和计算机理，获美国 ASME 协会人工神经网络理论创新奖。1995-2004 年在日本 Tokyo Electron Limited 及日本摩托罗拉公司工作并担任技术和管理高级职务。2004 年至今在中国航天工程咨询中心信息化总体设计部（主任）、航天系统论证中心（主任）和中国航天系统科学与工程研究院（总工程师）工作，从事集团企业信息化战略规划及总体设计、先进制造技术、大系统仿真及航天系统工程等管理与技术工作。先后主持或参加国家"863"计划、国家科技支撑计划、国防科技基础科研、国家科技重大专项、国际知名企业科技创新课题等项目 20 余项。出版中、英文专著各 1 部，发表相关学术论文 50 余篇（SCI 索引 5 篇，EI 索引 33 篇），获美国 ASME 协会人工神经网络理论创新奖、国家科学技术进步奖二、三等奖各 1 项、航空航天工业部科学技术进步奖三等奖 1 项、陕西省科学技术进步奖一等奖 1 项等。曾荣获摩托罗拉"Innovation for SMIF Automation"奖、摩托罗拉半导体事业部"杰出贡献奖"、"2006 年度中国制造业杰出 CIO"奖和"科学中国人（2009）年度人物"奖。中央军委科技委专家组成员、国家科技重大计划评审专家、科学技术部国际科技合作项目评审专家、北京市信息化咨询专家、江苏省科技咨询专家、广东省创新创业团队评审专家，西北工业大学、北京航空航天大学、南澳大利亚大学及北京工业大学兼职教授，5 个国际学术期刊和学会的编委或论文审查专家。

一、人工神经网络概述

(一) 引言

人类为了生存,在探索改造自然的过程中,学会利用机械帮助人们完成大量的体力劳动。随着对自然认识的不断深入,人类创造了语言、符号、算盘、计算工具等来辅助自己完成一些脑力劳动。复杂的数字计算原本是靠人脑来完成的,为了摆脱在复杂计算方面上的脑力束缚与限制,人类发明了计算机,其数字计算能力比人脑更强、更快、更准。计算机的出现,标志着人类开始真正有了一个可以模拟人类思维的工具,通过计算机可以实现人工智能,用以构造具有类似人脑功能的机器或程序替代人类完成相应工作。

要模拟人脑的活动,就要研究人脑是如何工作的,不同的神经元之间应该如何协同工作,完成对人脑的模拟。人脑在处理信息的过程中具有大规模并行处理不同信息、强容错性和自适应能力,善于联想、概括、类比、推广和创造等特点。近年来,人们尝试从生物学、医学、生理学、哲学、信息学、计算机科学、认知学、组织协同学等各个角度获悉人脑的工作和思考的原理,寻求通过神经元来模拟人脑工作的方法。在寻找上述问题答案的研究过程中,从 20 世纪 40 年代开始逐渐形成了一个新兴的边缘性交叉学科,称之为“人工神经网络 (artificial neural network, ANN)”,是人工智能、认知科学、神经生理学、非线性动力学、信息科学和数理科学的研究热点。关于人工神经网络的研究包含众多学科领域,其中涉及数学、计算机、人工智能、微电子学、自动化、生物学、生理学、解剖学、认知科学等学科,这些领域彼此结合、渗透,相互推动人工神经网络研究和应用的发展。

(二) 人工神经网络的定义

在生物学中,科学家普遍认为人类大脑的思维有三种基本方式,分为抽象(逻辑)思维、形象(直观)思维和灵感(顿悟)思维。逻辑性的思维是根据逻辑规则进行推理的过程,这一过程可以写成指令,让计算机来执行,并获得结果。而直观性(形象)的思维是将分布式存储的信息综合起来,根据直观判断而忽然间产生的想法或解决问题的办法。这种思维方式有以下两个特点:一是信息通过神经元上的存储点分布存储在网络上;二是信息处理是通过神经元之间的同时相互作用的动态过程来完成的。

人工神经网络就是模拟第二种人类思维方式。人工神经网络是由大量具备简单功能的人工神经元相互联结而成的自适应非线性动态系统，虽然单个神经元的结构和功能比较简单，但大量神经元联结构成的网络系统行为却异常复杂。人工神经网络基本功能模仿了人脑行为的若干基本特征，反映了人脑的基本功能，但并非人脑的真实写照，只是在某种程度上对人脑的模仿、简化和抽象。人工神经网络具有并行信息处理的特征，依靠网络系统的复杂程度，通过调整内部大量节点之间相互联结的关系，适应环境、总结规则，完成某种运算、识别或过程控制，从而达到处理信息的目的。

人工神经网络是作为模拟人脑活动的理论化算法数学模型，Hecht-Nielsen 于 1988 年给人工神经网络下了如下定义：

人工神经网络是一个并行的、分布式的处理结构，它由处理单元及称为联结的无向信号通道互联而成，这些处理单元（processing element，PE）具有一定的存储功能，并可以完成一些操作，每个处理单元有一个单一的输出联结，这个输出可以根据需要被分支成希望个数的许多并行联结，且这些并行联结都输出相同的信号，即相应处理单元的信号，信号的大小不因分支的多少而变化。处理单元的输出信号可以是任何需要的数学模型，每个处理单元中进行的操作必须是完全局部的。也就是说，它必须仅仅依赖于经过输入联结到达处理单元的所有输入信号的当前值和存储在处理单元局部内存中的值。

按照 Rumellhart，McClelland，Hinton 的 PDP（parallel distributed processing）理论框架（简称 PDP 模型），对人工神经网络的描述包含八个要素：

1）一组处理单元（PE 或 AN）。

2）处理单元的激活状态（a_i）。

3）每个处理单元的输出函数（f_i）。

4）处理单元之间的联结模式。

5）传递规则（$\sum w_{ij}o_i$）。

6）把处理单元的输入及当前状态结合起来产生激活值的激活规则（F_i）。

7）通过经验修改联结强度的学习规则。

8）系统运行的环境（样本集合）。

以上定义详细且复杂，为了方便使用，Simpson 于 1987 年从神经网络的拓扑结构出发，下了一个不太严谨却简明扼要的定义：

人工神经网络是一个非线性的有向图，图中含有可以通过改变权值大小来存放模式的加权边，并且可以从不完整的或未知的输入找到模式。

关键点：

1）信息的分布表示。

2）运算的全局并行与局部操作。

3）处理的非线性特征。

对大脑基本特征的模拟：

1）形式上：神经元及其联结；BN 对 AN。

2）表现特征：信息的存储与处理。

人工神经网络最开始实际上是没有任何规则，根据学习规则把预先准备的输入与输出相互对应的数据进行分析，了解所给数据蕴含的基本规则，这个过程也就是所谓的"学习"和"适应"，经过训练（反复地学习）后掌握所给数据的规则，依据规则用新输入的数据快捷地推算出所需的结果。

（三）特征

人工神经网络是通过模仿人脑神经系统的组织结构和部分活动机理进行信息处理的新型网络系统。可见人工神经网络的性能是由本身的结构特征和人工神经元的特性所决定的，同时也与其学习算法相关。下面从网络结构、性能、能力和实现方式四个方面阐述神经网络的基本特征。

1. 网络结构特征

一个人工神经网络通常由多个人工神经元广泛联结而成，神经网络的拓扑结构是模拟生物神经细胞的互联方式。人工神经元是一个局部信息处理单元，接受来自其他人工神经元的信息，并根据自身当前"状态"以某种形式与方式输出结果给其他人工神经元，而且它对信息的处理是非线性的。把人工神经元抽象为一个简单的数学模型。虽然单个人工神经元的功能简单，但大量简单处理单元的并行活动令网络出现功能的多样化和高效的处理速度。为满足网络结构的并行性，神经网络采取分布式的信息存储，将信息分布在网络中的联结权。显然神经网络可存储大量信息，单个人工神经元的联结权存储的是整个神经网络信息的一部分，神经网络内在的并行性与分布性表现在其信息的存储与处理过程都是空间上分布、时间上并行的。

2. 性能特点

（1）非线性映射逼近能力

作为模拟人脑的人工神经网络，人工神经元的互联与并行处理使神经网络呈现明显的非线性特征。理论已证明，任意的连续非线性函数映射关系可由某一多层神经网络以任意精度加以逼近。单元简单、结构有序的人工神经网络模型显然是非线性系统建模的有效框架模型。

（2）强大的容错能力

存储的分布使人工神经网络具备了一种特殊的功能——容错能力。一是在少量人工神经元被破坏的情况下，仍可保证信息被存取，保证网络系统在一定程度损伤的情况下整体性能不受影响。二是输入信息出现模糊、残缺或变形时，人工神经网络仍然能够对不完整的信息输入进行正确识别。如果人工神经元具有阈值必然使神经网络具有更好的性能，可以提高容错性和存储容量。

（3）计算的模糊性

人工神经网络特有的信息处理方式，对连续模拟信号以及不精确的、不完整的模糊信息的运算处理是不精确的。人工神经网络在被训练后，对输入信息的微小变化是不反应的。凡事都有其两面性，在高精度计算的情况下，这种不精确性是一个缺陷，但某些场合却可以利用这所谓的缺陷获取良好的系统性能。例如模式识别时可将这不精确性表现成"去噪声、容残缺"的能力，对实现良好的识别效果至关重要。需要注意的是，人工神经网络的这种特性不是通过隐含在专门设计的计算机程序中的人类的智能语言实现的，而是其自身的结构所固有的特性所给定的。

3. 能力特征

（1）对信息的并行分布式综合优化处理能力

人工神经网络的大规模互联网络结构，使其能兼容定性和定量信息，高速地并行实现全局性的实时信息处理，并协调多种输入信息之间的关系，其速度远高于串行结构的冯·诺依曼计算机。人工神经网络的工作状态是以动态系统方程式描述的，将优化约束信息（与目标函数有关）存储于人工神经网络的联结权矩阵之中，设置一组随机数据作为起始条件，当系统状态趋于稳定时，人工神经网络方程的解作为优化结果输出。这种优化计算能力在自适应控制设计中是十分有用的。

（2）非常定性

人工神经网络具有自适应、自组织、自学习能力。人工神经网络不但在处理信息时可以有各种变化，而且非线性动力本身也在不断变化，经常采用迭代过程描写动力系统的演化过程。也就是说，人工神经网络可在学习和训练过程中改变联结权重值，根据所在的环境去改变它的行为。可见自适应性是人工神经网络的一个重要特征。经过充分训练的人工神经网络具有潜在的自适应模式匹配功能，能对所学信息加以分布式存储和泛化。人工神经网络的自学习是当外界环境发生变化时，经过一段时间的训练或感知，人工神经网络自动调整网络结构参数，使得输入产生期望的输出。人工神经元系统在外部刺激下按一定规则调整人工神经元之间的联结权值，逐渐构建起人工神经网络，整个构建过程就是神经网络的自组织。人工神经网络的自组织能力与自适应性相关，自适应性是通过自组织实现的。

（3）联想存储能力

人工神经元之间的大量联结模拟了人脑的非局限性。联想存储就像人脑具有联想能力，是非局限性的典型例子。存储分布和处理并行令人工神经网络具备对外界输入信息和模式联想存储的能力。人工神经元之间的协同结构与信息处理方式构成的整体行为是实现联想存储有效形式。人工神经网络是通过联结权值和联结结构来表达信息的记忆，这种存储的分布使神经网络能够存储大量的复杂模式和恢复存储的信息，用人工神经网络的反馈网络就可以实现类似的联想。

4. 实现方式

人工神经网络的活动规律能够用数理逻辑工具描述，并且人工神经网络的网络结构是人工神经元的大规模组合，特别适合用大规模集成电路实现，其途径有半导体电子器件、光学器件和分子器件。同时，人工神经网络也适合于用现有计算技术进行模拟实现。由于传统的计算机运算方式与人工神经网络所要求的并行运算和分布存储方式是完全不相同的，所以两者在运算时间上必然存在着显著差异。

（四）人工神经网络历史发展回顾

人工神经网络是人工智能的一个发展分支，从诞生以来经历了六个阶段。

1. 第一阶段——启蒙时期

20 世纪 40 年代初，McCulloch（神经生物学家、心理学家）与 Pitts（青年数理逻辑学家）合作，提出了第一个神经计算模型，即神经元的阈值元件模型，简称 M-P 模型，如图 1 所示。

1949 年，Hebb（神经生物学家、心理学家）对大脑神经细胞、学习与条件反射提出了大胆的假设（Hebb 规则）：神经元之间突触联系是可变的，成为人工神经网络学习训练算法的起点。

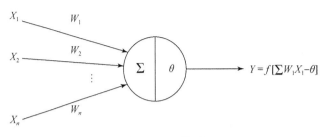

图 1　M–P 模型

2. 第二阶段——兴盛时期

1958 年，Rosenblatt（计算机科学家）在 M–P 模型上增加了学习机制，提出了第一个具有学习型神经网络特点的模式识别装置——代号为 MarkI 的感知器（perceptron），是神经网络理论首次付诸工程实践。感知器是一种具备学习能力和自组织的心理学模型，学习规则是突触强化律，其结构体现了神经生理学的知识，但只能进行线性分类，不能识别复杂字符与输入模式等。

1960 年，Widrow 和 Hoff 提出了自适应线性元件 ADALINE 网络模型，这是一种连续取值的线性网络，同时要求输入输出是线性关系。这是最早能解决实际问题的人工神经网络，该模型学习能力强，较早就实现了商用化。

3. 第三阶段——反思时期

1969 年 Minsky 和 Papert 对单级感知器进行了深入的研究，从理论上证明了当时的单级感知器无法解决许多简单的问题。在这些问题中，甚至包括最基本的"异或"问题。相关研究在美国麻省理工学院出版了论著 *Perceptrons*，对当时与感知器有关的研究及其发展产生了负面影响，却推动了人工智能的发展，使它占据主导地位。美国在此后 15 年里从未资助神经网络研究课题，苏联有关研究机构也受到影响，终止了已经资助的神经网络研究的课题。

在 20 世纪 70 年代和 80 年代早期，仍然有少数坚定的科学家在研究神经网络理论，他们的研究结果很难得到发表，而且是散布于各种杂志之中，使得不少有意义的成果即使在发表之后，也难以被同行看到，这导致了反思期的延长（如著名的 BP 算法）。

在这一段的反思中，人们发现，有一类问题是单级感知器无法解决的，这类问题是线性不可分的。要想突破线性不可分问题，必须采用功能更强的多级网络。

4. 第四阶段——复兴时期

Kohonen 提出了自组织映射网络模型，映射具有拓扑性质，对一维、二维是正确的，并在计算机上进行模拟，通过实例展示自适应学习效果显著。1982 年 Hopfield（生物物理学家）详细阐述了它的特性，他对网络存储器描述得更加精细，他认识到这种算法是将联想存储器问题归结为求某个评价函数极小值的问题，适合于递归过程求解，并引入 Lyapunov 函数进行分析，给出网络稳定判据。在网络中，节点间以一种随机异步处理方式相互访问，并修正自身输出值，可用神经网络来实现，从而这类网络的稳定性有了判据，其模式具有联想记忆和优化计算的功能，并给出系统运动方程，即 Hopfield 神经网络的神经元模型是一组非线性微分方程。他构造出 Lyapunov 函数，并证明了在 $T_{ij} = T_{ji}$ 情况下，网络在平衡点附近的稳定性，并以电子线路来实现这种模型。1982 年 Hopfield 向美国科学院提交了关于神经网络的报告，其主要内容是，建议收集和重视以前对神经网络所做的许多研究工作，他指出了各种模型的实用性。从此，复兴高潮的序幕拉开了。

1984 年 Hinton 等提出了 Boltzmann 机模型，借用统计物理学中的概念和方法，引入了模拟退火方法，可用于设计分类和学习算法，并首次表明多层网络是可训练的。

1986 年 Rumelhart 提出了多层网络 back-propagation 法或称 error propagation 法，这就是后来著名的 BP 算法。

我国学术界大约在 20 世纪 80 年代中期开始关注神经网络领域，中国科学院生物物理所、北京大学非线性研究中心等相继开展了相关研究工作。

人工神经网络的复兴从此拉开序幕，这次研究热潮吸引了许多科学家来研究神经网络理论，论著优秀，成果丰硕，新的应用领域受到工程技术人员的欢迎。

5. 第五阶段——积累时期

20 世纪 90 年代后，人工神经网络进入到了研究积累阶段，需要不断改进和突破，使其技术和应用得到不断深化。

1990 年，Wunsch 在 OSA 年会上提出一种神经网络的光学方法，使用光电执行 ART，它的主要计算强度由光学硬件完成；1993 年，刘海滨提出了带有电磁场信息的混合动力框架——人工神经场模型，将带有磁场信息的神经元加入至神经网络模型中，提出了一种新的信息处理方法；诺贝尔奖获得者 Edelman 提出的 Darwinism 模型，对人工神经网络产生了很大影响。

20 世纪 90 年代以来，人们较多地关注非线性系统的控制问题，通过神经网络方法来解决这类问题，包括：在应用中根据实际运行情况对模型、算法加以改造，以提高网络的训练速度和运行的准确度；在理论上寻找新的突破，建立新的专用/通用模型和算法；进一步对生物神经系统进行研究，不断丰富对人脑的认识。

6. 第六阶段——勃兴时期

进入 21 世纪，随着深度学习理论的提出和 AlphaGo 战胜人类围棋世界冠军职业九段选手李世石，人工神经网络进入了一个新的飞速发展时期。

2006 年，加拿大多伦多大学教授，人工智能领域的泰斗 Hinton 和他的学生 Salakhutdinov 在著名学术刊物 *Science* 上发表了一篇文章，开启了深度学习在学术界和工业界的浪潮。这篇文章有两个主要的观点：

1）很多隐藏层的人工神经网络具有优异的特征学习能力，学习得到的特征对数据有更本质的刻画，从而有利于可视化或分类。

2）深度神经网络在训练上的难度，可以通过"逐层初始化"（layer-wise pre-learning）来有效克服。在这篇文章中，逐层初始化是通过无监督学习实现的。

自 Hinton 文章发表之后，深度学习在学术界持续升温。美国斯坦福大学和纽约大学以及加拿大蒙特利尔大学等成为研究深度学习的重镇。2010 年，美国国防部 DARPA 计划首次资助深度学习项目，参与方有斯坦福大学、纽约大学和 NEC 美国研究院。支持深度学习的一个重要依据，就是脑神经系统的确具有丰富的层次结构。一个最著名的例子就是 Hubel-Wiesel 模型，由于揭示了视觉神经的机理而曾获得诺贝尔医学或生理学奖。除了仿生学的角度，目前深度学习的理论研究还基本处于起步阶段，但在应用领域已经显现巨大能量。2011 年以来，微软研究院和谷歌的语音识别研究人员先后采用 DNN 技术降低了 20%–30% 的语音识别错误率，是语音识别领域十多年来最大的突破性进展。2012 年 DNN 技术在图像识别领域取得惊人的效果，在 ImageNet 评测上将错误率从 26% 降低到 15%。在这一年，DNN 还被应用于制药公司的 Druge Activity 预测问题，并获得世界最好成绩。

2016 年 3 月，AlphaGo 与围棋选手李世石进行围棋人机大战，以 4:1 的总比分获胜。从整体架构来看，AlphaGo 拥有两个大脑，即两个神经网络结构儿乎相同的两个独立网络：策略网络与评价网络，这两个网络基本上是个 13 层的卷积神经网络所构成，卷积核大小为 5*5，所以基本上与存取固定长宽像素的图像识别神经网络一样，只不过将矩阵的输入值换成了棋盘上各个坐标点的落子状况。第一个大脑（策略网络），用来判断对手最可能的落子位置，第二个大脑（评价网络）则是关注在目前局势的状况下，每个落子位置对于整体棋局的胜率。综合来说，面对对手的一步棋，AlphaGo 会先用策略网络从所有可能性中，依照之前学习的经验挑选几步最可行的方案。针对这些可行的方案，估值网络算出它们的胜率，AlphaGo 从中挑选最佳的制胜方案。总的来说，AlphaGo 的胜利是基于深度学习的人工神经网络应用的成功案例，该事件的重大影响，也进一步推动了人工神经网络在其他领域的发展与应用。

（五）人工神经网络信息处理的机理与结构

1. 人工神经网络信息处理的机理

人工神经网络（artificial neural network，ANN）结构和工作机理基本上以人脑的组织结构（大脑神经元网络）和活动规律为模仿对象，仅反映了人脑的某些基本特征，是一定程度的抽象、简化或模仿。人工神经网络是并行分布式系统，采用了与传统人工智能和信息处理技术不同的机理，克服了传统的基于逻辑符号的人工智能在处理直觉、非结构化信息方面的缺陷，具有自适应、自组织和实时学习的特点。

人工神经网络中处理单元的类型分为三类：输入层、输出层和隐藏层，如图2所示。

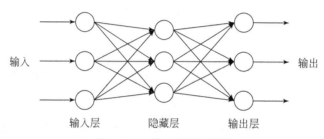

图2　人工神经网络示例图

输入单元接受外部世界的信号与数据，输出单元实现系统处理结果的输出；隐藏单元是处在输入和输出单元之间，不能由系统外部观察的单元。神经元间的联结权值反映了单元间的联结强度，信息的表示和处理体现在网络处理单元的联结关系中。信息处理是由一组功能简单的单元通过相互作用完成，每个单元向其他单元发送刺激信号或是抑制信号，人工神经网络通过网络的变换和动力学行为得到一种并行分布式的信息处理功能，并在不同程度和层次上模仿人脑神经系统的信息处理功能。

2. 人工神经网络结构

人工神经网络作为智能信息处理的工具之一，有着很强的适应性、高度的容错性及强大的功能等优点，在各类行业中有着广阔的应用前景。它是模仿人的大脑神经系统信息处理功能的智能化系统，由简单处理单元（神经元）联结构成的规模庞大的并行分布式处理器，根据其网络拓扑结构，可分为四种类型：前向网络、有反馈的前向网络、相互结合型网络和混合型网络。

（1）前向网络

网络中各个神经元接受前一级的输入，并输出到下一级，网络中没有反馈，可以用一个有向无环路图表示。这种网络实现信号从输入空间到输出空间的变换，它的信息处理能力来自于简单非线性函数的多次复合。网络结构简单，易于实现。图3给出了前向神经网络示例图。

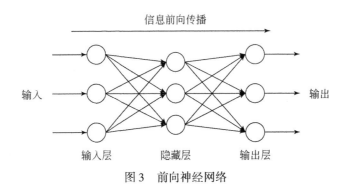

图 3　前向神经网络

（2）有反馈的向前网络

网络内神经元间有反馈，可以用一个无向的完备图表示。这种神经网络的信息处理是状态的变换，可以用动力学系统理论处理，系统的稳定性与联想记忆功能有密切关系。Hopfield 网络、波耳兹曼机均属于这种类型。图 4 给出了反馈型神经网络示例图。

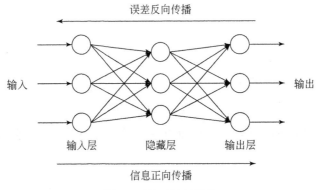

图 4　反馈型神经网络

（3）相互结合型网络

相互结合型网络属于网状结构。构成网络中各个神经元都可能相互双向联结，所有的神经元既作输入，同时也用于输出。这种网络对信息处理与前向网络不一样。在前向网络中，信息处理是从输入层依次通过中间层（隐藏层）到输出层，处理结束。而在这种网络中，如果在某一时刻从神经网络外部施加一个输入，各个神经元相互作用，直到使网络所有神经元的活性度或输出值收敛于某个平均值为止作为信息处理的结束。图 5 给出了相互结合型网络示例图。

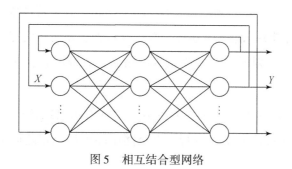

图 5 相互结合型网络

（4）混合型网络

上述的前向网络和相互结合型网络分别是典型的层状结构网络和网络结构网络。介于这两种网络中间的一种联结方式，在前向网络的同一层间神经元有互联的结构，称为混合型网络。这种在同一层内的互联，目的是为了限制同层内神经元同时兴奋或抑制的神经元数目，以完成特定的功能。图 6 给出了混合型神经网络示例图。

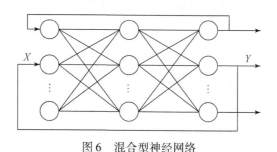

图 6 混合型神经网络

二、人工神经网络类型

实践中常用的基本神经网络模型有：BP 神经网络、自组织神经网络、反馈网络、基于深度学习的神经网络等。

（一）BP 神经网络

BP（back propagation）网络是 1986 年由 Rumelhart 和 McCelland 为首的科学家小组提出，是一种按误差逆传播算法训练的多层前馈网络，是目前应用最广泛的神经网络模型之一。BP 网络能学习和存储大量的输入-输出模式映射关系，而无须事前揭示描述这种映射关系的数学方程。它的学习规则是使用最速下降法，通过反向传播来不断调整网络的权值和阈值，使网络的误差平方和最小。BP 神经网络模型拓扑结构包括输入层（input）、隐藏层（hide layer）和输出层（output layer）。其显著性特点如下：

1）相邻层之间各神经元进行全连接，而每层各神经元之间无连接，网络按有教师示教的方式进行学习，当一对学习模式提供给网络后，各神经元获得网络的输入响应产生连接权值。

2）按减小希望输出与实际输出误差的方向，从输出层经各中间层逐层修正各连接权，回到输入层。此过程反复交替进行，直至网络的全局误差趋向给定的极小值，即完成学习的过程。

1. BP 神经网络主要功能

1）函数逼近：用输入向量和相应的输出向量训练一个网络以逼近一个函数。

2）模式识别：用一个待定的输出向量将它与输入向量联系起来。

3）分类：把输入向量所定义的合适方式进行分类。

4）数据压缩：减少输出向量维数以便传输或存储。

2. BP 神经网络主要优点

1）具有极强的非线性映射能力（理论上只要隐藏层神经元数目足够多，该网络就能以任意精度逼近一个非线性函数）。

2）可对外界刺激和输入信息进行联想记忆（分布并行的信息处理方式）。

3）对外界输入样本有很强的识别与分类能力（强大的非线性处理能力）。

4）具有优化计算能力（目标函数达到最小）。

3. BP 神经网络主要局限

1）局部极小化问题（权值沿局部改善方向逐渐调整）。

2）收敛速度慢、易出现"过拟合"现象（预测能力和训练能力的矛盾）。

3）网络结构选择不一、样本依赖性强。

（二）自组织网络（Kohonen 神经网络）

在生物神经细胞中存在一种特征敏感细胞，这种细胞只对外界信号刺激的某一特征敏感，并且这种特征是通过自学习形成的。在人脑的脑皮层中，对于外界信号刺激的感知和处理是分区进行的，有学者认为，脑皮层通过邻近神经细胞的相互竞争学习，自适应的发展称为对不同性质的信号敏感的区域。根据这一特征现象，芬兰学者 Kohonen 提出了自组织特征映射神经网络模型。他认为一个神经网络在接受外界输入模式时，会自适应的对输入信号的特征进行学习，进而自组织成不同的区域，并且在各个区域对输入模式具有不同的响应特征。在输出空间中，这些神经元将形成一张映射图，映射图中功能相同的神经元靠的比较近，功能不同的神经元分得比较开，自组织特征映射网络也是因此得名，自组织神经网络根据学习算法不同有以下三种网络模型。

1）竞争学习网络：是通过竞争学习完成的。所谓竞争学习是指同一层神经元之间相互竞争，竞争胜利的神经元修改与其联结的联结权值的过程。竞争学习是一种无监督学习方法，在学习过程中，只需要向网络提供一些学习样本，而无须提供理想的目标输出，网络根据输入样本的特性进行自组织映射，从而对样本进行自动排序和分类。

竞争学习网络的结构：假设网络输入为 R 维，输出为 S 个，典型的竞争学习网络由隐藏层和竞争层组成，与径向基函数网络的神经网络模型相比，不同的就是竞争传递函数的输入是输入向量 p 与神经元权值向量 w 之间的距离取负以后和阈值向量 b 的和，即 $n_i = -\|w_i - p\| + b_i$。网络的输出由竞争层各神经元的输出组成，除了在竞争中获胜的神经元以外，其余的神经元的输出都是 0，竞争传递函数输入向量中最大元素对应的神经元是竞争的获胜者，其输出固定是 1。

竞争学习网络的训练：竞争学习网络依据 Kohonen 学习规则和阈值学习规则进行训练，竞争网络每进行一步学习，权值向量与当前输入向量最为接近的神经元将在竞争中获胜，网络依据 Kohonen 准则对这个神经元的权值进行调整。假设竞争层中第 i 个神经元获胜，其权值向量 W_i 将修改为：$W_i(k) = W_i(k-1) - alpha * (p(k) - W_i(k-1))$。按照这一规则，修改后的神经元权值向量将更加接近当前的输入。经过这样调整以后，当下一个网络输入类似的向量时，这一神经元就很有可能在竞争中获胜，如果输入向量与该神经元的权值向量相差很大，则该神经元极有可能落败。随着训练的进行，网络中的每一个节点将代表一类近似的向量，当接受某一类向量的输入时，对应类别的神经元将在竞争中获胜，从而网络就具备了分类功能。

2）自组织特征映射网络（SOFM）：其构造是基于人类大脑皮质层的模仿。在人脑的脑皮层中，对外界信号刺激的感知和处理是分区进行的，因此自组织特征映射网络不仅仅要对不同的信号产生不同的响应，即与竞争学习网络一样具有分类功能，而且还要实现功能相同的神经元在空间分布上的聚集。所以自组织特征映射网络在训练时除了要对获胜的神经元的权值进行调整之外，还要对获胜神经元邻域内所有的神经元进行权值修正，从而使得相近的神经元具有相同的功能。自组织特征映射网络的结构与竞争学习网络的结构完全相同，只是学习算法有所区别而已。稳定时，每一邻域的所有节点对某种输入具有类似的输出，并且这聚类的概率分布与输入模式的概率分布相接近。

3）学习向量量化网络：是由一个竞争层和一个线性层组成，竞争层的作用仍然是分类，但是竞争层首先将输入向量划分为比较精细的子类别，然后在线性层将竞争层的分类结果进行合并，从而形成符合用户定义的目标分类模式，因此线性层的神经元个数肯定比竞争层的神经元的个数要少。

学习向量量化网络的训练：学习向量量化网络在建立的时候，竞争层和线性层之间的联结权重矩阵就已经确定了。如果竞争层的某一神经元对应的向量子类别属于线性层的某个神经元所对应的类别，则这两个神经元之间的联结权值为 1，否则两者之间的联结权值为 0，这样的权值矩阵就实现了子类别到目标类别的合并。根据这一原则，竞争层和线性层之间的联结权重矩阵的每一列除了一个元素为 1 之外，其余元素都是 0。1 在该列中的位置表示了竞争层所确定的子类别属于哪一种目标类别（列中的每一个位置分别表示一种目标类别）。在建立网络时，每一类数据占数据总数的百分比是已知的，这个比例恰恰就是竞争层神经元归并到线性层各个输出时所依据的比例。由于竞争层和线性层之间的联结权重矩阵是事先确定的，所以在网络训练的时候只需要调整竞争层的权值矩阵。

（三）Hopfield 网络

Hopfield 网络是神经网络发展历史上的一个重要的里程碑。Hopfield 网络是采用由教师学习方法和 Hebb 学习规则、互联型结构、由线性阈值型或者是 Sigmoid 函数的动态型神经元构成的人工神经网络。Hopfield 神经网络是 1982 年美国物理学家 J. Hopfield 首先提出来的，属于反馈神经网络类型，并在随后的几年中构建了较完整地基础理论框架，特别是解决了互联全反馈人工神经网络作为非线性动力系统稳定性的理论问题，为网络更深入地理论研究和应用研究奠定了坚实的基础。与前向型神经网络不同，前向神经网络不考虑输出与输入之间在时间上的滞后影响，其输出与输入之间仅仅是一种映射关系。而 Hopfield 网络则是采用反馈联结，考虑输出与输入在时间上的传输延迟，所表示的是一个动态过程，需要用差分或微分方程来描述，因而 Hopfield 网络是一种由非线性元件构成的反馈系统，其稳定状态的分析比前向神经网络要复杂得多。Hopfield 神经网络形式如图 7 所示。

Hopfield 用能量函数的思想形成了一种新的计算方法，阐明了神经网络与动力学的关系，并用非线性动力学的方法来研究这种神经网络的特性，建立了神经网络稳定性判据，并指出信息存储在网络各个神经元之间的联结上，形成了所谓的 Hopfield 网络。Hopfield 还将该反馈网络同统计物理中的 lsing 模型相类比，把磁旋的向上和向下方向看成神经元的激活和抑制两种状态，把磁旋的相互作用看成神经元的突触权值。这种类推为大量的

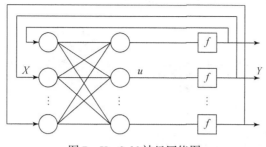

图 7 Hopfield 神经网络图

物理学理论和许多的物理学家进入神经网络领域铺平了道路。1984 年，Hopfield 和 D. W. Tank 设计并研制了 Hopfield 网络模型的电路，指出神经元可以用运算放大器来实现，所有神经元的联结可用电子线路来模拟，称之为连续 Hopfield 网络。使用该电路，Hopfield 成功地解决了旅行商（TSP）计算难题（优化问题）。

（四） 基于深度学习的人工神经网络

深度学习的概念源于人工神经网络的研究，含多隐藏层的多层感知器（MLP）就是一种深度学习结构。深度学习通过组合低层特征形成更加抽象的高层表示（属性类别或特征），以发现数据的分布式特征表示。

深度学习的优势：

1）较好地表征复杂目标函数。

2）大大降低计算的复杂度。

3）对人类大脑皮层更好的仿生模拟。

4）获得的多重水平的提取特征可以在类似的不同任务中重复使用。

深度学习比浅学习具有更强的表示能力，2006 年，Hinton 等提出的用于深度置信网络（deep belief network）的无监督学习算法，解决了深度学习模型优化困难的问题。典型的深度学习模型有下列几种，如图 8、图 9、图 10 和图 11 所示。

1. 卷积神经网络模型 （CNN）

卷积神经网络受视觉系统的结构启发而产生。第一个 CNN 是在 Fukushima 的神经认知机中提出的，基于神经元之间的局部联结和分层组织图像转换，将有相同参数的神经元应用于前一层神经网络的不同位置，得到一种平移不变神经网络结构形式。后来，LeCun 等在该思想的基础上，用误差梯度设计并训练卷积神经网络，在一些模式识别任务上得到优越的性能。至今，基于卷积神经网络的模式识别系统是最好的实现系统之一，尤其在手写体字符识别任务上表现出非凡的性能。

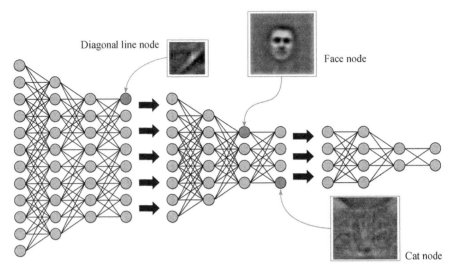

图 8　含多隐藏层的多层感知器（MLP）

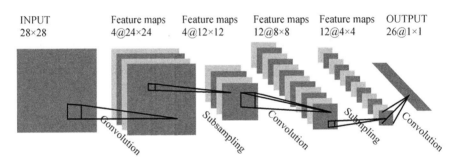

图 9　卷积神经网络模型（CNN）

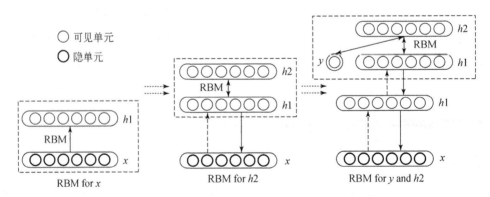

图 10　深度置信型网络模型（DBN）

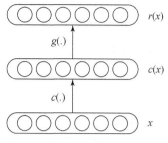

图 11　堆栈自编码网络模型

LeCun 的卷积神经网络由卷积层和子抽样层两种类型的神经网络层组成，是一种区分性的深度结构。

每一层有一个拓扑图结构，即在接收域内，每个神经元与输入图像中某个位置对应的固定二维位置编码信息关联。在每层的各个位置分布着许多不同的神经元，每个神经元有一组输入权值，这些权值与前一层神经网络矩形块中的神经元关联；同一组权值和不同输入矩形块与不同位置的神经元关联。卷积神经网络是多层的感知器神经网络，每层由多个二维平面块组成，每个平面块由多个独立神经元组成。

卷积神经网络本质上实现一种输入到输出的映射关系，能够学习大量映射关系，不需要任何精确的数学表达式，只要用已知的模式对卷积神经网络加以训练，就可以使网络具有输入输出之间的映射能力。

每一个神经元从上一层的局部接收域得到输入，迫使其提取局部特征。

一个用于手写体字符识别的卷积神经网络，如图 12 所示。由一个输入层、四个隐藏层和一个输出层组成。由图看出，与完全联结的多层前馈感知器网络相比，卷积神经网络通过使用接收域的局部联结，限制了网络结构。网络的每一个计算层由多个特征映射组成，每个特征映射都以二维平面的形式存在，平面中的神经元在约束下共享相同的权值集。如图 12，图中包含大量联结权值，但是由于同一隐藏层的神经元共享同一权值集，大大减少了自由参数的数量。抽样层跟随在卷积层后，实现局部平均和子抽样，使特征映射的输出对平移等变换的敏感度下降。

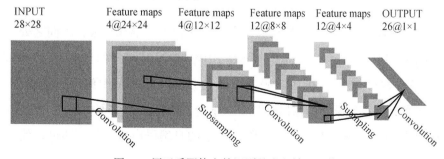

图 12　用于手写体字符识别的卷积神经网络

卷积层的每一个平面都抽取了前一层某一个方面的特征。每个卷积层上的每个节点，作为特征探测器，共同抽取输入图像的某个特征。图像经过一层卷积，就由原始空间被影射到特征空间，在特征空间中进行图像的重构。卷积层的输出，为图像在特征空间中重构的坐标，作为下一层也就是次抽样层的输入。

2. 深度置信型网络模型（DBN）

DBN 是目前研究和应用都比较广泛的深度学习结构，同时也是生成型深度结构。与传统区分型神经网络不同，可获取观测数据和标签的联合概率分布，这方便了先验概率和后验概率的估计，而区分型模型仅能对后验概率进行估计。

DBN 解决了传统 BP 算法训练多层神经网络的难题：

1）需要大量含标签训练样本集。

2）较慢的收敛速度。

3）因不合适的参数选择陷入局部最优。

DBN 由一系列受限波尔兹曼机（RBM）单元堆栈组成。RBM 是一种典型神经网络。该网络可视层和隐层单元彼此互联（层内无联结），隐单元可获取输入可视单元的高阶相关性。相比传统 Sigmoid 信度网络，RBM 权值的学习相对容易。为了获取生成性权值，预训练采用无监督贪心逐层方式来实现。在训练过程中，首先将可视向量值映射给隐单元；然后可视单元由隐层单元重建；这些新可视单元再次映射给隐单元，这样就获取了新的隐单元。

DBN 由若干结构单元堆栈组成。堆栈中每个 RBM 单元的可视层神经元数量等于前一 RBM 单元的隐藏层神经元数量。根据深度学习机制，采用输入样例训练第一层 RBM 单元，并利用其输出训练第二层 RBM 模型，将 RBM 模型进行堆栈，通过增加层来改善模型性能。在无监督预训练过程中，DBN 编码输入到顶层 RBM 后解码顶层的状态到最底层的单元实现输入的重构。

3. 堆栈自编码网络模型

堆栈自编码网络的结构与 DBN 类似，由若干结构单元堆栈组成，不同之处在于其结构单元为自编码模型（auto-en-coder）而不是 RBM。训练该模型的目的是用编码器 $c(\cdot)$ 将输入 x 编码成表示 $c(x)$，再用解码器 $g(\cdot)$ 从 $c(x)$ 表示中解码重构输入 $r(x) = g(c(x))$。因此，自编码模型的输出是其输入本身，通过最小化重构误差 $L(r(x), x)$ 来执行训练。堆栈自编码网络的结构单元除了上述的自编码模型之外，还可以使用自编码模型的一些变形，如降噪自编码模型和收缩自编码模型等。

降噪自编码模型避免了一般的自编码模型可能会学习得到无编码功能的恒等函数和需要样本的个数大于样本的维数的限制，尝试通过最小化降噪重构误差，从含随机噪声的数据中重构真实的原始输入。

收缩自编码模型的训练目标函数是重构误差和收缩罚项的总和，通过最小化该目标函数使已学习到的表示 $c(x)$ 尽量对输入 x 保持不变。与其他自编码模型相比，收缩自编码模型趋于找到尽量少的几个特征值，特征值的数量对应局部秩和局部维数。收缩自编码模型可以利用隐单元建立复杂非线性流形模型。

三、人工神经场模型

自 1943 年 McCulloch 和 Pitts 提出第一个神经元后，M-P 模型就被描述为以下形式：由有限个数量的激发权重（$W_i = +1$）和抑制权重（$W_i = -1$）、输入（$P = p_1, p_2, \cdots, p_n$）、阀值 h 和输出 y 组成。这些输入和输出可以用二进制值来表示，阀值可以是任意的正整数。M-P 神经元的输出表达式可以表示为

$$y = f(\sum_{i=1}^{n} W_i X_i - h)。 \tag{1}$$

其中，当 $u < 0$ 时，$f(u) = 0$；当 $u \geqslant 0$ 时，$f(u) = 1$。

它的结构如图 13 所示。

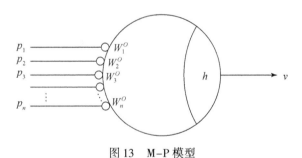

图 13　M-P 模型

1952 年，生理学家 Hodgkin 和 Huxley 对神经细胞（或神经元）进行生理学分析时揭示了这样一个"膜-电"现象：一个神经膜的电学行为可以通过一个如图 14 所示的电路表示。

电流在膜中通过膜电容放电或离子在与电容平行的电阻中的运动进行流动。从电磁学的角度出发，我们可以得到这样的启示：当神经元被激活之后，在膜中产生电流，电流的流动会激发磁场的产生。换言之，一个被激活的神经元会产生两种类型的输出——电信号和磁信号。作为两种类型的信息，我们可以做进一步假设，在信息处理的过程中，磁场信号同样是一种重要的信息类型，而该信息类型是明显有别于电信号的。

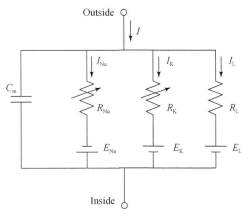

图 14　神经膜电学模型

（一）U–Hynuron 模型

一般来讲，传统的、带有物理联结的人工神经网络具有三个特点：

1）网络结构具有可塑性，通过物理联结（突触）的权重调节产生记忆能力。

2）当信息通过网络传播时，信息的纯洁度可以保证。

3）当信息从一个单元转移到另一个单元时，信息的纯洁度与传播距离无关。

1993 年，根据 Hodgkin 和 Huxley 的研究成果，刘海滨提出了带有磁场信息的人工神经网络模型，亦即人工神经场（artificial neural electromagnetic field，ANEF）模型，作为人工神经场模型的基本信息处理单元，在 M–P 模型的基础上构建了 U–Hynuron 模型。

传统的神经网络模型只有电信号的输入与输出，而 U–Hynuron 模型在 M–P 模型基础上引入了磁场信息，该模型的结构如图 15 所示。

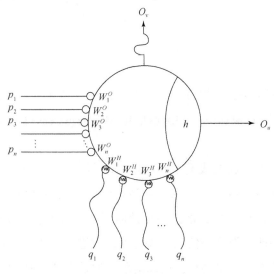

图 15　U–Hynuron 模型

输入信号可以分为电输入信号 P 和磁场信息输入信号 Q。电输入信号 P 是从其他 U-Hynuron 模型的突触输出的脉冲电信号，用 P_1，P_2，$\cdots$，P_n 表示；磁场输入信号 Q 是从其他 U-Hynuron 模型发出的以波的形式传播的磁场脉冲信号，用 q_1，q_2，$\cdots$，q_n 表示。O_u 是电信号输出，O_v 是磁场信息输出。

根据麦克斯韦电磁场理论和法拉第规则，将 U-Hynuron 模型以数学的形式表达出来。U-Hynuron 模型的数学表达形式为

$$\tau_u \frac{\mathrm{d}u(t)}{\mathrm{d}t} = -u(t) + PW^D - \mu \frac{\mathrm{d}(QW^H)}{\mathrm{d}t} - \mu \frac{\mathrm{d}v(t)}{\mathrm{d}t} - h; \tag{2}$$

$$\tau_u \frac{\mathrm{d}v(t)}{\mathrm{d}t} = -v(t) + \varepsilon PW^D + QW^H + \varepsilon u(t); \tag{3}$$

$$O_u = f_u(t); \tag{4}$$

$$O_u = f_v(t)。 \tag{5}$$

式（4），式（5）是方程（2），方程（3）的解。这里有

$$P = [p_1, \ p_2, \ \cdots, \ p_n];$$
$$Q = [q_1, \ q_2, \ \cdots, \ q_n];$$
$$W^D = [w_1^D, \ w_2^D, \ \cdots, \ w_n^D]^T;$$
$$W^H = [w_1^H, \ w_2^H, \ \cdots, \ w_m^H]^T。$$

其中，p_1，p_2，$\cdots$，p_n 是通过突触传输的输入电信号；q_1，q_2，$\cdots$，q_n 是以波的形式传输的输入磁场信号；$u(t)$ 是随时间变化的电信号；$v(t)$ 是随时间变化的磁场信号。O_u 是 U-Hynuron 模型的电输出信号；O_v 是 U-Hynuron 模型以波形式的磁场输出信号；w_i^D 代表第 i 个 U-Hynuron 元的联结突触或是联结权重；n 是输入电信号个数（$n>0$）；w_j^H 是关于第 j 个 U-Hynuron 元的磁场导磁能力或者 Hebb 常数；m 是输入磁场信号个数（$m \geqslant 0$）；h 代表阀值；μ 是磁电场系数；ε 是电磁场系数；τ_u 和 τ_v 是关于时间的常量；t 被定义为 U-Hynuron 模型的激活时间。

对方程（2），方程（3）的解释，如果不考虑 $\mu \dfrac{\mathrm{d}(QW^H)}{\mathrm{d}t}$，$\mu \dfrac{\mathrm{d}v(t)}{\mathrm{d}t}$，即与磁场有关的信息，方程（2）就变为

$$\tau_u \frac{\mathrm{d}u(t)}{\mathrm{d}t} = -u(t) + PW^D - h。 \tag{6}$$

那么这个模型就变为传统的神经网络模型。基于麦克斯韦电磁场方程和法拉第规则，将磁场信息引入至 M-P 模型中，那么电和磁的交互信息就可以通过方程（2）和（3）表现出来。具体来说，当磁场信号 v 和 q 会随着时间而变化时，就会有感应电流产生，方程（2）的表达形式得到解释。此外，通过在 U-Hynuron 中的 u 和 p 电信号的流动，就能产生出磁场信号，这就对方程（3）的形式也进行了解释。

U-Hynuron 模型是非线性信息处理模型，该模型暗含了记忆与学习的关系。电输入信号 P 被设定为感知信息，电输出信号 O_u 是行为信息，磁输入信息 Q 被设定为外部控制信息，磁输出信号 O_v 是自控制信息。行为信息与学习目标有直接关系，但控制信息与学习目标有间接关系。

（二） 场形式的 U-Hynuron 模型

当考虑电磁场中时间因素对人工神经场的影响时，U-Hynuron 可以被视为一个四维模型。在这种情况下，q_j 和 $v(t)$ 作为磁场信号和势函数与空间位置及时间 (x, y, z, t) 有关，应该在这个四维空间里表示，而 p_i 和 $u(t)$ 作为电信号和变化电流与空间位置无关，保持不变。那么，U-Hynuron 可以通过以下方程表示：

$$\tau_u \frac{\mathrm{d}u(t)}{\mathrm{d}t} = -u(t) + \sum_{i=1}^{n} w_i^D p_i - \mu \sum_{j=1}^{m} \frac{\partial\left[w_j^H q_j(x, y, z, t)\right]}{\partial t} - \mu \frac{\partial v(x, y, z, t)}{\partial t} - h;$$

$$(7)$$

$$\tau_v \frac{\partial v(x, y, z, t)}{\partial t} = -v(x, y, z, t) + \varepsilon \sum_{i=1}^{n} w_i^D p_i + \sum_{i=1}^{m} w_i^H q_i(x, y, z, t) + \varepsilon u(t)。$$

$$(8)$$

其中，x，y，z 是空间坐标。

（三） U-Hynuron 学习机制和学习规则

在前面理论的基础上，学习规则是从 U-Hynuron 模型出发，推导出下述方程。假定 u 不随时间变化、是一个固定值，那么，

$$0 = -u + PW^D - \mu \frac{\mathrm{d}(QW^H)}{\mathrm{d}t} - \mu \frac{\mathrm{d}v}{\mathrm{d}t} - h。$$

$$(9)$$

根据方程组 （6） 和 （9），可以得到方程 （10）：

$$(\tau_v - \varepsilon\mu)PW^D = (\tau_v + \varepsilon\mu)u - \mu v + \tau_v\mu \frac{\mathrm{d}(QW^H)}{\mathrm{d}t} + \mu QW^H + \tau_v h,$$

$$(10)$$

令 $\tau_v - \varepsilon\mu = \alpha$，$\tau_v + \varepsilon\mu = \beta$，方程 （10） 可表示为

$$\alpha PW^D = \beta u - \mu v + \tau_v\mu \frac{\mathrm{d}(QW^H)}{\mathrm{d}t} + \mu QW^H + \frac{1}{2}(\alpha + \beta)h,$$

$$(11)$$

对方程 （11） 进行微分，可以获得学习规则为

$$\alpha P \frac{\mathrm{d}W^D}{\mathrm{d}t} = -\mu \frac{\mathrm{d}v}{\mathrm{d}t} + \mu \frac{\mathrm{d}(QW^H)}{\mathrm{d}t} + \tau_v\mu \frac{\mathrm{d}^2(QW^H)}{\mathrm{d}t^2}。$$

$$(12)$$

方程（12）被定义为学习-记忆关系式。此学习规则以数学的方法解释学习和记忆的机理，U-Hynuron 的学习是通过磁场信息对联结权重 W 进行改变的。同时，可以得出：学习和记忆的关系是通过 U-Hynuron 的磁场信息表示的，而且 U-Hynuron 自身具有学习能力。从方程式（12）可以看出，磁场信息作为控制信息可以分成内部磁场信息 $\mu \dfrac{\mathrm{d}\nu}{\mathrm{d}t}$（1 个关系式：自控制信息）和外部磁场信息 $\mu \dfrac{\mathrm{d}(QW^H)}{\mathrm{d}t}$，$\tau_\mu \mu \dfrac{\mathrm{d}^2(QW^H)}{\mathrm{d}t^2}$（2 个关系式：外部控制信息）。

需注意的是 u 不随时间变化，是一个固定值的假设，这意味着一旦学习目标确定，与学习目标有直接关系的变量 u 可以被看作是固定函数与时间无关。

定义 1 反射学习

反射学习是只由感知信息（电输入信息）引起并且会对 U-Hynuron 的联结权重进行改变的过程。

根据定义 1，带有反射学习的 U-Hynuron 方程可以表示为

$$\tau_u \frac{\mathrm{d}u}{\mathrm{d}t} = -u + PW^D - \mu \frac{\mathrm{d}\nu}{\mathrm{d}t} - h; \tag{13}$$

$$\tau_\nu \frac{\mathrm{d}\nu}{\mathrm{d}t} = -\nu + \varepsilon PW^D + \varepsilon \mu。 \tag{14}$$

学习规则可以表示为

$$\alpha P \frac{\mathrm{d}W^D}{\mathrm{d}t} = -\mu \frac{\mathrm{d}\nu}{\mathrm{d}t}。 \tag{15}$$

上面的学习规则即为反射学习规则。在反射学习规则中，磁场信息作为控制信息仅包含了内部磁场信息。

给定 U-Hynuron 的学习目标 A，根据反射学习规则，为了使学习过程达到学习目标 A，需满足以下表达式：

$$PW^D(t) = (h+A)(1 - \mathrm{e}^{-\frac{t}{\alpha}}) + M_e \mathrm{e}^{-\frac{t}{\alpha}}, \ (PW^D(t)\big|_{t=0} = M_e)。 \tag{16}$$

其中，A 为学习目标；M_e 为记忆函数；α 为记忆因子（$\alpha>0$）；μ 为学习因子（$\mu>0$）。以上为反射学习。

一般来说，经过学习过后，U-Hynuron 产生以下输出信息。

行为信息：$O_u = A + (M_e - h - A)\,\mathrm{e}^{-\frac{t}{\alpha}}$；

磁场信息：$O_\nu = \varepsilon(2A+h) + \varepsilon(M_e - h - A)\,\mathrm{e}^{-\frac{t}{\alpha}}$；

学习误差：$e = \big| (M_e - h - A)\,\mathrm{e}^{-\frac{t}{\alpha}} \big|$；

记忆函数：$M_e(t) = (h+A)(1 - \mathrm{e}^{-\frac{t}{\alpha}}) + M_e \mathrm{e}^{-\frac{t}{\alpha}}$；

阀值：$h = M_e(t)$。

上面的表达式也被称为反射学习方程。

（四）联合学习

定义 2 联合学习

联合学习是由感知信息（电输入信息）和外部控制信息（磁场输入信息）联合引起并且会对 U–Hynuron 的联结权重进行改变的过程。

根据定义 2，联合学习规则可以表示为

$$\alpha P \frac{\mathrm{d}W^D}{\mathrm{d}t} = -\mu \frac{\mathrm{d}\nu}{\mathrm{d}t} + \mu \frac{\mathrm{d}(QW^H)}{\mathrm{d}t} + \tau_\nu \mu \frac{\mathrm{d}^2(QW^H)}{\mathrm{d}t^2} \text{。} \tag{17}$$

在联合学习规则中，磁场信息作为控制信息包含了内部磁场信息和外部磁场信息。

给定 U–Hynuron 的学习目标 A，根据联合学习规则，为了使学习过程达到学习目标 A，需满足以下表达式：

$$PW^D(t) = (h + A)\left(1 - \mathrm{e}^{-\frac{t}{\alpha}}\right) + \left[M_e + \frac{\mu}{\alpha}\int H(t)\,\mathrm{e}^{\frac{t}{\alpha}}\mathrm{d}t\right]\mathrm{e}^{-\frac{t}{\alpha}},$$

$$\left(PW^D(t)\,\big|_{t=0} = M_e, \ H(t)\,\big|_{t=0} = 0, \ \lim_{t\to\infty} \frac{\int H(t)\,\mathrm{e}^{\frac{t}{\alpha}}\mathrm{d}t}{\mathrm{e}^{\frac{t}{\alpha}}} = 0\right) \text{。} \tag{18}$$

其中，$H(t) = 2\dfrac{\mathrm{d}(QW^H)}{\mathrm{d}t} + \tau_\nu \dfrac{\mathrm{d}^2(QW^H)}{\mathrm{d}t^2}$ 为 Hebbian 函数。

一般来说，经过学习过后，U–Hynuron 产生以下输出信息。

行为信息：$O_u = A + \left[M_e - h - A + \dfrac{\mu}{\alpha}\int H(t)\,\mathrm{e}^{\frac{t}{\alpha}}\mathrm{d}t\right]\mathrm{e}^{-\frac{t}{\alpha}} - \mu \dfrac{\mathrm{d}[C_e(t)]}{\mathrm{d}t}$ ；

磁场信息：$O_\nu = \varepsilon(2A + h) + \varepsilon\left[M_e - h - A + \dfrac{\mu}{\alpha}\int H(t)\,\mathrm{e}^{\frac{t}{\alpha}}\mathrm{d}t\right]\mathrm{e}^{-\frac{t}{\alpha}} + C_e(t)$ ；

学习误差：$e = \left| \left[M_e - h - A + \dfrac{\mu}{\alpha}\int H(t)\,\mathrm{e}^{\frac{t}{\alpha}}\mathrm{d}t\right]\mathrm{e}^{-\frac{t}{\alpha}} - \mu \dfrac{\mathrm{d}[C_e(t)]}{\mathrm{d}t}\right|$ ；

记忆函数：$M_e(t) = (h + A)\left(1 - \mathrm{e}^{-\frac{t}{\alpha}}\right) + \left[M_e + \dfrac{\mu}{\alpha}\int H(t)\,\mathrm{e}^{\frac{t}{\alpha}}\mathrm{d}t\right]\mathrm{e}^{-\frac{t}{\alpha}}$ ；

阀值：$h = M_e(t)$。

其中，$C_e(t) = QW^H$ 为外部控制信息。上面的表达式也被称为联合学习方程。

（五）人工神经场（ANEF）模型

作为一个简单的案例研究，人工神经场模型的基本原理是，将三个 U–Hynuron 有机组合并置于人工神经场中。具体而言，三个 U-Hynuron 中，两个相互联结构成网络，剩余一个以单独的形式存在。

如图 16 所示，在基于四维时空的人工神经场 Ω (x, y, z) 中，存在三个 U-Hynuron：N_1，N_2，N_3，N_1 和 N_2 相互联结构成网络，N_3 独立存在。其中，$\Omega(x, y, z)$ 是绝对坐标系，$N_1(x_{N_1}, y_{N_1}, z_{N_1})$，$N_2(x_{N_2}, y_{N_2}, z_{N_2})$ 和 $N_3(x_{N_3}, y_{N_3}, z_{N_3})$ 是相对坐标系。

在人工神经场 Ω 中，N_1 坐标系的原点是 (x_1, y_1, z_1)，N_2 坐标系的原点是 (x_2, y_2, z_2)，N_3 坐标系的原点是 (x_3, y_3, z_3)。

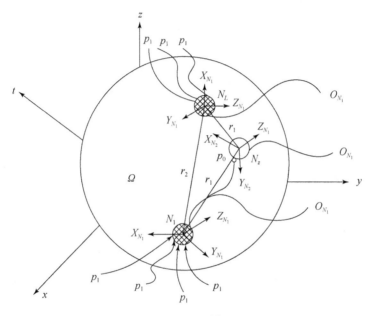

图 16 ANEF 模型

图 16 中，P 是外部输入的感知信息，O 是输出的行为信息。

通常，以三维空间为例，从原点出发的电磁波传输方程为

$$\Phi_3(x, y, z, t) = \frac{1}{r}f(r - ct) 。$$

对于时间 t 而言，波的观测位置的坐标为 (x, y, z)，且 $r = \sqrt{x^2 + y^2 + z^2}$，$c$ 是光速。函数 $f(r)$ 表示了函数 Φ_3 在 $t=0$ 时的波形。Φ_3 的波形如图 17 所示。

（1）U-Hynuron N_1 的状态模型

对于 U-Hynuron N_1，输入信息 $P = [p_1, p_2, p_3, p_i]$，记忆函数 $M_{sN_1}(t_i) = A_r + h_{N_1}$，输出信息 $O_{u1} = A_r$。这里我们认为 U-Hynuron N_1 已经包含知识 A_r，A_r 也是 U-Hynuron N_1 的学习目标。

现在，给出 U-Hynuron N_1 的方程式：

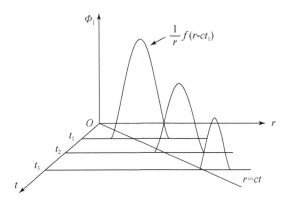

图 17　三维空间内从原点传输的电磁波

$$\tau_{u_{N_1}}\frac{\mathrm{d}u_{N_1}(t_{N_1})}{\mathrm{d}t_{N_1}} = -u_{N_1}(t_{N_1}) + P_{N_1}W_{N_1}^D - \mu_{N_1}\frac{\partial\nu_{N_1}(x_1,\ y_1,\ z_1,\ t_{N_1})}{\partial t_{N_1}} - h_{N_1},$$

$$\tau_{\nu N_1}\frac{\partial\nu_{N_1}(x_1,\ y_1,\ z_1,\ t_{N_1})}{\partial t_{N_1}} = -\nu_{N_1}(x_1,\ y_1,\ z_1,\ t_{N_1}) + \varepsilon_{N_1}P_{N_1}W_{N_1}^D + \varepsilon_{N_1}u_{N_1}(t_{N_1})_\circ \quad (19)$$

磁场方程为

$$\Phi_{N_1}(x,\ y,\ z,\ t) = \Phi'_{N_1}(x_{N_1},\ y_{N_1},\ z_{N_1},\ t_{N_1}) = \frac{1}{r_{N_1}}O_{\nu_1}(r_{N_1} - ct_{N_1})_\circ \quad (20)$$

（2） U–Hynuron N_3 的状态模型

对于 U–Hynuron N_3，输入信息 $P' = [p'_1,\ p'_2,\ p'_j]$，记忆函数 $M_{sN_3}(t_i) = 0$，学习目标 A_m 是期望得到的学习结果，也就是说，经学习后，U–Hynuron N_3 获得了新知识 A_m。

我们给出 U–Hynuron N_3 的方程式：

$$\tau_{u_{N_3}}\frac{\mathrm{d}u_{N_3}(t_{N_3})}{\mathrm{d}t_{N_3}} = -u_{N_3}(t_{N_3}) + P_{N_3}W_{N_3}^D - \mu_{N_3}\frac{\partial\nu_{N_3}(x_3,\ y_3,\ z_3,\ t_{N_3})}{\partial t_{N_3}} - h_{N_3};$$

$$\tau_{\nu_{N_3}}\frac{\partial\nu_{N_3}(x_3,\ y_3,\ z_3,\ t_{N_3})}{\partial t_{N_3}} = -\nu_{N_3}(x_3,\ y_3,\ z_3,\ t_{N_3}) + \varepsilon_{N_3}P_{N_3}E_{N_3}^D + \varepsilon_{N_3}u_{N_3}(t_{N_3})_\circ \quad (21)$$

磁场方程为

$$\Phi_{N_3}(x,\ y,\ z,\ t) = \Phi'_{N_3}(x_{N_3},\ y_{N_3},\ z_{N_3},\ t_{N_3}) = \frac{1}{\tau_{N_3}}O_{\nu_3}(r_{N_3} - ct_{N_3})_\circ \quad (22)$$

其中，$r_{N_3} = \sqrt{x_{N_3}^2 + y_{N_3}^2 + z_{N_3}^2} = \sqrt{(x-x_3)^2 + (y-y_3)^2 + (z-z_3)^2}$；$t_{N_3}$ 是 U–Hynuron N_3 的学习时间。

（3）U-Hynuron N_2 的状态模型

对于 U-Hynuron N_2 而言，输入信息既包含感知信息也包含磁场信息。由于 N_1 和 N_2 联结成网络，所以其感知信息为 $P_{N_2} = [p_0]$，且 $p_0 = O_{u1}$。外部控制信息 $Q_{N_2} = [q_1, q_2]$，其中，

$$q_1 = \Phi_{N_1}(x_2, y_2, z_2, t) = \frac{1}{r_1}O_{\nu_1}(r_1 - ct_{N_1}), \quad \gamma_1 = \sqrt{(x_2 - x_1)^2 + (y_2 - y_1)^2 + (z_2 - z_1)^2};$$

$$q_2 = \Phi_{N_3}(x_2, y_2, z_2, t) = \frac{1}{r_3}O_{\nu_3}(r_3 - ct_{N_3}), \quad \gamma_3 = \sqrt{(x_2 - x_3)^2 + (y_2 - y_3)^2 + (z_2 - z_3)^2};$$

我们给出 U-Hynuron N_2 的方程式：

$$\tau_{u_{N_3}}\frac{\mathrm{d}u_{N_2}(t)}{\mathrm{d}t_{N_2}} = -u_{N_2}(t_{N_2}) + P_{N_2}W_{N_2}^D - \mu_{N_2}\frac{\mathrm{d}(Q_{N_2}W_{N_2}^H)}{\mathrm{d}t} - u_{N_2}\frac{\partial\nu_{N_2}(x_2, y_2, z_2, t_{N_2})}{\mathrm{d}t_{N_2}} - h_{N_2}$$

$$\tau_{\nu_{N_2}}\frac{\partial\nu_{N_2}(x_2, y_2, z_2, t_{N_2})}{\mathrm{d}t_{N_2}} = -\mu_{N_2}(x_2, y_2, z_2, t_{N_2}) + \varepsilon_{N_2}P_{N_2}W_{N_2}^D + \varepsilon_{N_2}\mu_{N_2}(t_{N_2})。 \quad (23)$$

磁场方程：$\Phi_{N_2}(x, y, z, t) = \Phi'_{N_2}(x_{N_2}, y_{N_2}, z_{N_2}, t_{N_2}) = \frac{1}{\tau_{N_2}}O_{\nu_2}(r_{N_2} - ct_{N_2})$，其中，$r_{N_2} = \sqrt{x_{N_2}^2 + y_{N_2}^2 + z_{N_2}^2} = \sqrt{(x - x_2)^2 + (y - y_2)^2 + (z - z_2)^2}$，$t_{N_2}$ 是 U-Hynuron N_2 的学习时间。

（4）U-Hynuron N_1 的动力学

由于 N_1 的输入信息只有感知信息，根据反射学习的定义，可知 U-Hynuron N_1 的学习过程就是反射学习。当 $t > t_i$ 时，U-Hynuron N_1 的动态模型是：

$$Q_{u_1} = A_y。$$

同时，基于反射学习定义，磁场信息是

$$O_{\nu_1} = \varepsilon_{N_1}(2A_y + h_{N_1})。$$

磁场方程为

$$\Phi_{N_1}(x, y, z, t) = \frac{1}{r_{N_1}}O_{\nu_1}(r_{N_1} - ct_{N_1})。$$

记忆函数为

$$M_{s_1} = A_r + h_{N_1}。$$

（5）U-Hynuron N_3 的动力学

由于 N_3 的输入信息只有感知信息，根据反射学习的定义，可知 U-Hynuron N_3 的学习过程也是反射学习。当 $t < t_2$ 时，U-Hynuron N_3 的动态模型是

$$O_{u_3} = A_m - (h_{N_3} + A_m)\mathrm{e}^{\frac{t_{N_3}}{\alpha_{N_3}}}。$$

磁场信息模型是

$$O_{\nu_3} = \varepsilon_{N_3}A_m + \varepsilon_{N_3}(h_{N_3} + A_m)\left(1 - \frac{t_{N_3}}{\alpha_{N_3}}\right)。$$

磁场方程为

$$\Phi_{N_3}(x,\ y,\ z,\ t) = \frac{1}{\tau_{N_3}} O_{\nu_3}(r_{N_3} - ct_{N_3})\,.$$

记忆函数为

$$M_{i_3}(t) = (h_{N_3} + A_m)\left(1 - \frac{t_{N_3}}{\alpha_{N_3}}\right)\,.$$

（6）U–Hynuron N_2 的动力学

由于 N_2 的输入信息既有感知信息也有外部控制信息，根据联合学习的定义，可知 U–Hynuron N_2 的学习过程是联合学习。因此，Hebbian 方程为

$$H_{N_2}(t_{N_2}) = 2\frac{\mathrm{d}(Q_{N_2} W_{N_2}^H)}{\mathrm{d}t_{N_2}} + \tau_{\nu N_2}\frac{\mathrm{d}^2(Q_{N_2} W_{N_2}^H)}{\mathrm{d}t_{N_2}^2}\,. \tag{24}$$

外部磁场方程为

$$C_{N_2}(t_{N_2}) = Q_{N_2} W_{N_2}^H\,. \tag{25}$$

因此，在学习之后，U–Hynuron N_2 的输出信息为

行为信息：

$$O_{u_2} = f_u\big[M_{iN_2}(t_{i+1}),\ H_{N_2},\ C_{N_2},\ h_{N_2},\ t_{N_2}\big]\,.$$

磁场信息：

$$O_{\nu_2} = \varepsilon_{N_2} f_\nu\big[M_{iN_2}(t_{i+1}),\ H_{N_2},\ C_{N_2},\ h_{N_2},\ t_{N_2}\big]\,.$$

磁场方程：

$$\Phi_{N_2}(x,\ y,\ z,\ t) = \frac{1}{\tau_{N_2}} O_{\nu_2}(r_{N_2} - ct_{N_2})\,. \tag{26}$$

记忆函数：

$$M_{iN_2}(t) = M_{iN_2}(t_{i+1})\,.$$

（7）U–Hynuron 方程的数学解

U–Hynuron 方程如下所示：

$$\tau_u\frac{\mathrm{d}u}{\mathrm{d}t} = -u + M_0 - \mu H_1 - u\frac{\mathrm{d}\nu}{\mathrm{d}t} - h,$$

$$\tau_\nu\frac{\mathrm{d}\nu}{\mathrm{d}t} = -\nu + \varepsilon M_0 + H_0 + \varepsilon u\,. \tag{27}$$

对上述方程组求解，可得

$$\tau_u\tau_\nu\frac{\mathrm{d}^2 u}{\mathrm{d}t^2} + (\tau_\nu + \varepsilon\mu)\frac{\mathrm{d}u}{\mathrm{d}t} + u = (\tau_\nu - \varepsilon\mu)M_1 + M_0 - 2\mu H_1 - \mu\tau_\nu H_2 - h\,. \tag{28}$$

令方程左侧等于 $f(u)$，方程右侧等于 $L(t)$

则上述线性微分方程可以表示为

$$f(u) = L(t)。$$

$f(u) = L(t)$ 的特征方程为 $\boldsymbol{\lambda}^2 + \alpha\boldsymbol{\lambda} + b = 0$，特征方程的根存在以下三种形式：

1）不同的实根。

2）二重实根。

3）虚根。

对于 τ_u，τ_ν，ε，$\mu > 0$，不同的实根为

$$\lambda_1 = -\frac{1}{2\tau_u\tau_\nu}\{\tau_u + \varepsilon\mu + \tau_\nu + \sqrt{[(\tau_\nu - \tau_u - \varepsilon\mu)^2 + 4\varepsilon\mu\tau_\nu]\tau_u\tau_\nu}\}, \tag{29}$$

$$\lambda_2 = -\frac{1}{2\tau_u\tau_\nu}\{\tau_u + \varepsilon\mu + \tau_\nu - \sqrt{[(\tau_\nu - \tau_u - \varepsilon\mu)^2 + 4\varepsilon\mu\tau_\nu]\tau_u\tau_\nu}\}。 \tag{30}$$

于是，U–Hynuron 方程的通解为

$$O_u = c_1 e^{\lambda_1 t} + c_2 e^{\lambda_2 t} + U_0(t),$$
$$O_\nu = c'_1 e^{\lambda_1 t} + c'_2 e^{\lambda_2 t} + V_0(t)。$$

其中，c_1，c_2，c'_1，c'_2 是任意常数。

（六）ANEF 的信息处理机理

学习结果 A_c 作为一个非线性解，与 A_r 和 A_m 存在一定的新的关联关系。因此 U–Hynuron N_2 的学习过程可视为一种创新行为。

值得注意的是，无论学习结果 A_c 有用与否，在相同的情况下，它都会通过新一轮的学习过程再次出现。导致这种现象的原因不是所谓的 U–Hynuron N_2 的记忆（MEMORY）行为，而是存在于空间 Ω 中兴奋的 U–Hynuron（N_1、N_2 和 N_3）之间相互作用的行为（INTERACTION）。

在 M–Hynuron 模型中的行为可被定义成一种工作记忆行为（Working Memory）。更进一步而言，从空间 Ω 中存在的信息处理动态行为角度出发，ANEF 模型包含了信息处理功能——即使 U–Hynuron N_2 的记忆状态不变，N_2 的输出依旧能被 N_3 的磁场信息影响。而相比于传统的神经网络理论，系统状态的改变决定了系统的输出。换言之，如果系统的状态不改变，则系统的输出也不变。基于这个观点，我们认为，相比于联结模型，ANEF 模型具有更加灵活的信息处理功能。

由于记忆函数不变，N_2 的学习是一种想起过程，但这种过程是有别于自我想起（self-recall）或协同想起（associative recall）过程。由于学习结果 A_c 与 A_r 和 A_m 存在一定的新的关联关系，这种学习过程可被定义成协同创新过程。工作记忆行为的一大特点就是创新。鉴于此，我们认为这是工作记忆行为中的信息处理机制的一个可行的解释，而这种

工作记忆行为又带有 ANEF 模型中的信息分析的能力。

简言之，以图 2-图 4 为例，信息在空间中的处理是一个动态的过程。N_1 和 N_2 通过物理联结，两者的信号传递与处理的过程也是基于物理联结的形式进行，而 N_3 与 N_1 和 N_2 通过场的形式进行联结，N_3 的输出结果将以波的形式对 N_1 和 N_2 的输出结果产生影响。

（七）ANEF 的独特性

ANEF 模型与传统的人工神经网络模型相比，其独特性在于：改变了传统的人工神经网络理论仅从电的角度去模拟人的思维，同时用上物理的电、磁方式去逼近生物的电、磁方式。由于磁场的存在，ANEF 的结构较之于人工神经网络也发生了变化，从多层结构转变成"场"结构。因此，学习方式不仅包括反射学习方式，也包含联合学习方式。而相比于传统的神经网络理论，系统状态的改变决定了系统的输出。换言之，如果系统的状态不改变，则系统的输出也不变。ANEF 模型由于具有联合学习能力，具有更加灵活的信息处理功能。

由于神经场的存在，细胞不需要沿着复杂的网络线路去大海捞针式地搜索原储存信号，以进行对比辨识或存储，而是由场立刻"笼罩"整个神经场空间而产生反应效果。如果场内原来就存有此信号，则立刻产生谐振，当振幅高于阈值时，就产生辨识效果，使此信号立刻成为控制全场的暂时中心——兴奋点；如果场中无此信号，则该信号会被神经场记忆。

四、人工神经网络的发展展望

（一）理论创新和突破

深度学习其本质上是人工神经网络的一个重大发展，包含了两个创新：网络结构上从三层结构发展为多层结构，算法方面以 B-P 算法为基础建立了各种类型的算法，其贡献是带来了应用的重大突破，标志是 AlphaGo、ImageNET 等应用，掀起了目前人工智能的新一轮研究热潮，这得益于大数据和计算机硬件（如 GPU）等技术的发展。但是，人工神经网络在学习机理、结构构造等基础理论方面并没有多大创新和进展，相较于人类发现飞行原理，还没有找到智能原理，还处于"黑盒子"状态。因此，为了推动人工神经网络的发展，必须在基础理论研究方面进行创新和发展，一是在网络结构上进行创新，比如改变层次结构为场结构，将量子力学与神经网络结合等；二是在算法方面（即学习机理上）进行创新，能够用非线性数学理论建立可证明的数学模型等，这些研究工作都需要大胆地探索，认真研究人工神经网络发展历史中的经典理论模型，融合神经生理学、脑科学、认知科学等的最新研究成果，突破现有的条条框框，开展多学科交叉融合的研究。

（二）　计算资源受限条件下的深度学习

2016 年 3 月，美国谷歌公司 AlphaGo 人工智能系统完胜世界围棋冠军李世石，标志着人工智能技术在机器学习、神经网络、海量数据处理等领域取得新的突破。然而，AlphaGo 是以上千个 CPU 和几百个 GPU 为硬件支撑，消耗数千度电量作为代价。类似地，在大规模图像识别数据集 ImageNet 上，目前部分深度学习算法已经达到了很低的识别错误率，识别精度甚至已经超越人类的平均水平，但这些算法同样面临计算速度慢、模型大的缺陷。面对现代战争复杂开放的环境，信息化武器大多需要工作在计算资源严重受限的条件下，而且要求极短的响应速度。例如，在精确制导系统武装的高性能导弹中，成像制导技术是一种自主式"智能"制导技术，利用图像信息处理和模式识别技术，本地实时处理大量目标观测数据，实现制导系统的智能化。这类技术不仅要求处理速度快、精度高，还必须在低功耗、低存储空间的移动设备上部署。另一个典型的例子是针对海量遥感图像中的目标识别技术，如 WorldView-2 卫星每天可采集 97.5 万平方公里的地面图像，年成像能力相当于地球陆地面积的 3 倍。如果采用现在通用的深度神经网络的模型，即使目标识别精度能达到很高，也会因为计算速度太慢，无法应用到实际作战过程中去。寻找跨越智能处理需求与通用深度网络的复杂架构之间鸿沟的方法，实现在低功耗、高性能场景应用中的智能计算，成为挖掘基于深度学习与人工智能技术在军事应用中潜力的选择。

（三）　人工神经网络与专家系统的融合

专家系统主张通过运用计算机的符号处理能力来模拟人的逻辑思维，其核心是知识的符号表示和对用符号表示的知识的处理。神经网络主张对人脑结构及机理开展研究，并通过大规模集成简单信息处理单元来模拟人脑对信息的处理。

专家系统与人工神经网络两种技术都试图模仿人类的思维方式来解决实际问题，它们的应用使得计算机具有智能成为现实，解决了一大批工程实践中问题。然而，由于这两种技术自身的特点，它们都侧重于人类思维方式的某一方面。这样，在碰到结构上比较单纯的问题时，还可以比较成功地解决。当碰到结构上比较复杂的问题时，单纯使用一种技术就显得力不从心了。人类在很多情况下，都是多种思维方式并用，有时可能以逻辑思维为主，辅以直觉思维，有时可能以直觉思维为主，辅以逻辑思维进行解释。所以，专家系统与人工神经网络要想获得更大的应用，除了依靠自身的不断发展与完善以外，更要依靠这两种技术的不断结合，这也是这两种技术未来的发展方向，目前的智慧医疗其实就是利用大数据和深度学习等技术，将过去的专家系统"转型升级"。

（四）人工神经网络与模糊技术的融合

模糊计算是计算智能的另一个重要方面。作为智能化信息处理的方法和手段，模糊技术和神经网络技术各有各自的优势。模糊技术抓住了人类思维中模糊性的特点，以模仿人的模糊信息处理能力和综合判断能力的方式来处理常规数学方法难以解决的模糊信息处理难题，使计算机的应用得以扩展到了那些需要借助经验才能完善解决的问题领域，并在描述高层知识方面有其长处。而神经网络技术则以生物神经网络为模拟基础，以非线性大规模并行处理为主要特征，可以以任意精度逼近紧致集上的任意实连续函数，在诸如模式识别、聚类分析及计算机视觉等方面发挥着许多不可替代的作用，并在自适应及自学方面已显示出了不少新的前景和新的思路。将它们进行有机结合，则可有效地发挥出其各自的长处而弥补其不足，在工程应用领域更是如此。

（五）人工神经网络与灰色系统的融合

灰色系统能够以系统的离散时序建立连续时间模型，适合于解决无法用传统数字精确描述的复杂系统问题，特别只对于那些很难甚至不可能获取完备信息的复杂系统。而神经网络的输出对于系统而言，其输出结果可以以某个精度逼近于一个固定的值，但出于误差的存在，使得输出结果会以某个值为中心上下波动。因此，将神经网络方法和灰色理论结合起来可以解决复杂系统问题，就可取长补短。神经网络与灰色系统的结合方式主要有：

1）神经网络和灰色系统简单结合。

2）串联型结合。

3）用神经网络增强灰色系统。

4）用灰色系统辅助构造神经网络。

5）神经网络与灰色系统的完全融合。

五、结　束　语

人工神经网络从诞生到现在已有 70 多年，业已成为一门日趋成熟、应用领域日趋广泛的综合性学科。随着人工神经网络理论研究的深入以及网络计算能力的不断提高，人工神经网络的应用领域将会不断扩大，应用水平将会不断提高，最终达到人工神经网络系统可用来帮助人类做智能化工作的目的，这也是人工神经网络研究的最终目标。人工神经网络，特别是深度学习的研究在近几年取得了引人注目的进展，从而激起了不同学科与领域的科学家和企业家的巨大热情和浓厚的兴趣。人工神经网络将促进人工智能、电子信息科学和计算机科学等产生革命性的发展。

虽然人工神经网络理论研究有着非常广阔的发展前景，但历来这个领域的研究就是既充满诱惑又不乏挑战的，没有人能肯定它的发展不会再经受挫折，也没有人知道一旦成功实现最终目标会给科技界带来多大的辉煌和巨变。不过，我们有理由相信，只要我们坚持不懈地努力，来自人工神经网络理论研究的一些新理论和新方法必将给未来的科学研究带来源源不断的动力。

综合集成研讨厅研讨软件实现初探

经小川　王若冰

经小川，男，中国航天系统科学与工程研究院研究员、博士生导师。先后在中国工程物理研究院计算机应用技术研究所、北京理工大学网络安全与对抗技术实验室担任项目组组长，在中国航天工程咨询中心软件工程部担任部门主任等职务。从事工业控制、软件安全及系统仿真、软件安全及型号软件保证、信息系统开发等相关研究 20 余年。

1978 年《组织管理的技术——系统工程》文章的发表，标志着系统工程中国学派的诞生。经过 40 年的发展，系统工程已经从工程系统工程问题的解决向社会系统工程问题的解决发展。从解决航天工程问题到解决社会问题，系统规模和复杂度在不断演进，相对应的解决手段和方法也在不断发展。

一、综合集成方法解决复杂巨系统问题

钱学森将系统分为简单系统、简单巨系统和复杂巨系统，简单系统又根据系统要素的多少分为小系统和大系统，如果简单系统要素数量级增多就形成简单巨系统，复杂巨系统根据系统要素的复杂程度分为一般复杂巨系统和特殊复杂巨系统（图 1）。针对不同系统，对应不同的解决方法，简单系统和简单巨系统由于系统要素之间的关系较为简单，层级较为单一，故而可以使用运筹学、控制论、信息论等方法进行解决。面对复杂巨系统时，从系统结构来讲系统各要素之间的关系非常复杂，单一的方法无法直接解决，从系统要素的数量上非常庞大，需要大量的梳理和运算，所以解决复杂巨系统问题是钱学森提出需要运用综合集成方法论和从定性到定量的综合集成方法，而它的实现形式是从定性到定量综合集成研讨厅体系。

综合集成方法是研究复杂系统和复杂巨系统（包括社会系统）的方法论。在应用中，将这套方法结合到具体的复杂系统或复杂巨系统，便可以开发出一套方法体系。不同的

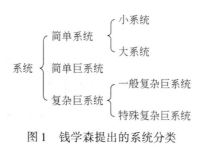

图 1 钱学森提出的系统分类

复杂系统或复杂巨系统，方法体系可能是不同的，但方法论却是同一的。如同物理学有物理学方法，生物学有生物学方法，但方法论是同一的，即还原论方法。从方法论层次来看，综合集成方法对复杂系统或复杂巨系统研究的指导作用主要体现在以下两个方面。

1. 以从上到下和从下到上为研究思路

在面对复杂巨系统问题时，应该从整体到局部，再从局部综合集成到整体进行研究。将复杂问题分解成若干个子问题，完成若干子问题研究之后，通过综合集成实现涌现，最终解决整体问题，达到 1+1>2 的效果。

2. 以人机结合、人网结合、以人为主为实现路径

面对复杂巨系统问题，需要将人和机器进行结合，利用机器强大的逻辑思维能力和计算速度，同时发挥人的形象思维能力，对问题进行解决。但是强调以人为主，而非以机器为主，人作为智慧体参与到问题解决过程当中，可以通过形象思维引导机器逻辑思维，达到人帮机和机帮人的效果，使得解决问题更加富有创造性和客观性。

二、钱学森综合集成研讨厅体系结构

钱学森提出，"从定性到定量综合集成研讨厅"和"从定性到定量综合集成研讨厅体系"（以下简称研讨厅和研讨厅体系）是实现综合集成方法的实践形式。面对待解决问题，将相关的理论方法与技术集成起来，构成一个供专家群体研讨问题时的工作平台。不同的复杂系统或复杂巨系统，研讨厅的内容可能是不同的，即使同一个复杂系统或复杂巨系统，由于研讨问题的类型不一样而有不同的研讨厅。同时，可以用信息网络把这些分布式的研讨厅联系起来，形成研讨厅体系，不仅信息交流快捷而方便，而且网上资源丰富并得以共享。这样的研讨厅体系，实际上是人机结合，人网结合的信息处理系统、知识生产系统、智慧集成系统。从结构上看，研讨厅分为三个体系，即专家体系、机器体系和知识体系。

1. 专家体系

复杂问题或者复杂巨系统问题的特点是多学科交叉，呈现跨领域和综合性的特点，这就需要不同领域专家共同参与研讨，人机结合中的"人"即体现在专家体系。同时，专家体系可根据问题的不同和问题研讨过程中的实际需要动态变化，这就要求专家体系具有开放性和动态性。

2. 机器体系

以硬件、软件、网络构成一套可供计算的机器体系，构成了研讨厅的机器体系。在专家对问题进行分析和解决的过程当中，机器体系可将专家的定性分析结论进行建模仿真计算，通过定量分析印证或者进一步分析专家得出的定性结论，同时可将研讨过程进行可视化显示，推送到专家面前，以刺激专家更加发挥其形象思维进而达到现场涌现的作用。同时机器体系之间通过网络进行连接，达到信息和知识共享，随着研讨厅应用范围的不断扩张，其机器支撑能力逐步增强。

3. 知识体系

知识体系按照现代科学技术体系将已有的领域知识进行存储，为研讨厅的问题研讨提供基础知识支撑，同时研讨过程中产生的新知识也存储在知识体系中。一个研讨厅所存储的知识资源可能是直接与所研究的复杂系统有关的那部分知识，其他知识如需要可通过网络方式从网上获取。专家体系和机器体系是知识体系的载体。

三、综合集成研讨厅体系结构的发展

在钱学森综合集成研讨厅结构的基础上，以从定性到定量综合集成方法论为理论指导，对综合集成研讨的概念、过程、角色等业务体系相关内容进行分析研究，归纳提炼构建综合集成研讨厅所需的共性支撑功能体系（图2）。

综合集成研讨厅平台需要在机器平台、指控平台、网信平台的支撑下，构建六个业务体系，分别是：研讨管理体系、研讨实施体系、知识本体体系、专家管理体系、模型方法体系和数据情报体系。

1）研讨管理体系：通过研讨管理体系，平台管理团队能统筹管理与推进复杂巨系统问题的整个求解过程，充分发挥解决复杂巨系统问题的总指挥作用，采用知识驱动的方式，向研讨实施体系下达研讨任务、配置研讨任务资源，协调研讨实施体系有效完成解

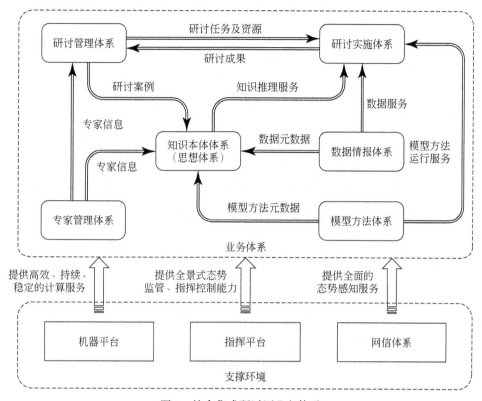

图 2　综合集成研讨厅业务体系

题工作，在问题解决后，研讨管理体系支持将解题过程中产生的模型、方法、数据、报告等研讨成果进行知识化处理，形成研讨案例，沉淀到知识体系中，为今后解决类似问题提供可借鉴的知识。

　　2）研讨实施体系：研讨实施体系运用先进的语音、视频、语义分析等各种网络信息技术手段，可以为专家团队营造一个人机结合、人网结合、交流畅通的沉浸式集成研讨环境，这个环境可以消除空间和时间障碍，有效激发专家的思维灵感，能够将专家的形象思维、知识以及智慧更便捷、更快速、更准确地通过机器系统进行展现，通过提供信息集中存储、资料并行修改、模型交互调用、屏幕集中控制、信息多源展示、意见灵活交互等功能，提供多专家并行协同的工作环境，帮助专家团队涌现出群体智慧。在集成研讨环境中，专家团队可以通过便捷化的人人、人机接口使用知识体系、模型方法体系、数据情报体系提供的丰富多样的支撑服务，开展一系列的研讨活动，充分运用配置的知识、模型、方法、数据、案例等各种资源，以完成下达的研讨任务，最终解决复杂巨系统问题，并将研讨活动产生的所有模型、方法、数据、报告等研讨成果反馈到研讨管理体系，进行存档。

　　通过基于本体知识的智能化手段提供基于方法论的研讨驱动模式、优质的共享资源、便捷适用的辅助工具，最大限度减少信息资源、工具、环境等外界因素带来专家智慧的涌现和专家个体之间的判断差异。

3）知识本体体系：知识本体体系通过汇聚领域知识、研讨案例、模型元数据、方法元数据和数据元数据等各类知识，形成平台的知识中心，并通过本体推理机，向管理及专家团队提供各种知识推理服务，为研讨活动提供有力的智能化支持，将系统沉淀积累下来的历史知识、案例适时地提供给研讨专家，辅助专家给出趋于正确的判别，可见知识本体体系是现实专家团队外的虚拟专家。

4）专家管理体系：专家管理体系构建表征专家个人信息、关系信息的信息库，建立按专家属性分类的专家体系，以及涵盖背景网络、研究网络、业务领域网络的专家网络模型。能针对特定研究工作，针对不同领域问题，实现专家聚类和专家评分，为综合集成研讨提供专家检索与主动推荐服务。

5）模型方法体系：模型方法体系主要包含研讨问题（系统）所涉及的各类模型和分析方法。运用基于模型的系统工程（MBSE），面向工程系统和社会系统，构建模型库与模型管理系统。同时搭建高性能的建模仿真环境、高适应的仿真应用系统、高友好的人机协作环境，能够实现对工程系统和社会系统等进行仿真推演和预测。

6）数据情报体系：构建以"人机结合、人网结合、以人为主、数据驱动"的情报推进一体化体系，形成"从数据到决策"的知识发现、情报获取、仿真推演、效能评估能力。面向网络空间环境下数据的获取、存储、传输、处理、分析等全链条以及数据主权维护，形成较为完善的技术储备、信息资源储备、应用开发能力。包括：①自动化的数据获取系统。基于赛博空间的海量信息自动采集与存储，以及多源异构数据资源的自动融合。②分布式的数据存储系统。以数据一致性、准确性、完整性、时效性、实体统一性为目标，构建云计算环境下的分布式存储架构体系。③智能化的数据分析系统。具备结构化、半结构化和非结构化大数据管理、处理和挖掘能力，实现对数据的过滤、甄别、去噪、融合，对异构、海量、多源数据资源，能够进行关联、聚类等分析。④互动式的数据可视化技术。基于几何、逻辑、图像等的可视化推理与分析技术，便于发挥和激发专家的形象思维，观察到数据中隐含的规律信息，并实现多个应用场景的可视化展现。⑤高可靠的数据安全技术，能够实现对数据的分类管理与加密、安全传输控制，保障用户安全访问、避免数据泄露。

如图3所示，从综合集成方法来看，研讨问题的研讨过程可为四个阶段：

1）与待研讨问题相关的各领域专家通过定性综合研讨的方式，对问题进行分析与解析，结合专家自己的经验和直觉，形成一个初步的认识和研究方案。

2）各领域专家分别针对具体的子问题进行定性定量相结合的综合研讨，依靠专家的

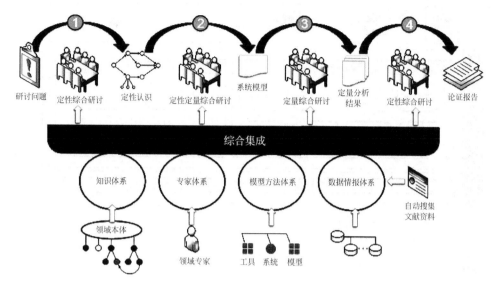

图3 综合集成研讨厅业务流程

经验和形象思维，在问题求解知识的帮助下，根据复杂问题结构的特点，结合领域知识和前人经验，把问题分析逐步或者逐级定量化建立问题的系统模型，这些模型既是对相关数据规律的一种验证，也包含了专家们的智慧和经验。

3）在完成建模工作之后，在专家的主导下进行定量综合研讨，其间引入数据情报对模型进行计算，通过定量化的计算和专家们判断讨论的不断迭代，得出定量化结果，并通过可视化效果向专家展示。

4）针对定量化结果，专家进行分析判定，通过从定性到定量再到定性的分析，最终给出解决问题的论证报告，提供给决策者。

四、综合集成研讨厅研讨软件实现

根据研讨厅结构的需求，按照"人机结合、人网结合、以人为主"的设计理念，设计"钱学森综合集成研讨软件平台"原型系统，系统具备研讨全过程管理、知识辅助研讨、资源综合集成、专家便捷研讨等系统特性，实现综合集成研讨的软件化、平台化、规范化。

核心支撑软件平台从体系架构上分为设施层、资源层、服务层、应用层和终端设备（图4）。

1. 设施层

设施层是平台运行所需的各种物理环境、IT基础设施和基础服务，物理环境主要包

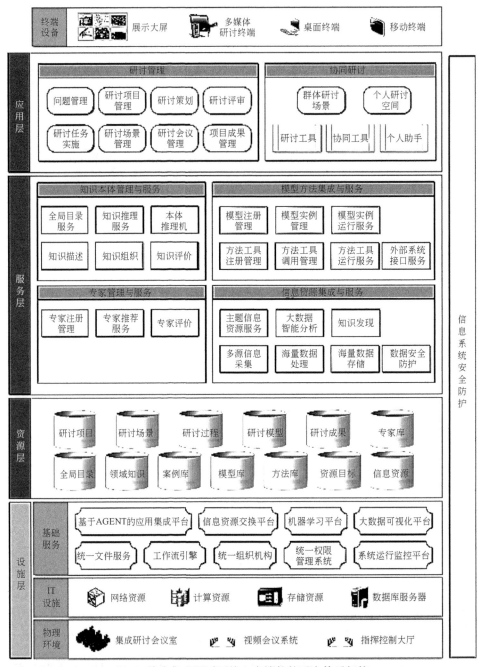

图4 综合集成研讨厅核心支撑软件平台体系架构

括实体形式的集成研讨会议室、视频会议系统和指挥控制大厅，IT 设施包括各种网络资源、计算资源、存储资源和数据库服务器，基础服务主要是各种提供通用性基础支撑服务的软件系统或中间件平台，包括基于 AGENT 的应用集成平台、信息资源交换平台、机器学习平台、大数据可视化平台、统一文件服务、工作流引擎、统一组织机构、统一权限管理系统和系统运行监控平台等。

2. 资源层

资源层是平台产生、处理、存储、管理和对外服务的各种业务对象，包括研讨项目、研讨场景、研讨过程、研讨模型、研讨成果、专家库、全局目录、领域知识、案例库、模型库、方法库、资源目录和信息资源等。

3. 服务层

服务层是平台中为综合集成研讨业务提供核心支撑服务的系统或组件，包括知识本体管理与服务、专家管理与服务、模型方法集成与服务、信息资源集成与服务。

知识本体管理与服务：通过汇聚领域知识、研讨案例、模型元数据、方法元数据和数据元数据等各类知识，形成平台的知识中心，并通过本体推理机，向管理及专家团队提供各种知识推理服务，为研讨活动提供有力的智能化支持，将系统沉淀积累下来的历史知识、案例适时地提供给研讨专家，辅助专家给出趋于正确的判别，可见系统构建的知识本体体系是现实专家团队外的虚拟专家。

专家管理与服务：构建表征专家个人信息、关系信息的信息库，建立按专家属性分类的专家体系，以及涵盖背景网络、研究网络、业务领域网络的专家网络模型。能针对特定研究工作，针对不同领域问题，实现专家聚类和专家评分，为综合集成研讨提供专家检索与主动推荐服务。

模型方法集成与管理：通过标准高效的集成接口，对研讨问题所涉及的模型、分析方法和仿真系统等各类工具进行有机集成，实现对这些工具的无缝引用或调用，确保在研讨场景中可以直接驱动工具运行并进入正常服务状态，实现工具输入参数的自动引用和输出参数自动回填，并可以监视工具的执行过程。

信息资源集成与服务：是综合集成研讨工作的基础，主要是为研讨活动提供各种数据、信息和情报"原料"。系统通过大数据集成与共享机制，对数据、信息和情报进行采集、积累、分类和组织等处理，形成面向各业务领域的资料库，通过给专家团队适时提供恰当的专题性信息，保证所有参与研讨活动的专家可以平等地共享信息内容，使专家可以专注于对信息内容的引用、分析、判断，给出充分反映个体智慧的结果。

4. 应用层

应用层是完成复杂巨系统问题全过程求解的管理与研讨任务的系统，包括研讨管理和协同研讨。

研讨管理：实现从立项、策划、实施到评审的全过程管理，保证平台管理团队能统筹管理与推进复杂巨系统问题的整个求解过程，充分发挥解决复杂巨系统问题的总指挥作用。系统采用知识驱动的方式，向协同研讨系统下达研讨任务、配置研讨任务资源，协调协同研讨系统有效完成解题工作，在问题解决后，研讨管理系统支持将解题过程中产生的模型、方法、数据、报告等研讨成果进行知识化处理，形成研讨案例，沉淀到知识管理系统中，为今后解决类似问题提供可借鉴的知识。

协同研讨：是承担研讨活动的核心基础环境，可以为专家团队营造一个人机结合、人网结合、交流畅通的沉浸式集成研讨环境，这个环境可以消除空间和时间障碍，有效激发专家的思维灵感，能够将专家的形象思维、知识以及智慧更便捷、更快速、更准确地通过机器系统进行展现，使研讨专家群体、支撑团队、机器系统形成一个面向特定研讨主题、衔接缜密、信息流畅、柔性化的解题"模型"。

5. 终端设备

终端设备是平台支持进行综合集成研讨的人机交互设备，包括展示大屏、多媒体研讨终端、桌面终端和移动个人终端。

其中，多媒体研讨终端是提供多媒体人机交互功能的一体化集成终端设备，集成的交互设备包括键盘、鼠标、手写板、话筒、摄像头、显示器、音箱，提供的交互功能包括文字输入、手写输入、语言识别输入、视频输入、图形输出、声音输出等。

五、综合集成研讨厅研讨软件平台应用效果

综合集成研讨厅软件平台的建设将达到以下两个方面的技术指标。

1. 资源集成

通过分布式应用集成框架，初步实现领域知识、模型方法和数据情报的集成功能，能广泛地综合集成各种相关的信息、知识、案例等资源，完整地综合集成各类相关的分析工具、仿真系统等信息处理环境、全面地综合集成各方面和各领域的专家的智慧。

2. 综合研讨

实现研讨管理体系、研讨实施体系的核心支撑功能，具备研讨项目全生命周期管理、知识驱动研讨、资源综合集成、专家畅通直观研讨等系统特性，可营造便于诱导和调动专家智慧、便于精准运用和有机衔接信息处理环境、便于融合和挖掘资源的交流场景，面向待解决的问题，专家群体可通过平等地占有资源、无障碍地使用工具、充分的观点

碰撞与交流，逐步收敛和聚焦得出有价值的共识。

随着科技发展的日新月异和社会发展的不断深入，越来越庞大，越来越复杂的问题将映入我们的视线，从定性到定量的综合集成研讨厅将作为普适性工具来完成面对未来开放复杂巨系统问题的解决，这对研讨厅的应用性提出了更大的挑战。好在人机结合、从定性到定量的综合集成研讨厅体系提出后，我国科学家并没有停止前进的步伐，而是对于该理论框架的具体化、实用化持续进行研究，将其应用到更广泛的领域。在继承老一辈科学家的研究成果的基础上我们结合现有信息技术开发的综合集成研讨厅研讨软件平台将会在一定程度上为综合集成研讨厅的发展起到促进作用。

从系统建模到基于模型的系统工程

王家胜

王家胜，毕业于北京理工大学管理科学与工程专业，硕士研究生学历，2001 年 7 月参加工作，现任中国航天系统科学与工程研究院系统工程研究所所长、研究员。长期从事航天发展战略与规划、政策法规、科技情报、航天系统工程、装备体系设计与试验鉴定、技术成熟度评估等工作，作为负责人或主要参研人员承担了中央军委装备发展部、火箭军、中国工程院、国有资产监督管理委员会、国防科工局、航天科技集团有限公司等单位的百余项重大研究课题，发表论文 80 余篇，合著 10 余部。先后获得国防科学技术进步奖二等奖 2 项、三等奖 2 项，国防信息学会一等奖 1 项、二等奖 2 项，集团公司级奖励 3 项，院级奖励 22 项，为航天及国防事业发展做出了突出贡献。

基于模型的系统工程是近年产生的新型系统工程方法，用模型基线取代文档基线以应对现代大型系统的复杂性与软件密集型特性。该方法的基本元素是模型，本文着眼于模型应用方法的发展演化历程，对基于模型系统工程方法的可行性基础、理论基础、工程应用基础展开研究，总结与讨论，整理出从模型表示方法，系统建模体系到基于模型系统工程方法的发展脉络，解释了其内在联系，指出了下一阶段发展方向，提出了未来愿景。

一、系统与系统模型

系统是较长一段时间以来出现率与使用率非常高的词语，泛指由一群有关联的个体组成，根据特定的规则工作，能完成个别元件不能单独完成的工作的群体。系统存在领域很广泛，在不同类型的领域表现形式不同，比如自然系统，社会系统，工程系统等。本文论述内容主要针对工程系统领域，该领域中系统主要由硬件、软件等组件构成以满足某些特定的整体性功能。

建模是人们认识分析系统的有效手段，这是因为模型能够将复杂的事物抽象提炼化，从而易于人们着眼于其中的核心特质，利于迅速得出有效结论。用模型表示工程系统的理论依据与事实可行性以及表达力程度可以从数学入手进行追溯和探究。

在科学上，系统的模型必须具备足够精确性从而能够用来预测系统的性能与行为。物理中模型的三要素是：①简要；②数学上具备正确性；③实验上具备可证实性。

从这个视角来说，数学是物理的建模语言，数学的语言是谓词演算逻辑。在数学上，命题的模型是以关系结构的形式出现的，在该关系结构中所作出的命题解释必须在谓词演算中具备正确性。关系结构表现为已定义集合中各个数学关系的组合，而数学关系又是集合中各元素相互关系的组合。

拿一个几何学公理系统举例，该系统包含一组未定义关键词（未定义是为了避免出现概念上的逻辑死循环）以及命题。

关键词：点，线。

命题：

1）线至少由两点构成。

2）两点间一定可以存在一条线。

3）两线之间至多一个交点。

关键词的意义实质上是被两个方面定义的：第一，公理所述词语之间的关系。第二，将公理表达成为特定关系结构的解释。这反映出任何系统都需要有两种形式的模型：一种是作为关键词之间关系表达出的命题本质意义；另一种是为命题生成新含义的关键词解释。

数学逻辑上的模型概念能够显著启示模型在工程系统描述和说明中的应用。实际上，系统说明也是一组命题，与数学中的公理系统非常相似。系统设计的目的可看做是得到对系统说明进行解释的系统模型，设计过程就成为获取该模型的过程。显然，对于特定说明可能会产生多种不同的解释，有些解释是无效的。所以解释的准确性至关重要。

以数学逻辑为基础，系统的模型表示法在科学与数学上是便于理解并且实用的，为了让模型更加直观，更加可视化，软件工程师，系统工程师们开发出图形化建模语言。图形化模型通常将系统实体表示成为节点，将系统中的关系表示成为线段。命题包含关键词以及关键词之间作用关系的语义，而图形化模型提供的语法和语义能够有效获取自然语言命题的意义和信息。主要的图形化建模语言有三种。

1. 实体关系图（E-R diagrams）

这是一种高阶次的数据建模符号法，集成了语义建模与对象建模的理念。语义建模采用语言学方法以及人工智能学者所做的知识表达方法。E-R 的一些核心概念与术语与 UML 有共同之处。该方法与 UML 以及其他一些图形化建模方法都有着数学逻辑上的根源，以保证足够的表达力。之前所述的几何公理系统的 E-R 表达如图 1 所示。

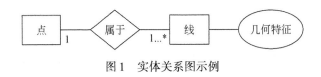

图 1　实体关系图示例

2. 统一建模语言（UML）

该语言从某种程度上说是一种软件系统开发标准方法，它为解决面向对象的问题提供语义与符号法，软件开发中的模型对于工程与交流同等重要，类似建筑工程蓝图对于工程实施的意义，建筑复杂度越强，客户与架构师，架构师与建造师之间的交流就越显重要。UML 中的一些基本组件都可以应用于系统工程中，例如用例图、序列图、状态转换图等。之前所述的几何公理系统的 UML 表达如图 2 所示。

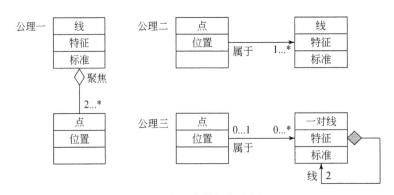

图 2　统一建模语言示例

3. 系统建模语言（SysML）

SysML 是将 UML 加以扩展和进化以应用于更广泛领域的系统工程，它提供语义以及符号法用来支持系统工程中的说明、分析、设计、验证过程，并且建模能够涵盖硬件、软件、数据、参数、人事、程序、设备等全部元素。它还支持在 XMI 和 AP233 协议下进行模型与数据的转换。SysML 也是业界目前应用较多、适用范围较广的一种建模语言。有很多系统工程方法论都是基于 SysML 的。SysML 模型图的构成如图 3 所示。

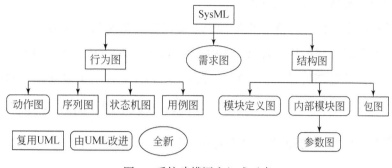

图 3　系统建模语言组成元素

二、系统模型理论

对于完善的系统模型理论的研究在 20 世纪中后期成为一种学术浪潮。众多学者对此展开研究，发展出了各种体系化的建模思想及理论。代表性的系统模型理论有如下几种。

1. 塔斯基建模理论（Tarski model theory）

这是一种一阶建模理论，着眼于数学逻辑谓词演算语言所做的系统描述与满足该描述的结构之间的关系。一阶建模理论的核心是塔斯基模型理论中关于真实性的定义：给定某一关系结构（M,R），若解释后的命题在关系结构中为真，则该命题为真。原命题要素与命题经过关系结构解释后所得要素必须一一对应。例如面向对象编程中的实例化就是一种解释方式。在塔斯基模型理论中，关系结构即是命题模型。

举例而言，之前所述几何模型可使用一阶公理化命题来描述，将 M 加入笛卡尔平面，将 R 加入平面的线集合，一条线被定义为与平面上一点 (x_1, x_2) 相关以及被方程 $x_2 = mx_1 + b$ 约束的一元关系 $R(m, b$ 是线的属性参数)。三条公理命题能够通过 UML 被严格解释进入笛卡儿平面体系，每条解释的正确性都可以通过简单代数计算轻松验证得到。这可以反映出图形化语言在捕获系统命题信息的精确性与无歧义性，以及一阶建模理论的数学严密性。

2. 约顿结构化分析与设计理论（Yourdon structured analysis and design）

约顿提出了一种从行为视角出发的针对软件系统的基于模型开发途径。此外他还提出了一种称为数据流图的图形化建模语言用来支持他的方法。结构化设计基于的原则是：系统由模块构成，每个模块在个体层面都高内聚，在全体层面低耦合。内聚是基于功能性以及通信的。模块的高内聚性使得不同模块中的组件间的互动性达到最小化，于是也使模块之间的连接与耦合达到最小化。

约顿此外提出了一种结构化分析的理念，即对问题的本质说明应当与问题的解决方案严格区分。要完成这样的区分需要两种类型的模型，第一种是系统的本质模型，与部署实现无关；第二种是部署模型，与实现行为密切相关。这两类模型特点与公理系统中定义的两类模型是一致的：一种表示描述与说明；另一种表示解释与实现。

3. 怀摩基于模型系统工程（Wymore MBSE）

韦恩-怀摩是专注于研究工程系统模型化的先行者之一，他通过行为视角研究系统，把系统模型分为名称、状态、现状态输入输出、下一状态转换几个部分。怀摩主张系统设计目的是开发出足够强壮的系统模型，在以该模型为基线后，真实系统得以被制造、开发、装配，并且能够采用模型语言完成精确需求说明。怀摩将同态理论吸入自己的系统理念，系统模型之间的同态能够作为系统状态的映射以容纳其输入输出，在该方式下两个模型通过特定映射能够表现出相同的行为。功能模型与实施设计模型之间的同态能够保证设计的目标系统行为得以实现。这点与约顿结构化分析的理念有相似之处。

4. 克里尔与林的一般系统方法论（Klir and Lin general systems methodologies）

怀摩的同态理念是由林推广的。林给出了其代数定义：特定的，给定两个一般系统模型 $S_1 = (M_1, R_1)$，$S_2 = (M_2, R_2)$，如果对于每一个 r 属于 R_1，都有 $h(r)$ 属于 R_2，则 S_1 到 S_2 的映射 h 就称为一个同态。需要注意的是，在代数中映射 h 不允许对应到 S_2 中的多个值。克里尔用一般系统方法论对一般系统的理念进行了补全和完善。他认为问题的解决应当立足于抽象提炼或者分解解释。该方法论可以用来做系统描述与系统设计。

5. 纳姆公理化设计理论（Nam. P. Suh axiomatic design）

20 世纪 90 年代，纳姆做了大量的公理化设计理论的研究工作，其中有两条重要设计公理：①通过解耦功能性组件以最大化功能间的独立性。②最简化设计过程中的信息内容。第一条公理反映了约顿结构化分析中的理念。公理化设计使用结构流图来简要表达系统设计。该方法中有 3 个重要领域参数：功能需求（FR），设计参数（DP），过程变量（PV）。3 个参数由 A、B 两个矩阵连接。FR $= A[\mathrm{DP}]$，$[\mathrm{DP}] = B[\mathrm{PV}]$。这个例子中功能需求被表示为设计参数与系数（也可能是函数）的线性组合。设计方程被定义为 $r_i = \sum_j A_{ij} p_j$，r_i 为特定的需求变量，p_j 为设计变量，A_{ij} 为设计矩阵对 A_{ij} 与 p_j 的解答得自分析以及设计公理。类似地，设计参数与过程变量之间的关系也以此类推。

结构化设计中的一个模块对应设计矩阵中的一行。系统功能的独立性公理要求设计

矩阵 A 必须为三角矩阵。如果 A 还是对角矩阵，则每个 FR 都能够被一个 DP 独立满足，这种设计是非耦合设计。或者，DP 经过适当列变换后能够满足上述需求，则这种设计是解耦合设计。这两种情况之外的设计都是耦合设计，耦合设计违反功能独立性公理。

过去的半个世纪，学者们在研究模型理论领域取得了显著成就，形成了众多基于模型的方法来对系统进行描述、分析和设计。一般来说系统由物件、物件属性及物件之间关系构成。数学理论上，系统建模由塔斯基一阶建模理论、关系结构同态理论实现。在实践当中，一些以数学逻辑为基础，并且更加直观，更易于理解，便于交流的图形化建模方法被更多地跟进、研究、应用并实施于软件工程、系统工程之中。

三、现阶段系统工程特点与难题以及基于模型系统工程方法的提出

栾恩杰院士对于系统工程的认识是：系统工程不是工程系统本身，而是工程系统的建造过程。将全局思维、整体性思维应用到工程实践中，来解决工程系统中开发和管理的问题，采用的是系统工程方法。系统工程方法包含以下三个要素。

1）对系统问题进行全面的表达，做到不过简，准确无歧义，不混淆目的与手段，不混淆抽象与具体，不过度追求易行性而放弃精细与完美。

2）将顶层的系统问题逐层分解成为可被硬件、软件解决的各个小问题。

3）将小问题的解决方案逐层集成整合到系统中以解决顶层的系统问题。

现代的工程系统伴随着技术精细化与管理思想的发展，涌现出新特性与新特点，系统不只在整体复杂度上有了明显增加，更显著的是其软件密集的特性越来越突出，这导致其产生的庞大信息量与数据量成为系统工程活动中难以管理维护的严峻问题。传统的系统工程方法采用文档作为基线来组织构架系统工程活动，在现代系统工程中会生成大量各个方面及层面的文档，由此引发很多困难：

1）众多信息分散于各个文档，难以保证完整性与一致性。

2）传统工程说明文档对于复杂的，动态交互性强的活动难以描述，表达力不足，有时会产生歧义，导致工程人员交流时的误解。

3）工程细节难以维护与跟进，某处文档内容更改后，与该文档相关的文档都需要相应更改，工作量大，维护困难。

为了应对这些困难，也结合模型表示法以及图形化建模语言的优势，一种新的系统工程方法应运而生，这就是模型理论实践化的成果——基于模型的系统工程方法（model-based systems engineering，MBSE）。该方法引入特定的建模语言与工具，建模规范与流程，

以模型为基线来组织架构系统工程活动。工程中所有相关人员如利益方、设计方、实践方、验收方等，都能够着眼于公共认同的系统模型、在需求分析、结构分析、功能分析、性能分析、仿真验证等全阶段都围绕着该系统模型，进行设计、加工、反馈修改等活动，不断利用该模型来指导工程，也不断通过工程实践的反馈，来维护更新模型，以使得模型与工程并行前进。该方法的优势有：

1）表达能力强大，能够达到知识表达的无歧义性。

2）模型直观，模块化。提高工程活动中各个部门协作，交流沟通的效率。

3）具备一致性与完整性。系统模型涵盖工程全生命周期，包括需求、分析、设计、验证、确认过程。所有层级之间可贯穿，可追溯。

4）模型可以复用、重用。提高工程效率，避免无谓工作量。

5）提供多视角多剖面对于系统的审视，有助于尽可能在设计初期进行验证确认，降低风险与设计修改成本。

6）建模语言提供图形化模型的数据，语义基础以表达系统需求、行为、结构、参数方程等，这些模型元素都能够与其他特定工程计算工具进行集成，增强了应对软件密集、数据密集及其带来的复杂性的能力。

需要特别指出的是，基于模型系统工程方法是着眼于顶层的、全局的、工程生命周期的概念，而不是底层设计技术。

四、基于模型系统工程方法介绍

基于模型系统工程方法提出后，在工业用途和商业用途上得到了广泛的发展，在世界范围的不同行业中呈现百花齐放的态势，各大企业开发的方法层出不穷，除了方法流程，还有用来支持方法的工具与开发环境陆续面世。国际系统工程协会（INCOSE）最早开展这些方法的调查与研究，一些较有影响力的基于模型系统工程方法总结如下。

1. IBM 公司 Harmony 系统工程方法（IBM telelogic Harmony-SE）

该方法由 IBM 开发，主要面向嵌入式复合系统，它集成了系统开发与软件开发，有 IBM Rhapsody 工具作为支撑开发环境，该环境兼容 UML、SysML 等建模语言以及美国国防部标准 DODAF 等框架。该方法流程一定程度应用 Vee 形系统工程方法。主要的工程步骤包括需求分析、系统功能分析、架构设计。初始阶段从需求入手识别系统功能，进而分析系统相关的状态和模式，而后将系统功能分配到物理架构，总体思想是先分解再集成。该方法体系示意图如图 4 所示。

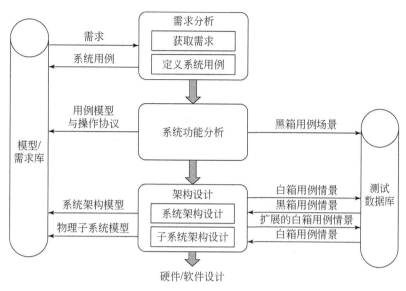

图 4　IBM 公司 Harmony 系统工程方法体系

2. 面向对象系统工程方法（object-oriented systems engineering methodology）

该方法支持面向对象模式，可以集成面向对象软件工程的优势。采用自上而下功能解构思想。建模过程通过 SysML 语言实现，来实现对于系统的说明、分析、设计、验证。该方法优势在于使得硬件开发，面向对象软件开发，测试三者之间更易于集成并行。该方法流程包含六个步骤：分析利益方需要；明确系统需求；明确逻辑架构；综合集成可选分配架构；优化与评估可选方案；确认与验证系统。任何商用 SysML 建模工具都可以用来支持面向对象系统工程方法。该方法流程示意图如图 5 所示。

3. 喷气推进实验室状态分析法（JPL state analysis）

该方法由美国喷气推进实验室开发。该方法提出了一套全新的工程系统建模理念。模型以状态为核心，状态被定义为时变演化系统的瞬时状况的表示、模型描述状态的演变过程。传统上，软件工程师需要将顶层需求解释为系统行为，希望能够准确获取系统工程师对于系统行为的理解，而这常常是无法显性得到的。但是在该方法中，基于模型的需求可以直接映射到工程系统软件部分的底层。该方法的特点和优势在于，状态被明确定义，并且状态的估计与状态的控制相分离，硬件部分的适配器提供受控系统与控制系统之间的唯一接口，并且在架构中强调目标导向的闭环操作，提供到软件部分的直接映射。该方法体系示意图如图 6 所示。

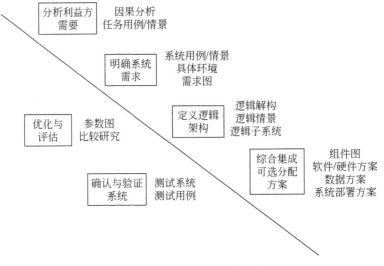

图 5　面向对象系统工程方法流程

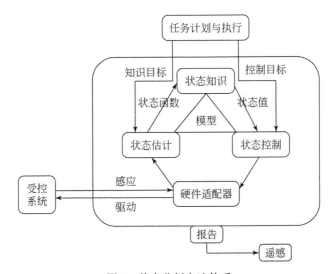

图 6　状态分析方法体系

4. 道利对象–过程方法（Dori object-process methodology，OPM）

道利定义了对象–过程方法来作为系统工程方法。该方法结合了可视化模型——对象–过程图（OPD）以及对象–过程语言（OPL）从而在一个集成的、简易的模型环境中表达系统的功能、结构、行为。该方法体系中，任何事物都能被视作对象或者过程。对象是普遍存在的，即使暂不存在，也有潜在的存在可能。过程，是对象的转换模式。状态，是对象的存在所处情形。值得注意的是，OPM 里面的"过程"与软件工程中的"过程"不同，OPM 中的"过程"有着更加特定的语义用来对对象进行转换。OPM 着眼于系统演化视角的全生命周期，拥有完善的建模机制来处理系统的整体复杂性。该方法体系示意图如图7所示。

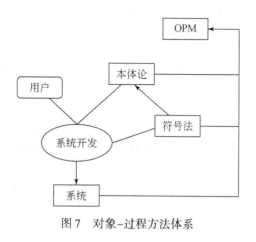

图7　对象–过程方法体系

五、基于模型系统工程方法发展总结

至此，我们能够整理出基于模型系统工程方法的发展脉络，由最基本的数学谓词逻辑演算构造的公理化系统作为出发点，通过比对公理系统与工程系统设计过程中的相似之处提出模型方法用于工程的可行性与科学性，产生出多种从数学、逻辑等角度出发的系统模型理论，之后为了更易行于工程系统产生出图形化建模语言，以 UML 为代表并推广应用于软件系统中，进而由 UML 进化扩展成为 SysML，增加了建模语言的效能与适用范围，从而能够适用于一般性系统乃至于工程系统。SysML 支持的模型分为三类：需求模型（需求图）、行为模型（用例图、动作图、时序图、状态图）和结构模型（模块定义图、内部模块图、参数图），由此可知在系统全生命周期的各个过程，包括需求获取、功能分析、部件设计、测试验证等过程都可以通过模型处理，工程各个方面的人员都可以在同一视角、同一体系下对系统展开相关工作，这样同一建模体系的意义在于工程人员终于能够做到无歧义地表达和交流，人们能够准确无误表达出自己的真实意愿与构想。所以说基于模型系统工程方法是着眼于顶层的、全局的、工程生命周期的概念，并非是某种专注于仿真和计算的全新方法，其目的是通过一个表述性模型将工程中的各个设计成分与分析部件联合在一起，解决了可扩展性、一致性、完整性的问题。需要着重指出的是，采用建模语言不一定意味着应用了基于模型方法，甚至不一定意味着应用了模型。在一致性的前提下采用建模语言才是真正的建模过程（［建模语言］+［一致性］=［模型］），未保证一致性的情形下采用建模语言只能是一个生成模型图的过程，不足以成为模型

（［建模语言］-［一致性］=［图画］）。所以说在工程之中，全生命周期过程的模型贯穿同一，全方面人员所使用的模型贯穿同一，这样的同一性、一致性才是 MBSE 的核心。实质上，MBSE 是一种理念，一种思想。在 MBSE 中，那些特定的建模语言（UML，SysML，OPL），或者建模工具（Rhapsody，EA），甚至建模途径（Harmony，JPL）都不重要，重要的是工程人员通过建模去认知问题，并且能够与其他人员通过模型来交流问题，倘若能够做到这般，那就契合了 MBSE 的理念。

六、未来发展趋势与展望

基于模型的系统工程方法要发展成为通用的、贯通学术界与工业界并且能够普遍适用于行业生产的标准化方法，还有一些不完善之处需要进一步发展加强，在下一阶段需要重点发展的主要有以下五方面。

建模语言自身需要进化发展。表达能力需要更强，适用范围需要更广。语法需要更加简洁，要能更适宜于不同领域人员之间的交流。

建模语言需要更多推广与认同。让更多系统工程师使用建模语言来表达其知识还有技能，推广建模语言在系统工程中的应用，最终目的是让建模成为系统工程的习惯与基线。

模型需要加强与仿真工具、分析工具的集成。使得系统模型与仿真，分析工具能够实现通信与数据交互。IBM 研究中心的 TakashiSakairi 等已经初步实现 SysML 与 Simulink 的集成。

建模工具互用性需要增强。系统模型遍布广泛的建模领域，硬件、软件、分析、测试等，并且模型间要能够通信、回馈、互用，这也依赖于下一阶段数据交互技术的发展与数据交互标准的确认及推行，Manas Bajaj 等描绘出下一阶段的协作系统工程开发体系，就是工具互用性发展到一定阶段的成果。

模型需要推广对于特定配置文件的支持。对于已有的标准流程框架比如 DoDAF、UPDM，需要建模环境中加入相关支持，在模型库中调入特定配置文件就可直接调用。

在下一个阶段，MBSE 拥有迫切的发展需要以及广阔的发展空间，在可以预见的未来，MBSE 的发展会经历六个重要阶段，如图 8 所示，并且会随之带来基于 MBSE 工程/商业成熟度与 MBSE 劳动力成熟度的提升。MBSE 发展的最终目的是为了形成系统工程业界通用的、统一的、贯穿各学科各剖面各周期的开发流程与标准，并且有着强大的支持各学科领域专业工具相互通信联动的开发平台的支撑。

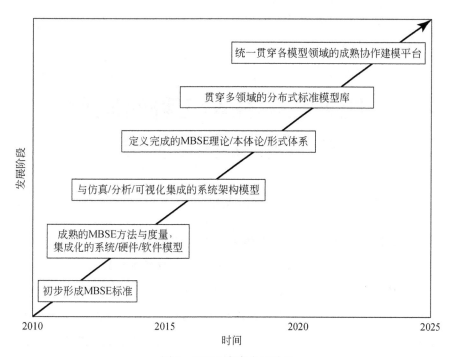

图 8　MBSE 未来发展阶段

系统方法论在军工科研院所统筹建设中的应用

王久东

王久东，1995 年 8 月毕业于吉林工业大学"机械制造工艺与设备"专业，后于运载火箭总装厂（211 厂）负责型号从零件、部段到总装测试全流程的研制生产和工艺技术工作，期间多次开展工艺攻关并获得厂/院/集团公司等 QC 小组奖、合理化建议奖等，完成《院标标准件工艺技术总结》等撰写。2005 年 4 月到中国航天系统科学与工程研究院工作，主要负责工程咨询与设计、国防科技政策管理和型号发展管理咨询等工作。曾获得中国国防科技工业企业管理现代化创新成果二等奖、航天科技集团管理创新一等奖。2014 年获得研究员高级专业技术任职资格，2005 年 10 月取得北航在职 MBA 学位，2017 年 9 月具备硕士研究生指导教师资格。

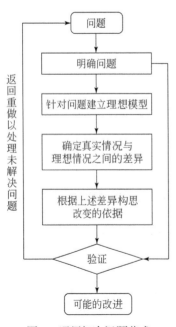

图 1　通用解决问题范式

系统方法论在系统工程中重点是讲"如何去做"，其本质是一个解决问题的方法论，并由此形成关于解决问题的范式。图 1 是通用解决问题的一种范式。

当然通用解决问题范式不是唯一的解决问题的范式，还有另一个在广泛使用的——系统工程范式。图 2 以图解形式给出了这种范式的版本之一。图 1 和图 2 相比有一个明显的不同之处：图 1 强调的是问题，但是很少提及解决方案；图 2 强调的是解决方案，以及如何得到此方案，但是很少考虑到问题本身。图 3 则显示了将两个解决问题的范式结合成的系统方法论的功能/流程图。本文基于此研究探讨了系统方法论在某军工科研院所统筹建设中的应用。

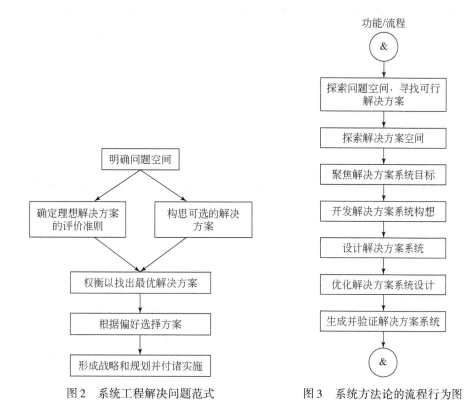

图2　系统工程解决问题范式　　　　图3　系统方法论的流程行为图

一、明确复杂的问题和难题

由于历史原因，我国的军工科研院所一般是以封闭式园区形式进行建设的，属于一种特殊的企业园区；绝大部分军工科研院所主要是依靠国家财政投入、以系统思维和系统工程方法统筹建设完成的。当然，在欧美国家也存在这种企业园区。国外多以促进特定技术或高新技术及产业形成和发展而形成的特定区域，园区的形成主要是依靠企业的科技实力和前期发展基础，当然也不乏国家层面的引导，例如美国斯坦福科技园、德国慕尼黑科技园区、日本筑波科技园区等都是这方面的代表，为本土高新技术企业、特别是军工企业发展做出了极大贡献。在我国，军工科研院所的建设在国防军工事业发展过程中也发挥了突出的支撑作用，但是军工科研院所这种园区的建设是一项浩大、烦琐的工程，耗时长、覆盖面广、投资大，如果对厂房、道路、取暖、供电、消防等各项基础设施以及主体工程没有详细的建设规划，将会导致建设过程陷于杂乱无章的状态。

本文以军工某研究院（以下简称该院）为例，探讨系统方法论在军工科研院所统筹建设中的应用。该院总占地面积约2000亩，园区具有占地面积大、园区投资额度大、建设周期长的特点，另外不断增加的型号任务对其现有能力条件提出了更高的要求，新时期内涵式集约化发展的需求也与原有已经形成的较为零散的科研生产布局产生了冲突和不协调。如何在国家努力形成全要素、多领域、高效益的军民融合深度发展格局的战略形势下，通过统筹建规划，建设布局合理、能力匹配、流程科学的军工科研院所势在必行。

二、探索解决问题空间

为了重组该院现有资源，解决影响科研生产能力条件的结构性问题，既需要能力的统筹建设与资源重组有机结合，均衡协调整体局部以及军民融合发展，也需要能力建设投入和效益统筹，才能有望解决园区资源零散、通用性不高、能力不足和基础薄弱等问题。

国防军工科研院所的统筹建设是一个覆盖多方面、多部门、多技术领域的复杂工程系统（图4），建设过程中既受到国际形势、国家体制机制、政府政策、军方任务、市场需求的影响，又涉及院所的人力、物力、财力的综合管理，各部分元素相互作用、相互依赖有机的影响统筹建设的整体效果。因此，系统工程方法是组织管理统筹建设工程系统的有效手段。以系统方法论指导的统筹建设将成为军工院所促进资产合理流动、优化资产组合构架、提高资产使用效能的最有效渠道和重要的建设模式。

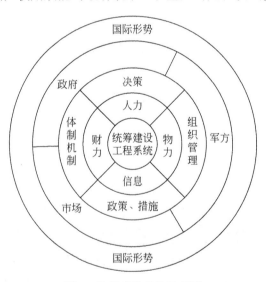

图4　统筹建设系统示意图

三、聚焦解决方案系统目标

2008年起，该院在"一次创业"完成要素积累的基础上，对原有科研生产区域及设施进行了总体规划布局；通过多渠道筹集资金和相关国拨项目建设，在"二次创业、市场化转型"的思路牵引下开展了以"合理使用与提高资产效能"为目的科研生产区统筹建设；在系统工程方法指导下，修订了园区统筹建设相关组织管理办法，成立了能力建设系统工程指挥部，在综合考虑宏观复杂环境影响基础上，对园区统筹建设工程系统进行了合理分解、有效实施及过程管控。

四、开发解决方案系统构想——合理分解统筹建设工程系统外部影响因素

园区统筹规划建设工作开展之初，针对国家政策措施方面，该院系统工程指挥部编制了科研生产区统筹规划方案并上报了国防科工局，使统筹建设工作完全符合国家及地方法律、法规，并很快取得正式核准意见，明确了该院未来科研生产体系和核心能力统筹建设的规划目标和区域布局，保障了园区统筹建设的政策符合性。

在应对政府组织管理方面，该院通过向北京市规划委员会备案统筹规划方案，将该院科研生产区统筹建设纳入到了北京市总体规划中；先后组织协调北京市对外联络服务办公室（现政务办公室）、北京市规划委员会、北京市住房和城乡建设委员会建立该院统筹能力建设工程前期报建手续政府行政审批绿色通道，解决科研生产区道路规划、控高、绿化率等控制性指标不满足建设需求的问题。规范完成以科研指挥大楼、仿真及电气综合试验工房等为标志的27万平方米的军工能力建设工程报建，100%完成规划（施工）许可等各项行政审批手续。

五、设计解决方案系统——综合集成人力、物力、财力、信息，解决突出、核心问题

该院建院的半个多世纪以来，科研生产区的权属主要由周边围墙进行确认，一直未有相应的文件及正式确认的法律手续，成为实施园区统筹建设的壁垒。系统工程指挥部通过与北京市国土资源局协调，主动推动周边8家单位的土地确权签字，使得科研生产区土地证全部办理完毕，完整地获得了科研生产区土地的合法使用权，土地权属关系正式具备法律效力，结束了50多年权属不明确的历史，彻底解决了该院统筹建设规划方案实施的瓶颈。

在统筹建设过程中，该院还解决了之前多个投资建设项目竣工验收手续不全的问题。通过在院内召开专题会、协调会的形式，该院将手续不全的历史客观原因形成书面材料，

上报政府部门并获得主管部门认可，进而得以完成报建手续补办，使相关建设单位免于处罚，从而保证了项目验收，避免了对后续申报项目的影响。

六、优化解决方案系统设计——建立系统化管理制度，实施有效过程管控

在科研生产区统筹建设实施的过程中，搬迁调整工作由于涉及单位多、范围广成为重中之重。在区域搬迁调整推进过程中，该院制定了规范的《科研生产区统筹建设拆迁管理办法》及配套工作流程图，并开展了全面的风险分析工作，制定了该院《能力建设系统工程指挥部搬迁调整风险评估管理办法》，针对不同单位、搬迁调整的不同阶段进行了风险识别、估计和评价，研究了相应的风险应对措施，有力保障了该院统筹建设搬迁调整工作的实施。截至"十二五"中期，该院累计完成科研生产区建筑面积约18万平方米的搬迁调整工作，涉及院内及院外单位20余家。

七、生成并验证解决方案系统

国防军工科研院所的统筹建设是一项具有艰巨性、复杂性的系统工程，涉及多个领域、多个行业、多个部门，需要各个方面协同用力、整体推进，在深入研究国防科技工业能力建设规划和投资政策的基础上，把握好自身能力建设统筹规划方向，做好核心能力建设和未来发展规划的衔接与配套。为保障统筹建设目标的实现，必须关注以下几点：

1. 与政府有效对接

由于军工科研院所鲜明的国防科技工业的特殊属性，其统筹建设规划均必须由国家批复建设，必须与所属地方政府规划整体匹配，通盘考虑。因此，在开展科研生产区统筹建设的过程中，应与政府相关部门有效对接，促成园区科研生产区统筹建设与当地经济发展的军民有效结合，是实现军工科研院所统筹建设规划方案落地的基础。

2. 优化建设实施流程

鉴于以往的建设经验，在开展军工科研院所园区统筹建设之初，分析院所所在区域对科研生产区的规划控制指标，合理规划布局，结合统筹建设目标梳理工作流程，明确实施短线，优化调整实施流程等是提高统筹建设效率的有效手段。随着最新一次军品科研生产能力结构调整工作的推进，军工科研生产单位将面临更强的市场化冲击和更加错

综多变的竞争环境，基于持续发展的战略考虑，加强流程型内部控制管理，优化原有能力建设实施流程，是军工科研院所统筹建设有力的保障。

3. 改进管理模式

在以往的科研生产区的建设过程中，许多军工院所均采取单点式、分散化的管理模式，导致园区建设的内外协调力度不够。建议军工科研院所的统筹建设应由专一部门组织进行集约化、系统化的管理，建立专职工作小组，明确责任人分工，明确各职能部门任务，统一对外协调的管理机制，促进对外协调的力度和有效性；建立与型号任务实际结合的项目矩阵式管理体系。

4. 坚持多层次多方位统筹

在统筹建设过程中，应坚持多层次全方位统筹，这是军工科研院所统筹建设的关键。既要解决研制生产短线满足当前型号科研生产，又要着眼今后更长时期的技术与产品发展；既要支撑重点专业、重点单位发展，还要做到能力建设全局的均衡协调；既要做好能力提升又要兼顾调整改革，实现整体建设效能最佳；最后，还要做好军民两个领域能力建设的统筹，在为军品科研生产提供保障的同时，能够促进军民融合产业化发展，推进军工科研院所向系统效益最好、能源效率最高的军民深度融合方向发展。

第四部分

系统工程观点集萃

钱学森引领中国空间科学事业不断前进

李颐黎

李颐黎于 2014 年 8 月 13 日在接受"口述钱学森工程"访谈时指出:"钱学森不仅仅是人民科学家,更重要的是伟大的思想家。我们怀念钱学森最好的行动是传承钱学森的光辉业绩和科学思想。"1958 年毛主席在党的八大二次会议上发出了"我们也要搞人造卫星"的号召。中国科学院把人造卫星列为 1958 年第一项重点任务,成立了以钱学森为组长,赵九章、卫一清为副组长的领导小组,负责筹建三个设计院,其中第一设计院(代号 1001 设计院)负责研制人造卫星及其运载火箭,这就是 1001 设计院的由来。1001 设计院的对外名称是"上海机电设计院"。钱学森对上海机电设计院特别支持,仅 1960 年,他就三次亲临上海机电设计院,到发动机试车现场或发射现场指导工作。李颐黎、孔祥言、朱毅麟、褚桂柏四人于 1963 年 2 月到 1964 年 7 月,在北京接受钱学森的指导,跟随他工作和学习。钱学森每个星期都要接待四弟子一次,每次两到三个小时。四弟子向他汇报工作学习情况,然后钱学森布置下一周任务。钱学森指导四弟子进行了我国第一颗人造地球卫星运载火箭和返回式卫星的方案论证和方案设计。在 1975 年返回式卫星获得成功中,钱学森发挥了关键性作用。在 1986 年至 1990 年的中国载人航天技术发展途径研究中,钱学森支持了中国载人航天以飞船起步。2003 年"神舟五号"飞船成功发射证实了钱学森的意见是正确的。

(李颐黎:航天五院 508 所研究员)

注:以下文章按访谈时间排序。

钱学森的教诲让我终身受益

孔祥言

孔祥言于 2014 年 10 月 24 日在接受"口述钱学森工程"访谈时深情回顾了钱学森领导创建中国科学院力学研究所、第一设计院和卫星设计院的峥嵘岁月，他指出："钱学森是一位深谋远虑的科学大师。他在立足当前工作的同时，总要放眼未来，为下一步工作做好准备。"钱老提出在基础科学和工程技术之间有技术科学这个层次，其代表性的就是力学。钱老强调力学要结合国民经济、国防建设进行应用，这个思想对我影响很深。钱老不仅深入研究教育理论，提出从理工结合教育到大成智慧教育转变的理念，而且亲自办班、授课。钱老对教育和人才培养的执着精神，可以概括为八个字：呕心沥血、身体力行。钱老姓钱，但不爱钱。钱老的《工程控制论》获中国科学院 1956 年度自然科学奖一等奖，1957 年初发奖金 1 万元。当时国家动员购买爱国公债，中国科学院力学研究所动员时，钱老把这 1 万元全部认购了公债。此次公债从第二年起分 8 年抽签偿还。1961 年 12 月，钱老给科大 58 级、59 级学生讲授《火箭技术概论》时，看到班上好多学生经济比较困难，他把这笔钱的本息 11500 元全部捐给学校帮助学生，这在当时是个天文数字。钱老指导青年科技工作者研究空间技术时指出：一些问题，看起来很复杂，把它分解开来看，无非是涉及数学、物理、化学方面的知识，只要认真去学习、去钻研，就不难解决。钱老的这些教导使我终身受益。

（孔祥言：中国科学技术大学教授）

钱学森系统科学思想指引我国管理科学发展

汪应洛

汪应洛于 2014 年 11 月 19 日在接受"口述钱学森工程"访谈时指出："钱老所开创的系统工程学科一直指引着中国系统工程的发展，同时系统工程也为社会经济发展做出了巨大贡献。"钱学森倡导通过研究系统工程来研国家的经济社会事业发展问题。他曾提到，控制论的奠基人维纳曾说过，把自然科学当中的方法推广到人类学、社会学、经济学方面去，能在社会领域取得同样程度的效果。系统工程在自然科学、工程技术和社会科学之间构筑了一座伟大的桥梁。现代数学理论和电子计算机通过一大类新的工程技术，为社会科学的研究添加了极为有用的定量方法、模型方法、模拟实验方法和优化方法。要发展系统工程，仅靠少数人推广是不行的，需要大量的培养人才。所以，按照钱老的意见，国家开展了系统工程教育工作。20 世纪 80 年代初期，在钱老的倡议下，成立了中国系统工程学会，钱老对中国系统工程学会非常关心和支持，支持了很多学科应用系统工程。钱老不仅关心系统工程人才的培养，他也很关心我们国家的管理科学人才培养。钱老的系统工程思想和系统科学思想，引导我们国家管理科学与工程学科的发展。钱老是国家管理科学发展的引路人，他在人才培养上也提出了很多具体建议，他曾提出学管理的人应该用系统思维去考虑问题，用系统思想去组织管理工作。同时，他也提出要用最先进的科学技术管理企业，很早就鼓励管理科学工作者要研究计算机、研究运筹学等。所有搞管理工程体系的学校，一般都把系统工程作为必修课。钱老引领了国家管理学科的发展，而且他的思想和理论不断地哺育着我们。我们现在要创新、要发展，但钱老的思想始终指引着我们。

（汪应洛：中国工程院院士，西安交通大学教授，管理学院名誉院长）

系统工程是根植于航天科学研究
与工程实践的科学方法论

姜延斌

姜延斌于 2014 年 11 月 21 日在接受"口述钱学森工程"访谈时指出："钱老对航天的贡献很大，钱学森就是个旗帜，是个标杆。"姜延斌 1960 年 3 月到国防部五院一分院工作，被时任五院副院长兼一分院院长的钱学森任命为一分院科技部部长。在钱学森的领导和组织协调下，姜延斌带领一分院科技部人员学习参考不同单位管理经验，结合航天型号系统工程特点建立起一整套科研、财务、采购和人事管理制度，理顺了航天工业单位内部的科研分工和组织管理关系，为中国特色航天科技事业的建立和发展提供了制度保障。钱学森将一分院的型号科研任务划分到下属的各个部门和研究所，按照系统工程思想将导弹系统分解为动力系统、控制系统、遥测系统、地面设备系统、弹体系统五大系统。一院总体部作为型号抓总单位负责大系统的设计工作，钱学森对一部领导梁守槃说："导弹工程是一个复杂的系统工程，工程实质上牵扯到方方面面非常复杂的情况。怎样把这个系统理顺，让它能够顺利地进行，就需要系统工程的概念了，每搞一项工作都要把方方面面的影响，中间的关系、联系弄清楚。应用了系统工程，有了顺序，执行起来，复杂的情况下可以简单化，一项一项地都能够顺利完成，整个系统也就可以和睦，到最后整个工程也能够得到很好的解决。"钱老的系统工程思想是解决航天型号科研分工的关键，是根植于航天科学研究与工程实践的科学方法论。钱学森的贡献很大，把钱老的点点滴滴和事迹收集、整理和挖掘出来，写成材料，很好的。

（姜延斌：曾任国防部第五研究院一分院科技部部长，七机部 602 基地党委书记）

钱学森精神具有丰富的科学内涵

柳克俊

柳克俊于 2014 年 11 月 27 日接受"口述钱学森工程"访谈时指出：钱学森不仅是热爱祖国、勇于创新的科学家，也是高瞻远瞩、严谨治学的教育家，学习钱学森精神是学习系统工程的一部分。钱学森在美国学习工作 20 年，始终心系祖国，对中国的传统文化也有很深刻的研究。在与美国进行系统工程交流的过程中，钱老强调一定要吸取人家的长处，同时一定要发扬中华民族的特色。钱老指出，中国有五千年的文化，人才济济，主要是怎么组织好，怎么样用好。钱学森通过吸取各方面的经验，从我国的实际情况出发，在极端困难的情况下把导弹、卫星研制出来，体现了创新精神。"文化大革命"结束后，钱学森首先提出把总体设计部经验推广应用到其他领域，并提出要在学校建立系统工程系，培养系统工程人才，还要成立系统工程学会，创建系统工程刊物。钱老极具前瞻性地认识到计算机及网络技术在系统工程领域的重要性，并提出发展互联网是一项重大的系统工程。钱学森精神具有丰富的内涵，值得我们认真学习领会。

（柳克俊：国防科技大学教授，曾任中国系统工程学会信息系统工程专业委员会主任）

创建现代科学技术体系是
很了不起的壮举

汪 浩

汪浩于 2014 年 12 月 4 日接受"口述钱学森工程"访谈时指出：钱学森提出的现代科学技术体系对于大学以及研究生阶段的学科设置具有重要意义，尤其是数学与系统科学的单独划分，更值得我们深思。钱学森对于前沿的科学技术十分敏感，遇到问题总是第一时间弄明白，然后投入到实际应用中。钱学森考虑问题视角十分长远，要为 21 世纪培养人才，钱学森在筹备与组建国防科技大学，瞄准的目标就是"21 世纪中国需要什么样的人才？军队需要什么样的人才？"钱学森首次提出用学科设系，按照学科划分门类，把科学划分为自然科学、社会科学、数学科学、系统科学，思维科学、人体科学……这个学科系列是随着时代变化的，但都是认识世界，改造世界。钱老的学科划分不是僵死的，随着时代，可以一步一步发展，用这个方法组建学校，是很了不起的壮举。钱老在创建科学技术体系的过程中也充分结合了自己的实践，他结合自己在麻省理工学院、加州理工学院的求学经历，从国际上的潮流、发展趋势出发提出走理工结合的发展道路。1979 年在钱学森倡导下，国防科技大学设立系统工程与数学系（简称"七系"），也就是现在的信息系统与管理学院。在建立系统工程与数学系之后的短短数年就取得巨大成就，充分证明了钱学森学科划分的科学性。

（汪浩：少将，国防科技大学原政治委员）

军事系统思想促进军事科学理论方法的创新发展

袁文先

袁文先于 2015 年 3 月 30 日接受"口述钱学森工程"访谈时指出：钱学森对军事科学研究倾注了大量的心血。钱学森同志关于"军事系统思想""军师科学体系""信息化战争""从定性到定量综合集成"等重要论述，有力地促进了军事科学理论方法的创新发展。钱学森精神是值得我们深入学习和发扬光大的一笔高贵财富。我国于 20 世纪 50 年代在军事院校中着手进行军事系统工程的研究。军事系统工程是运用系统科学的理论和定量与定性的方法，对军事系统实施合理的筹划、研究、设计、组织、指挥和控制，使各个组成部分和保障条件综合集成为一个协调的整体，以实现系统功能与组织最优化的技术。它是军事上应用的系统工程，是现代参谋组织、现代作战模拟、现代通信、计算机和网络等技术密切结合的体现。系统工程广泛用于国防工程、武器研制、军队作战、后勤保障、军事行政等各个领域。军事系统工程作为系统工程最先应用的领域之一，至今仍然拥有强大的生命力，巨大的发展空间，是系统工程重要的应用领域。

（袁文先：国防大学信息作战与指挥训练教研部原主任，博士生导师）

钱学森是当之无愧的"中国导弹之父"

张文杰

张文杰于 2015 年 5 月 11 日接受"口述钱学森工程"访谈时指出：钱学森作为中国导弹事业的组织者，知识渊博，思想觉悟高，"中国导弹之父"的称号当之无愧。在国防部第五研究院三分院选址时，钱学森就提出搞导弹是一个很大的系统，必须依靠全国的力量，只靠自己的队伍很难完成这项任务，必须借助大学和科学院的力量。在导弹研制过程中，钱学森充分利用自身的专业知识，为我们这帮年轻人讲课，使我们能够快速进入工作岗位并承担起研制重任。钱学森知识渊博，头脑清晰，对很多领域的知识都很了解，见识非常广。航天系统人员和部门众多，环节复杂多，能够把他们统一管理起来，体现了钱学森统筹全局的能力。钱学森通过结合各个领域研究人员的不同意见提出了系统工程，并将系统工程这一理论不断拓展，应用到社会建设的其他领域。钱老的贡献，不仅包括导弹领域，对社会经济等方面贡献也非常大。钱学森对下属，尤其是年轻人十分关心，在许多学术问题上起到了协调和平衡的作用。钱老有那么多的贡献，十分虚心，始终保持谦逊的态度。"东风五号"导弹任务是钱老抓总的，在"东风五号"导弹任务完成之后，汇总了一本书叫《弹头气动学术报告》，请钱老作序签名，钱老不签。钱老的秘书王寿云告诉我们，不题词、不签名、不为人写序，这些是钱老做人的原则。一开始我们不太理解，可慢慢接触多了，我们都为钱老的这种高贵品行深深感到敬佩。

（张文杰：曾任国防部第五研究院空气动力研究所副主任、主任、七机部 701 所所长等）

钱学森指导哈军工的系统工程学科建设

高学敏

高学敏于 2015 年 5 月 19 日在接受"口述钱学森工程"访谈时指出：自己是哈军工的学员，曾就系统工程专业问题拜访钱学森，并对钱学森与哈军工的关系做过深入研究，知道钱学森与哈军工有着重要的联系和深厚的情谊。哈军工所有的干部和学员，提起钱学森来都是感慨万分，认为钱老是一个科学巨匠，是培养人才的大师，是青年人的人生楷模，也是我们哈军工最好的朋友。1969 年年底，根据国防科委的要求，哈军工要组成一个教学小组，进行教学改革的调查研究。当时，钱学森任国防科工委副主任，对此事十分关注，他说："哈军工一定要有系统工程的观念，一定要有系统工程这样的院或者系，不仅仅设置系统工程课程，还应该按照学科来分类，一级学科设置院，二级学科设置专业。特别是在现代社会搞一个大工程，一个或者几个专业是搞不成的，它是一个立体的、大的、综合的工程，是系统工程，每一个学员都要培养这种系统的、从全局考虑问题的理念，这是我们培养军事工程技术、高级工程技术人员所必需的一种理念。"钱老对系统工程的定位、人才培养、学科专业建设等提出了大量指导性意见和建议，为哈军工系统工程学科发展打下了良好的基础。哈军工在成立各个学院和系的时候，就听取了钱老的建议，在学科上相应做出了设置。在钱老的建议下，哈军工的空军系设立第七科，即导弹科，后来组建成导弹系，就是这样发展了哈军工的导弹专业。钱学森对哈军工情谊非常深厚，他曾经在 1955 年与 1959 年两次专程到哈军工去视察、指导工作，对哈军工的建设非常重视，多次通过谈话、座谈、写信的方式对哈军工的建设提出他的想法。1959 年，钱老第二次去哈军工时，曾讲到："我们的火箭事业有了两个翅膀，一个是航天五院，一个就是哈军工的空军系导弹科，有了这两个翅膀，中国的火箭一定会飞上天"。

（高学敏：正军职少将，曾任中国人民解放军海军工程大学政委）

系统思想和理论指导航天科研发展

许祖凯

许祖凯于 2015 年 5 月 20 日在接受"口述钱学森工程"访谈时深情回忆了自己曾在钱学森理论和思想指导下主持和参与飞航导弹的科研生产和航天三院的组织管理工作。他指出："两弹"工程是中央根据钱老系统工程论的思想提出了发展导弹的一系列的理念、方针、政策和发展道路。没有钱老，就不会制定国家航天发展的具体方针、政策、机制和道路；没有钱老，就不可能在国家导弹事业、航天事业的起步阶段培养出一大批推动国家航天事业发展的技术骨干。在当时，我们这些年轻人对导弹和航天知识知之甚少，钱老培养了这么一大批骨干，制定了具有中国特色的航天事业发展道路，提出了"以自力更生为主、学习外国为辅"发展方向，提出来两条指挥线、三步棋这些具体的方针与政策，国家发展航天事业的体制、机制、指导思想、发展道路确立下来了，使国家的航天事业发展走上了科学、正规的发展道路。所有这一切，钱老的贡献是绝对的。我们称他为"导弹之父""火箭之父""航天之父"是非常恰当的。钱老在我们具体工作当中的影响，就是利用他的理论和思想来指导我们的工作，比如说系统工程。所谓系统工程，就是在技术上要抓系统，工作方法上要系统抓。到后来就设立了两条指挥线：行政指挥线和技术指挥线。两条指挥线的确立在航天工程的发展实践中起到了关键性的作用。

（许祖凯：中国航天科工集团公司三院研究员）

钱学森为丰富和发展马克思哲学做出贡献

魏宏森

魏宏森于 2015 年 5 月 28 日在接受"口述钱学森工程"访谈时指出：与钱学森在哲学问题、科学方法论问题、认识论问题等方面的研究讨论对他有着重要的教育和指导意义。从 1979 年到 1996 年，在与钱老师交往的这 17 年中，从向钱老请教"控制论方法与系统方法"到组织一个研究班子跟他一起搞研究，在马克思主义哲学研究方面有了全新的认识。通过与钱学森同志长期的讨论交流，对钱学森跟清华大学以及钱学森对科学技术的贡献、对哲学的贡献有了更深刻的认识。钱老是中国近代近 100 年来，难得的世界级科学大师。他在基础科学、技术科学、工程技术三个领域里有许多创造性的工作，出版了许多著作。钱老建立的现代科学技术体系，不仅为现代科学技术发展指明了方向，而且为马克思主义哲学的发展提供了丰富的素材和新的思路。钱老的现代科学技术体系是一座桥梁，系统论和自然辩证法等，都是丰富和发展马克思主义的一些具体构想。

（魏宏森：清华大学教授）

系统学的建立是一次科学革命

姜 璐

姜璐于 2015 年 5 月 28 日在接受"口述钱学森工程"访谈时指出：钱学森在系统科学与系统工程方面有巨大的贡献。钱学森不仅是一个搞技术的科学家，他在基础学科，特别是数学、物理这些最基本的学科上也有很深的造诣。钱学森在参加"系统学讨论班"时，每次报告完后，钱老都要对一些报告进行评论。他的这些评论，无论是对于年纪比较大的科学家，还是刚刚从事该领域研究的青年工作者，都有非常重要的教育意义。钱学森认为搞研究不是做一个模型，搞几个数据，写一篇论文就完了，这不能解决实际问题。钱老主张不仅要了解自然，而且要利用自然，要考虑为生产实际服务。做基础研究也一定要考虑应用，而不是纯粹的不结合实际地做研究，既是搞基础问题研究，也要想到这些基础研究有什么用处。钱老倡导建立起的系统科学对整个学科的构架和推动起了非常大的作用：一是钱老在系统科学里讲到研究的对象是整个客观世界，不同的学科只是从不同的角度，不同的方面对于这个世界的研究。任何一些学科之间的区别，只是研究角度的区别，研究方面的区别，而不是客观对象的区别，这一点不仅仅是对于系统科学的，而是对于整个科学技术这个大的方面来讲。二是把系统科学所研究的对象分成了简单系统、简单巨系统、复杂适应性系统和开放的复杂巨系统四类。针对不同类别的系统问题，采用相对应的方法进行研究。创建系统学是一次科学革命，它的重要性不亚于相对论和量子力学。我们一直在试图沿着钱老系统科学理论方向进行研究，探索这些复杂系统所满足的规律，探索如何运用系统科学促进发展，如何与实际情况进行结合，对教育、社会、经济、金融等方面的问题进行研究。

（姜璐：北京师范大学教授）

钱学森与西北工业大学的渊源

胡沛泉

胡沛泉于 2015 年 6 月 2 日在接受"口述钱学森工程"访谈时指出：自 20 世纪 30 年代起，西北工业大学（包括它的前身之一交通大学航空工程系）就和钱学森在航空航天事业的道路上几乎同步地前进，经常互补或相互帮助，自然形成了密切关系。第一，交通大学（在上海）在 1934 年毕业生中有 14 人被选中赴意大利及美国学习航空工程，钱学森即是被选赴美国学习的唯一交大 1934 年毕业生。1952 年交通大学、南京大学（原中央大学）、浙江大学 3 个航空工程系的全部师生员工即成为在南京新成立的华东航空学院的师生员工。1956 年评的二级以上教授 7 人及 1985 年中国大百科全书航空航天卷的 11 名国内科技专家。第二，1957 年 2 月周总理正式任命钱学森为国防部第五研究院第一任院长，西安航空学院正是由华东航空学院这个强校内迁西安后改名的，1957 年 6 月，钱学森为西安航空学院师生们题词，指出星际航行是航空科技的方向。50 多年来，西北工业大学航天学院已为国家培养了科技人才 5000 多名，成为中国首次载人航天飞行做出贡献单位的两所高校之一。第三，1960 年以后，西北工业大学飞机系主任，黄玉珊教授经常参加全国性强度活动，包括与国防部第五研究院业务接触。1964 年 5 月 8 日周总理在国务院任命书上签字，任命黄玉珊兼国防部第五研究院一分院第五研究所所长，进一步密切了西北工业大学与钱学森的关系。第四，1958 年钱学森来到西北工业大学，在一个简陋的展示室，对大四学生周凤岐等设计的探空火箭发动机项目表示出极大的兴趣，并鼓励他们敢于干自己不熟悉的东西。此后周凤岐教授长期从事激光制导并不断取得进展。第五，西北工业大学还有不是航天学院的毕业生，但在航天事业上却做出贡献。如原中国航天科技集团公司总经理张庆伟，他是西北工业大学 1982 年飞机设计专业毕业生，又在 1985 年以后在飞机系攻读飞行器设计控制理论及应用方向的硕士学位。

（胡沛泉：西北工业大学教授，《西北工业大学学报》主编）

钱学森心系西北工业大学宇航工程系发展

陈士橹

陈士橹院士于 2015 年 6 月 3 日在接受"口述钱学森工程"访谈时指出：1957 年 2 月周总理正式任命钱学森为国防部第五研究院第一任院长，急需航天专业人才；西安航空学院正是由华东航空学院这个强校内迁西安后改名的，自然吸引了钱学森的重点注意。1957 年 6 月，钱学森为西安航空学院师生们题词，指出星际航行是航空科技的方向；今天回顾，这是巧妙暗示要搞运载火箭、需要这方面的人才。1958 年西北工业大学开始为国家培养航天方面的人才，并与 1959 年正式成立宇航工程系。在 20 世纪 60 年代中后期到 80 年代初，由于体制的原因，宇航工程系面临着被"撤并"的严酷现实。当其他高校对这些专业相继归并或撤销的时候，航空工业部也曾经有想法要撤掉西北工业大学宇航工程系。可能就是钱学森的支持，宇航工程系才得以保存下来，直到后来发展壮大成为现在的航天学院，成为以航空、航天、航海为三航特色的西北工业大学的重要一翼。在那段艰苦卓绝的岁月中培养的大批骨干教师，成为 20 世纪 90 年代我国航天大发展时代学科建设的主力军，所培养的毕业生成为国家航天和国防事业的顶梁柱。

（陈士橹：著名飞行力学专家、教育家，中国工程院院士，西北工业大学教授）

钱学森对导弹控制专业的指导意义

周凤岐

周凤岐于 2015 年 6 月 3 日在接受"口述钱学森工程"访谈时指出：钱学森对导弹控制专业极为重视，并简述了与钱学森的几次会面情况。第一次会面，1959 年 9 月，钱学森来到西北工业大学考察探空火箭研究，提出"火箭的稳定系统"与"火箭达到最高端的数据获得"两个问题，并鼓励高校培养出更多人才输送到五院，祝愿探空火箭工程能够成功。之后周凤岐与钱学森的 3 次会面中，主要探讨"关于导弹专业要不要单独设置问题"，导弹类专业包括：导弹弹体、导弹火箭发动机、导弹控制制导这一系列的问题，飞行力学。周凤岐曾在钱学森参加的讨论会中提出 3 个观点：一是当前国家急需大量导弹类专业的学生。二是导弹类专业和航天类专业，这两个学科是一个大的学科，但是在国家具体条件下，为了培养急需人才，应该抓住它的不同点来发展这两个学科。三是 60 年代初期到现在，积累了很多经验，应该想办法怎么把导弹类专业搞好，导弹类专业和航天类专业的合并问题等发展了以后再根据情况定，当前不能急于下结论。周凤岐的这 3 个观点得到了钱学森的高度赞同。经过几次会议之后，国家专业目录里面就把导弹类专业、航天类专业都保留了下来，这与钱学森的态度极为关键、极为重要。西北工业大学的宇航学院，以及后来北京航空航天大学、南京航空航天大学、哈尔滨工业大学也相继建立导弹专业，这是钱学森的一大功劳。

（周凤岐：西北工业大学教授）

钱学森对西北工业大学建设发展中的指导思想

李小聪

李小聪于 2015 年 6 月 3 日在"口述钱学森工程"工作中指出：钱学森不仅是一位杰出的科学家，而且是对科学家全部含义的诠释。在西北工业大学师生心里，钱学森是一位杰出的科学家、一个航天科技领域的领导者、一个和蔼可亲的老师，更倾注了一段与西北工业大学难舍难忘的情缘。第一，"破例"的两次题词。钱学森一生做人有四条原则：不题词，不为人写序，不出席应景活动，不接受媒体采访。令人惊诧并颇感荣耀的是，钱老一生先后两次为西北工业大学（及西安航空学院）师生题词，给予了殷切的关怀和深深的激励。第二，难忘的一次握手。钱学森于周凤岐握手，对周凤岐等设计的探空火箭发动机项目表示出极大的兴趣。就是这次握手，让一群当时还懵懵懂懂的年轻人坚定了献身科学的信心。第三，思想上的创新。钱老表示，研究生最好要交三篇论文：一是业务学术论文；二是业务发展史的唯物辩证分析；三是业务的科普分析。西北工业大学马列主义教研室在哲学理论和自然辩证法原理上不懈探讨，并用以指导学术研究和工程技术实践，取得了显著的成效。第四，一位永远的老师。西北工业大学在长期的建设发展中，得到了钱老的关心与指导。钱学森留给西北工业大学人的思考创新，是摆在西工大师生面前几十年一以贯之的主题。今天的西北工业大学已经基本形成了以国防科技研究为主要特色，以国民经济建设发展为牵引，兼顾基础研究与应用研究，涵盖我国国防建设主要研究领域、同时兼顾国家优先发展学科领域的创新体系。学校在中国航空、航天、航海专业建设和科学研究方面起了重要作用，培养了一大批杰出人才，为中国现代航空、航天工程教育事业的发展做出了重要贡献。

（李小聪：西北工业大学宣传部部长）

系统工程中国学派与钱学森的贡献

孙东川

孙东川于 2015 年 6 月 24 日在接受"口述钱学森工程"访谈时指出：钱学森是中国系统工程的主要倡导者和第一推动力。系统工程中国学派——钱学森学派是我们的宝贵财富，我们应该十分珍惜，大力弘扬。钱学森领导的系统工程中国学派取得了显著的成果。系统工程中国学派对于系统工程给出了自己的定义，系统思想、系统工程与中华民族优秀的传统文化相呼应。系统工程中国学派把系统工程定位于系统科学体系中的工程技术，在理论研究方面取得了一系列丰硕成果，在应用研究方面也取得了丰硕的成果。系统工程在中国受到了党和国家领导人的高度重视，这是显著的中国特色。系统工程中国学派在国际上也产生了重要影响。钱学森非常关心系统工程人才的培养工作。30 多年来，以钱学森为代表的一大批学者打造出系统工程中国学派——钱学森学派，这是系统工程学科和中国人民的宝贵财富，是系统工程学科的宝贵资产。系统工程在中国虽然已经取得了很大成功，但还有很大的发展空间，系统工程在中国可以实现更大的辉煌；人类社会到了共产主义还需要系统工程，一万年以后也需要系统工程，系统工程将与时俱进，永葆青春。

（孙东川：暨南大学管理科学与工程研究所所长，教授、博士生导师）

系统工程对交通运输学科影响巨大

张国伍

张国伍于 2015 年 6 月 27 日在"迈向交通新高度——纪念钱学森归国 60 周年系列活动"为主题的交通"7+1"论坛第三十九次会议上指出：系统工程对交通运输专业影响巨大。在钱学森思想引导下，在系统科学引导下，我国交通事业的人才培养和理论建设，取得很大的进步。系统工程是交通运输专业的理论基础，是公路、铁路、航空等交通运输系统建设的指导思想。他将系统工程理论应用于交通运输领域，撰写了《交通运输系统系统分析》《智能交通系统工程导论》成为交通运输专业的基础理论教材。北京市在 21 世纪初建设北京公交智能化系统，充分结合了系统工程思想。在当前信息化、物联网时代，实现现代化交通、智能化交通，综合化交通，绿色交通，仍然需要借助钱学森系统工程理论思想指导。

(张国伍：北京交通大学教授、博士生导师)

钱学森信息革命学术思想及其现实意义

于景元

于景元于 2015 年 6 月 27 日在"迈向交通新高度——纪念钱学森归国 60 周年系列活动"为主题的交通"7+1"论坛第三十九次会议上指出：在计算机、网络和通信为核心的信息革命时代，需要借助社会系统工程理论，将信息、技术、社会结合加快我国社会主义建设事业的步伐。信息网络和经济的社会形态相结合，必将促进我国经济信息化和知识化，加速向信息和知识经济方向发展。信息、知识经济把物质生产和知识生产结合起来，大幅地提高产品的知识含量和附加值，提高劳动生产率和经济集约化程度。信息网络和政治的社会形态相结合，将推动政体建设、法制建设和民主建设。信息网络建设和意识的社会形态相结合，将促进教育、科技、文化和艺术的发展。信息网络和地理及生态建设相结合，建立地理信息网络体系，将加速地理建设信息化，促进社会系统和地理系统相互协调，实现可持续发展。目前国内正在提倡和发展的"互联网+"，就是信息革命中出现的一种发展形式，如"工业 4.0"就是"互联网+制造业"，其实也就是人–机结合、人–网结合新型社会的制造业。在信息时代应从我国实际情况出发，研究和制定我国第五次产业革命的发展战略和总体规划，加速我国迈向人–机结合、人–网结合新型社会的进程。

关键时刻发挥别人无法替代的
关键性作用

蒋 通

  蒋通于 2015 年 7 月 14 日在接受"口述钱学森工程"访谈时指出：在交通大学念书的时候，已知晓交通大学有了好几个世界出名的人才，搞火箭系统的钱学森就是其中之一。大学毕业后，到航天五院工作，起初对导弹是怎么回事不是很清楚。导弹研制对于全中国来说，还是一张白纸。整个航天五院唯一见过导弹的就只有钱学森。钱学森给学员们开设《导弹概论》课，从零开始教授相关知识。钱学森带着学员，从一开始无知到逐步开始有一些知识，再到逐步走向成熟。万事开头难，如果没有钱学森，第一步子就很难迈出去，这给我留下了很深的、难以忘怀的印象。1957 年中苏两国签订"国防新技术协定"。按照协定，苏联向中国提供了几种导弹、飞机和其他军事装备的实物样品和相关技术资料，派专家来指导。不久，中苏关系发生巨变，当中国导弹仿制工作到了关键时刻，苏联撤走专家。在苏联撤走专家的 17 天后，我国第一枚苏制地对地导弹发射成功。随后，基地又投入到第一枚国产地对地导弹发射试验的准备工作之中。经过几个月的科学周密准备，第一枚国产地对地导弹也发射成功。中国航天的发展离不开钱学森这种力挽狂澜的英雄人物，在重要时期站出来，带领中国航天在艰难、复杂的国际环境下，从无到有，实现零的突破。

（蒋通：无线电微波技术专家，曾任航天部第八研究院第八设计部总设计师）

钱学森奠基中国航天伟业

尹荣昌

尹荣昌于 2015 年 7 月 14 日在"口述钱学森工程"访谈时指出：钱学森对我国航天事业的贡献巨大。钱学森是美国 4 个导弹基地之一的领导人，能够放弃在美国的生活毅然回到祖国，他这种爱国精神值得敬佩。回国后，在我国各方面的科技人才奇缺、导弹研制人才寥寥无几的情况下，钱学森对我国第一代航天人才进行了培养，亲自讲授导弹概论、发动机等课程，指导年轻人在实践中找出解决问题的办法，指引航天研制发展的方向。其中，《导弹概论》是钱学森为航天科技人才培养撰写的教材，被誉为我国航天事业的奠基之作。钱学森对我国航天事业的贡献是巨大的，是当之无愧的"航天之父"。

（尹荣昌：原上海航天局党委书记）

钱学森的指导具有重要教育意义

吕德鸣

吕德鸣于 2015 年 7 月 14 日在上海交通大学钱学森图书馆接受"口述钱学森工程"访谈时指出：我是在钱学森的指导下学习，开展探空火箭的研制工作。1952 年 2 月我在中共中央华东局组织部任机要秘书，主动请缨到华东航空学院学习。1956 年到了北京中国科学院植物研究所。虽然条件艰苦，但是有了宝贵的向钱老学习的机会，这是我一生很幸运的事情。后来我去了上海，在上海仪表厂工作，也一直得到了钱老的关怀。每当我们在设计上有什么新的变化，采取了什么新的措施，或有什么大的活动，都向钱老报告。即使到后期不再搞技术了，也不断向钱老汇报工作。虽然没有上过钱老的课，但钱老讲的那些通俗易懂的道理，我都铭记于心。

（吕德鸣：曾任上海仪表厂任革命委员会主任兼厂党委副书记、厂长）

钱学森对中国航天事业的开创性贡献

许　达

　　许达于 2015 年 7 月 14 日在接受"口述钱学森工程"访谈时深情回忆了他曾在钱学森的指导下开展探空火箭的研制工作。他是从 1958 年开始在钱老的指导下工作，也是在同年的 10 月份有幸到北京在中国科学院力学研究所 1001 设计院任设计员，从事具体型号工作。起初他对火箭一点不懂，所从事的工作是与自动控制相关的一个岗位。当时的学习资料也很少，只有自动控制和远程控制方面的书籍、《火箭技术导论》、钱学森的《工程控制论》。1958 年 8 月，中国科学院决定将卫星发射作为当年的头号重点任务，成立代号为"581"的工作组，由钱学森任组长。面对中国当时财力支持不足、基础工业薄弱和专业人才匮乏等困境，钱老从实际情况出发，提出由探空火箭研制起步的方略，锻炼队伍，培养人才，摸索出实践经验后再向大型运载火箭进军，最终把卫星送上天。同年 11月，承担发射人造卫星所需运载火箭研制任务的中国科学院第一设计院迁往上海，并被命名为上海机电设计院。解决发射场问题是探空火箭工程中的一件大事。上海机电设计院最终选定上海南汇老港镇东南两公里的海边作为发射场。1960 年 2 月 19 日，中国第一枚探空火箭 T-7M 在南汇老港发射成功，这是我国火箭技术史上第一个具有工程实践意义的成果。钱老非常重视，亲自参加他们举办的活动，为他们助兴，并鼓励他们再接再厉。1960 年 3 月，为了发射体积更大、射程更远的探空火箭，安徽广德地区一个十分偏僻的山坳成为设计院新的发射场，代号"603"。钱学森曾多次前往南汇老港海边发射场观看探空火箭的发射，并于 1960 年 12 月亲临"603"发射场观看和指导发射。在钱学森的指导下，上海航天由探空火箭起步，并最终发展成为集弹、箭、星、船、器和航天技术应用产业于一体、并行发展的重要航天产业基地。

（许达：曾任上海机电设计院第三研究室设计组长、

上海仪表厂有限责任公司副厂长兼总工程师）

在钱学森领导下研制导弹

刘宗映

刘宗映于 2015 年 7 月 14 日在上海交大钱学森图书馆接受"口述钱学森工程"访谈时谈道：1960 年毕业后，我被分配到了国防部第五研究院，该院的第一任院长正是"两弹一星"元勋钱学森。能在钱学森的领导下从事最尖端的导弹研制，感到无比光荣，也深感责任重大。钱老虽是刚从美国回来的大科学家，但在年轻人面前没有一点架子，经常和大家一起探讨问题，还带学生去导弹发射场，现场亲自指导，培养队伍。在近半个世纪的航天生涯中，我先后参与了多个红旗型号防空导弹的总体设计、多型号运载火箭的总体设计，以及神舟飞船推进舱的设计研制、对接机构的设计研制等，曾有幸 3 次见到过钱学森，并亲耳聆听钱老的报告或教诲。钱老的一言一行在我一生中留下了深刻印象，并给予我科研工作指导，引领我为践行航天报国的理想而奋斗了一生。

（刘宗映：原神舟飞船推进舱副主任设计师）

学习钱学森始终保持严谨细实的工作态度

龚德泉

龚德泉于 2015 年 7 月 15 日在接受"口述钱学森工程"访谈时指出：航天一院五部搞地空导弹，钱学森提出了很多学习口号，要"仿透、悟透、吃透"，提出要三严作风，"严格、严肃、严密"，给我留下了深刻印象。1967 年，在计划洲际导弹试验工作中，因天气原因一直影响发射进程，钱学森每天下午一点钟和晚上一点钟，都要基地的气象部门汇报天气预报。最后在多方努力下，洲际导弹发射成功了。作为一名从事国家重要领域科研工作的专家，钱学森的保卫工作做得非常好，钱学森家门口都有警卫看守，这对于保密工作具有重要意义。1978 年，根据现实情况，钱学森提出来，上海正在研制的"长征四号"可以考虑作为"331"工程的备份，面对一大部分人的反对，在部分人的支持下，设计出一套方案，面对副部级领导的反对，钱学森认真地参与会议并向负责人员提出意见。钱学森始终将研究工作放在首位，这种严谨细致的工作态度和工作作风，值得我们永远学习。

（龚德泉：航天八院科技委常委，"长征三号"运载火箭副总设计师）

钱学森是爱国知识分子的典范

戚南强

戚南强于 2015 年 7 月 15 日在接受"口述钱学森工程"访谈时指出：曾在探空火箭研制工作中与钱学森有过难以忘怀的接触。根据毛主席在党的八大二次会议上提出"我们也要搞人造卫星"以后，1958 年到 1959 年暴露出来的一些问题，当时一些领导人及专家指出搞发射卫星运载火箭的研制跟当时的国力、财力不相适，要有所放慢进度。钱学森在这个重要关节点指出"历年来的实践告诉我们，以前的设想是不现实的"。在科学技术、国家财力都有很多困难的情况下，地区要处在国防前线，任务不是下马，而是调整，在国民经济国防建设、在科学研究上还是很有意义的。钱老充分尊重科学、尊重科学的发展规律，根据当时的情况及时地提出了调整意见，接着后面一系列火箭的成功发射，都跟当年及时地做了调整，采取了正确的方向以及方针有很大关系，钱老做了正确的决策建议，对于后来火箭研制的顺利进行指出了一个明确目标，对于中国航天事业的大发展有举足轻重的作用。同时，钱老对于自力更生、艰苦奋斗的航天人适时提出表扬，激励我们年轻的航天人更好地工作。钱老是爱国知识分子的家国情怀与奉献精神的象征。钱老在待人处事上具有高尚的人格品质，他的人生"七不"风范、品德，值得后人敬佩，为无数后辈提供了做人、做事的标杆、典范。

（戚南强：曾任上海航天技术研究院副总经济师）

钱学森是永远的人生楷模

马国荣

马国荣于 2015 年 7 月 15 日在接受"口述钱学森工程"访谈时指出：钱学森称作"航天之父"名副其实。钱老是一个航天专家，更重要的是他是一个爱国的航天专家。他的精神，钱老的航天精神，是我们学习的楷模。钱老是一个非常热情的人，即使已经是一个家喻户晓的名人，在部队大院见到普通的航天科技人员微笑很亲切，无论获得多少荣誉，始终保持一份平易近人的态度。钱老在国家的发展中起到的作用确实很重要。在"文化大革命"期间，进行的"东风二号"导弹测试实验碰到了问题，钱学森带领技术人员奔赴发射基地，带领大家勘查现场、分析故障原因。面对队伍低落的士气，钱学森说："我在美国，每写一篇重要的论文，成稿没几页，可是底稿却装了满满一柜子，科学试验如果能够次次成功，那又何必试验呢？"经过几个月的分析研究，钱学森领导的故障分析小组，对事故原因进行了全面总结。之后的"东风二号"导弹发射取得了巨大的成功，为我国航天事业的发展奠定了坚实的基础。钱学森在工作中，始终注重原理分析，作为系统领域的绝对权威，他同样对细节有着极高的要求，从大处着眼的同时也从小处着手。我们在做重大决策前，要学习钱老这种冷静果断的分析判断再得出结论。钱老不惧条件艰难，66 岁高龄仍坚持在工作岗位上尽职尽责地工作。在去发射基地检查工作时，那里条件非常艰苦，没有水，干旱，没新鲜蔬菜吃，但钱老一个点一个点地检查，丝毫不顾及恶劣的环境。钱老为我们树立了榜样，每个人都值得好好学习。

（马国荣：曾任航天八院副处长、科技委秘书长等职务）

聆听钱老讲课是一种幸福

沈 琮

　　沈琮于 2015 年 7 月 15 日在上海交大钱学森图书馆接受"口述钱学森工程"访谈时谈道：我是中国科学技术大学近代力学系 59 级的学生，说起来也算是钱学森的学生。但是别人问起来，一直不敢说这个话，因为当时只是作为中国科学技术大学的学生聆听钱老的讲课。第一次在中国科学技术大学大阶梯教室看到钱老的时候，大家都非常惊讶。因为是在冬天，钱老穿着一身很朴素的衣服，带着一个很普通的灰布棉帽子，非常朴素。钱老给大家讲课的时候，口音非常标准，声音非常响亮，口齿很清晰。那个时候没有书，也没有讲义，印象中钱老每个礼拜讲一次课，一讲就讲半天，条理很清晰，内容很丰富，信息量很大。经过一个学期十几堂课，同学们觉得听到了很多知识。有一次我们做知识测验，当时大家考的都很不好，很多题都没答好，但是钱老给大家讲的时候，就没有说他讲得东西大家没有掌握好。考题里面有一道考题，叫火箭的燃气温度和成分。有的同学回答它的分子量的时候，写的是零到多少。钱老当时在课上讲，这道题主要是通过测验来看大家对知识的掌握程度。但是有一件事钱老很严肃地说，有的同学答分子量从零到多少，分子量是零是什么概念？没有分子量是零的，燃气的分子量写的不准确，写几百甚至更大，都可以接受，但是写的零，钱老就不高兴，说明有的同学对物理上的基本概念都不清楚。这一晃几十年过去了，我依然记得这件事，在以后的学习中，我也是很注重概念的准确性。虽然这是一件小事，但是对我来说有很大的影响。聆听钱老生讲课是一种幸福，无论从课程内容的先进性、前瞻性，到丰富的信息量，还是从逻辑的严谨，语言的简洁、准确和运用技巧，到工整、漂亮的板书，均令人赞叹。

（沈琮：曾任"风云一号"型号副总师、"雷电一号"型号总师、航天八院科技委常委）

中医现代化是一项系统工程

宋孔智

宋孔智于 2015 年 11 月 5 日在接受"口述钱学森工程"访谈时谈道：钱老一直强调整体与局部的辩证统一、人体和宇宙的辩证统一、宏观和微观的辩证统一。人是一个开放复杂的巨系统。中医正好可以提供整体观和辩证观统一的先进思想。物理学，特别是量子力学可以提供大环境和微观水平的科学知识、科学思想。钱老还强调要学习和研究古今中外一切先进的科学思想。中医有很多好的东西，但是也强调中医必须现代化，吸收和学习西医先进的内容，创造统一的现代医学，特别重视经络系统的研究。钱老强调一定要做大量严格的科学实验，在实验基础上综合出新理论。不要随便提新假设，不要以新的未知代替旧的未知，不要用一些新的模糊的名词，代替旧的概念。这不是创新。钱老提出从系统科学去研究中医，要研究人体各种功能态的变化现象、规律和本质，要继承和发现现有简单巨系统研究的理论成果。钱老还强调说，一定要注意，绝不能走向宗教化，也不要受宗教思想的影响。

（宋孔智：原国防科工委航天医学工程研究所研究员）

系统工程助推"两弹一星"研制成功

王希季

王希季院士于 2016 年 3 月 1 日在接受"口述钱学森工程"访谈时谈道：钱老不只是一个方面的帅才，而且是我国国防科学技术众多领域的领军人物。特别在"两弹一星"中，他是国内第一个提出这方面战略构想的科学家，他是中国在国防科技领域真正的功臣，比我们这些人要高一个数量级。钱老是国家几十年来在科学技术上贡献最大的科学家，与他相比，其他人大多是局部的贡献，而钱老是在科学技术的多个门类，包括工程控制论、卫星、核导弹、系统科学与工程等多方面的领军人物，而钱老在系统学和系统工程方面的贡献具有更重大和深远的科学价值。没有系统科学的方法，"两弹一星"要走很多弯路。我们国家在各方面落后的情况下，能相当快地发展出'两弹一星'，在发展中国家中率先成为航天大国，这一成功与系统论和系统方法的运用有很大关系。钱老不仅在中国，而且在世界科技史上都极为罕见。我们这些人都只能做他的学生辈。

（王希季：中国卫星与返回技术专家，何梁何利基金科学与技术进步奖、"两弹一星"
功勋奖章获得者，国际宇航科学院、中国科学院院士）

钱学森的贡献是科技界的宝贵财富

陈敬熊

陈敬熊院士于 2016 年 3 月 2 日在接受"口述钱学森工程"访谈时谈道：作为我国防空导弹武器系统的元勋，钱老高度关注相关技术的发展，早在 1965 年，在我国仿制苏联低空导弹武器系统"543"时，钱老时任七机部副部长，他深入一线亲自关心和指导有关技术问题，在解决遗留的天线系统误差问题时，他亲自协调，点名让我带人奔赴 786 厂帮助进行技术攻关，最终解决了问题。他务实、平易的工作作风让我至今难忘。钱老在专业成就方面也让我们无比钦佩。最早钱老的专业是空气动力学，并且取得了很大的成就。在以后的发展中，钱老又在工程控制专业方面开创了一个新的领域，其撰写的《工程控制论》开创了一门新的技术科学，这本书被翻译成多国语言，被世界各国科学家广为引用和参考，成为自动控制领域引用率最高的经典著作。1956 年，钱学森还和华罗庚、吴文俊一起获得了首届国家自然科学一等奖。钱老虽然已经离去，但他留下的宝贵财富将永存，也会使我们受益终生。

（陈敬熊：电磁场与微波技术专家、中国工程院院士、曾任航天工业总公司
第二研究院研究员、博士生导师）

后　记

作为钱学森系统科学与系统工程思想的第一实践者，中国航天系统科学与工程研究院有责任与其他单位一道承担起发展系统科学与系统工程的历史重任，推进系统工程理论和实践取得新发展。《系统工程讲堂录》（第四辑）是中国航天系统科学与工程研究院开展"口述钱学森工程""系统工程高级研讨班""钱学森系统科学与系统工程讲座"的阶段性成果荟萃。本书试图从多个维度研究钱学森系统科学与系统工程思想精髓，学习钱学森爱国奉献追求卓越的精神，展现钱学森胸无俗尘的民族气节，倡导钱学森严谨求实勤奋创新的学风。

本书得到了党、政、军、航天等有关领导和单位的大力支持，由国际宇航科学院院士、中国航天系统科学与工程研究院薛惠锋院长亲自领导，人力资源部段琼部长抓总，人力资源部老师、博士后、博硕士研究生具体承担了编写工作，保密部沈念老师参加了书稿审核工作。在"系统工程高级研讨班"的开展过程中，总工程师刘海滨协助做了主持工作，人力资源部做了组织管理工作。

在此，谨向所有参与和支持本书写作、修订和出版的各单位、各部门和个人致以最诚挚的谢意！特别感谢科学出版社交叉科学分社李敏社长为出版本书付出的辛勤劳动。

本书如有不妥之处，敬请广大读者给予批评指正。

编著者

2018 年 9 月